黑色食品与健康长寿

赖来展 等 编 著

U0213614

金盾出版社

内 容 提 要

　　本书是三次获国务院科学技术奖励的"黑色食品之父"赖来展研究员等专家,经30多年研究创新的重要成果之一,并吸收了古今中外有关学者的智慧,提出了黑色食品系列新概念,对相关领域科技人员有参考或指导作用。本书阐述了70多种非转基因的黑色食品资源的营养价值、生理功能、加工应用。内容新颖、方法实用,可供广大家庭和中老年长者养生应用。

图书在版编目(CIP)数据

黑色食品与健康长寿/赖来展等编著 . —北京:金盾出版社,2014.10
ISBN 978-7-5082-9454-4

Ⅰ.①黑…　Ⅱ.①赖…②魏…③李…　Ⅲ.①黑色食品—介绍　Ⅳ.①TS218

中国版本图书馆 CIP 数据核字(2014)第 108776 号

金盾出版社出版、总发行
北京太平路 5 号(地铁万寿路站往南)
邮政编码:100036　电话:68214039　83219215
传真:68276683　网址:www.jdcbs.cn
封面印刷:北京精美彩色印刷有限公司
正文印刷:北京万友印刷有限公司
装订:北京万友印刷有限公司
各地新华书店经销
开本:787×960 1/16　印张:21.125　字数:362 千字
2014 年 10 月第 1 版第 1 次印刷
印数:1~4 000 册　定价:40.00 元

国家自然科学基金(30700496 和 30671268)资助项目

编 委 会

记"黑色食品之父"赖来展研究员

赖来展研究员,1938年1月出生于"世界长寿乡"广东省蕉岭县,由蕉岭中学考入中山大学生理生化专业,曾任班长,毕业后就职于中国农业科学院院长丁颖院士主持的生态研究室,后任广东省农业科学院生物技术研究所所长,兼任广东省功能食品重点实验室主任、农业部黑色食品重点开放实验室首任主任,历任国家种质资源学会副会长、中国遗传学会科普委员会副主任、全国食品学会常务理事、中国农业高新技术专业委员会常委、中华黑色食品协作会会长、中国特种稻米学会第一副会长,被农业部聘为全国黑米标准评审委员会主任等。

他曾先后主持国家自然科学基金、"863"高科技计划、"948"计划、国家重大科技成果推广计划等重大项目。他应用自主创新的生物技术,培育新品种、新资源和创造黑色食品新产品等共100多个;先后荣获国家教育部和广东、江西、湖北、河南、陕西、上海、香港等省、直辖市、特区科技成果奖20多项,国务院颁发的国家科技进步奖一、二等奖多项和享受国务院政府特殊津贴等;被广东省政府评为农村科学先进工作者,并立功二次;在国际上,荣获3项国际发明专利奖和居里夫人国际金奖等。退休后,他继续主持国家和省级有关黑色食品的创新、研发项目,共发表论文近200篇,出版专著8部。

他弘扬祖国优秀的阴阳五行哲学思想,在国际上,率先提出"黑色食品"科学概念,开创黑色食品系列新资源、新技术、新产品、新理论。国家科技多项发明奖发明人郑金贵教授、孙善澄研究员等同行科学家,尤其是《新华社》《人民日报》等多种重要媒体都誉赞赖来展为"黑色食品之父"。中国农业科学院原院长卢良恕院士，称他是"国内外最早从事黑色食品系统研究和开发的专家之一"，肯定他取得了一批具有国际先进水平的科技成果，某些领域达国际领先，是黑色食品科学的奠基人。其研究成果在国际上有较大影响，美国《时代报》、泰国《中华日报》、马来西亚《南洋商报》《星洲日报》、澳大利亚《汉声杂志》等以及台湾、香港等地的报刊都曾多次报道。

他坚持开创黑色食品新领域，以报效祖国和人民对他的培育。他坚信和践行马克思"创造就是最大幸福"的人生哲学，全心全意投入他首创的新领域，他常自豪地说：我虽头顶烈日，脚踩烂泥，双手污浊，汗水灌土，虽苦犹乐，既收摘了"黑果"、创造了幸福，又益寿延年。如近几年来，他相继开发的"蔬菜皇后"紫叶甘薯菜和"黑色人参"黑色食品新资源，深受消费者喜爱。为了掌握黑色食品新资源的生育规律，他将种苗盆栽在楼顶和阳台上，经常要上下搬动，以随阳光转动，还要防治病、虫、鼠害，并做观察笔记，这对患有腰椎间盘突出症的古稀老人来说是非常艰难的，但幸福的汗水终于换来了收获，他掌握了黑色食品新资源良种的生长发育特性。

他体质较弱，曾先后7次住医院动手术，却仍坚持经常上山下乡。前几年他开车赶路程，出了车祸，车毁人重伤，断了2条肋骨昏了过去，但经1周住院后，尚未康复，又带药出差了，亲朋责怨他，但他却反而安慰说："大难不死，必有后福。"功夫不负有志者，15年的汗水，他终于选育了3个新的作物品种并收获了4项重大科技成果。

1. 2000年主持的中国特色系列食品研制项目，获香港国际发明展览会的奖状和奖章。

2. 引进优选的"粤引黑大豆1号"新品种通过广东省农作物品种审定委员会审定，并获第四届黑色食品大会优秀产品奖。

3. 2001年主持的水稻胚胎挽救技术与育种应用项目，荣获"广东省政府科学技术成果二等奖"。

4. 2004年主持完成的《中国农作物种质资源收集评价与利用》项目获

国家科技进步一等奖。

5. 2007年主持的《黑色食品作物资源研究与利用》项目获广东省科技进步奖一等奖。

6. 2008年主持近20年的黑色食品作物种质资源研究、新品种选育和产业化利用项目获国家科技进步二等奖，这在我国食品科技领域为最高的奖项之一。

7. 2010年从山区收集并优选出富含花青素的黑色食品蔬菜新资源——紫叶甘薯菜（蔬菜皇后），正在示范推广。

8. 2012年经2年努力，从国外引进"黑色人参"——黑山奈，首次发现总黄酮含量高达1.5％以上，填补了我国空白。

上述成果取得了重大的社会经济效益，其中：他应用自主创新的生物技术育成的"黑优粘"新品种成为我国推广面积最大（上百万公顷）的黑米品种，83个黑米创新资源入选国家种质库；他主持研究的系列黑色食品，通过广西黑五类食品集团和中国麦肯基总部的研发加工，累计新增产值超百亿元。

他曾9次主持全国性学术研讨会，带动全国黑色食品不断创新。近几年来，又大力推动紫甘薯，黑马铃薯、黑花生、紫肉山药等地下深色蔬菜新资源的开发，促进全国大面积栽培并产业化加工，在国际上形成了中国特有的黑色食品新产业，新行业，累计产值上万亿元，增加了大批就业人员，改善了产区人民生活，还发展了健康功能食品，在国内外掀起了黑色食品浪潮，在东南亚、东北亚等国及我国香港、台湾等地引起强烈反响。

近30年来，他每年都将研究成果写成论文进行学术交流，被中国核心期刊《广东农业科学》评为"有突出贡献作者"。

他站在黑色食品科学发展的战略高度，认为黑色食品是"世纪工程"，需要几代人的奋斗。因此，非常重视培养青年科技人员和发挥他们的作用。他教育青年在科研中要有严肃态度、严密思维和严格方法的"三严"精神，并给予他们高度信任,为后起之秀创造成才的条件。在论文及申报的科技成果的排名中,他都尽可能把青年科技工作者名字排在前面,以鼓励他们不断成长。他作为全国黑色食品学科的开拓者和领军人物,在省内外组成的科技团队中,先后培养了20多位高级科技人才,逐步形成了有影响的科研团队,有些已成为新的学术领头人,全国优秀青年科学家、博士生导师,全国劳模等,他以他们的进步为荣,并奔走相告、欢欣鼓舞。

他退休后被聘为广东省保健食品协会专家委员会主任、广东农工商学院客座教授、绿色食品指导委员会主任、海南泰谷绿色食品研究所所长、广东省百岁养生研究所副所长、中国麦肯基总部和广州谷丰生态园首席科学家,以及广东省英德、顺德、南雄、蕉岭等10多个市、县政府和农业龙头企业高级顾问等。他经常不计报酬、不怕疲劳举办讲座,为学员们上课。培育他们爱国敬业精神和求实创新技能。为此,广东省保健食品协会给他颁发"公益贡献奖",并在2005—2013年连续两届被评为广东省"优秀科技工作者"。

2010年广东省推荐他参加第四届中国老年人才论坛会,他做了题为"坚持三十年磨一剑,开创黑色食品新领域"的发言,受到论坛组委会表彰和高度评价,被誉为"黑色食品之父"的绿色食品专家赖来展,退休不离岗,致力黑色食品研究30年并亲自主持科技项目,取得获奖成果10多项,展示了老年人才无私奉献的独特风采。

广东省老科技工作者联合会农业专家团

让"五新"的黑色食品奇葩
在世界百花园中开得更灿烂

多年来,我一直关注着明显标记着中国特色的黑色食品研究和开发的进展。赖来展研究员是国内外最早从事黑色食品系统研究的专家之一,20世纪80年代初以来,他在富于挑战而又充满希望的黑色食品新领域里进行了深入的研究和卓有成效的探索。30多年来,他一直活跃在食品科学领域的前沿,带领他的科技团队,取得了一批具有国际先进水平的科技成果,推动着功能食品的发展。20世纪90年代以后,赖来展研究员领导并创建了国家农业部黑色食品重点实验室和广东省功能食品重点实验室,在国际上首先提出了黑色食品的科学概念和定义,先后在北京、上海相继公开出版了《黑色食品开拓研究》《黑色食品研究与加工技术》《黑色食品加工工艺与配方》《中国特种稻》等专著以及上百篇论文。他为发展功能食品创造性地贡献了"五新":即新思路、新理论、新技术、新产品、新成果,从而带动了国内外黑色食品的研究和产业向广度和深度开拓,并取得了显著的社会经济效益和生态效益。

近几年来,我曾多次参加了赖来展研究员等主持的科技成果评鉴会,特别有幸参加了他主持首创的《黑色食品的作物资源研究与利用》的科技成果鉴定。他们对黑米、黑小麦、黑芝麻、黑大豆、黑玉米等500多种黑色食品资源进行了深入的营养功能评价,培育了"黑优粘"、"黑稻"、"粤引黑大豆1号"等新品种以及上百个新的作物资源,研制了40个新的黑色食品新产品并发明了针对黑色食品功能特点的食品核心加工技术专利,比如食品微化技术(发酵技术、萌发技术、微波技术、低温超微粉碎技术等)多项发明专利,培育了广西黑五类食品集团、广州麦肯基公司等国家级或省级本行业的龙头企业以及一批名牌产品,创造了巨大的经济社会效益。

经过近 1/3 世纪的历程,赖来展研究员开创的黑色食品研究,总体上达到国际先进水平,在某些领域达到国际领先水平,受到了同行科学家的认可与肯定,被评为国家科学技术进步二等奖,这是我国食品科技领域最高的奖励之一。

特别值得一提的是,最近赖来展研究员将其 30 多年来对黑色食品从上游到下游的整个产业链的研究积累进行总结。他以特定的健康食品为目标进行系统的工程设计,从作物的资源收集、引种、品种改良开始做起(上游),通过作者自主创新的生物技术,培育具有抗氧化、延缓衰老功能的资源,创造一批富含生物色素新品种。然后进行营养功能评价与筛选,选出符合目标的新资源做原料(中游),最后研究出与产品工程目标相适应的加工新技术(下游),进而研制出特定功能的终端食品,而且不用在加工过程中添加任何外来的因子去强化食品的功能。赖来展研究员将自己的这种在国际上独特的以中国阴阳、五行哲学思想为指导,融合达尔文的进化论,开创中国特色健康食品的理论,写成《黑色食品功能与健康》,作为一种理论创新成果在食品领域推广和应用。

我认为本书不仅对弘扬祖国传统的阴阳五行哲学思想,对发展现代营养功能食品有重要的学术意义,而且对长寿功能食品的开发也提供了许多新途径、新方法。因此,本书出版将有助于指导我国黑色食品、功能食品更深入的研究与开发。同时,他为广大消费者提供丰富的食品健康知识和食品加工方法,为发展中国特色食品的营养科学,为人类健康食品的进化,做出更多贡献,黑色食品这朵具有浓郁东方特色的奇葩将在世界食品的百花园中开放得更加灿烂。为此,我将本书推荐给广大读者,并望早日出版。

国家食物与营养咨询委员会主任

卢良恕 院士

中国农业专家咨询团主任

(注:卢良恕院士曾任中国农业科学院院长、中国工程院副院长、中国农学会会长,是著名农业科学家。)

序 二

从科幻思维到黑色食品科学的开拓者和奠基人

在广东省农业科学院工作期间,我有幸与赖来展研究员前后共事20多年,对他的了解与日俱增。初期给我的印象是能吃苦、肯干;热爱科研;直率,敢于发表见解。后来逐步又发现他爱学习,善钻研,乐于接受新事物和新观念,有特别的洞察力、想象力和创新精神,甚至还对一些科幻观点有浓厚兴趣;最后看到他能从客观存在出发,能顶住压力从战略高度超前思维去发现、综合分析、概括、总结其研究范围内的自然规律。他摒弃了一般人认为黑色食品是不雅观、不吉利、不卫生的"三不"食物观,透过现象看本质,把食物外在自然颜色与内在营养功能的相关性进行深入探索,提出独到和创新性的思想与观点来指导科研。他的这种个性特质和创新精神集中体现在他率先在国际上提出了"黑色食品"的概念及科学定义,奠定了"黑色食品"的理论基础,同时用自主创新的、国际领先的原胚培养技术,成功育成了黑优粘等第一批具有抗衰老功能的黑色食品新资源、新成果,进而探明了食品微化技术等新的加工工艺,为后来者开创了一个崭新的功能食品研究与开发的科学新领域。可以说,赖来展研究员是目前国际"黑色食品"理论和研发的开拓者、主要奠基人和领军人。

为什么赖来展研究员在他的科研工作中能取得如此重大科技成果呢? 就我个人近距离的观察与合作中发现有4个最基本的因素:一是坚持实事求是和科学"三严精神";二是有极其广阔的科学视野;三是在科研上具备特有的逆向思维素质;四是有科幻灵感和极为丰富的想象力。由灵感变成理念,再由理念变成行动的决心,我想这也正是我们科研人员需要具备的最难能可贵的优秀品质。赖来展研究员出身于世界长寿之乡蕉岭县山区农村,从小的艰苦生活和从事的农业劳动打下了他渴望知识和一生吃苦、实干的基础；早年就读中山大学植物生理生化和细胞遗传专业，在著名遗传学家李宝健副校长指导下，经常到全国藏书最丰富之一的中大图书馆，博览各科群书，吸收最前沿的科学知识；毕业后又在"稻作科学之父"丁颖院士手下当助手等经历，为他从事科研提供了深厚、广博的知识，特别是练就了他对科学研究严肃的态度、严密的思维及严格的研究方法。严师出高徒，格局决定结局，视野指引方向，赖来展研究员十分注重与各种学科专家相互交流，做朋友，从不同的视角和方位虚心吸取大家不同智慧和思路，但在争论科学问题时他会十分认真，甚至有时会面红耳赤声音粗。正如他常说的"不同学科，不同领域，相互碰撞，就能碰出智慧的火花"。他通过多种学科杂交、逐渐整合，提升了自己独特的新思维，比如就科研思维方式而言，他认为"从事科研工作是需要一点科幻思维的"，这一点我十分赞同，不能否认科幻的功能之一是在预见未来，而又因为相比未来，科幻更关注现实。在 20 世纪 80 年代前后，当时的粮食产量低，逼迫人们"饥不择食"，严酷的现实要求是尽快培育"高产"作物，几乎所有科研力量都投入这个课题。赖来展作为一个中青年科学家，从逆向思维出发，却另有更长远发展的计划，他超前 25 年预见到改革开放后，随着经济的高速发展，人民终将要注重食物的营养质量和生活的品质，解决"隐性饥饿"——追求健康长寿。他根据进化论，脊椎动物的自然寿命是其生长期的 6 倍、发育期的 8 倍左右的预期，虽然当时人均寿命只有 60 岁左右，但他极其大胆地提出人类预期平均寿命将在 120 岁以上的科幻思维。当初这种超前的想法未能得到上级支持，因而无法立为研究课题，无法获得经费支持，没有加工设备，但这丝毫不影响他的决心和行动，通过各种途径在国内外收集有抗衰老功能的作物资源，应用他研究成功的远缘杂交、胚胎挽救、孤雌生殖 DNA 分子育种等高新技术，快速育成了"长寿米"黑优粘和"长寿豆"黑大豆 1 号等一批抗氧化、抗衰老的新品种。然后拿到他家乡蕉岭县（长寿之乡）进行示范、推广，同时开展加工研究，终于研究成功世界上第一个黑色食品的国家发明专利——黑米营养粉丝制作技术。在经过长达 30 年的追梦，取得了一个又一个具有国际领先或国际先进水平的新成果、新技术，并终于通过了从院、所基层学术机构到省、部级和国家级同行科学家的严格评审，获得了 20 多项科技奖励和国家科技进步一、二等奖，这是全国食品科技领域最高的奖项之一。由此可见：

他能站在人类未来食品发展的制高点，顶住压力，大胆开展当时人们并不认可、超越时代的"黑色食品"创新研究，这不能不说是需要超人的胆略和严密的科学思维的，我想这正是印证了美国麻省理工学院传媒实验室丹·诺维和索菲娅·布吕克纳共同提出的"从科幻构想到科学创造"过程的最好诠释。这对当前我国科技界尚存的抄袭、做假之举和社会上的浮躁之风来说，我以为是一个难得的、很好的正面例子。

关于对赖来展研究员的科研成果及其学术水平的评价，我完全同意卢良恕院士对他所做的全面的、准确的高度评价，我们广东省老科学技术工作者联合会也一直鼓励、支持他的工作，并连续两届（2005—2008 年度和 2008—2012 年度）将他评为广东省优秀老科技工作者，我只希望在赖来展研究员于金盾出版社出版他的专著——《黑色食品功能与健康》一书之时，把他在从事科研工作过程中的工作作风与思维特色向广大读者略作介绍，以供大家参考或学习。同时，也祝愿这项具有中国特色的"黑色功能食品"进入千家万户，造福广大消费者健康长寿。

广东省老科技工作者联合会常务副会长

张孝祺　研究员

（注：张孝祺研究员曾任广东省农业科学院果树研究所、农业生物技术研究所所长，中华黑色食品协作会副会长、享受国务院特殊津贴的农业科学家）

科技创新的结晶　食疗养生的灿烂明珠

　　中国饮食养生文化历史悠久,博大精深,在维系人类生存与健康方面具有重要意义。饮食是人体从外界环境中吸取自身赖以生存的营养与能量的主要途径,是生命活动的基础与表现,与人类生存息息相关,李时珍在《本草纲目》中说:"饮食者,人之命脉也。"中华民族在几千年的历史演变中逐渐形成了独具特色的传统的饮食养生文化,如五色入五脏、五味入五脏等中医理论。饮食养生的根本目的在于使人气足、精充、神旺、健康、长寿。

　　黑色食品对传统中医饮食养生中具有极其重要的意义。20世纪末,诺贝尔奖获奖人曾宣言:如果人类要继续生存,必须回望2500年前吸取中国的智慧。当时的中国经典《黄帝内经》说:"北方黑色,入通于肾"、"肾色黑"。黑色食品的首要功能是补肾,肾为先天之本、五脏之首,因为肾气盛衰直接关系到人的生长、发育,生殖,乃至衰老的全过程,也关系着人的生育能力和寿夭。在整个生命过程中,正是由于肾中精气的盛衰变化,而呈现出生、长、壮、老、已的不同生理状态。所以,中医着重寻找色黑的药材,以期能补肾养身。

　　黑芝麻、黑豆、黑米、黑木耳、黑枣、乌骨鸡、桑葚、黑蚂蚁等是黑色食物药食两用的典型代表。《神农本草经》言黑木耳能"益气不饥;轻身强志",《滇南本草》言桑葚能"益肾脏而固精,久服黑发明目";《本草纲目》言黑豆能"治肾病,利水下气";《饮膳正要》记载黑牛髓煎能"治肾虚弱,骨伤败,瘦弱无力";《神农本草经》记载黑雌鸡"主风寒湿痹,五缓六急,安胎";《日华子本草》记载黑芝麻可以"补中益气,养五脏,治劳气";黑米被民间称为"药米""长寿米"。可以看出,历代中医对黑色食材进行了深入的研究与广泛的实践,黑色食材对中国人在预防疾病、健康长寿方面做出了巨大贡献。

随着社会时代发展,现代科技进步,医学模式也开始发展到"生物—心理—生态"医学模式,回归自然,重视生态,已经成为时代的主旋律之一,现代人开始重新寻找既能保健,又有治疗效果的食物,于是人们开始重新关注药食同源的食物,更把目光聚焦在黑色食物中。

反观"药食结合"其实就是一种生态效应模式,是中医几千年来获得良好临床疗效的重要途径,也是将天然动植物用于保健强身的最有效方法,而黑色食物在现代的新医学模式下将继续扮演重要的关键性角色。中医"药食同源"的观点和成就无疑为现代的功能性食品开发和现代中医营养学的发展奠定了坚实的基础。祖国优秀的阴阳五行哲学思想在医药学上应用,取得了举世瞩目的伟大成就。赖来展教授首次将精深的中国传统哲学应用到营养食品和加工等领域,开创具有中国特色的功能食品——黑色食品,也创建了食品科学新领域,受到同行科学家们的赞扬和高度评价。

应用现代科学新技术、新方法研究黑色食品,一直走在这个领域世界科学前沿、被称为"黑色食品之父"的赖来展教授,巧妙地把古今中外科学大师的相关理论的精华进行杂交,有机融合、产生、升华为崭新的黑色食品学说,如把近代人类食品营养发展划分为 4 个时代,第四代就是黑色功能食品。同时他把近 100 年世界健康产业发展归结为 3 次浪潮,第三次浪潮就是以黑色食品为主要载体,富含生物色素的长寿食品产业。他创建和领导的国家黑色功能食品重点开放实验室,应用现代先进科技深入研究了黑色食品的营养成分、生理功能、食疗价值,创造了系列黑色保健食品,率先提出黑色食品科学概念和首次把生物色素列为第八营养要素新的科学概念;以及首先提出食品微化技术的加工方法等,整体研究达国际领先水平,被国务院授予国家科学技术进步一、二等奖励及 10 多项省部级科技成果奖。

中医是以天人合一、整体观念作为理论基础的,中医研究人体,注重的是各种功能系统之间的关系,致力的是协调它们使之平衡,从整体的角度看生命的功能变化,是中医的关键理念。赖来展教授提出的黑色功能食品的观念,完全符合中医的核心理念,他抓住了"以黑补肾"这一有效养生的龙头和关键,以带动五脏而至全身的健康长寿养生。并带动了日本、韩国、新加坡、泰国等国家及我国台湾等地开展对药食同源、食疗两用的"黑色食品研究",如对黑沙姜、紫山药、紫苏等的营养价值和生理功能的研究等。赖来展教授几年前就通过特殊途径从国外引进并进行试种观察、分析其生物色素如花青素、总黄酮等营养,正在联系有关企业进行深入研究开发。由此可见,百川归海,殊途同归,国内与国外、传统与现代在此交汇融合,必将产生巨大而深远的影响。

赖来展教授知识广博、治学严谨、底蕴丰厚,是一位既有学术思维高度,又有深厚科研功力的科学家,本书集中了赖来展教授多年来研究黑色食物科技创新的结晶,融合了传统理念精髓、现代科学新知识及个人多项重大的创新成果,是厚积薄发的恢宏巨著,是食疗养生、造福人类的灿烂明珠,必将为人类健康长寿和社会发展做出更大的贡献。

广州中医药大学养生研究所所长

刘焕兰　教授　博士生导师

（注：刘焕兰为国家自然科学基金评审专家、国家科技进步奖奖励评审专家、国家中医养生学重点学科带头人）

前　言

　　1998 年 1 月,荣获诺贝尔奖的科学大师们,在巴黎发表了一项著名宣言:"如果人类要在 21 世纪继续生存,必须回望 2 500 年前,吸取中国的智慧。"当时的中国,有一部养生学的经典巨著——《黄帝内经》指出:"上古之人,共知道者,法于阴阳,和于术数,食饮有节,起居有常,不妄劳作,故能形与神俱,而尽终其天年,度百岁乃去。"但是,上述宣言发表后,又过去 10 多年了,现在世界旳健康情况又如何呢? 为此,笔者查阅了国内外有关资料。

　　联合国世界卫生组织 2014 年 2 月 3 日报告说:从 2008—2012 年,短短 5 年全球新发癌症增加了 11%,仅 2012 年就新增 1 410 万例,死亡 820 万人。预计到 2030 年之前新增癌症病例超过 50%,达到每年 2 160 万人,死亡人数将增至 1 300 万。这种趋势可能还会加剧。世界卫生组织总干事陈冯富珍说,癌症的总体影响肯定对发展中国家打击最大。

　　2013 年 11 月 1 日墨西哥参议院,鉴于该国肥胖率已高达 32.8%,超过美国的 31.8% 的情况,通过了对"垃圾食品"和含糖饮料征收特别税法,把每百克食品含超过 275 千卡热量的食品征 8% 的税等。肥胖症不但在欧美非常严重,也已成为拉美、中东、北非各国如秘鲁、乌拉圭、智利等国的一个严重问题。研究人员发现,存在严重问题的国家主要原由是大量消费三类食品:洋快餐、可口可乐等高糖饮料、精加工的包装食品。

　　2014 年 2 月初发布的《世卫组织公报》强调,为实现 2015 年全球超重人口不超过 15 亿的目标,号召各国政府必须修改饮食和农业的相关政策。

　　由于我国物质生活的改善,营养过剩已成为社会关注的大问题,与营养过剩相关的疾病正在逐年增加,如 20 世纪 80 年代糖尿病患者约 1 000 万,心血管病患者

9 000 万；至 2012 年全国糖尿病患者已超 9 200 万，心血管病人 2.9 亿，居世界第一；全球与食物营养有关的肝癌、食管癌、胃癌的死亡病例中，中国分别占 51%、49%、40%。

上述结果说明，全球的健康形势非常令人担忧。世人要真正吸取 2 500 年前中国古代的养生智慧，任重而道远。

作者完全支持世卫组织关于各国政府必项修改饮食和农业相关政策的建议并付诸实际行动。为此，作者特别拜读古、今、中、外的先哲、名家、大师的有关论著，吸收他们的大智大慧，并根据 30 多年的自主原始创新的科技成果，与时俱进，结合当今人类的实际及世界未来的发展，在本书中大胆提出如下五个领域的科学新概念或新理论：

一是，在哲学领域的新理论。要弘扬中国优秀的阴阳五行养生哲学思想，开创东方特色食品营养科学新领域，作者首次提出阴性食品、阳性食品；阴性营养素、阳性营养素；阴性加工技术、阳性加工技术的新概念。当今需多用阴性加工技术，开发富含阴性营养的阴性食品，以改善阳性体质的人群达到阴阳平衡。

二是，在营养学领域新理论。作者根据人类对今后对健美长寿发展的需要，率先提出把有抗氧化、延缓衰老功能的有机色素定为七大营养素之后的第八营养素——生物色素，并建议今后应大力开发生物色素营养。

三是，在食品学方面作者早已提出"黑色食品"科学概念和新定义；建议大力在国际推广黑色食品。

四是，在农产品加工技术领域，作者提出食品深加工的"二微"、"二发"等食品微化技术，推荐有关食品厂应尽可能选用。

五是，在农业科学方面，在农作物以不断增加产量为中心的"绿色革命"之后，作者提出要开展以改善食物营养品质和食品安全为核心的第二次绿色革命或称"深绿色革命"。这是一项关系全人类生存、健康、长寿的巨大工程、任重而道远的伟大革命。希望能得到政府和有关企业的重视。

为此，我曾建议中国麦肯基总部管理的 400 多间快餐店和相关的企业、广东省保健食品行业协会、营养师俱乐部的营养师们，要响应世界卫生组织的号召，坚决颠覆西方饮食的陈腐观念，向洋快餐宣战，采取措施，减少洋快餐垃圾食品的摄入，古为今用，洋为中用，取其精华、去其糟粕、发展中式快餐，树立东方科学饮食新观念。

提倡、推广、普及中国特色的"五项"科学饮食新观念，是本书的宗旨之一。

第一，树立一个科学发展目标。以健康长寿为目标、发展中国特色食品。

第二，当第二次绿色革命的促进派。

第一次绿色革命袁隆平院士等通过育种、大量使用化肥、农药来提高农作物产量，解决饥饿和温饱。但过量施化肥、农药，导致农产品残毒超标，伤害健康。

开创第二次绿色革命，赖来展研究员通过提高食品营养质量与食品安全，发展富含第七、第八营养素的生态食品，促进人类健康长寿。

第三，做第三次健康产业浪潮的领跑者，开拓富含第八营养素的食品：

第一次是抗生素浪潮：为消除流行性传染病做出了极大贡献。

第二次是维生素浪潮：医治维生素缺乏症。对营养平衡起了重要作用。

第三次是生物色素浪潮：开发花青素等抗氧化食品，促人类"健美长寿"。

第四，食品产业要加快实现"四化"新观念。

食品资源多样化（每天要吃多种、多类、多样、多形的"四多"食物）。

食物加工单纯化（用阴性加工方法，清蒸、水煮自然食品，不加化学添加剂）。

食品功能抗氧化（多食富含抗氧化、延缓衰老的深色食品）。

食物安全生态化（发展无公害食品—绿色食品—有机食品）。

第五，提倡"五色"营养，合理搭配食料。

用富含淀粉等碳水化合物、纤维素的五谷粗粮等白色食品为主料。

用富含维生素、膳食纤维的五蔬、五果等青色食品为副料。

用富含动物蛋白质的鱼、奶、蛋、五禽、五畜等红肉食品为辅料。

用富含不饱和脂肪酸的黄豆、花生、芝麻等黄色食品植物油为配料。

用富含生物色素的黑五谷、黑五薯、深色蔬果等黑色食品为常料。

五色食品，素食为主、合理搭配，突出具有抗氧化功能的黑色食品，将成为食品发展的"亮点"；并把它变为市场的"热点"，最后化为消费者健美长寿的"起点"是本书的宗旨。

本书内容有三大特点：

第一，形成时间长。黑色食品是笔者自主的原始创新研究，因此任务艰巨难度高、从事时间长，是一项"跨世纪工程"。从 20 世纪 80 年代初至今，已有 33 年之久，现仍在路上，还有创造新成果的巨大空间，其科学体系的创建可能要几代人的努力。

第二，涉及面广。由于本书牵涉植物、动物、营养、生理、生化、医药、食品、生物技术等多种学科，从 2003 年开始动笔至今写成，长达 10 多个春秋。停停写写，修改补充 10 多次，涉及 8 大类、70 多个品种、几百份黑色食品资源，请教了许多有关学科的专家、学者和大师。

第三，参与人员多。本书出现了 4 个"多"：一是高层顾问多；二是写序言的资深专家、科学家较多；三是编委会的中青年专家、学者很多；四是需要感谢和感恩的单位和人员特别多。

因此，本书的出版要感谢各位专家、同仁的辛勤劳动（详见后记）。此外，本书参考和引用了许多文献的有关内容，没有一一列出，为此我们谨向原作者表示真诚的谢意！

由于笔者水平所限，书中有不足之处，敬请专家、读者批评指正。

赖来展

目　录

第一章　黑色食品新概念、新理论

笔者提出的科学饮食新概念认为：

守护健康是人类共同天职；保证食物的质与量是人类健康的根本；食品色、香、味、形"四大特征"之首是优选食物的生物色素；

现代科学研究表明，黑色食品不干净、不吉利、不雅观、不高产的"四不"的陈腐观念必须颠覆；

黑色食品营养价值好、生理功能好、抗衰老效果好、经济效益好的"四好"旳科学观要逐步树立。

我国黑色食品自然资源异常丰富，本书推荐和评价的70多种珍稀资源都是非转基因品种，是老祖宗留给后代并得到现代科学验证的宝贵资源，

笔者认为：在未来的世界食品竞争中，唯拥有富含第八营养素、具健美长寿功能潜力的自然资源，才能站上世界食品发展的制高点。因而我们要倍加珍惜。

因此，本书观点鲜明提出：人类以健康为根本、以食疗养生享天年，优选以生物色素为首要营养的食品资源，开拓以黑色食品优先的中国特色的生态食品。

可概括为四句20字：

> 人以健为本，
> 健以食为天，
> 食以色为首，
> 色以黑为先。

第一节　黑色食品是什么

一、黑色食品新定义

"黑色食品"是指自然颜色深，营养价值高，多含膳食纤维，特别富含生物色素（第八营养要素），具有抗氧化、延缓衰老功能，用现代科技加工，具有东方特色药食同源的养生食品。

生物色素是指在植物、微生物、动物体内的有机色素，如花青素、类黄酮、黑色

素等。食品外观自然颜色越深,其内含生物色素越多,抗衰老功能越强,因此从外观上又可分为典型的黑色食品和非典型的黑色食品。

第一,典型的黑色食品。主要是指自然颜色很深的食品,如在彩色照片中,呈现深黑色、深紫色、深褐色、深红色的食品。例如,黑米、黑豆、紫叶甘薯菜、紫山药、黑马铃薯、黑芝麻、黑木耳、黑灵芝、黑葡萄、黑乌鸡等。

第二,非典型的黑色食品。一般是指在同类食品中自然颜色为浅黑色、浅红色的食品,如在黑白照片中颜色相对较黑颜色的食品。例如,红米、红豆、火龙果、紫莲雾、红苋菜、彩色马铃薯、红豆角、红萝卜、红葡萄、番茄等。

因此,通俗地讲,黑色食品就是"深色食品",黑色食品是深色食品的浓缩,即红—紫—黑是也。

实践是检验真理的唯一标准。近几年来,我们到国内外的山区考查,发现了野生的紫色甘薯叶和野生的黑沙姜,把它们采回引种、试种、再经权威单位中国广州测试中心分析,结果证明,紫叶甘薯菜每百克鲜重含原花青素53.7毫克,黑沙姜每百克鲜重含总黄酮1.5克,都显著超过同类食物的营养功能,具有很大的潜在的开发价值,从而丰富了我国保健食品新资源,也说明了黑色食品理论具有重大的指导意义。

二、理论依据

在国际上,"黑色食品"这一科学概念,最早是20世纪80年代末期由笔者首先提出并在科学实践中不断发展完善。主要根据如下4个方面:

第一,食物自然颜色与其营养功能呈正相关。1982年笔者开创黑色食物研究后,将同一种类的不同颜色的食物如黑米、紫米、红米、黄米、白米等,以及黑豆、紫豆、红豆、黄豆、白豆的资源进行研究,经过多年反复实验、测试分析,发现食物自然颜色与其营养价值呈正相关,即颜色较深者营养功能较强,总结后首次提出黑色食品科学概念。此后的各种食物的科学实验,再次验证了其结论的可靠性。

第二,中国优秀的阴阳五行哲学思想和中医养生理论认为:黑色为水,水走肾,也就是黑色食品入肾功能多。肾为先天之本,元阳元阴之所在,五脏之首,通过以黑补肾则可以改善肝、心、脾、胃功能。实际上,肾在生命代谢过程中,处于中枢地位,是人体各部分中最繁忙的器官之一:主生长、发育与生殖功能;主全身的体液代谢平衡;主骨生髓、上盈于脑、补脑益精,脑力足,思路敏,记忆强;肾的另一重要功能是主纳气,调节呼吸等。总之,有强身健体、防老抗衰的作用。

第三,根据伟大自然科学家达尔文"进化论",人类是从海洋动物逐步进化而来的。因此,人体许多生理特性保持了进化过程中海洋生态环境相近的特征,如血液与海水的电解质平衡等。国际自然医学会会长森下教授认为,肾脏衰退是人体为了适应海洋环境到陆地环境转变,努力使血液近似海水而对肾脏过度使用导致的。在生态环境日益恶劣、食物和水质污染日益严重的今天,'以黑补肾'的意义显得更为迫切而重要。

第四,千百年来,亿万中国老百姓,通过生活和养生实践总结出的一句简朴成语——"逢黑必补",并已在我国长寿之乡人民的长寿文化中得到继承和发扬光大。就是通过黑色食物补益肾脏,进而补益生长、发育、生殖等功能。因此,笔者把深颜色的食品定名为"黑色食品",以继承和弘扬中国古代传统的哲学思想和优秀的养生理论,体现中国特色食疗养生与现代国际自然医学理论相结合,对笔者30多年来的科研实践为基础与长寿乡饮食养生的经验进行科学总结。

总之,黑色食品概念是古、今、中、外相关理论、科学实验、养生实践相结合的智慧结晶。

三、黑色食品的重要特性——"四重性"

从黑色食品科学定义中可以看出它含有四个重要特性,简称"四重性"。

(一)食品颜色的自然性

自然色素是在自然状态下,植物、动物、微生物等生物体在新陈代谢(合成或分解)过程中直接产生的较深颜色的物质,或在生命代谢过程中相互作用产生的次生产物,而不是外加的无机色素或色精等,并且它是非转基因的自然食品。例如,花青素是在太阳光照射下,在一定的温度下植物体内代谢过程中产生的色素;或如大豆在微生物发酵过程中产出黑色的豆豉、酱油等次生的有色物质,均为生物色素,一般表现为橙红色、蓝紫色、艳绿色和黑色等自然色。

(二)食品营养的多元性——特别富含"第八营养素"

黑色食品,除含有蛋白质、脂肪、碳水化合物、维生素、矿物质、水等六大营养素外,植物性的黑色食品还富含膳食纤维。20世纪40年代英国医生发现纤维素的价值后,经半个世纪的研究才发现原来这些不被消化吸收的成分,并不是"无用",它对控制血糖、降低心血管疾病发病风险和减肥等发挥着重要作用,其结果终于在1999年得到公认。此外,黑色食品特别富含过去被人类忽视的"第八大营养素"(生物色素),如原花青素、茄红素、绿原酸、多酚类、类黄酮、黑色素等多元营养素。

（三）食品功能的抗氧化、抗衰老特性

黑色食品因富含花青素类、多酚类、类黄酮、绿原酸、茄红素、黑色素等生物色素而具有很强的抗氧化和清除自由基作用，其中，花青素的抗氧化功能是维生素 A 的 50 倍和维生素 C 的 20 倍以上；更为重要的是黑色食品具有延缓细胞衰老的功能。因此，被认为是第七营养素之后，具有健美长寿功能的"第八营养素"。

据研究，食用花青素 20 分钟后，血液中就能检测到，并在体内维持长达 27 小时，与其他抗氧化剂不同，它有跨越血脑屏障的能量，能直接保护大脑中枢神经系统；此外，还特别具有较强的延缓细胞衰老功能。这是黑色食品很重要的独特功能之一。

（四）食品加工的科学性

由于黑色食品中特有的生物色素如花青素等易受光、温、热等外在因素破坏，且水溶性较强，因此在加工过程中，须按其理化特性，选用有针对性的科学方法，尽可能使生物色素免受破坏或流失，给予保护。例如，黑米酒，如采用传统的蒸馏工艺，其酿造出来的酒的成分与白米酒无异，不含花青素等生物色素，必须选用新技术酿制，酒瓶等包装容器也要用深色瓶，以避免直射光破坏生物色素；窖藏时应控制好温、湿度，采取避免高温等科学措施。特别提倡应用食物微化技术，如冷冻干燥、超微粉碎等新技术进行科学加工；尽量不加化学制成的色精、糖精、香精和防腐剂等；少用煎、炸、烧、烤等阳性加工技术等。

四、"第八营养素"新概念

2002 年 8 月在广州由中华黑色食品协作会和广东省保健食品协会联合主持召开的第四届全国黑色食品研讨会上，笔者作了《应用微化技术开发超营养素》的学术报告，首次把黑色食品中富含的具有抗氧化、延缓衰老功能的几千种黄酮类化合物，多酚类化合物，花青素、虾青素、黑色素等归纳为一大类营养素，当时称它为七大营养素之外的"超营养素"。

2004 年在北京中国农业大学召开的中日国际食品科学学术研讨会上，笔者进一步提出所谓"超营养素"就是"生物色素"，并有可能列为"第八营养要素"。

黑色食品的一个重要特点就是富含黄酮类化合物、花青素、多酚类、绿原酸、茄红素、动物黑素等生物色素。它广泛存在于黑大豆、黑小麦、黑玉米、紫色甘薯叶、黑马铃薯、黑米、黑芝麻、紫葡萄等深色植物中；并首次发现在乌鸡中也富含黄酮类

化合物,有些动物、微生物也富含曾被认为是"非营养物质类"的多酚聚合物等黑色素。现代营养学研究证明,上述生物色素在人体内不能合成,只能从食物中特别是黑色食品中摄取。它对调节生理功能、提高生命质量都极具重要意义,具有抗氧化,清除人体自由基,延缓衰老,强化免疫系统,提高人体抗癌力,促进血液循环,降血压、血脂、血糖等功能,能调节内分泌,延缓妇女更年期和增加肌肉弹性等,是人体必需的重要营养素之一,是人类更健康、更长寿的重要因子之一。因此,黑色食品就成为重要的功能食品。

　　近代营养学研究了 300 多年,将食物营养素由 3 大类(蛋白质、脂类、碳水化合物),发展为 6 大类(加上维生素、矿物质、水)。近 10 年来,由于肥胖症等富贵病患者剧增,1999 年又有科学家把研究了 50 多年的膳食纤维正式列为第七类营养素。随着新世纪人类对长寿、美容和健康日益迫切的需求,笔者首次把七大营养素以外具有抗氧化、延缓衰老功能的生物色素,如原花青素、多酚类、类黄酮、黑色素等列为"第八营养素",与七大营养素同等重要,对人体健康不可缺少。如花青素(分子量为 287 单位)的抗氧化功能是维生素 C 的 20 倍、维生素 E 的 50 倍。黑米、紫葡萄等食物中的原花青素(分子量为 578 单位),抗氧化功能更为强大,是维生素 C 的50 倍、维生素 E 的 100 倍以上,它将成为发展黑色食品的强大动力,并将推动健康长寿食品继续向前飞跃。

五、食品微化技术新概念

　　在许多黑色食品中的"第八营养素"多分布在种皮或果皮上,与纤维素同一分布,因此要开发富含"第八营养素"的黑色食品,就必须采用高新技术,特别是采用物理和生物化学的微化处理技术,即"二微""二发"技术。所谓"二微"是指超细微粉碎技术和微波技术;所谓"二发"指发芽和发酵技术。笔者认为,"二微"和"二发"等加工技术为食品加工新技术——微化技术。

(一)超细微粉碎技术

　　由于黑五谷及种子类黑色食品,其"超营养素"多富集在种皮上,如黑米皮含黄酮为 6.398 克/100 克,比黑米 0.305 克/100 克超过 19 倍,种皮粗纤维多,口感差,难于消化吸收。通过超细微粉碎,即在 −60℃ 以下的低温,将根、茎、叶、果、种子、肉、骨、皮等先冻结成固态,再瞬间粉碎成 3～5 微米(相当于面粉粒 1/3)的微粒。由于它是无热破碎,各种活性物质及风味能最大限度保存,并极易消化和进入肠绒毛膜吸收。所以,它在开发功能性保健食品方面特别具有优越性。

(二)微波技术

利用脉冲调制的微波,去照射食物不但可在极短时间内杀死细菌,还降低了能耗。由于微波能迅速加热食物,使得内部压力差急速变化,使食品膨化,一改过去用油炸、高热膨化技术的缺陷,生产出的产品,活化营养,改善口感,复水性好,并降低成本。

(三)酶与发酵技术

酶技术和发酵技术是食品生物技术的重要组成部分,在现代食品加工工业中占有重要地位。针对黑色粮油食品资源的营养特点,选择酶工程和发酵工程手段是加工黑色保健饮料的主要途径之一。目前应用较成功的主要有应用淀粉酶、糖化酶和啤酒酵母发酵生产黑米啤酒、黑小麦啤酒;应用淀粉酶、糖化酶和乳酸菌发酵生产黑米乳酸菌饮料以及黑小麦、黑玉米乳酸菌饮料;此外,还有应用复合酶技术和发酵技术生产黑色保健口服液和低度健身酒等。据杨汝德等研究,黑米经乳酸菌发酵后,饮料原液与黑米汁相比,维生素 B_1 由发酵前的 0.12 毫克/升增加到 0.23 毫克/升,维生素 B_2 从 9.18 毫克/升增为 44.32 毫克/升,维生素 B_5 由 117.86 毫克/升增为 178.32 毫克/升,维生素 C 由 750.4 毫克/升增为 861.3 毫克/升;游离氨基酸总量由发酵前的 1 827 毫克/升增加到 2 028 毫克/升,其中,赖氨酸、亮氨酸、谷氨酸、组氨酸等增加十分明显。此外,乳酸菌在发酵过程中产生的有机酸和抗菌物质,还能降低人体肠道内的 pH 值,能抑制由于消化不良引起的病原菌和腐败菌的增殖,阻碍或减少其产生致癌物质,对促进人体健康大有帮助。

(四)发芽技术

黑米、黑玉米、黑小麦、黑大豆、黑芝麻等黑色粮油食品原料为"全粒",都含有种皮和胚乳。新鲜的原料往往都具有生物活性,采取发芽技术将其发芽后,可以促进其内部物质的转化,增加其营养成分和活性物质含量,提高其营养保健价值。据张名位等研究,黑米、黑小麦、黑玉米和黑大豆等经发芽后,可溶性糖含量增加 86.33%～181.83%;16 种游离氨基酸平均增加 158.58%,维生素 B_1、维生素 B_2、维生素 C 和维生素 E 含量明显提高,其中,黑米、黑玉米、黑小麦和黑大豆发芽后维生素 B_1 含量分别为发芽前的 2.8 倍、2.9 倍、2.6 倍和 2.4 倍;维生素 B_2 含量的增幅为 76.6%～94.44%,维生素 E 含量的增幅为 47.49%～86.7%;维生素 C 在发芽前均未检测到,而发芽后黑米为 10.0 毫克/100 克,黑玉米为 2.0 毫克/100克,黑小麦为 7.0 毫克/100 克,黑大豆为 3.0 毫克/100 克。大米浸泡 1 天后不仅增加了纤维素,且赖氨酸提高 3 倍,保护肾、肝的氨基丁酸提高 10 倍。另外,我国中医学早有记述,谷芽、麦芽能"健脾开胃,下气和中,消食化积",可治疗食欲减退、消化不良等病症。目前,黑色粮油原料的发芽技术已获国家发明专利。

上述微化技术都有一个共同的特点,就是将种子或食物中高分子的淀粉、蛋白质、脂肪降解为较低分子的营养物,并排放出热能,使高热能的阳性营养变成低热能的阴性营养,创造出新的热能低的阴性食品,显著提高其活性物质,如活性多糖,活性多肽、活性纤维素以及黄酮化合物等,为营养过剩,体重超标的"富贵病"者提供营养均衡、阴阳平衡的黑色食品,更符合现代人所需,是一种值得大力提倡和探索的加工新技术。

中国食物与营养咨询委员会主任——卢良恕院士提出"以中国优秀'阴阳五行'学说及养生学为指导,以生物工程等高新技术为手段,以现代医药学和营养学为依据,让黑色食品这朵具有浓郁东方特色的奇葩,在世界食品百花园中盛开,并长开不败。"笔者认为,随着人类生命科学的揭秘,营养学和食品学将面临一场科学革命。食品市场将为不同体质的消费者提供更科学、更符合不同人群需要的个性化健康食品。应用高新技术(微化技术)生产的富含"第八营养素"的食品将在市场上大放光彩。

第二节　弘扬阴阳、五行哲学,开创中国特色食品

阴阳五行学说是我国优秀的传统哲学思想,是具有中国特色的朴素唯物辩证法理论。它在中医学上的应用,取得了举世瞩目的伟大成就。

在 2000 年 2 月广东顺德市召开的中国特色食品与第三届全国黑色食品研讨会上,笔者作为学术会议主持人首次将阴阳五行学说应用于食品营养与食品加工技术等科学领域,率先提出了中国特色食品的科学概念。

一、阴阳学说的概念

阴阳是对自然界相互关联的事物现象对立双方的关注,含对立统一的意义。阴和阳代表两个相互独立的事物,又可以代表同一事物内部所存在相互对立的两个方面。这两个方面的内在联系、相互作用和不断运动是事物生长、变化、兴亡的根源。

阴阳学在中医药学的应用取得了举世瞩目的伟大成就,成为当今具有重大科学和实践意义的流派。通过近年来的发展,阴阳学说已贯穿于中医药学理论体系

的各个方面,并用于说明人体的组织结构、生理功能、病理变化,以及诊断人体的疾病、确定治疗的原则、归纳药物的性味功能等。

二、中国特色食品概念

笔者率先提出,所谓"中国特色食品"是指:以中国独特的阴阳五行哲学思想为指导,以现代营养科学为依据,以中国黑色食物和传统的素食为主料,采用绿色的阴性加工技术精制而成的,具有特殊色、香、味、性和健美长寿功能的养生食品。具体来说,是以当今世界出现的近15亿营养过剩群体为主要消费对象,以黑色食品、苦味食品、高纤维食品为代表的深色、阴性的健康食品。如果说色、香、味、形是过去食品的四大特征,那么21世纪的今天,色、香、味、性和营养则是现代食品的五大特征。"性"是按祖国优秀的阴阳学说划分的。食品按其原料的属性及加工的方法或工艺的不同,有阳性食品(温性、热性)和阴性食品(寒性和凉性)之分,这对促进人体生理的阴阳平衡、健康发展有重要意义。

以"素食"为主的食品结构,则是中国特色食品的最基本特征之一。是一种低碳环保的生态食品,也是当今世界人类食品可持续发展的最重要的方向之一。

据2014年美国趣味科学网站2月24日报道:素食在降低高血压和相应的心脏损害等方面效果最好。这项由美国和日本科学家对18个国家,涉及超过2.1万人参加的研究发现,避免肉食的人血压水平始终较低,素食可使收缩压降低6.9,舒张压降低4.2,疗效显著而且还没有药品带来的副作用。

此外,人类多吃素食还给地球降低空气污染、提高生态效益。据调查统计,用1英亩的耕地种谷养牛可以产生1吨动物蛋白质,如果用来改种大豆,却可生产17吨以上的植物优质蛋白质。即1个人吃1块牛排,消耗的资源可以应付5个素食者1餐。可见,提倡发展中国特色食品,多吃素食不仅有利人体减肥,还有利于减少资源消耗,减少二氧化碳等污染,改善人类生态环境,促进人类健康长寿,最终实现经济效益、社会效益、生态效益的高度统一。

中国麦肯基总部把中国特色食品概念在餐饮业上应用的规范简称为"中国范",其主要规范为:

1. 指导原则 以中国特色的阴阳、五行养生理论为指导原则;

2. 主要目的 以体质与食品营养之间的阴阳平衡,达到健美长寿的目的;

3. 适应人群 以体重超标的青少年、延年益寿的中老年、减肥美容的妇女、补肾壮阳的男士等为主;

4. 食品资源 以富含第八营养素的黑色食品和素食等为主的食物资源;

5. 加工方法　以采用蒸、煲、煲的阴性加工技术等为主的加工方法。

三、阴性、阳性食品资源的概念

笔者根据达尔文进化论和中国养生学说,认为阴性食品、阳性食品是相对的,从自然界食物资源来区分:在生物性食品资源方面,植物性食物(素食)是阴性食品,动物性食物(肉食)是阳性的食品。

1. 植物性食品资源　粮油类、豆类、薯类又是在阴性食物中相对较为阳性的食品资源;叶菜类、瓜类、水果类又为典型的阴性食品,或可称为阴阴性食品;

2. 动物性食品资源　首先是猪牛等畜类,4 条腿的红肉食品,可称为阳阳性食品;其次是鹅鸭鸡等禽类、鸟类等二条腿的资源也是典型的阳性食品,鱼类、虾类等水生动物为阳性食品中相对较为阴性的资源。

从食性来分析:阴性食品是指食品的食性较寒凉滋润,食味较酸苦或清淡,食色较深或较黑,有利于人体降火退热、消炎解毒退肿、预防"富贵病"的自然食物,并以水为溶液通过蒸、煮、煲等"阴性"方法制成的一类食品。它多数为植物性的"素食",如五果类、五蔬类、水生类植物、菇菌类、薯类等。

阳性食品是指食性较温热或焦躁,食味较甘甜或芳香,食色较红褐,有助于补血益气、壮阳,预防身体虚弱、贫血等病症的自然食物并以油脂或糖为溶液,通过炖、煎、炸、烤等"阳性"方法制成的一类食品,这类食品以肉食类为主。

根据国内外权威报道,当前肥胖症等阳性病发展迅速,主要是由于西式快餐、可口可乐等高糖饮料、深加工的包装食品引发的。据世界观察研究所的世界状况报告:世界上营养过剩和体重超标的人数第一次超过营养不良和体重过轻的人数,已接近 15 亿人口。该报告还警告说:高热量、高脂肪的饮食易引起肥胖、心脏病、糖尿病和癌症的危险,这 4 种病引起的死亡在发达地区占所有死亡原因的一半以上。据美国微软公司一项估计,医疗费、生产率降低和残疾开支,每年使美国支出1 180 亿元。"全世界正陷入一种营养危机,使人类受到惨重损失,而这种损失基本上没有被人认识到"。因此,面对新世纪"富贵病"的挑战,急需发展以素食为主的中国特色的阴性食品。

祖国传统医学阴阳学说认为:人体内阴阳失调是一切疾病发生的基本原因之一,心血管病、癌症、肥胖症、糖尿病等"富贵病"多属阳性病,通过食用阴性食品包括黑色食品、黄色食品、青色食品、苦味食品、酸味食品、高纤维食品,有利于平衡阴阳预防阳性病,有预防和协助治疗作用。

笔者认为:对于自然食物也可以参照达尔文进化论的原则进行选择,即按照物种进化史上,与人类的物种间的亲缘关系顺序来选择,选用与人类物种间血缘越疏远的食物,与人类营养越有互补作用。

具体来说,动物类与人类的物种血缘关系较近,特别是有 4 条腿的脊椎动物,如五畜类(猪、牛、羊、狗、猫等);其次是 2 条腿的五禽类(鸡、鸭、鹅、鸟等);再次是没长腿的水生动物鱼类。因此,在肉食类中建议多吃较远亲的鱼类,少吃近亲的猪、牛肉等。植物性食物与人类的亲缘关系更远,如草本植物类的果蔬食品和低等植物菌、藻类食品等。根据上述原则,笔者提出中国特色食品以素食为主。

最近,国务院发布了中国食物与营养发展纲要(2014—2020 年),提出全国人均全年口粮消费 135 千克,蔬菜 140 千克,水果 60 千克,豆类 13 千克,水产品 16 千克,蛋类 16 千克,奶类 36 千克,肉类 29 千克,体现了素食为主体,资源多样化的原则,因此是有科学根据的。

四、阴性、阳性营养素概念

笔者认为,食物含有八大营养素,即蛋白质、脂肪、碳水化合物、维生素、矿物质、水、膳食纤维和生物色素等八大营养素。

其中前 3 类含有丰富热能物质,并能在人体内通过消化吸收转化成热能,按阴阳学说可称为"阳性营养素",如碳水化合物含热能 17.14 千焦/克,蛋白质含 23.24 千焦/克,在人体内消化(氧化)后净得热能也有 16.72 千焦/克。

特别是脂肪,属于高能营养素,每克含热能高达 39.50 千焦/克,在人体内消化(氧化)后也有 37.79 千焦/克,比碳水化合物和蛋白质高 1.25 倍,因此把蛋白质、碳水化合物称为阳性营养素;把脂肪称为超阳性营养素。

维生素、矿物质、生物色素,基本上不含有热能,因此可称为"阴性营养素"。

水在体内不但不产生热能、还可以通过水分代谢,如出汗等把热能排出体外;而膳食纤维素与碳水化合物一样具有潜在的热能,但由于人体内没有消化纤维素的酶,在体内不能消化吸收纤维素,因此在体内不能转化为热能。又由于纤维素的理化特性,能将肠内多余的脂肪、蛋白质及碳水化合物进行反吸收后通过大便排出体外,降低人体内热能,因此把水和膳食纤维称为"超阴性营养素"。应用阴阳学说,划分自然食物的营养属性,可为食品组成配方和加工工艺的选择提供依据。

五、阴性、阳性食品加工技术的概念

应用阴阳学理论,可将食品加工(烹调)技术确认为阴阳属性。

所谓"阳性加工技术",是指采用高温或超高温直接加热的技术,或添加油脂和蔗糖为介质进行加工增加了食物热能的技术为阳性加工技术,如用火直接烧烤、油锅煎炸、高热膨化等为阳性加工技术。

所谓"阴性加工技术",是指将高热能的食物大颗粒、大分子降解为含热能较低的小颗粒、小分子的加工方法,如采用以水溶液为介质进行煮、煲、蒸等加工技术或真空低热、高压瞬间膨化、酶分解、发芽、发酵等生物技术进行食品加工的技术一般为阴性加工技术,如将淀粉酶解→多糖→双糖→单糖→乙醇等小分子,其热就能从18千焦降至16千焦以下。

如用阳性食物原料并采用阳性加工技术,其加工后的产品为阳阳性;采用阴性原料和阴性加工技术制成的食品为阴阴性;但如要采用阳性原料(如肉类)生产较为阴性的食品,则可采用阴性加工技术给予转化。相反,如果要用阴性(素食)原料生产阳性食品,也可采用阳性的生产工艺进行转化。食品的阴性、阳性不是绝对的,是相对的,并在一定技术条件下可以相互转化。阴阳学说,为我们加工功能食品提供了广阔天地,也可以为不同阶层的消费者提供平衡人体阴阳的健康食品。

当前,全世界营养过剩、身体超重者接近15亿,癌症病者近1500万,成为全球第一大死因,阳性体质者占多数人口,因此不能选用阳性加工技术。如将肉类等食物,明火直接烧烤,或烟熏食物,这样还会产生致癌物质3,4-苯并芘,其含量与烤的时间成正比。炸鸡腿、炸油条、油炸土豆不仅会引起维生素等大量破坏,更增加了食品大量热能。据美国《国家科学院学报》2013年8月刊上报告,烧烤食物易导致肥胖和糖尿病。法国卫生和医学研究所的科学家研究显示:中年肥胖症患者,可能在晚年患糖尿病和痴呆症,脑力衰退的速度快22.5%。

2014年2月3日,《世界卫生组织公告》强调,为实现2015年全球超重人口不超过15亿的目标,号召各国政府必须修改饮食和农业相关政策,只有减少西式快餐食品摄入,才能阻止甚至减少日益增长的肥胖人口(据2014年6月19日《今日美国报》报道,麦当劳连续20年被评为美国最差快餐)。

因此,笔者建议:必须大力发展以素食为主的中国特色的生态食品,进行第二次绿色革命,加快发展富含第八营养素——生物色素和第七营养素——膳食纤维的植物性食物资源,采用蒸、煮、煲等的阴性加工技术,多吃瘦身减肥的食品和中式快餐;加快研制和推广以阴性加工技术为主制作的中式快餐,少吃或不吃用油煎炸的西式快餐、可口可乐等含糖量的饮料及过度加工包装食品。《世界卫生组织》2014年3月5日又公布了日摄糖量新指南,建议每人每天摄入总热能的5%,包括添加到食物里的糖,也包括蜂蜜、糖浆以及果汁里的糖,但不包括水果中天然含有的糖分。世卫组织专家组发现,高糖摄入与肥胖关系密切,肥胖的人患慢性病的风险较高,而全球人口有60%的死亡要归结为慢性病。

当前,我国已出现了一些以新鲜食物为主体,并逐步应用蒸、煮、煲等阴性加工技术的中式快餐企业,如广州麦肯基饮食管理有限公司、真功夫等。建议各级政府大力引导和支持这些企业的发展。

六、五行学说的基本概念

五行,即是木、火、土、金、水五种物质的运动。我国古代人民在长期的生活和生产过程中,认识到木、火、土、金、水是不可缺少的最基本物质,故五行最初被称为"五材"。

五行学说,是在"五材"说的基础上,进一步引申为世界上的一切事物,都是由木、火、土、金、水五种基本物质之间的运动变化而生成的。同时,还以五行之间的生、克关系来阐释事物之间的相互关系,认为任何事物都不是孤立的、静止的,而是在不断地相生、相克的运动之中维持着协调平衡。这即是五行学说的基本涵义,也是属于我国古代唯物辩证观的主要依据。中医学理论体系的形成过程中,受到五行学说的极其深刻影响,它同阴阳学说一样,也已成为中医学独特理论体系的组成部分,在历史上对中医学术的发展产生了深远的影响。

五行学说以"五"为基数来阐释食物之间生克制化的相互关系,认为整个宇宙是由木、火、土、金、水五种基本物质的生克制化所组成的整体,人体的五脏、五官、五体、五志等各系统之间也是一个存有生克制化关系的整体;并认为自然界的五气、五色、五化等都内应脏腑,脏腑的生理活动与自然环境之间同样存在着生克制化的整体性联系(表1-1)。

表1-1 五行属性归类表

自然界				五 行	人 体				
五 味	五 色	五 化	五 气		五 脏	六 腑	五 官	形 体	情 志
酸	青	生	风	木	肝	胆	目	筋	怒
苦	赤	长	暑	火	心	小肠	舌	脉	喜
甘	黄	化	湿	土	脾	胃	口	肉	思
辛	白	收	燥	金	肺	大肠	鼻	皮毛	悲
咸	黑	藏	寒	水	肾	膀胱	耳	骨	恐

七、五色食品科学概念与应用

笔者首次将"五行"哲学思想应用在食品的五种颜色与其相关的营养素与功能

上。透过现象看食品营养本质,五色食品概念是:

1. 白色食品 把含淀粉类为主的白米、白面、白薯、白糖等以碳水化合物为主的食品,称为白色食品;

2. 红色食品 把富含饱和脂肪酸、动物蛋白质、高热能营养食品,如禽、畜类等称红肉食品或红色食品;

3. 黄色食品 把富含不饱和脂肪酸和植物蛋白等营养食品,如大豆、花生、玉米、芝麻等称为黄色食品;

4. 青色食品 把富含膳食纤维、叶绿素、维生素等营养的食品,如青菜、青瓜、青豆、青果等称为青色食品;

5. 黑色食品 把上述四类食品中,自然颜色相对较深,富含花青素、黄酮化合物、黑色素等生物色素的食物,如白色食品中的黑米、红色食品中的乌骨鸡、黄色食品中的黑大豆、青色食品中的紫色甘薯叶、紫苏等称为黑色食品。

下面是在应用方面的常用知识:

如有消费者问:有没有办法通过食疗可以增强生命力,并能益寿延年。答案是当然有。中医学认为,只要在日常的饮食中添加一点黑色食物就可以达到这个目的。那么,黑色食物为什么能有这种功效呢? 按照"五行"学说,是因为黑色食物能入肾,黑色食物具有补肾生精之功效。但为什么补肾生精就能增强生命力呢?

中医认为肾的重要功能是主收藏,如同仓库保管员将物品收藏起来,等到需要时再将其从仓库里面取出来。肾所藏纳的是精,是维持生命活动的重要物质基础。肾精一部分来源于先天,一部分则来源于后天。先天之精为父母所给予,是我们出生之前从父母那里获得的;后天之精来源于水谷精微,由脾胃化生。

脾胃向其他脏腑输送水谷精微时,会将每个脏腑都照顾到,而不是单独向肾输送。身体中的脏腑接受由脾胃输送而来的水谷精微,一部分用于满足脏腑需求,一部分则再次转移进行储藏,以备不时之需,即转由肾脏收藏。当五脏六腑需要时,肾再把所藏的精气重新供给五脏六腑。故肾精的盛衰,对各脏腑的功能都有影响。可见,肾精的充盈状况关乎五脏六腑生理功能的强弱,而五脏六腑的状况则又关乎生命质量的高低,关乎寿命的长短,因此要增强生命力,就要补肾生精,以维持脏腑整体的平衡。

补充黑色食品除了能增强肾藏精的功能,以维持脏腑整体的阴阳气血平衡外还可补益肾气。中医学认为,人的生老病死均与肾气的充盈情况息息相关。肾气足,则免疫力强,就少生疾患,否则健康就会受到危害。对于男性来讲,肾气不足除了导致身体易疲劳、脱发、失眠等问题外,还会出现性功能障碍,如阳痿、早泄等;对女性来讲,除了会影响到容颜外,还会影响怀孕生育,甚至还可能患上不孕症。为此,不管是男性还是女性,不管是年轻人还是老年人都应重视补肾。只有肾气足,身体健康才能得到保证。补肾气一方面可以食用补气的食物,另一方面可以通过补肾生精的方法来补肾气,这是因为肾精可转化为肾气。

例如,曾有一位女性患者,姓杨,由于肾气不足,30多岁的人儿看上去如同40几岁,身材臃肿,脸色蜡黄,头发缺少光泽……我建议她通过食用黑色食物以补肾生精来进行调理,效果非常满意。

如果我们在补肾的时候,能再补一下脾胃和肺,会有更好的效果。有些人不明白,补肾就是补肾,为什么又补脾胃和肺呢?补脾胃有两个原因:一是肾中所藏的精一部分是脾胃所化生的水谷精微,脾胃的生化功能直接关系到肾精的盛亏;二是五行相生相克的原因,有这样一句成语,"水来土掩",即土可以克水,自然,脾土也就可以克制肾水,决定了肾生理功能的强弱。基于上述原因,就应滋补脾胃,使脾胃对肾的克制不要太过,以免损伤肾的功能。滋养脾胃可用黄色和甘味食材。

接着我们了解一下为何要滋补肺。肺属金,肾属水,肺金可滋生肾水,因此增强肺的生理功能有助于强肾,肾强自然生命力也就强了。滋补肺可用白色食材,白色食材入肺,能滋养补肺,增强肺的生理功能。

第三节 人类饮食的进化及健康食品的发展

一、饮食进化的四个阶段

(一)"熟食"技术的发明,标志着人类饮食改革第一次阶段已开始

达尔文学说揭示,人类的始祖是类人猿。人类祖先像《西游记》的孙悟空一样,多少万年以来,依靠吃野桃、野菜、野瓜而生存。

自从火的用途发现后,在饮食上引起了一场由生食到熟食的革命。人类第一次可以从猎捕的野禽、野兽以及野果,用火烧成营养丰富、美味可口的食物,这种野生的动、植物,即野生青色食物与红肉食物构成的食谱比原始的单一的以野果为主的食谱前进了一大步,这种热能较高的食物结构逐步改善了人类自身的智力和体质,大大提高了人类的身高和寿命。

(二)作物栽培、育种技术的发明,标志着人类饮食进入了以白色食物为主食的第二个阶段

依靠自然存在、飘忽不定的野生动、植物为主食,只能使人类饱一餐、饿一餐,

过着半饥半饱的生活，人类为了繁衍自己，逐步发明了畜耕刀种、灌溉栽培、引种育种直至食物的初加工等技术。首先是栽培旱生作物，然后是建设水利，培养高产粮食作物，逐步解决人类温饱。在风调雨顺、五谷丰登的年份，为了较有效地贮存食物，又开始了将粮食加工制成保藏期较长的酒及粉干、粉丝、饼干等系列食品，这种以淀粉（即白色食物和白色食品）为主食的第二次饮食改革，让人类初步达到了温饱，繁衍了人类。但是，以碳水化合物为主食的营养，往往蛋白质摄入不足，能量偏低。

（三）动物驯化以及肉乳类加工技术的发明，标志着人类饮食进入了红肉食品为主要热能的第三阶段

动物驯化及肉乳类加工技术，大大提高了人类饮食中的脂肪、蛋白质和热能，进一步促进了人类体质和智力发展，但由于长期的大量的食用含有"三高"（高能、高脂、高蛋白质）的红色食品，造成能量过剩并引发了各种"富贵病"和"文明病"。如美国20世纪50年代以来大力提倡肉、蛋、乳等食品，随着社会快节奏生活，煎、炸、烘、烧各种肉类的"洋快餐"风行于世，长期把它放在食品发展的首位，导致当前癌症、心血管病死亡率名列榜首。同时，由于在农业生产中大量使用化学肥料，工业的发展又造成了水质、空气、土壤的污染，在食品加工过程中还要添加糖精、色精、香精和防腐剂等多种食品添加剂，又引入了不安全的因素，对人类的健康造成较大的威胁。如今人们开始认识到并将这类食品称之为"垃圾食品"。

（四）由于营养科学和医学的进步，膳食纤维被确定为第七大营养素，以及把果蔬类等青色食品作为人类主食之一的地位的确立，标志着人类饮食改善第四阶段已到来

由于过去曾认为，食物的某种营养素含量愈丰富，对人体就愈有好处，其实这是片面的。鉴于欧美一些发达国家过分强调高脂、高能量食品引发的"文明病"，人们不得不进行反思，科学地总结经验教训，认识到膳食中营养素之间的平衡、合理搭配才是最为重要。现代医学也揭示，纤维素虽不能为人体所吸收，但能进行反吸收，即能将体内多余的不能消化吸收的营养和代谢废物带走，对营养过剩的现代人大有益处，因而被称为人体不可缺少的第七营养素。因此，富含叶绿素、纤维素、维生素的青色食物及经科学加工而成的青色食品，又回到了饮食结构主食之一的重要位置，这是人类饮食开始回归自然的又一次改革。但是由于在青果、青菜、青瓜、青豆的栽培过程中，大量使用农药和化肥，既污染环境，又使食物中的有害物质残留增加，因而出现了不利健康的一面。同时，现代人工作、生活节奏的加快、心理压力的增加又出现了许多疾病，也需要通过食疗来舒缓（表1-2）。

表 1-2 食物营养进化四个阶段的特点和内容简述表

阶　段	科技进步	改善的内容	主要营养结构特点	与健康关系
第一阶段（古代）	取火技术的发明及其在饮食上的应用	①从吃生的野果中增加了熟野菜 ②人类第一次在饮食中增加了肉类	从单纯的果类食物加入叶菜类及肉类食物，即野生的青色食品与红色食品相结合	食物短缺、饥寒交迫造成人体矮小，人均寿短，20岁左右
第二阶段（近代）	农具的发明，栽培、育种、水利技术的进步	①刀耕火种旱地作物（薯类等） ②灌溉技术促进高产作物推广 ③引种、育种超高产作物	以薯类、五谷等淀粉为主，白色食物及其食品成为人的主要营养源	得到初步温饱，身材增高、智力上升，但卫生差，传染病多，人均寿命达40岁左右
第三阶段（现代）	饲料生产集约化，种养技术的进步，肉类加工及食品添加剂的发明	①大批农副产品制成精饲料 ②机械化集约化的养殖场出现 ③食品添加剂的发明，大量肉鱼蛋及加工的产品进入市场，成为人体主要热能	发达国家和地区动物性的高蛋白质、高脂肪、高能量的红肉食品成为居民的营养源之首	发达地区营养过剩，热能过高，体重超重或肥胖，"富贵病"蔓延，人均寿命60岁左右
第四阶段（后现代）	现代营养学、生物学及保鲜技术的出现	由于营养过剩引起肥胖症等富贵病剧增，纤维素被确立为人体主要营养素之一，称为第七营养素	富含纤维素、维生素、叶绿素等而又无污染的果蔬类青色食品成为主食之一	注重营养平衡，热量均衡，安全、卫生，人均寿命70多岁

二、未来食物营养的发展趋势

随着生活水平不断提高，社会日益进步，人们的健康理念、幸福理念越来越受重视，个人从胎儿到出生，从婴儿到儿童，从青少年到成年人；女人从结婚后的怀孕到产妇、更年期：这不同人群不同年龄阶段对各种食物与营养的需求也不相同。归纳起来：少儿追求长高益智，学业超常；女士追求体态苗条，健美常驻；男士追求身材结实，雄风不倒；老人追求鹤发童颜，延年益寿。

根据上述各种人群的需求，在安全食品、绿色食品、有机食品、生态食品的基础上要大力发展功能性食品，开发功能性营养食品。据统计，我国儿童肥胖者约占

10％，城市肥胖儿童不久将达 30％，全世界有 14 亿成年人和 2 200 万 5 岁以下儿童肥胖。更值得注意的是我国步入中老年队伍的人数越来越多，据 2013 年统计，全国糖尿病占成年人 12％，其中广州市糖尿病占成年人 13％。女士们越来越注重体态美。因此，大力开发具有抗氧化、清除自由基、延缓衰老的"第八营养素"——生物色素，利用营养学与医学结合及生化工程技术，针对不同地区、气候、体质发育期及不同作业人群的需求，大力发展富含抗氧化、抗衰老生物色素的食品，是今后改善食物结构的重点之一，也是未来世界食品发展的制高点。

三、发展富含第八营养素——生物色素的黑色食品

所谓生物色素是指：自然存在于动物、植物、微生物体内，具有清除人体自由基、抗氧化、抗衰老功能的有色物质。自然界中分布最广的而且最重要的生物色素有花青素、类黄酮、虾青素、黑色素等。黑色食品是第八营养素——生物色素的最重要的载体。

根据消费者的不同人群、不同体质，为适应中国社会改革开放的快节奏，中国麦肯基等快餐龙头企业也创新了"中式快餐"的饮食文化。以"黑五谷"、乌骨鸡、黑木耳、海带、紫甘薯菜等为主要食材，以蒸、煮、炖、煲等加工技术为重点，精制以黑色食品为特色的、更加健康的系列快餐食品。

在一次国际学术会上，笔者根据中国优秀的"阴阳五行"哲学思想提出新型合理的饮食结构——"五色食品、五色同桌"，即白色食品（五谷、淀粉类）、红色食品（五畜、肉类）、黄色食品（五果、豆类）、青色食品（五菜类）、黑色食品（抗衰老功能类），这五种食品要合理搭配。如果说"不分青红皂白"在处理事务方面是一种糊涂的话，那么在餐桌上青、红、皂（黑）、白五色食品搭配在一起，则是一种科学的选择。问题的关键是当前餐桌上黑色食品偏少，因此当务之急必须加快大力开发黑色食品，满足多方面的人体生理需求，也是第二次绿色革命的重要内容之一。近 30 年来，我国先后开拓了黑米、黑豆、黑芝麻、黑玉米、桃金娘（黑野果）、紫茄瓜、紫包菜、黑都叫、黑桑葚、草莓、马齿苋（紫野菜）、黑马铃薯、黑花生、紫甘薯、紫山药、黑参等应用资源，笔者也培育成了一批各有特点的黑米、黑豆、黑沙姜、紫色甘薯叶等新品种及上百个新资源食品，研制了 30 多种黑色食品，从而推动了我国黑色食品的发展。据初步统计，当前我国已有上百家企业生产了近 300 种黑色食品，产值在千亿元以上，从业人员约 20 多万，初步形成了一个新兴的中国特色的健康食品行业。这是以黑色食品为主的饮食文化。

据最近《环球时报》等记者的了解，在日、韩等国及台、港等地区药食同源的紫

山药、黑马铃薯、山楂、乌梅、红木瓜、红枣、黑枣、黑芝麻、蜂蜜等富含第八营养素系列黑色食品也在大力开发。有调查显示,2012年日本消费者对药食同源的产品认为:一是温和有益健康;二是没有不良反应;三是可以改善体质。比10年前的调查有了很大的进步,其保健养生的功效逐渐得到认可。

在国际上,对黑色食品资源的研究也很重视。如对黑色人参——黑沙姜的营养成分和生理功能的研究,非常积极,近年来泰国、日本、韩国、印度等国的大学和研究单位连续发表了18篇论文,说明药食同源的黑色食品已逐渐成为新的开发热点。

我国生物资源极为丰富,需要我们目标明确,重点突出,多学科联合攻关,各行业齐心合力,应用现代各种高新技术,继续筛选、创造一批富含抗衰老功能的新食物资源和科学加工的新产品,就能使我国在黑色食品研发中继续走在世界前列,造福人类。

第四节　开发长寿食品迎接健康产业第三次浪潮

健康长寿是几千年人类探索研究最重大的主题之一。近百年来,为了人类健康长寿,在世界保健产业发展上曾经掀起过两个浪潮(抗生素产业浪潮和维生素产业浪潮),现在正进入第三个浪潮——生物色素产业浪潮。

一、第一次产业浪潮,开拓抗生素系列药品

20世纪初中期由于第一、第二次世界大战及各国天灾人祸,死于瘟疫、流行性传染病(如消化道传染病、天花、呼吸病、肝病等)不计其数,因此科学家们发明了抗生素,如青霉素(1928),英国伦敦圣玛丽医学细菌学家佛莱明发现的第一个抗生素,被誉为人类医学史上的一个重大的里程碑。它的出现使许多疾病得到控制,如肺炎、脑膜炎、产褥热、败血症、肺结核等,为保护人类健康立下了不朽功勋,促使人类平均寿命成倍增长,因而被称为抗生素时代。但近几十年来由于滥用抗生素而使病菌产生抗药性,致使抗生素药效失灵,世界各国都严格控制抗生素使用,避免抗生素滥用对人类造成危害。

二、第二次产业浪潮,开拓维生素系列产品

20世纪中后期,由于世界农业科学发展,掀起了一场波澜壮阔的绿色革命,如矮化育种、杂种优势利用,促进了粮食作物由低产变高产,高产再高产,为解决世界饥荒做出了巨大贡献。虽然粮食产量高了,但营养品质有所下降,特别是各种微营

养素严重缺乏而引起各种疾病。因此,医药科学家们不断研制出各种维生素药品及复合剂,促使维生素药品蓬勃发展,如1970年化学家莱纳特·波林用大剂量服用维生素C来预防感冒等。此后把维生素C、维生素E、维生素A和胡萝卜素等抗氧化维生素应用于抗衰老和治疗肿瘤、癌症等疾病,接着维生素A、B族维生素、维生素C、维生素D、维生素E等潮水般涌现,消费量不断增大,促使人类营养平衡的提高,因而可称为"维生素产业浪潮"。

但随着农产品质量、自然食物微营养素的提高,以及人类物质生活品质的提升,最近英国科学家们发现:"服用各种维生素片对健康无影响。"英国《每日邮报》(2011年12月27日)说:成百上千万英国人每天必服多种维生素片,希望借此防止体弱多病,然而根据一项大型研究的结果显示,尽管维生素补充剂要花掉人们成百上千万英镑,却对身体正常的人们的健康意义不大。

伦敦圣乔治医院的首席饮食学家柯林斯的一项研究还发现,虽然维生素有害的证据还十分有限,但最新研究结果似乎证实,许多人至少是在不必要地服用补充剂。理将美国《福布斯》双周刊2013年10月7日的文章摘录如下:"如果你不是严重缺乏维生素,额外补充维生素不会带来好处;而且,习惯性地服用大剂量维生素实际上可能对你有害。"

以下是你最不应服用的5种维生素制剂(除非你的医生建议服用):

维生素C。实际上维生素C片无法预防或治疗感冒;并且,尽管维生素C大体上是安全的,但2000毫克或以上的大剂量会增加患肾结石的风险。

维生素A和β-胡萝卜素。维生素C和维生素E都是抗氧化剂,因所谓的抗癌特性而受到推崇。但相关证据不支持这一点。在国家癌症研究所支持的一项大型研究中,过多的服用维生素A可能产生毒性和多种不良反应。

维生素E。长期以来一直被商家当抗癌药兜售的维生素E是很受欢迎的补充剂。去年对35 533名男性所做的一项大型研究发现,服用维生素E的男性患癌的风险上升了。

维生素B_6。许多食物中都有B族维生素(B_6和B_{12}等),缺乏B族维生素的现象很少见。长期服用维生素B_6补充剂可能对人体有害,可能会对神经造成严重损害,导致人无法控制自己的动作。"复合维生素,近40%的美国人服用复合维生素。一项大型研究在25年的时间里追踪了38 772名女性,结果却发现,总体而言,长期服用复合维生素、维生素B_6、叶酸、铁、镁、锌和铜的人死亡风险上升了。"

法国南锡大学的专家小组跟踪调查了近万名志愿者指出:"服用补充剂可改善健康状况的看法在这项实验中未得到佐证。"

笔者认为:维生素作为人类必需的第四营养素是毫无疑义的,但正如脂肪、碳水化合物等营养素一样,也不能超量、超常地食用。否则,会产生血脂、血糖过高,导致富贵病,因此正常体质的人也同样不能经常超量服用维生素制剂。补充食用各种营养物质,都需因人而异,最好是听取医师的建议。

三、第三次产业浪潮,开拓生物色素和膳食纤维的系列黑色食品

长寿是一个极为深奥复杂之谜,它涉及分子水平上的机体内的遗传基因,细胞水平上线粒体等内在结构诸因素。但从外在因素方面,可以从改善人类食物营养结构,提高具有抗氧化力的生物色素及限制热能的膳食纤维素等方面入手,开拓长寿食品工程。从一定意义上说:当今世界,谁占有自然食物的抗氧化、抗衰老资源,谁就站在了现代食品发展的制高点,谁就拥有世界食品产业发展的未来。因此,开发具有抗氧化功能的长寿食品,就站在了健康产业第三次浪潮的前列。

笔者经 30 年的研究发现,黑色食品,特别是富含具有抗氧化、抗衰老功能的生物色素,主要是花青素、类黄酮和黑色素等"第八大营养素",同时也富含第七营养素——膳食纤维。它们在食物中的分布是共生的,如在种皮、果皮等器官上。

(一)花 青 素

笔者将一批农产品送给国家权威单位——中国广州分析测试中心检测:黑糯1 号含原花青素 0.763 毫克/100 克,黑粳 2 号含 1.19 毫克/100 克。地下的黑色食品鲜重中花青素的含量:黑马铃薯为 31.5 毫克/100 克,紫山药为 40 毫克/100 克,紫甘薯菜为 53 毫克/100 克;黑沙姜、葛根等含自然抗氧剂更为丰富。因此,当前应大力宣传、推广黑色食品以促进人类健康长寿。望保健食品协会的各企业相互合作,共同开发,引领食品发展新潮流,把科学上的闪光点变成市场的热点和消费者的买点,为消费者健美、长寿服务,开创 21 世纪黑色食品生物色素造福人类的新时代。

从根本上讲,花青素是一种强有力的抗氧化剂,它能够保护人体免受一种叫做自由基的有害物质的损伤。花青素的自由基清除能力是维生素 E 的 50 倍,也是维生素 C 的 20 倍。花青素可被人体吸收,服用 20 分钟后,血液中就能检测到,并在体内维持长达 27 小时。与其他抗氧化剂不同,花青素有跨越血脑屏障的能力,可以直接保护大脑中枢神经系统。花青素的作用机制,可深入浅出做个比喻:人体中的"自由基"可比作有毒的害虫——毛毛虫,它每时每刻都在攻击人体细胞,促使细胞衰亡,花青素好像是专做好事的益鸟——啄木鸟,在人体中专吃毛毛虫,由于毛

毛虫毒性太强,鸟吃了很多毒虫后,就牺牲了自己,保卫了人体细胞少受伤害,延缓人体各器官组织衰老。具体功能如下:

第一,能够增强血管弹性,改善循环系统和增进皮肤的光滑度,抑制炎症和过敏,改善关节的柔韧性;

第二,通过防止应激反应和吸烟引起的血小板凝集来减少心脏病和中风的发生;

第三,增强免疫系统能力来抵御致癌物质;

第四,降低感冒的次数和缩短持续时间;

第五,具有抗突变的功能从而减少致癌因子的形成;

第六,具有抗炎功效,可以预防包括关节炎和肿胀在内的炎症;

第七,缓解花粉病和其他过敏症;

第八,增强动脉、静脉和毛细血管弹性;

第九,保护动脉血管内壁;

第十,保持血细胞正常的柔韧性从而帮助血红细胞通过细小的毛细血管,因此增强了全身的血液循环,为身体各个部分的器官和系统带来直接的益处,并增强细胞活力;

第十一,松弛血管从而促进血流和防止高血压(降血压功效);

第十二,防止肾脏释放出的血管紧张素转化酶所造成的血压升高(另一个降血压功效);

第十三,作为保护脑细胞的一道屏障,防止淀粉样 β 蛋白的形成,谷氨酸盐的毒性和自由基的攻击,从而预防阿尔茨海默氏病;

第十四,通过对弹性蛋白酶和胶原酶的抑制使皮肤变得光滑而富有弹性,从内部和外部同时防止由于过度日晒所导致的皮肤损伤等。

花青素在欧洲,被称为"口服的皮肤化妆品",营养皮肤,增强皮肤免疫力,应对各种过敏性症状,是目前自然界最有效的抗氧化物质。它不但能防止皮肤皱纹的提早生成,还可维持正常的细胞连接、血管的稳定、增强微细血管循环、提高微血管和静脉的流动,进而达到异常皮肤的迅速愈合。花青素是天然的阳光遮盖物,能够防止紫外线侵害皮肤。

在我国,大中城市中,特别是对中老年人,在膳食结构方面对黑色食品有很大的需求。据 2013 年 1 月复旦大学中山医院的调查报告:在健康膳食模式的人群中,把深(黑)色食品(蔬菜等)列为 10 类食物中的第二位;在传统膳食模式的人群中,把它列为第四位;而在西方化膳食模式的人群也把它入了食谱之一。可见这 3 类人群都把黑色食物列入食物结构中,黑色食品益寿已为中老年消费者接受,黑色食品市场前景十分光明。

(二)膳食纤维

膳食纤维是一种不能被人体消化的碳水化合物,分为非水溶性和水溶性纤维两大类。纤维素、半纤维素和木质素是 3 种常见的非水溶性纤维,存在于植物细胞壁中;而果胶和树胶等属于水溶性纤维,则存在于自然界的非纤维性物质中。

1. 防治便秘 膳食纤维体积大,可促进肠蠕动、减少食物在肠道中停留时间,其中的水分不容易被吸收。另一方面,膳食纤维在大肠内经细菌发酵,直接吸收纤维中的水分,使大便变软,产生通便作用。

2. 利于减肥 一般肥胖人大都与食物中热能摄入增加或体力活动减少有关,而提高膳食中膳食纤维含量,可使摄入的热能减少,在肠道内营养的消化吸收也下降,最终使体内脂肪消耗而起到减肥作用。

3. 预防结肠和直肠癌 这两种癌的发生主要与致癌物质在肠道内停留时间长,与肠壁长期接触有关。增加膳食中纤维含量,使致癌物质浓度相对降低,加上膳食纤维有刺激肠蠕动作用,致癌物质与肠壁接触时间大大缩短。学者一致认为,长期以高动物蛋白为主的饮食,再加上摄入纤维素不足是导致这两种癌的重要原因。

4. 防治痔疮 痔疮的发生是因为大便秘结而使血液长期阻滞与淤积所引起的。由于膳食纤维的通便作用,可降低肛门周围的压力,使血流通畅,从而起到防治痔疮的作用。

5. 降低血脂,预防冠心病 由于膳食纤维中有些成分如果胶可结合胆固醇,木质素可结合胆酸,使其直接从粪便中排出,由此降低了胆固醇,从而有预防冠心病的作用。

6. 改善糖尿病症状 膳食纤维中的果胶可延长食物在肠内的停留时间、降低葡萄糖的吸收速度,使进餐后血糖不会急剧上升,有利于糖尿病病情的改善。近年来,经学者研究表明,膳食纤维具有降低血糖的功效。经实验证明,每日在膳食中加入 26 克食用玉米麸(含纤维 91.2%)或大豆壳(含纤维 86.7%),结果在 28～30 天后,糖耐量有明显改善。因此,糖尿病膳食中长期增加食物纤维,可降低胰岛素需要量,控制进餐后的代谢,可作为糖尿病治疗的一种辅助措施。

7. 改善口腔及牙齿功能 现代人由于食物越来越精,越来越柔软,使用口腔肌肉牙齿的机会越来越少,因此牙齿脱落,龋齿出现的情况越来越多。而增加膳食中的纤维素,自然增加了使用口腔肌肉牙齿咀嚼的机会,长期下去,则会使口腔得到保健,功能得以改善。

8. 防治胆结石 胆结石的形成与胆汁胆固醇含量过高有关,由于膳食纤维可结合胆固醇，促进胆汁的分泌、循环，因而可预防胆结石的形成。有人每天给病人增加 20～30 克的谷皮纤维，30 天后即可发现胆结石缩小，这与胆汁流动通畅有关。

9. 预防妇女乳腺癌　据流行病学发现，乳腺癌的发生与膳食中高脂肪、高糖、高肉类及低膳食纤维摄入有关。

第五节　"逢黑必补"的长寿饮食文化与黑色食品科学发展

"世界长寿乡"广东蕉岭县，目前百岁以上老人有 45 人占总人口的 20/10 万，80～89 岁老人有 8 960 人，是百岁老人的 203 倍，90～99 岁老人有 1 780 人，是百岁老人的 41 倍，全县平均预期寿命达 78.6 岁，上述 4 项硬性指标，均超过了国际自然医学会、世界长寿之乡科学认证委员会制定的世界长寿之乡的标准。可见蕉岭是世界级标准的长寿之乡，这是千百年来积累的人文、生态等因素进化形成的，其中也与饮食长寿文化密切相关。"靠山吃山""逢黑必补""素食为主"等是蕉岭人民长期实践积淀的饮食养生文化。

1982 年笔者有幸被邀请参加中国科学院原副院长李正声院士在西安主持召开的全国细胞工程学术研讨会，这是笔者科技人生历史走向的重要拐点，因这次到西安，笔者有二大收获，一个是笔者的"水稻原胚培养成植株"的论文，作学术报告后，同行科学家们认为：将水稻原胚培养成植株比国外将分化胚培养成植株，提早了一个发育阶段，达到国际领先水平。论文被胡含所长、许智宏院士等科学家建议在中国科学院主办的学报尽早发表，并已在当年的《科学通报》上分别用中、英文全文分期登出。另一个更大的意外收获是会议结束当天笔者在西安街头农产品市场上，眼前突然一亮，发现农民卖的白米中混杂有几粒被加工过的黑米，心里非常激动："逢黑必补"啊，埋藏了 30 年之久的灵感突然暴发出来了，这不就是我多年来梦寐以求的、传说中古代贡献给皇宫御用的"长寿米"吗？

这勾起了笔者 20 世纪 40～50 年代、生活在蕉岭童年时的回忆，想起了常年吃素食、采草药、行中医、做善事、90 高寿的邓玉顺老祖母，曾经对我讲过许多"逢黑必补"的故事。其中，最难忘、最有意义的是说：2 000 多年前，有一位勤奋向上的书生叫张骞，每天早晨到后山树林下苦读，累得他睡在树头上，突然美梦一场：有仙人指点，如果你能在稻田中找到"黑金"，就会发迹当贵人。醒来后每天都到汉中平原的茫茫稻田中寻找，终于上天不负有心人，在水田里发现一株闪亮的黑糯谷。经过精心培植，张骞育成了"长寿黑米"献给了汉武帝祝寿。皇上果然封他为"博望侯"，并出使西域，从西方引进西瓜、黑豆、胡蒜、胡桃等具有抗氧化功能的良种，大大丰富了中国长寿食品的种类及饮食文化。这故事是前辈对后人的引导与传承,令我一辈子向往和难忘。我一直在幻想,能否培育出适合于全国栽培、推广的黑色长寿食品,献给全国人民,让大家过上帝王式的生活呢?

20世纪80年代,考虑到当时我国正在改革开放,笔者超前预见到随着经济的快速发展,人民的生活品质将会不断提高,人们将从求温饱、求美味发展到求健康、求长寿的新阶段。因此,笔者坚信,开发抗衰老功能的黑色食品具有深远的战略意义。

前思后想,脑海翻腾,笔者认为路在脚下,终于把灵感转变成信念,下定决心,把从西安带回的已被碾碎的黑米细粒,应用自主创新的胚胎挽救技术,在广东省农业科学院成功培植出几株黑米稻。再经过现代科技检测分析和筛选,于1984年快速育成了我国第一个大面积推广的高营养黑粘米新资源——"黑优粘";并立即精选用黑米、黑豆、黑桑葚、黑岗稔、黑灵芝等制成"黑五类酒",以及"发菜黑米粉丝""黑米乳酸饮料"等世界上第一批系列黑色食品。

从此,笔者由研究生物技术转到了新的科学前沿——开拓黑色食品的新领域。

回想当年,在一切为了农业高产的年代,逆向思维研究单产比白米低60%～75%的黑米,哪能得到主管单位和上级的批准呢?当时一无项目、二无设备、三无经费、四无成果,困难重重;但是笔者顶住压力、迎接挑战,另辟蹊径,历经30年磨一剑,终于将曾被认为"黑不溜秋、不吉利、不高产"的"三不"黑色食品,开发为营养价值高、生理功能高、经济效益高的"三高"食品,形成了全国性的有特色、有创新、有市场的"三有"产业。

让笔者深受鼓舞的是在科研困难的时候,深信逢黑必补理念的"长寿之乡"蕉岭县乡亲和各级领导,都从精神上和种植、加工等各方面条件上,一直支持笔者的黑色食品的试验研制工作。如万庆良、温向芳、张新忠等县领导;赖秋平、何艮香等厂长;赖来友、罗锦华主任都在精神上和科研条件上支持我们对黑色新资源试种、示范以及新技术、新产品的研发。可见,蕉岭县长期以来为开拓我国黑色食品新领域作出过重要贡献。

从20世纪80年代开始,蕉岭就成为黑米、黑大豆等新品种试种和大面积示范种植基地,同时也是国际上首批黑色食品加工生产基地。如国家发明专利产品"发菜黑米粉丝"以及"黑五类酒",都是在蕉岭研制成功的。根据笔者多年研究,在蕉岭生态环境下生产的黑色食物产量和营养品质特别是生物色素都特别高。真正体现了"天人合一"哲学。所以,直到今天蕉岭还一直利用本土生态县的优势,在种植我们选育的"蔬菜皇后"——紫叶甘薯菜1号,推广黑大豆、黑花生、紫淮山、葛根(南方人参)等新品种。

蕉岭人民对黑色食品的深厚感情是根植于千百年来积淀的"素食为主""靠山

吃山""逢黑必补"的传统饮食文化，当地山区百姓自古以来就喜欢在原生态旳"梯田"上种植黑豆、红米等黑五谷杂粮；采收野生黑灵芝、红菇、黑木耳、黑岗稔，以及养殖乌鸡，黑鲩鱼，黑生鱼等；还加工富硒绿茶、红茶、蜂蜜、黑酱油、黑豆豉、"黑仙人板"等黑色食品供自家人经常食用，因而造福了当地百姓寿星，也造就了达到世界标准的蕉岭"长寿乡"。

黑色食品的特点是富含笔者提出的第八营养要素——生物色素，素食的特点是富含第七营养素——膳食纤维。它最特殊的生理功能就是抗氧化、减肥、抗衰老，让人类延年益寿，因此可以说：长寿之乡的饮食文化，推动了黑色食品科学的产生和发展，而黑色食品科学的发展又促进人类更健康、更长寿。祝愿蕉岭人民继续发展和享用黑色食品，更加福禄添寿，长命超百岁，并为全国人民生产更多的长寿食品；继续发扬蕉岭特色的"靠山吃山""逢黑必补""素食为主"的生态饮食长寿文化；走出一条"天人合一"可持续发展的、生态饮食长寿的康庄大道。

第六节　深化绿色革命，共创人类健康长寿家园

一、第一次绿色革命——产量革命

半个多世纪前，第二次世界大战给人类带来的祸害和天灾，全球饥荒，惨相遍野。墨西哥国际小麦研究所、菲律宾国际水稻研究所都开展了以提高农作物产量为中心的重大研究项目。中国广东省农科院的科学家们，在50年代初率先在国际上育成了一批矮秆高产品种，使单产提高近一半。此后袁隆平院士等通过农作物三系杂交育种等途径把稻谷单产再大幅增加至空前的超高产。被国际上称为"绿色革命"或第一次绿色革命。中国为解决人类迫在眉睫、持续多年的严重饥荒，掀起的一场世界农业革命作出了巨大贡献！

绿色革命虽解决了许多人的基本温饱问题，但也出现了高产食物的营养品质下降，特别是某些人体必需的矿物质、维生素、生物色素减少，导致人们营养失衡，进而出现"隐性饥饿"的并发症等。再加上为确保高产，长期过度使用化肥、农药、激素、抗生素等，引发了食物的安全危机、重大的社会不良影响。因此，绿色革命虽在解决温饱问题上取得了举世瞩目的伟大成就。但却出现了一般人预想不到的后果。因此，笔者称它为浅绿色革命。

二、第二次绿色革命——品质革命

以人类健美长寿为目标，解决食物的营养品质和安全为中心的革命，可称为

"深绿色革命"。

　　30多年前,中国农科院,广东农科院生态研究室的赖来展研究员,超前预见到农作物高产丰收后,五禽六畜也必将大发展,由于社会经济进步和生活水平的提高,人们大量食用高脂肪、高蛋白质、高热能食品,其中许多人必将出现营养过剩,体重将超标,甚至肥胖,进而引发高血脂、高血糖、高血压等都市"富贵病"。因此,赖来展研究员认为:第一次农业革命,实际上是一次浅绿色的革命。之后,必将进行营养品质育种为先导的深绿色革命!赖来展率先筛选高营养资源,并在深入研究过程中发现颜色越深的食物,具有抗氧化、抗衰老功能的第八营养素更丰富,8大类营养素更为均衡合理。从而在国际上率先开创以高营养为目标的黑米和黑大豆育种,应用自主创新的生物技术,1984年首次育成抗病虫、适应性强、富含第七、第八营养素,并在全国推广面积最大的"黑优粘"新品种。30多年的研究表明,黑色食品营养全面特别富含抗氧化、抗衰老的第八营养素,是一类有利于解决当前国内外消费者急需的营养全面、均衡型食品。笔者认为这就标志着以解决饥饿为目标、以产量为中心的第一次绿色革命,已开始进入以康寿为目标、以营养品质和食物安全为中心的第二次绿色革命,或称为"深绿色革命"。

　　深绿色革命是一项极为复杂、繁重的系统工程,它包括从上游、中游、下游有机组成的产业链:上游如营养品质育种、生态栽培,生产和施用更多有机肥料、有机农药等。到中游如农产品的生态采收、储存、运输、保鲜;再至下游如食品加工过程的安全、不同人群阴阳食物的搭配、8大营养的平衡、有机包装、直至消费者口中的全过程。它需要第一、第二、第三产业和农、工、商、学各行各业齐动手,才能圆满实现深绿色革命的伟大而崇高的目标——共创人类健康长寿家园。"世界长寿乡"蕉岭县,就是全球最早的黑色食品种植、加工、研发的根据地之一。

　　此外,深绿色革命还要在城市中,开创都市低碳生态农业,如:楼顶农业、阳台园艺、垂直农业、空中农业等,提高环境中负离子含量,降低二氧化碳。这些都是第二次农业革命的重要内容。既生产了更多的功能食品,又大大地改善了城市的生态环境,把污染城市的废气——二氧化碳,通过光合作用,转化为生态食物,同时又降低了城市的高温环境,调节了空气湿度,一举多得。

　　让广大科技工作者、科学家们,在第一次绿色革命中,取得巨大成果的台阶上,再上新台阶,再创新优势,争取在深绿色革命中,摘取更多、更大的成果。为人类健康长寿作出新贡献!

第二章　粮油类黑色食品

第一节　黑　米

一、生物学特性

黑米,又称紫米、长寿米,供奉朝廷的"贡米",产妇食用的"月米""补血米"。

黑米属单子叶植物,禾本科,稻属,稻种中的一个多类型品种。黑米可分粳型黑糯、粳型黑粘、籼型黑糯、籼型黑粘等4个类型,在我国南方还分早季黑稻和晚季黑稻等。

全世界目前已收集、保存的黑米资源411份,我国保存359份。笔者等于1984年育成的"黑优粘"黑籼稻成为我国黑米推广面积最大的高产、抗病、高蛋白、高花青素的优良品种。早、晚茬均可栽培,南、北方均可种植,全生育期120天左右。

黑米的花青素等生物色素的含量与其抽穗后30天的日均温度和日均光照时间呈显著负相关,与日均湿度呈显著正相关,即灌浆期日均温度低、日照时间短、空气相对湿度大,有利于生物色素的富集。这是培育黑米必须掌握的生物学特性。

二、营养价值

黑米赖氨酸含量比白米高 $30\%\sim60\%$,它能大大提高蛋白质的营养吸收价值。人体有8种必需氨基酸要靠体外提供,而它们是按一定比例才能被人体吸收的,缺乏其中某一种氨基酸都会影响其他氨基酸的吸收,就像一个有8块木板组成的水桶,任何一块短缺都会影响盛溶液的水平。而赖氨酸在主食大米中往往是短缺的,因此黑米的高赖氨酸对改善主食结构具有非同一般的意义。而黑米中含有的维生素C、胡萝卜素、花青素、黄酮等生物色素更是白米缺乏的,具有特殊重要食疗价值的营养素。

笔者应用生物技术育成的"黑优粘"保健米,蛋白质、纤维素、不饱和脂肪酸比白米高 50% 以上,铁、铜、锰、钙高 $1\sim3$ 倍,维生素 B_1、维生素 B_2、维生素 B_3、维生素 B_5、维生素 B_{12}、维生素 D、维生素 E 等比白米高1倍左右,故有广泛的食疗功效。

笔者等综合应用自主创新的生物技术,包括远缘杂交、外源DNA花粉管导入和胚胎挽救等实用高效的育种技术,创新出农艺性状和营养成分、活性物质突出的黑米新资源 80 份,全部上交给国家农作物种质资源库长期保存。通过对其营养功能成分分析,结合农艺性状调查,筛选出早籼黑糯 83、晚籼黑糯 2 号、晚粳黑糯 5 号、晚粳黑糯 3 号、晚籼黑粘 33、早籼黑粘 47、晚籼黑粘 96 和晚籼黑粘 110 等 8 个综合性状优异的黑米新资源,尤其是其蛋白质、铁、维生素、花青素等含量十分突出,抗氧化能力强,显示出良好的利用前景(表 2-1)。

表 2-1 8 个综合性状突出的不同类型黑米新资源的 4 种营养素

品　种	蛋白质 （克/100 克）	铁 （毫克/千克）	维生素 B_1 （毫克/100 克）	花青素 （单位/克）
早籼黑糯 83	13.9	74.2	0.36	9.14
晚籼黑糯 2 号	13.8	70.2	0.31	12.67
晚粳黑糯 5 号	14.5	52.4	0.31	11.34
早籼黑粘 47	14.9	54.3	0.38	9.67
晚籼黑粘 96	14.9	63.3	0.46	11.61
晚籼黑粘 33	15.5	84.2	0.52	12.40
晚籼黑粘 110	15.7	82.4	0.53	13.11
晚粳黑糯 3 号	14.5	65.3	0.56	17.23

不同类型黑米的总黄酮、花青素含量及其抗氧化能力有较大差别。总黄酮:粳型粘米最高,籼型粘米最低,前者较后者提高 21.8%;籼糯型较籼粘型高 238%。花青素:粳大于籼 18.8%、糯大于粘 17.3%。抗氧化方面:粳型粘米最强,籼型粘米最弱,籼糯强于籼粘,粳型强于籼型 20% 左右;清除自由基方面:也是粳粘类型最强,比籼粘类型提高 41.1%。根据不同品种进行科学选择,可提高食用黑米的营养价值和生理功能。

三、生理功能

由于中华黑米营养极为丰富,对人体有多方面的食疗作用,因而引起了现代医学、营养学家们的浓厚兴趣。

(一)治疗缺铁性贫血

第二军医大学徐飞等(1988)在用黑米提高贫血大鼠血红蛋白作用的研究中,

分别用黑米、白米饲养大鼠 30 天后进行严格分析,结果证明在血红蛋白恢复上黑米优于白米(P≤0.01),对缺铁性贫血有一定防治作用。

(二)提高生理功能

广西医学院黄玉等(1989)对黑米的生物活性作了较系统的试验:①用黑米水溶性提取物对雄性鼠灌胃,结果经灌胃的小鼠在封闭的广口瓶中存活时间显著长于对照组,说明黑米提取物能明显提高小鼠的耐缺氧能力;②用黑米提取物进行腹腔注射,然后与对照组一起均注射戊巴比妥钠,结果实验组小鼠平均 6 分钟入睡,48 分钟苏醒,而对照组均未入睡,说明黑米提取物可加强神经中枢抑制,具有镇静作用;③用提取物给实验组灌胃 5 天,第三天时与对照组一起腹腔注射环磷酰胺 1 次,结果实验组注射药物前后白细胞数无显著差别,而对照组明显减少,说明黑米对白鼠白细胞下降有保护作用。此外,另一实验还表明,黑米对小鼠离体子宫有兴奋作用。由上述初步研究结果可见,中华黑米具有良好的营养保健作用。

(三)抗癌作用

据民间药谱记载:用黑米酿酒或煮红糖粥,可作虚弱病人或产妇的滋补品,用黑米配合其他药物,对治疗营养性不良水肿、贫血及缺乏维生素 B_1 引起的脚气病都有一定疗效;稻根煎汁饮用可治虚劳咳嗽、缓释哮喘、盗汗;禾秆睡垫可舒经活络、祛风去湿;稻草煎水可治疗斑疹性皮炎等,此外,对预防和治疗红色食品引起的疾病有显著的食疗效果。上海仁济医院 1990 年对 40 例服食黑米食品的直肠癌患者临床测定证明,能使病员血小板增加,白细胞升高,免疫力增强。美国营养学家伯克力也指出,黑米是一种有一定价值的抗癌食物。

(四)抗氧化作用

最新的科学实验发现并确证黑米具有抗氧化作用。在 3 种黑色食品——黑米、黑大豆和黑玉米中,比较三者的种皮提取物对超氧阴离子自由基(O_2^-)等活性氧自由基的清除能力,发现 3 种花色苷提取物抗氧化活性随浓度的增加均逐渐增强,其中黑大豆最强,黑米次之,而黑玉米最弱。以黑米种皮提取物为材料,应用高脂 SD 大鼠和新西兰大白兔模型,发现黑米可以显著增加动物体内的抗氧化酶活性和总抗氧能力,降低 MDA 含量和氧化型低密度脂蛋白,并呈剂量依赖关系,提示黑米提取物在生物体内具有明显的抗氧化活性。最近的研究探明黑米抗氧化作用的主要活性成分为 4 种花色苷化合物。在抗氧化活性跟踪下,用 Sephadex LH-20 柱层析分离,从黑米和黑大豆种皮提取物中分别分离到 4 个组分。经紫外线可见图谱、质谱和核磁共振等波谱分析鉴定,黑米中的 4 个单体分别是锦葵素、天竺葵素-3,5-二葡萄糖苷、矢车菊素-3-葡萄糖苷和矢车菊素-3,5-二葡萄糖苷。

(五)降血脂、抗动脉粥样硬化(AS)作用

最新的科学实验还发现并确证黑米具有降血脂、抗动脉粥样硬化(AS)作用。应用高脂血症(SD)大鼠和新西兰大白兔实验动物模型,发现黑米种皮提取物均可以显著性降低高脂血症动物的总胆固醇(TC)和低密度脂蛋白胆固醇(LDC-C)水平,提高高密度脂蛋白胆固醇(HDL-C)水平,并表现剂量依赖关系。同时还发现摄入黑米种皮花色苷组的动物主动脉粥样硬化斑块面积较模型对照组明显减少,且斑块厚度降低,减轻了主动脉血管的阻塞程度。表明黑米和黑大豆种皮花色苷均可以显著抑制高脂饲料诱导的兔主动脉粥样硬化斑块的形成。提示黑米种皮花色苷具有抗 AS 作用。最新实验探明黑米抗动脉粥样硬化机制在于其花色苷对血管内皮细胞过氧化保护。以分离得到的花色苷为材料,研究其对血管内皮细胞氧化损伤的保护作用,发现花色苷均可以不同程度地减轻 ox-LDL 氧化损伤造成的细胞形态的变化,减轻 ox-LDL 对细胞活力的抑制,减少细胞内 MDA 的产生,减少 ox-LDL 诱导的细胞内自由基的产生,减轻 ox-LDL 引起的内皮细胞凋亡,且呈现明显剂量依赖性。

(六)护肝和抗衰老作用

现代研究发现并确证了黑米的护肝和抗衰老作用。应用老龄小鼠动物模型,灌胃给予黑米种皮花色苷提取物,发现黑米种皮花色苷提取物均可显著性增加老龄小鼠抗氧化酶活性,减少丙二醛(MDA)生成;摄入黑米种皮花色苷提取物还可以降低脑组织单胺氧化酶 B(MAO-B)活性,增加皮肤或尾腱中羟脯氨酸(Hyp)含量,具有延缓衰老的作用。

我国黑米的抗氧化功能详见表 2-2(16 个黑米品种的主要营养及其抗氧化和清除自由基能力测定)。

表 2-2　我国 16 个优质黑米品种的主要营养及其抗氧化和清除自由基能力测定

编号	品种名称	蛋白质(克/100 克)	脂肪(克/100 克)	粗纤维(克/100 克)	铁(毫克/千克)	锌(毫克/千克)	锰(毫克/千克)	维生素 B₁(毫克/100 克)	维生素 B₂(毫克/100 克)	总黄酮(毫克/100 克)	花色苷(单位/克)	总抗氧化能力(单位/克)	清除自由基能力(单位/克)
1	紫香米	13.83	2.78	2.21	36.82	35.41	38.36	0.36	0.18	1.6	11.62	403.9	178.9
2	黑寸稻	12.73	30.2	2.21	36.87	34.24	36.24	0.38	0.21	0.79	10.2	389.9	160.5
3	黑籼 5 号	12.81	2.94	1.96	36.63	38.15	19.87	0.58	0.24	1.33	12.45	362.3	134.9

续表 2-2

编号	品种名称	蛋白质（克/100克）	脂肪（克/100克）	粗纤维（克/100克）	铁（毫克/千克）	锌（毫克/千克）	锰（毫克/千克）	维生素B₁（毫克/100克）	维生素B₂（毫克/100克）	总黄酮（毫克/100克）	花色苷（单位/克）	总抗氧化能力（单位/克）	清除自由基能力（单位/克）
4	黑9927	11.27	2.82	1.73	33.15	2.37	32.18	0.35	0.18	1.46	5.8	332.9	156.8
5	黑珍珠	10.78	2.33	2.18	42.12	22.13	28.35	0.58	0.34	1.11	8.58	332.7	160.3
6	华黑糯186	13.62	2.04	2.94	51.41	46.55	33.26	0.63	0.24	1.09	9.83	320.9	134.2
7	黑籼3号	1.27	2.78	2.34	19.58	31.02	12.39	0.46	0.11	0.58	4.24	314.5	100.6
8	黑糯禾	11.34	2.45	2.08	57.89	34.75	22.21	0.51	0.32	1.23	13.57	300.45	134.31
9	黑晶米	11.26	2.82	1.76	30.21	26.54	21.03	0.29	0.11	1.08	9.09	291.8	131.4
10	黑糯83	13.86	2.34	1.76	4.17	76.63	26.45	0.36	0.28	0.57	9.14	267.9	156.9
11	早谷墨米	11.09	1.89	2.03	18.58	27.08	13.89	0.18	0.25	0.88	10.35	267.9	139.46
12	黑糯2号	13.84	2.46	2.9	70.22	67.24	50.38	0.31	0.14	0.78	12.67	256.8	166.9
13	龙晴4号	13.46	2.33	1.92	51.27	46.42	33.22	0.33	0.18	0.47	12.34	234.5	199.5
14	黑9901	11.25	2.23	1.94	60.21	33.21	15.36	0.52	0.28	1.29	10.84	226.8	133.7
15	黑籼2号	12.31	1.93	1.76	33.21	25.23	17.36	0.23	0.11	0.92	6.29	201.9	97.7
16	黑珍米	12.94	2.24	1.76	50.65	50.46	18.46	0.11	0.11	1.51	12.8	387.5	156.8

四、加工与应用

（一）食用方法

第一，将等量的黑粘米和黑糯米漂洗干净后浸泡 2～3 小时，然后将浸出的红色水连同米一起入锅。另将一份漂洗干净的香糯米加入共煮，混合起来 3 种米与水比例为 1：8，每日早晚餐食用 1 碗，对肝肾虚损、精血不足所致腰膝酸软、头昏耳鸣、遗精、视力减退、倦怠乏力、贫血等症有一定的疗效。

第二，将黑糯米磨成细粉，加水煮粥，待熟时加入适量的蜂蜜、玫瑰糖、核桃仁、芝麻调匀再煮片刻，温热服食，常服能补血益气、补脑健肾。

第三，将 50 克黑米、250 克香糯米、15 克薏苡仁分别漂洗净，入锅加水 3 000 毫升沸煮，加入 15 克切成小丁的龙眼肉、15 克红枣及适量红糖煮成粥，即可服食，对营养不良、体质虚弱者有疗效。

第四，将黑米、赤豆、百合、红枣等原料洗净，加水适量，共煮成汤作点心随时服用，能滋阴润肺、和胃利湿，治疗缺铁性贫血。

第五，将黑米、香糯米、高粱米、玉米、荞麦、大麦、小麦等七谷米熬成粥，做早晚餐主食。也可将此七谷米文火炒焦,共研末,加白糖调成糊状,作为点心食用,能调中开胃,安神补虚。

第六,将黑糯米、精白米、莲子、黄豆、花生、芝麻、薏苡仁、山药等淘洗干净,加水煮粥,粥熟加红糖再煮片刻即可。每天服用 200 克,对慢性病患者、恢复期病人、孕妇及身体瘦弱者有疗效。

第七,将黑米 50 克、黑芝麻 25 克、白糖适量,用文火熬煮成粥,温热服用,能乌黑头发。

第八,将 45 克花生(不去红衣)捣碎后加 100 克黑米煮粥,然后再加冰糖适量。长期食用,对产妇有催乳作用。

第九,将黑米、粳米、芝麻、核桃、红枣、白果、银耳、冰糖熬煮稀粥。长期食用,能增强人体的免疫功能。

第十,将海参浸透,剖洗干净,切片煮烂后,与黑米一同煲粥,每日早晨空腹食用,能增强性功能。

第十一,黑米松糕。将黑米提前一晚浸泡,漂洗干净,放入搅拌机,加少量水,搅拌成黑米浆;用纱布过滤,沥干黑米粉待用;将 2 个鸡蛋打入蛋盆,加入适量白糖,将蛋打散起泡;黑米粉加入全蛋糊,搅拌均匀;模具底部垫油纸,倒入黑米蛋糊;上锅蒸 15 分钟,即可。松软香甜,适宜老女老少。

第十二,黑米长寿粥。取茯苓 15 克,黑粳米 50 克煮粥,每天 1 剂,清晨空腹服。有强身健体、延年益寿之效。

第十三,黑糯米经发酵制成的醪糟,对手足部皲裂有一定的疗效,可使局部皮肤的血液循环加快,皮肤角质软化,促使皮肤裂口愈合。使用时,先将手或脚浸泡于 40℃～50℃的温水中 10 分钟,擦干后用脱脂棉蘸醪糟汁反复擦洗患处,每日早、晚各 1 次,20 天可痊愈。

(二)提高功效的加工技术

1. 黑米萌芽技术与具体食用方法　针对黑色食品粮油资源带有种皮和胚的完整粒并具有发芽活性的特点,可通过萌芽处理提高资源的营养成分和活性物质含量,并优化建立其最佳工艺条件。其中黑米经 Ca^{2+} 浓度为 0.50 微摩/升浸泡液处理,在 30℃下萌芽培养 24 小时,其活性物质 γ-氨基丁酸(GABA)含量达到 53.68 毫克/100 克,为发芽前的 4 倍。此外,萌芽后,其维生素 B_1、维生素 B_2、维生素 C 和维生素 E 的含量分别提高 1～3 倍,成为"超级营养长寿米",可做成发芽黑米饭、粥、汁、茶。具体做法如下:

(1)发芽黑米饭　1 份发芽黑米配 2～5 份优质白米,煮熟后多焖 10 分钟(用高压锅味道更佳)。味极香糯,口感松软,老人小孩特别喜欢。

(2)发芽黑米粥　按1份发芽黑米配1~3份白米或糯米,用砂锅煮后小火至米粒软烂即可。清香可口,亲和胃肠,特别适合大鱼、大肉吃多了清胃肠、排毒。

(3)发芽黑米汁　使用含有米糊功能的豆浆机,按100克发芽黑米与1.2升水配制作。原汁原味、米香浓郁,对口腔溃疡、便秘、慢性胃肠病有奇效。

(4)发芽黑米茶　沸水冲泡,直接饮用,富含40种以上维生素和矿物质,1天1泡发芽黑米袋泡茶,防癌养生功效卓著。

2. 黑色食品资源结构调整及其营养均衡型糊类食品加工技术　针对黑米、黑玉米和黑小麦等禾谷类作物和黑大豆、黑芝麻等油料作物分别富含淀粉和蛋白质、油脂等成分特点,选用对营养成分损失最少的挤压膨化质构调整技术处理黑米、黑玉米和黑小麦,使其淀粉完全糊化,并建立其最佳工艺条件。膨化处理后可溶性糖含量增加 49.03%~254.79%,18 种人体所需氨基酸含量增加 10.71%~260.34%,总量增加 44.93%;而总氨基酸含量的保留率在 72.17%~95.91% 之间,平均为 80.56%,比一般的食品加工工艺提高近 1 倍;维生素 B_1 含量仅损失 26.3%。同时,按照营养平衡互补原则,可研制开发适用于不同人群的营养均衡型糊类食品。

3. 黑米生物色素高效制备与利用技术　针对黑米皮从黑米中剥离后脂肪氧化酶游离出来容易使油脂氧化变质等难题,建立了其微波加热、挤压膨化钝化酶和超微粉碎制备黑米素的加工工艺。按照该工艺,黑米素产品的总抗氧化能力、总黄酮和花色苷含量保留率分别达到 81.5%~83.5%、79.0%~85.0% 和 80.5%~85.0%。同时。以制备的黑米素为原料,分别用黑米粉丝和黑米酒两段发酵提取技术,避免了黑米素在浸泡、磨浆、过滤等过程中花色苷、维生素等营养成分和活性物质容易流失的问题,同时避免了因整粒黑糙米蒸煮难以熟透,导致黑米淀粉糊化不彻底,出酒率低,且由于黑米皮含有丰富的蛋白质、脂肪等营养成分使其发酵旺盛,温度容易升高,长时间发酵容易引起米皮生酸菌的繁殖使酒的酸度增加影响产品质量等问题。

4. 黑米、黑大豆蛋白及免疫短肽的高效制备技术　针对黑米和黑大豆含有丰富的蛋白质的特点,以提取花色苷后的黑米皮(素)和黑大豆为材料,建立了其蛋白质的高效制备技术,并将其与其他蛋白有机结合,研制出全价复合蛋白粉产品。同时,以分离制备的蛋白质为原料,建立了免疫活性短肽的酶解制备技术,确定了最佳酶种及其有效条件,开发具有免疫作用的黑米短肽和以其为主要活性成分的临床营养乳剂产品。

第二节 黑小麦

一、生物学特性

黑小麦,又称黑粒小麦、乌麦,属禾本科植物。最近 20 年间育成的新品种较多,被当地称为"黑小麦之父"的山西省农科院黑小麦发明者孙善澄研究员通过远缘杂交等技术育成的黑小麦 76 等系列品种,荣获国家科技成果奖。此外,该院继续育成的河东乌麦,经我国北方多地推广,表现为适应性广(北方地区)、产量较高(400 千克/667 米²)、抗病、抗倒伏、保健型新品种并与广东农科院国家农业部黑色食品重点实验室合作,加工成系列食品。黑小麦 76 也已通过世界科学委员会成员亚兰博士引进法国等地。

二、营养价值

黑小麦与普通小麦的主要营养成分比较:黑小麦 76 蛋白质提高近 1 倍,矿物质钙和硒高 3 倍、磷高 70%,氨基酸高 37.3%。

再以推广面积较大的河东乌麦为例,河东乌麦的蛋白质含量较高,比普通小麦高 19.3%,比一般禾谷类作物普通大米、玉米、高粱和谷子等分别高出 101.3%、82.9%、35.4% 和 78.9%。蛋白质作为维持人体器官生长、发育的功能所必需的主要物质之一,成人每千克体重每日应需要食物蛋白质 1 克以维持人体生命。据报道,麦类蛋白质容易被人体消化吸收,可被人体有效利用,尤其适用于蛋白质缺乏和体虚衰弱病人。

乌麦的脂肪含量较低,但较对照普通小麦的脂肪含量要高 13.3%。据报道,麦类的脂肪主要集中在胚芽中,其量虽少,但质却不容忽视,其脂肪酸的组成多为 $C_{20:4}$、$C_{20:5}$、$C_{22:6}$、$C_{18:1} \sim C_{18:4}$ 等不饱和脂肪酸,其中,亚油酸等不饱和脂肪酸的含量占总脂肪酸的 20%～30%,$C_{20:5}$(EPA)和 $C_{22:6}$(DHA)约占 10%。

而在氨基酸方面,乌麦的氨基酸种类比较齐全,含有人体必需的 8 种氨基酸:苏氨酸、赖氨酸、苯丙氨普酸、异亮氨酸、色氨酸(普通白麦所没有)、亮氨酸、蛋氨酸、缬氨酸。氨基酸总量较高,较对照普通小麦高出 25.08%,在其 18 种氨基酸中,除谷氨酸和酪氨酸低于对照外,其他 16 种氨基酸均明显高出对照组,其幅度为 4%～142%。从各氨基酸所占比例来看,谷氨酸最高,脯氨酸、苯丙氨酸其次,均占到总量的 8% 以上。此外,亮氨酸、天冬氨酸和缬氨酸的量也较高,必需氨基酸与非必需氨基酸的比例为 1∶1.4，必需氨基酸所占的比例相对较高。

此外，河东乌麦的大、中量元素有磷、钙、镁，微量元素有铁、锌、锰、钼、铜、碘、硒等，与普通小麦比较，磷元素高出 33.3%，铁和锰分别高出 33.3% 和 34.3%（表 2-3）。

表 2-3　乌麦的矿质元素含量与普通小麦的比较

矿质元素	乌麦 526	晋麦 21	乌麦较普通小麦（±%）
磷（克/千克）	3.28	2.46	33.3
钙（克/千克）	0.45	0.45	0
镁（克/千克）	1.41	1.39	1.6
铁（毫克/千克）	29.2	21.9	33.3
锌（毫克/千克）	22.8	22.3	2.2
锰（毫克/千克）	28.2	21.0	34.3
铜（毫克/千克）	3.42	3.51	—2.6
钼（毫克/千克）	10.0	8.4	19.0
碘（毫克/千克）	2.38	1.34	78.3
硒（毫克/千克）	0.20	0.094	112.8

乌麦的水溶性维生素含量较高，维生素 B_1、维生素 B_2 分别比普通小麦高出 81.2% 和 51.6%，维生素 C 高出 1.5 倍以上。大量研究证明，以上水溶性维生素可以防治人体的多种疾病，但其稳定性相对较差（表 2-4）。

表 2-4　乌麦维生素含量与普通小麦的比较

维生素	乌麦 526	晋麦 21	乌麦较普通小麦（±%）
维生素 A（毫克/千克）	14.80	8.17	81.2
维生素 B_1（毫克/千克）	11.40	7.52	51.6
维生素 B_2（毫克/千克）	8.33	3.28	153.9
维生素 C（毫克/千克）	3.26	1.92	69.8
维生素 E（毫克/千克）	19.11	14.20	34.6

三、生理功能

(一)降血压、防止动脉硬化等功能

研究证实,黑小麦中不饱和脂肪酸具有降低血压,促进平滑肌收缩,扩张血管,阻碍血小板凝聚和防止动脉硬化等功能,被广泛用作功能食品的新素材而加以开发利用。

(二)促进胃肠蠕动,防止结肠癌

碳水化合物(主要指多碳水化合物和粗纤维)是构成乌麦的主要组成部分,据测定,多碳水化合物 66.4%,这些碳水化合物除 15% 左右为不溶性粗纤维外,多数为可溶性多糖和水溶性纤维,是比较理想的膳食纤维源。这些食物纤维在人体内有利于胃肠蠕动,防止便秘,减少热能摄入,起减肥作用;防止脂肪、胆固醇的吸收,并加速其排泄;还能吸附食物中的化学致癌物质,防止结肠癌的发生等。

(三)抗氧化功能

黄酮及类黄酮是具有较强抗氧化特性的物质。研究人员比较了黑小麦与普通白小麦——绵阳小麦、川麦的色素含量,结果黑小麦的色素含量是前者(绵阳小麦)的 4~12 倍,是后者(川麦)的 1.6~4.3 倍,实验结果说明黑小麦的色素含量明显地高于普通白小麦,同时也证实了籽粒颜色的深浅与色素含量有关。同时,对总黄酮含量测定结果表明,黑小麦的总黄酮含量同样显著地高于普通白小麦,黑小麦的总黄酮含量平均在 2.31%~2.59%,而白小麦仅在 1.12%~1.31%。此外,黑小麦的维生素 C、氨基酸和类胡萝卜素等抗氧化物质含量以及抗氧化酶的活性均高于普通白小麦。相关性分析结果表明,黑小麦的抗氧化能力与抗氧化物质和抗氧化酶之间呈正相关。其中色素含量、总黄酮含量和 SOD(抗氧化酶)活力单位 3 个抗氧化指标之间的相关性分别达到显著或极显著水平,维生素 C 含量与抗活性氧活力单位和抗超氧阴离子自由基活力单位 2 个抗氧化指标之间的相关性达到显著水平。因此,色素、黄酮、SOD、维生素 C 是黑小麦抗氧化能力强于白小麦的主要物质基础,氨基酸和类胡萝卜素对其抗氧化能力也有一定的贡献。详见表2-5(我国 7 个黑小麦品种的主要营养成分、总多酚和花色苷含量及其抗氧化能力测定)。

表 2-5　我国 7 个黑小麦品种的主要营养成分、总多酚和花色苷含量及其抗氧化能力测定

编号	品种名称	蛋白质（克/100克）	脂肪（克/100克）	粗纤维（克/100克）	铁（毫克/千克）	锌（毫克/千克）	维生素 B_1（毫克/千克）	维生素 B_2（毫克/千克）	维生素 E（毫克/千克）	总多酚（毫克/100克）	花色苷（毫克/100克）	总抗氧化能力（摩/100克）
1	黑小麦 76 号	17.34	1.46	3.78	45.34	31.09	15.89	13	23.76	19.56	1.12	2.24
2	河东乌麦	16.11	1.72	4.6	29.22	22.86	14.8	11.4	19.11	33.34	0.76	1.45
3	乌麦 533	16.36	2.01	3.45	45.34	22.23	11.34	10.78	23.46	21.9	0.56	1.34
4	武功黑小麦	16.58	1.89	4.06	56.9	24.56	16.89	13.77	27.78	21.07	0.99	1.14
5	黑小麦 1 号	17.05	1.56	4.03	55.9	34.23	13.89	6.78	32.9	22.24	0.87	1.12
6	新泰黑小麦	15.55	1.44	3.67	23.89	19.69	11.92	11	18.56	20	0.45	0.86
7	黑小麦 22 号	16.89	1.79	3.46	33.36	18.97	12.36	8.9	20.35	22.25	0.67	0.78

四、加工与应用

乌麦蛋白质和纤维素含量，比普通小麦高出 19.3％和 43.8％，比其他禾谷类作物高 1 倍和 1.5 倍；氨基酸种类齐全，配比合理，必需氨基酸占氨基酸总量的 41.67％，比例相对较高，8 种必需氨基酸有 6 种超过了 FAO/WHO 的模式标准；矿物质元素和维生素含量丰富，尤其是磷、铁、锰、硒、碘及维生素 B_1、维生素 B_2 和维生素 C 较突出。因此，黑小麦属于高蛋白、高膳食纤维、低脂肪、低热能，且富含矿物质和维生素的天然优质黑色食品新原料，将其加工成各种保健型黑色食品具有较大开发价值和市场前景。

黑小麦可采用与普通小麦相同的方式进行加工，如磨成黑小麦粉，进而深加工成黑麦面、黑麦馒头等面食、糕点。下面介绍几款比较成熟的加工工艺。

（一）即食营养麦片

1. 材料与设备　以黑小麦粉、玉米淀粉、黑大豆粉、奶粉、砂糖、鸡蛋、卵磷脂等为主，辅以适量食品添加剂。

主要设备：粉碎机、搅拌罐、胶体磨、蒸汽滚筒干燥机、造粒机、热风干燥机。

2. 工艺流程

粮谷及各种粉状原料→搅拌（加温水、奶粉、糖及多种食品添加剂）→胶体磨→糖化→预糊化→蒸汽滚筒干燥机→造粒→热风干燥→收集→（包装）→干粉混合→隧

道烘干→收集→混合(加糖、植脂末及多种食品添加剂)→包装→微波灭菌→成品

3. 操作要点

(1)原材料的加工处理　用于生产的各种原料,除了要求新鲜、卫生外,因细度大小影响到搅拌时的胀润效果、预糊化程度和原料的利用率,故一般要求粉状的细度达到 80 目筛网的通过率为 90%,浆状物料能通过两层纱布。

(2)搅拌　考虑到原料的吸水膨胀,搅拌用水一般要求以 35℃～40℃ 的温水为宜,搅拌浓度以浆具有一定的黏稠性和较好的流动性为宜,一般加水量为总原料量的 80%～120%,搅拌时间在 10～15 分钟。

(3)均质　原料的多样性影响到搅拌混合的效果,而且有油脂类物质不易溶于水,经胶体磨均质,可以有效地克服这一弊端,使浆料近似乳化,提高麦片的品质。均质采用两次均质法,效果更明显。

(4)糖化、预糊化　由于生产原料中以淀粉类和碳水化合物为主,此类物质在适当的条件下产生糖化反应。一般的蒸汽滚筒干燥机的表面温度在 140℃ 以上,当浆料被输送到蒸汽滚筒干燥机的蓄料槽积累到一定量时,产生糖化和预糊化反应,糖化反应可以改善原片的色泽和口感,预糊化后便于干燥成型,提高热能的利用率和原片产量。

(5)蒸汽滚筒干燥　这是生产原片的关键工序。蒸汽滚筒干燥具有较强的热稳定性,应用它比较容易控制原片浆料的糊化程度和干燥效果,从而达到控制原片色、香、味的目的。操作关键是协调好转速与温度的关系。

(6)造粒　原片的颗粒大小可通过调节造粒机筛网的疏密度来确定,并通过辅助设备,使粉、片分离。

(7)搅拌混合　原片颗粒与砂糖、奶粉等各种配料混合后进行搅拌,时间要在5 分钟以上,使制品成为粉、片均匀混合体。

4. 生产配方

(1)原片生产配方　黑小麦粉 60%～70%,黑大豆粉 8%～12%,糖 5%～10%,玉米淀粉 5%,鲜蛋 5%,卵磷脂 3%～5%,炼乳香精 0.05%～0.2%,香芋香精 0.01%～0.3%,香兰素 0.05%～0.2%,环糊精 0.05%～0.2%。

(2)成品的配方　原片 50%～55%,砂糖 25%～30%,奶粉 10%～20%,植脂末 5%,麦芽糊精 5%～10%。

5. 质量标准

(1)感官质量

①色泽　片呈浅褐色或褐色,粉为白色或乳白色,均匀一致。

②组织状态　为干燥的粉、片均匀混合体,片为米粒大小。

③香气　具有典型粉物焙烤的复合香味和奶的清香。

④口味　具有奶、麦片的焦香味,甜度适中,无外来异味。

⑤杂质　无肉眼可见的杂质。

⑥冲泡性状　片应在冲泡后 3 分钟不沉淀,汤汁应在 1 分钟内达到一定的黏稠度等,无明显的稀薄感。

(2)主要理化指标　水分 6%,蛋白质 11%,各种维生素、矿物质及碘均有一定的含量。

(3)卫生要求　卫生要求符合国家有关规定。

(二)黑小麦糕点及面制品的加工

1. 黑小麦面包的制作

(1)配方　黑小麦粉 100 千克,食盐 0.8 千克,鲜酵母 1.0 千克,植物油 1.0 千克,参考用水 58 升。

(2)工艺流程

①原料的准备与处理　选择符合要求的面粉,过筛后备用。将鲜酵母按 1∶2 比例溶于温开水(30℃),食盐亦溶于温开水并过滤备用。

②第一次调制面团及发酵　将 30 千克黑小麦粉置于和面机中,加入 16 升水和 3 千克鲜酵母悬浮液,混合至面团成熟(约需 10 分钟),在 28℃左右使其发酵 3～4 小时。

③第二次发酵　将剩下的所有原料均加入和面机中,开机继续混合,至面团成熟,在 30℃左右发酵 2～3 小时。

④整形　面团发酵完成后,可进行 1 次撤粉,补充新鲜空气,然后静置 20 分钟,在进行定量分块、搓圆、装盘(模),再在温度 38℃、相对湿度 85%的条件下锡发 30 分钟。

⑤焙烤、冷却、包装　调好炉温,用中慢火烤,熟透后出炉,趁热在表面刷油,冷却到室温后包装。

2. 黑小麦韧性饼干的制作

(1)配方　黑小麦面粉 90 千克,淀粉 10 千克,砂糖 30 千克,起酥油 10 千克,奶粉 4 千克,水 18 升左右(视面团硬度而定),大豆磷脂 0.5 千克,香精适量。

(2)工艺流程

①调制面团与静置　将所有物料加入双桨立式调粉机中搅拌 20～25 分钟,至面团形成稍感发软即可,并放于压面机上喂料斗中(或输送带上)静置 15 分钟。

②压面　压面用辊轧机辊轧 11 次。

③成型、焙烤　在冲印成型后,再送入温度为 230℃～250℃的烤炉内焙烤至熟为止(5分钟左右)。

④冷却、包装　在输送带上自然冷却或用风扇轻微吹风以稍加快冷却速度,待饼干温度低于 45℃以下,即可包装。

第三节　血　麦

一、生物学特性

"血麦"是高铁锌小麦"秦黑 1 号"的别称,是小麦物种中的新资源,种皮的自然颜色较深。由西北农林科技大学、杨凌益康农作物开发研究所研究人员,利用新发现的野生紫粒小麦遗传资源育成的高铁、锌特异质小麦新种质。其关键育种技术"一种高铁、锌小麦的育种方法"于 2009 年 6 月获得了国家发明专利。

二、营养价值

血麦不但具有小麦的一般营养价值,而且含有多种有益人体健康的微量元素,如纤维素、维生素、矿物质、淀粉、蛋白质、脂肪等,特别是血麦中铁、锌的含量比较丰富,铁的含量是普通小麦的 19.2 倍,所以血麦被称为"补血圣品"。

三、生理功能

血麦含有多种营养素,具有非常重要的生理功能。

1. 淀粉　血麦淀粉为支链淀粉,含大量凝胶黏液,加热后呈弱碱性,对胃酸过多有抑制作用。对病灶可起到缓解和屏障保护作用。

2. 维生素　血麦中含有丰富的维生素。维生素 B_1 能增进消化功能,抗神经炎和预防脚气病。维生素 B_2 能促进人体生长发育,是预防口角炎、唇舌炎、睑缘炎的重要成分。血麦中维生素 B_2 的含量是玉米粉和大米的 2～10 倍。维生素 C 有降低人体血脂和胆固醇的作用,是治疗高血压、心血管病的重要营养素,能降低微血管脆性和渗透性,恢复其弹性,可降低脑出血风险。维生素 E 中生育酚含量较高,对防止过氧化和治疗不育症有效,并有促进细胞再生、防止机体衰老作用。

3. 纤维素　也称膳食纤维。含量达到 1.6%,是普通米面的 8 倍之多,其有整肠通便,清除体内毒素的良好作用,是人体肠道的"清道夫"。

4. 脂肪　血麦脂肪酸组成主要有油酸、亚油酸和亚麻酸,均为人体必需脂肪酸,其中油酸和亚油酸含量极高,而亚油酸、亚麻酸是人体最重要的必需脂肪酸,人体内不能合成,必须由食物提供,对幼儿有促进生长发育作用;对成年人可防止冠心病。由于是不饱和脂肪酸,所以可以有效降低体内血脂黏度。同时,还含有抑制皮肤生成黑色素的物质(2,4 二羟基顺式肉桂酸),有预防雀斑及老年斑的作用,是美容护肤的佳品。

5. 蛋白质　含有 18 种天然氨基酸,总含量高达 11.82％。特别含有一般植物如小麦、稻米所缺少的赖氨酸,富含精氨酸和组氨酸。血麦中的蛋白质由 18 种氨基酸组成,人体必需的 8 种氨基酸齐全,属完全蛋白质。血麦是主要粮食中氨基酸全面的粮食。而且 8 种人体必需氨基酸中,除亮氨酸略低于玉米、小麦面外,绝大多数均高于白面、大米、玉米粉,尤其是一般植物缺乏的赖氨酸和精氨酸最为丰富。赖氨酸比大米高 149％,比小麦粉高 163％,比黄玉米高 124％;精氨酸比大米高 86％,比小麦粉高 120％,比黄玉米粉高 157％;在非必需氨基酸中的天冬氨酸、谷氨酸含量也很高。这两种氨基酸都是构成人体血液(血浆蛋白)的重要成分。天冬氨酸是消除疲劳的强壮剂,对运动员、重体力劳动者、老年人都有很好的保健作用;而且,血麦蛋白由于富含精氨酸,可以防止体脂增加,有控制体重的作用。

6. 铁　血麦中铁的含量是普通小麦的 19.2 倍。因此,大大增强了血麦的营养保健功能。我国南方主食以大米为主,米业加工技术导致谷物中的有益维生素、微量元素、膳食纤维损失严重,尤其是铁元素。在人们的日常膳食中,平时可以选择铁含量丰富且吸收率高的食物,如动物的血、动物肝脏等含铁较丰富。但是单纯地为了补铁而增加动物性食品的比重又会带来能量过高、蛋白质、脂类过量等问题,从而容易引起肥胖、心血管疾病、癌症等。在植物性食品中,血麦含铁丰富,人体的吸收率高。多食用血麦还增强人体免疫力和抵抗力,加强人体各内部器官功能。血麦作为日常食物,满足人体每日铁需要量,既可以有效改善铁缺乏和贫血,又不会造成为满足铁的需要量而能量摄入过剩。

微量营养元素铁、锌和维生素 A 的缺乏被国内外称之为"隐性饥饿"(Hidden Hunger);缺铁性贫血也是严重影响人类身体健康的四大疾病之一。世界上发展中国家有 60％的妇女、儿童和 10％～20％的成年人受到微量元素铁、锌缺乏的危害;目前我国仍有 30％以上的儿童患缺铁性贫血和营养不良。由于大米属缺铁少锌的食物,在以大米为主食的地区,如南亚、东南亚及我国的南方,妇女和儿童铁、锌缺乏者甚至高达 70％以上。即使在西方发达国家,也有不少人口因体内缺乏各种微量元素而导致多种疾病。以高铁锌小麦"秦黑 1 号"(血麦)开发生产补铁、补血系列营养保健功能食品、生物药品,是"生物强化""食物强化"人体所需营养元素的最佳方式,不仅安全、有效,而且经济、简便,符合国际天然食品、自然医学发展的主流要求,在国内外均具有广阔的市场。血麦有着卓越的营养保健价值和非凡的食疗功效,是我国药食同源文化与现代科技结合的典型体现,是真正健康的"补血圣品"。

四、加工技术与应用

血麦的吃法同普通麦子一样,目前市场上较多见的是麦片。

1. 开发生产天然铁锌营养功能食品,全麦面粉、超微麦麸粉,天然铁锌食品添加剂,血麦饼干、麦片、方便面、营养糊、八宝粥、面包、糕点、挂面 膨化食品、休闲食品、发酵食品;复合营养早餐;胚芽、血麦草饮料;胚芽粉、胚芽片、胚芽油;特殊人群专用食品(心脑血管病、糖尿病等不同疾病患者康复食品、妇女、儿童、老人专用食品、学生营养餐食品、运动食品)等。

2. 开发生产微量元素铁、锌生物药品 通过纯化、成分提取、生物工程等途径,开发生产全生物或半生物复合药物:粉(冲)剂、口服液、胶囊、丸剂、片剂等。

第四节 黑 玉 米

一、生物学特性

黑玉米是禾本科玉米大家族中的成员之一,也是相对比较特殊的一个品种,其籽粒角质层不同程度地沉淀黑色素。从含义上讲,黑玉米有广义和狭义之分,广义黑玉米,又称紫玉米,指籽粒颜色为乌、紫、蓝和黑色的玉米之总称,而狭义黑玉米专指颜色为黑色的玉米。

黑玉米适宜我国大部分玉米种植区种植。春、夏播种均可,种植方式与普通玉米基本相同,栽培方法简单。以每 667 米^2 用种子 2.5~3 千克计,可采收鲜嫩棒子4 000 多个。近几年,辽宁、安徽、广东、四川、新疆等省、自治区已普遍推广种植,市场前景广阔。

黑玉米分为黑珍珠甜玉米和黑(紫)色糯玉米杂交种。而黑珍珠甜玉米是目前推广的主栽品种,其鲜粒紫色,排列整齐,鲜穗熟食皮薄、无渣、甜香兼备,松软可口。该品种抗逆性好,适应性广,产量高,干籽产量达 450 千克/667 米^2。黑(紫)色糯玉米杂交种,有黑糯 1 号、黑糯 2 号、黑糯 3 号。黑糯 2 号株高 1.6 米,穗长 12厘米,果穗圆锥形,籽粒较小,株型紧凑,成熟晒干后籽粒黑色皱缩。食味好,黏香无渣,属中熟偏早熟型杂交种。

二、营养价值

（一）黑玉米的主要营养成分

通过比较 2 份黑玉米和对照普通玉米品种的蛋白质、脂肪、粗纤维及矿物质元素，可知 2 份黑玉米的蛋白质含量平均较对照甜玉米 1 号和金穗 3 号提高 8.8%，脂肪含量比对照组提高 19.8%，提高更显著。据研究报道，玉米中的脂肪酸多为 $C_{20:4}$、$C_{20:5}$、$C_{18:14} \sim C_{20:4}$ 等不饱和脂肪酸，其中，亚麻酸、亚油酸等不饱和脂肪酸的含量占到总脂肪酸的 20% ~ 30%，$C_{20:5}$（EPA）和 $C_{22:6}$（DHA）占 10% 左右。

粗纤维含量因品种不同而差异较大，黑玉米 1 号低于甜玉米 1 号，又高于推广品种金穗 3 号。

从矿物质来看，黑玉米除镁含量低于对照品种 9% 之外，其余均高于对照品种，磷高出 14.5%，钙高出 14.8%，锰高出 6%，对人体生命活动极为重要的铁（被称为"补血素"）更是高出了 53.9%，锌（被称为"生命的火花"）高出了 35.4%，铜（被称为"心血管的护卫者"）高出了 20.5%。由此可见，黑玉米十分适合作为食品工业中优秀的保健食品原料（表 2-6）。

表 2-6　黑玉米资源的主要营养成分对比

样　品	黑玉米1号	黑玉米2号	黑玉米平均	甜玉米1号	金穗3号	对照平均	黑玉米平均较对照（±%）
蛋白质（%）	13.8	13.6	13.6	12.1	12.9	12.5	8.8
脂肪（%）	4.11	4.02	4.06	3.28	3.50	3.39	19.8
粗纤维（%）	8.84	7.26	8.05	9.21	9.77	8.99	−10.5
磷（毫克/千克）	4900	4600	4750	4300	4000	41500	14.5
钙（毫克/千克）	110.4	137.5	124.0	88.4	95.6	92.0	34.8
镁（毫克/千克）	230	2700	2500	3+0	2900	2750	−9.0
铁（毫克/千克）	61.7	61.1	61.4	36.7	43.10	39.9	53.9
锌（毫克/千克）	42.4	46.3	44.4	28.8	36.7	32.8	35.4
锰（毫克/千克）	14.8	12.7	13.8	13.5	12.5	13.0	6.0
铜（毫克/千克）	2.42	2.40	2.41	2.39	1.60	2.00	20.5

(二)黑玉米中蛋白质的氨基酸构成

黑玉米的氨基酸种类比较齐全,总量也比较高,比对照普通玉米要高出20%～40%。对黑玉米1号而言,谷氨酸、脯氨酸、苏氨酸、亮氨酸比例较高,分别占到氨基酸总量的8%以上。一般谷物类较缺乏的赖氨酸含量也较高,占氨基酸总量的4%左右。其第一限制氨基酸为半胱氨酸,即在加工过程中应注意强化半胱氨酸和蛋氨酸等含硫氨基酸。对黑玉米2号而言,脯氨酸、苏氨酸、亮氨酸和甘氨酸比例都分别占到了氨基酸总量的8%以上;另外,与生命活动密切相关的精氨酸含量也较高,从其限制氨基酸情况来看,在食品加工中,除应首先强化含硫氨基酸外,还应特别强化苯丙氨酸。2份黑玉米样品中必需氨基酸的含量均接近40%,由此进一步说明,黑玉米是理想的保健食品原料(表2-7)。

表 2-7 黑玉米的氨基酸含量 (毫克/100 克)

氨基酸	黑玉米 1 号	黑玉米 2 号
天冬氨酸	636.23	218.48
苏氨酸*	1160.01	747.74
丝氨酸	672.21	402.96
谷氨酸	1758.37	659.61
脯氨酸	1735.97	950.88
甘氨酸	558.11	514.19
丙氨酸	520.80	220.96
半胱氨酸*	48.55	53.62
缬氨酸*	324.24	207.03
蛋氨酸*	185.78	172.03
异亮氨酸*	518.88	255.49
亮氨酸*	844.20	312.19
酪氨酸	330.75	460.61
苯丙氨酸*	153.13	94.05
组氨酸*	483.74	359.70
赖氨酸*	446.36	347.41

续表 2-7

氨基酸	黑玉米 1 号	黑玉米 2 号
精氨酸	401.52	471.43
色氨酸*	—	—
总　　量	10778.85	6448.38
必需氨基酸比例(%)	38.64	39.54

* 代表必需氨基酸

三、生理功能

(一)降低高血压和动脉硬化发生

黑糯玉米里含有大量的卵磷脂、亚油酸、谷物醇、维生素 E,长期食用能有效降低血清胆固醇,降低高血压和动脉硬化发生,并且有延缓细胞衰老和脑功能退化的作用。

(二)抗癌、防癌

黑糯玉米中有抗癌因子——谷胱甘肽,谷胱甘肽能以自身化学功能"攻击"癌物质,使其失去毒性,再从消化道将致癌物质排出体外。

黑糯玉米中含有硒和镁,硒能加速体内过氧化物分解,使恶性肿瘤得不到氧的供应,从而阻断恶性肿瘤的营养供应。镁不仅能抑制癌细胞的发展,还能使体内废物尽快排出体外,起到明显的防癌作用。

黑糯玉米中的赖氨酸不但能抑制抗癌药物对人体的不良反应,还能抑制肿瘤生长。

黑糯玉米含有大量的纤维素,它能加速肠道蠕动,缩短食物残渣在肠道内停留时间,对防治直肠癌具有重要作用。

黑糯玉米含有丰富的胡萝卜素(维生素 A 原)、B 族维生素、维生素 E 等,胡萝卜素进入人体后转化为维生素 A,维生素 A 能阻止和抑制癌细胞的增殖,使正常组织恢复功能,能预防肺癌、胃癌、肠癌、皮肤癌等。维生素 A、维生素 E 与 B 族维生素协同作用可使体内致癌化学氧化剂失效而起到防癌作用。黑甜玉米维生素 C 含量也较高。很多谷类作物中不含维生素 C,黑甜玉米每 100 克含 4.831 毫克的维生素 C,维生素 C 对人体糖、蛋白质等代谢起到重要作用,能促进细胞间质和胶原纤维的形成。维生素 C 摄入不足会使许多组织萎缩,严重时会患坏血病。维生素 C 有助于铁质吸收,有提高造血系统功能的作用。

(三)调节生理功能

黑玉米含钾量高达 631～905 毫克/100 克,是其他谷物的 3～8 倍,钾可调节体液平衡抗疲劳,具有预防和治疗高血压、脑血栓,以及维护心脏功能,有助于调节情感、放松情绪、稳定心理。黑甜玉米是少有的碱性谷物,有减肥功能。

(四)治疗缺铁性贫血

黑甜玉米还是补血食品。其富含的铁是人体很重要的元素之一,它参与血红蛋白、细胞色素及某些酶的合成,而且还与能量代谢有关,摄入量不足将引起生理功能及代谢过程的紊乱,引起缺铁性贫血。

(五)补锌、提高免疫力

黑甜玉米中锌的含量是其他谷物的 3 倍,是很好的补锌食品。锌在人体内参与核酸、蛋白质的合成和碳水化合物、维生素 A 的代谢,维护胰腺、性腺、脑下垂体、消化系统和皮肤的正常生理功能。特别是儿童缺锌会影响青春期的发育,可导致贫血、腹泻、免疫功能低下等一系列变化。

(六)防治骨质疏松

黑甜玉米中钙、磷含量是其他谷物的 8～10 倍。钙、磷的主要生理功能是构成人体骨骼和牙齿。钙能维持神经、肌肉正常的兴奋性,是促进血液凝固、肌肉收缩与松弛及正常神经传导的基础,若人体缺乏可导致佝偻病、软骨病、骨质疏松等症。

(七)美容养颜

黑玉米中最诱人的元素当属黑色素。其他黑色作物大多是皮层黑内实白,而黑甜玉米则是外皮透明内实黑亮。黑色素可激发人体细胞活性,降低血清胆固醇,对防治动脉硬化、高血压等心血管疾病有积极作用。此外,还能提高人体免疫力。黑色素入肾,可有效地改善肝、心、脾、胃"五脏"功能,能有效地清除人体内的自由基,减少脂质堆积,平衡人体肥瘦,使人保持最佳体型。黑色素能有效地防止可见光和紫外线的辐射,防止不良色素沉积,护肤美容,使人青春常在。黑玉米独有的水溶性黑色素,使其具有养颜美容、滋肾补阴、健脾暖肝、明目活血、抗衰防癌等各种药用功能,被营养学家称为可"吃出健康、吃出美丽"的健康食品、功能食品、益寿食品。

另外,黑玉米须也有很高的药用价值,它里面含有人体所需的多种营养元素,具有止血、利尿、降脂、平肝、降血压等多种功能。黑玉米茎叶中蛋白质、粗脂肪含量高达 6% 和 4.8%,是很好的家畜优质饲料。

黑玉米的营养功能分析结果见表 2-8(25 个黑玉米品种的主要营养、总多酚和花色苷含量及抗氧化力测定)。

表 2-8　25 个黑玉米品种的主要营养、总多酚和花色苷含量及抗氧化力测定

编号	品种名称	蛋白质（克/100克）	脂肪（克/100克）	粗纤维（克/100克）	铁（毫克/千克）	锌（毫克/千克）	维生素 B_1（毫克/100克）	维生素 B_2（毫克/100克）	维生素 E（毫克/100克）	总多酚（毫克/100克）	花色苷（毫克/100克）	总抗氧化能力（微摩/100克）
1	美国黑玉米	12.34	4.11	7.45	23.45	22.46	0.76	0.36	4.45	60.22	2.21	1.87
2	粤黑玉米 4 号	10.7	4.03	8.06	21.15	10.56	0.36	0.27	3.66	32.8	2.33	1.82
3	紫香糯	12.9	3.77	8.03	11.34	8.45	0.19	0.24	4.06	44.2	2.34	1.73
4	黑玉米 05-9	12.4	3.56	7.21	32.21	11.34	0.37	0.25	3.44	52.1	1.72	1.64
5	意大利黑玉米	11.12	4.02	7.89	11.34	21.45	0.67	0.23	4.11	56.46	1.9	1.57
6	粤黑玉米 5 号	11.4	3.89	8.11	22.9	8.76	0.28	0.22	3.41	37.3	1.46	1.56
7	粤黑糯玉米 4 号	12	3.94	8.3	21.07	9.04	0.29	0.22	3.41	37.3	1.46	1.56
8	黑玉米 05-8	10.4	3.7	7.44	33.47	12.95	0.41	0.19	3.82	44.8	1.83	1.53
9	粤黑玉米 6 号	13.9	3.77	8.09	11.34	8.55	0.26	0.23	4.06	44.2	2.11	1.53
10	粤黑糯玉米 5 号	11.8	4.11	8.84	61.7	42.4	0.21	0.19	4.06	44.2	2.11	1.53
11	通黑玉米 1 号	9.11	4.05	7.56	22.45	12.34	0.41	0.19	3.82	44.8	1.83	1.53
12	黑玉米 05-11	13	3.94	8.3	21.07	9.04	0.29	0.19	4.02	45.4	1.84	1.44
13	粤黑糯玉米 3 号	9.9	3.6	7.34	22.37	8.78	0.23	0.27	3.66	32.8	2.33	1.33
14	粤黑玉米 3 号	11	3.99	7.6	19.45	21.07	0.38	0.14	3.57	35.9	1.23	1.32
15	粤黑糯玉米 2 号	12.4	3.56	7.21	32.21	11.34	0.37	0.14	3.57	35.9	1.23	1.32
16	黑玉米 05-2	11.2	3.78	7.67	17.45	11.07	0.36	0.14	3.57	35.6	1.33	1.3
17	黑玉米 05-6	12.9	3.7	8.03	11.34	8.45	0.19	0.24	4.06	44.2	2.34	1.3
18	桂黑玉米 5 号	11.2	3.78	7.67	17.45	11.07	0.36	0.14	3.57	35.6	1.33	1.3
19	黑玉米 05-3	10.7	4.03	8.09	23.15	9.56	0.26	0.1	3.66	32.5	1.33	1.21

续表 2-8

编号	品种名称	蛋白质（克/100克）	脂肪（克/100克）	粗纤维（克/100克）	铁（毫克/千克）	锌（毫克/千克）	维生素 B$_1$（毫克/100克）	维生素 B$_2$（毫克/100克）	维生素 E（毫克/100克）	总多酚（毫克/100克）	花色苷（毫克/100克）	总抗氧化能力（微摩/100克）
20	桂黑糯玉米1号	10.7	4.03	8.09	23.15	9.56	0.26	0.17	3.66	32.5	1.33	1.21
21	粤黑玉米1号	13.8	4.11	8.84	61.7	42.4	0.21	0.13	4.11	55.34	1.94	1.15
22	黑玉米05-5	9.4	3.89	8.11	22.9	9.76	0.28	0.22	3.21	37.3	1.46	1.14
23	黑玉米05-7	11.4	3.82	7.46	17.96	32.21	0.33	0.26	3.76	34	2.64	1.14
24	桂黑糯玉米2号	9.4	3.89	8.11	22.9	9.6	0.28	0.22	3.21	37.3	1.46	1.14
25	丰糯10号	11.4	3.82	7.46	17.96	32.21	0.33	0.26	3.76	34	2.64	1.14

四、加工与应用

（一）提取天然色素

黑玉米不仅含有丰富的营养成分，而且在其种皮中含有大量的色素，是开发天然黑色素的重要来源。

以灭酶、脱脂处理后的黑玉米皮为材料，黑玉米色素提取的最佳条件为以80％乙醇（pH 值＝3.5）作为溶剂，在80℃下浸提黑玉米皮60分钟，物料与溶剂的比例为1：100。

黑玉米色素提取的工艺流程如下：

原料（黑玉米） $\xrightarrow{\text{脱皮}}$ 黑玉米皮 $\xrightarrow{\text{粉碎}}$ 玉米皮粉 $\xrightarrow{\text{脱脂}}$ 脱脂玉米皮粉

$\downarrow$

色素纯品（成品） $\xleftarrow{\text{纯化}}$ 色素粗品 $\xleftarrow{\text{纯化、分离*}}$ 色素液 $\xleftarrow{\text{浸提分离*}}$ 浸提罐

注：带"*"步骤分离出来的残渣可进一步利用，如做饲料等

采用上述工艺流程所获得的黑玉米色素浸膏中色素含量80％左右，含水量小于12％，呈紫黑色，并具有良好光泽，略带酸味，其水溶液为鲜艳的紫红色，对食品饮料等有较强的着色力和稳定性，根据联合国粮食及农业组织（FAO）/世界卫生组织（WHO）规定，该色素是从已知食物中分离出来的，安全无毒，可直接用于食品、医药和化妆品等行业中，不须进行毒理试验。

(二)黑玉米营养糊

黑玉米的主要成分为淀粉,且含有大量纤维素,质地坚硬,不易糊化,采用一般的加热手段难以将其生淀粉转化为熟淀粉,可采用挤压膨化技术,将黑玉米经高温高压快速膨化后,使其内部组织疏松,淀粉、蛋白质结构改变,水浸出物增加,不仅有利于消化酶的渗透侵入,且由于膨化过程时间短,对原料营养的破坏较小。

1. 采用挤压膨化技术研制黑玉米营养糊的工艺流程

黑玉米＋黑米＋黑大豆＋薏米＋山药等→混合→破碎→水分调整→挤压膨化→切条→粉碎→调配→粉碎→过筛→水分调节与灭菌→包装→成品

2. 加工操作要点

(1)原料挑选 黑玉米、黑米、黑大豆等原料要求新鲜,无霉变,并剔除沙子、石块等杂物。

(2)原料水分调整 原料混合破碎后,用喷雾加湿设备调湿,并将原料堆放在一起,保持一定时间均湿,使其原料内外水分渗透均匀。

(3)挤压膨化 调整膨化机的有关参数,使进料速度、螺杆转速、挤压压力等参数在适宜范围。

(4)配方 黑玉米、黑米、黑大豆等占总量的80%左右,薏米、山药、芡实、麦芽、枸杞子等辅料占总量不超过20%。产品中砂糖含量控制在25%以下。

(5)粉碎过筛 经粉碎机粉碎过后,成品80%过80目筛。

(6)成品水分调节与灭菌 用微波处理设备调节成品水分在5%～7%,同时控制处理时间,确保杀菌效果。

本工艺的关键技术在于控制膨化机的螺杆转速,调整好物料粒度和含水量。经反复实验结果表明,螺杆转速控制在400～600转/分,可以保证原料充分膨化所需的温度和压力;物料粒度在14～18目,含水量在20%～25%,可以保证原料淀粉完全α化,使淀粉和蛋白质等大分子微晶束中氢键破坏,极性基团游离出来,有利于人体消化吸收。

黑玉米营养糊产品保留了黑玉米等原料的天然色泽和风味,粉状,干燥,松散不结块,冲调性好,分散性好,口感细腻可口,冲调后呈乌黑色,香味浓郁,适合男女老少四季享用。

(三)黑玉米乳茶饮料

1. 工艺流程 利用黑玉米色、香、味和营养特点,采用酶解法研制黑玉米乳茶饮料,其工艺流程如下:

黑玉米→粉碎→糊化→液化（加 α-淀粉酶）→冷却→糖化（糖化酶）→粗滤→精滤→调整→均质→排气→灭菌→装瓶→成品

2. 加工技术要点

（1）原料预处理　选用色黑无杂、新鲜的黑玉米，清洗后离心脱水，粉碎，细度要求不小于 80 目，或用温水浸泡 2～3 小时，用磨浆机磨成浆。

（2）糊化　按料水比 1∶10 比例混合加热煮沸 20 分钟。

（3）液化　在糊化玉米浆中加入 1‰α-淀粉酶，在 90℃～95℃条件下保温 20 分钟。

（4）糖化　冷却后，调整 pH 值为微酸性，按 0.1‰比例加入糖化酶，保温 55℃～60℃使其充分糖化，直到没有碘反应为止，整个过程需 4～5 小时。

（5）过滤　糖化液趁热用硅藻土过滤机粗滤，再用板式过滤机精滤。

（6）调整　加入 8‰～10‰砂糖、少量酸以及适量黄原胶和 CMC 等复合稳定剂调配。

（7）均质　将调配液装入高压均质机中，于 20 兆帕压力下均质。

（8）灭菌灌装　采用 100℃保持 6～8 分钟灭菌，在 70℃～75℃下装瓶。

黑玉米乳茶并保留了黑玉米色、香、味，呈浅紫红色，澄清透明，有浓厚的玉米芳香，酸甜适口，适合于四季饮用。

第五节　黑大豆

一、生物学特性

大豆是我国原产的优质食物资源，品种繁多，其中，黑大豆又称为药豆。

我国的黑大豆种质资源异常丰富，据统计，仅栽培品种就有 2 800 余份，广泛分布在我国 27 个省（直辖市、自治区），其中以北方春大豆、黄淮夏大豆区为最多。自古以来我国民间老百姓就喜用黑大豆滋补身体，据《中药大辞典》记载，黑大豆有"血药养颜、活血益气、治消渴、暖脾胃、止虚寒、发痘疮"等功能。现代营养分析结果表明，黑大豆较普通大豆含更丰富的蛋白质、脂肪、赖氨酸、硫氨酸以及多种维生素和矿质元素等营养成分，此外还含有大豆皂苷等功能因子。特别是由笔者等引进、筛选到的 1 份珍贵富碘黑大豆资源，经在南方试种，表现出农艺性状稳定，单产较高（平均 2 300 千克/公顷），抗病性较好等特点，2001 年通过了广东省农作物品种审定委员会的认定，命名"粤引黑大豆 1 号"。

二、营养价值

以粤引黑大豆1号为例,对黑大豆与对照普通大豆的蛋白质、脂肪、总糖、粗纤维、矿质元素进行比较分析(表2-9)。

表2-9 粤引黑大豆1号和普通大豆营养成分比较

成　　分	粤引黑大豆1号	普通黑大豆1号	普通黑大豆2号	黄大豆
蛋白质(%)	43.51	38.80	36.10	35.10
脂肪(%)	15.67	11.30	15.90	14.00
总糖(%)	21.92	22.4	23.30	18.60
粗纤维(%)	12.26	6.80	10.20	15.50
钙(毫克/千克)	22.05	21.38	22.40	19.14
磷(毫克/千克)	49.20	62.20	50.00	46.50
钾(毫克/千克)	53.23	50.33	43.77	42.80
铁(毫克/千克)	89.30	46.25	17.00	18.20
碘(毫克/千克)	41.94	13.06	—	—
维生素 A(毫克/千克)	48.00	33.90	30.00	22.00
维生素 B_1(毫克/千克)	19.10	22.10	20.00	14.00
维生素 B_2(毫克/千克)	14.50	11.90	3.00	9.00
维生素 C(毫克/千克)	119.3	172.00	—	—

由表2-9可知,粤引黑大豆1号的蛋白质含量较高,明显高出了对照普通黑大豆1号、2号和普通黄大豆,其中,高出黄大豆23.96%。

从脂肪含量来看,粤引黑大豆1号与普通黑大豆1号、2号和黄大豆比较接近。据资料显示,黑大豆中脂肪酸多为 $C_{20:4}$、$C_{20:5}$、$C_{22:6}$、$C_{18:1}\sim C_{18:4}$ 等不饱和脂肪酸,其中,亚油酸等不饱和脂肪酸的含量占总脂肪酸的 $20\%\sim30\%$,$C_{20:5}$(EPA)和 $C_{22:6}$(DHA)约占 10%。碳水化合物方面(主要指多碳水化合物和粗纤维),粤引黑大豆1号的总糖含量与普通黑大豆2号和黄大豆比较接近,粗纤维含量亦是如此。

从维生素分析结果来看,粤引黑大豆1号的脂溶性维生素 A 的含量较高,明显高出对照普通黑大豆2号和黄大豆,其中,高出黄大豆1倍多。另外,水溶性维生素(B_1、B_2、C)也较丰富,特别是维生素 B_2 显著高于对照组。

　　从分析结果还可看出,粤引黑大豆1号中矿物质钙、磷、钾的含量与对照普通黑大豆2号和黄大豆差异不明显,而微量元素铁和碘的含量显著提高,其中,铁含量为对照品种的4倍多,碘含量也明显高于其余两者。

　　此外,在分析黑大豆蛋白质的氨基酸构成的实验中,发现黑大豆的氨基酸构成同样优于普通大豆品种。由表2-9可知,粤引黑大豆1号的氨基酸比较齐全,总量也比较高,比对照黄大豆要高出10%以上,在18种氨基酸中谷氨酸、天冬氨酸、精氨酸、亮氨酸等含量最为明显,分别占到氨基酸总量的8%以上。而这些氨基酸都与人体的生命活动密切相关,如精氨酸对人体肝脏疾病有明显疗效,可明显解除血液中的氨毒。另外,其他氨基酸的比例也比较理想,必需氨基酸和非必需氨基酸的比例为1∶1.42,营养价值较大(表2-10)。

表 2-10　粤引黑大豆 1 号的氨基酸构成

氨基酸	含量(毫克/100克)	占氨基酸的比例(%)
天冬氨酸	3719	10.75
苏氨酸*	1472	4.25
丝氨酸	1904	5.50
谷氨酸	5016	14.5
脯氨酸	1354	14.50
甘氨酸	1792	3.91
丙氨酸	1490	5.18
半胱氨酸*	896	4.31
缬氨酸*	1479	2.59
蛋氨酸*	640	4.27
异亮氨酸*	1948	5.63
亮氨酸*	2841	8.21
酪氨酸	1382	3.99
苯丙氨酸*	1490	4.31
组氨酸*	1463	4.23
赖氨酸*	2093	6.05

续表 2-10

氨基酸	含量(毫克/100 克)	占氨基酸的比例(%)
精氨酸	3048	8.81
色氨酸*	571	1.65
总 量	24598	—
必需氨基酸比例(%)	—	41.26

* 代表必需氨基酸

根据 FAO/WHO 规定的必需氨基酸均衡模式,黑大豆含有的 8 种必需氨基酸有 7 种超过了均衡模式的标准,有 1 种与标准模式比较接近,其中人体第一限制氨基酸(赖氨酸)高出模式标准 11.2%,含硫氨基酸(蛋氨酸+半胱氨酸)高出标准26.1%,苯丙氨酸和酪氨酸高出标准 36.5%,仅缬氨酸低于标准,说明这一氨基酸是该资源的第一限制氨基酸,在食品加工过程中应该注意强化。长期以来,多数大豆的必需氨基酸含量较低,尤其是含硫氨基酸的含量较低,造成蛋白质的生物价下降,在一定程度上限制了其综合利用。从分析结果看,粤引黑大豆 1 号的必需氨基酸含量较为理想,既可以作为一种强化剂对谷物等普遍缺乏的蛋白质起增补作用,又适合于作为理想资源开发新型保健食品(表 2-11)。

表 2-11 粤引黑大豆 1 号必需氨基酸的组成

氨基酸	氨基酸模式(mg/g·N)	FAO/WHO 模式(mg/g·N)
异亮氨酸	351.9	250
亮氨酸	513.5	440
赖氨酸	378.1	340
蛋氨酸+半胱氨酸	277.5	220
苯丙氨酸+酪氨酸	518.8	380
苏氨酸	265.6	250
色氨酸	103.6	60
缬氨酸	266.8	310

三、生理功能

近年来研究证实,黑大豆所含的不饱和脂肪酸具有降血压,促进平滑肌收缩,扩张血管,阻碍血小板凝聚和防止动脉硬化等功能,被广泛用作功能食品的新素材而加以开发利用。

黑大豆碳水化合物膳食纤维含量比较丰富,除15%左右为不溶性粗纤维外,多数为可溶性多糖和水溶性纤维,是比较理想的膳食纤维来源。这些膳食纤维在人体内有利于胃肠蠕动,防止便秘,减少热能摄入,起到减肥作用;还能防止脂肪、胆固醇的吸收,并加速其排泄,吸附食物中的化学致癌物质,防止结肠癌的发生等。

铁和碘都是人体必需的也是极其重要的微量元素,铁被喻为"补血素",人体铁摄入量太少,容易诱发缺铁性贫血;而碘则是组成人体甲状腺的重要成分,食物中碘不足可使甲状腺分泌减少,降低机体的代谢;孕妇缺碘会造成早产或流产;儿童缺碘则大脑发育不全,智商低下,性器官发育迟缓;成年人缺碘则表现轻、中、重度甲状腺肿,性功能衰退等症。据FAO统计,全球有25%的女性和50%的孕妇患缺铁性贫血,15亿以上的儿童缺铁,南亚、东南亚与我国的一些地区正在流行缺铁性贫血。另外,据资料表明,我国有近4亿人口缺碘,1.08%的儿童存在碘营养不良状况。由此可见,富含铁、碘元素的黑大豆作为良好的铁源和碘源材料,有较大的开发利用价值。

最新的科学实验发现并确证黑大豆具有抗氧化作用。在3种黑色食品——黑米、黑小麦和黑大豆中,比较三者的种皮提取物对超氧阴离子自由基(O_2^-)等活性氧自由基的清除能力,发现黑大豆最强,黑米次之,而黑玉米最弱。以黑大豆种皮提取物为材料,应用高脂SD大鼠和新西兰兔模型,发现黑大豆可以显著增加动物体内的抗氧化酶活性和总抗氧能力,降低MDA含量和氧化型低密度脂蛋白,并呈剂量依赖关系,提示黑大豆提取物在生物体内具有明显的抗氧化活性。最近的研究表明,黑大豆抗氧化作用的主要活性成分为4种花色苷化合物。在抗氧化活性跟踪下,用Sephadex LH-20柱层析分离,从黑大豆种皮提取物中分离到2个组分。经紫外线可见图谱、质谱和核磁共振等波谱分析鉴定,这2个单体为矢车菊素-3-葡萄糖苷和天竺葵素-3,5-二葡萄糖苷。

最新的科学实验发现并确证黑大豆具有降血脂、抗动脉粥样硬化(AS)作用。应用高脂血症(SD)大鼠和新西兰大白兔实验动物模型,发现黑大豆种皮提取物均可以显著性降低高脂血症动物的总胆固醇(TC)和低密度脂蛋白胆固醇(LDC-C)水平,提高高密度脂蛋白胆固醇(HDL-C)水平,并表现剂量依赖关系。同时,还发现摄入黑大豆种皮花色苷组的动物主动脉粥样硬化斑块面积较模型对照组明显减少,且斑块厚度降低,减轻了主动脉血管的阻塞程度。表明黑大豆种皮花色苷可以显著抑制高脂饲料诱导的兔主动脉粥样硬化斑块的形成。提示黑大豆种皮花色苷具有抗AS作用。最新实验探明黑大豆抗动脉粥样硬化机制在于其花色苷对血管内皮细胞过氧化保护。以分离得到的花色苷为材料,研究其对血管内皮细胞氧化损伤的保护作用,发现花色苷提取物均可以不同程度地减轻 ox-LDL 氧化损伤造成的细胞形态的变化;减轻 ox-LDL 对细胞活力的抑制;减少细胞内 MDA 的生成,减少 ox-LDL 诱导的细胞内自由基的产生,减轻 ox-LDL 引起的内皮细胞凋亡,且呈现明显剂量依赖性。

现代研究发现并确证了黑大豆的保肝和抗衰老作用。应用老龄小鼠动物模型,灌胃给予黑大豆种皮花色苷提取物,发现黑大豆种皮花色苷提取物均可显著地增加老龄小鼠抗氧化酶活性,减少丙二醛(MDA)生成;摄入黑大豆提取物还可以降低脑组织单胺氧化酶 B(MAO-B)活性,增加皮肤或尾腱中羟脯氨酸(Hyp)含量,具有延缓衰老的作用。

黑大豆的营养成分,抗氧化力分析见表 2-12(9 个黑大豆品种主要营养、总多酚和花色苷含量及抗氧化力测定)。

表 2-12　9 个黑大豆品种的主要营养、总多酚和花色苷含量及其抗氧化力测定

编号	品种名称	粗蛋白质(%)	粗纤维(%)	粗脂肪(%)	铁(毫克/千克)	锌(毫克/千克)	维生素 B₁(毫克/100克)	维生素 B₂(毫克/100克)	维生素 E(毫克/100克)	总多酚(毫克/100克)	花色苷(毫克/100克)	总抗氧化能力(毫摩/100克)
1	黑豆(陕西)	44.1	11.2	15.9	55.2	39.2	0.36	0.33	19.33	66.34	1.464	3.503
2	早熟黑豆(陕西)	45	12.6	15.2	33.8	43.2	0.34	0.28	21.21	74.82	1.875	3.389
3	大黑豆(山西)	43.9	13.2	16.1	41.2	37.4	0.37	0.41	14.45	64.29	1.794	3.184
4	磨石黑豆(辽宁)	44.3	10.8	15	333.8	22.7	0.2	0.31	17.29	70	1.192	2.945
5	小黑豆(内蒙古)	43	14.2	16.9	21.8	26.4	0.3	0.36	16.36	67.41	1.124	2.887
6	小粒黑豆(吉林)	44.4	13.8	16.3	60.5	43.6	0.41	0.26	19.23	44.29	1.158	2.693
7	台山黑豆(广东)	45	13.2	18.7	30.8	50.6	0.39	0.26	30.41	43.84	0.946	2.533
8	小黑豆(黑龙江)	43.2	14.3	16.7	67.4	41.8	0.2	0.3	17.22	52.77	0.94	2.291
9	小黑豆(云南)	43.8	12.4	14.1	20.9	52.4	0.39	0.36	26.28	42.68	0.915	2.008

四、加工与应用

黑大豆营养丰富,含有大量人体所需的氨基酸、不饱和脂肪酸、膳食纤维及微量元素,是一种物美价廉的营养食品;黑大豆中还富含维生素、黄酮和类黄酮化合物及独特的生物活性物质,因此具有延缓衰老、增强免疫力、镇静、改善睡眠等保健作用,且具有养血平肝、补肾补阴等医用价值。在当今黑色保健食品风靡于世的形势下,黑大豆发酵制品具有开胃增食、消食化滞、除烦平喘、祛风散寒、抗菌抗氧化作用,在豆制品中更胜一筹。酱油能产生一种天然的防氧化成分,有助于减少自由基对人体的损害。几十滴酱油所抑制的自由基,与 1 杯红葡萄酒相当。酱油抗氧化功效比维生素大 10 多倍。现介绍以下几种适合家庭及企业化生产的黑大豆制品加工方法。

(一)酱油豆

1. 原料与配方　黑大豆 50 千克、面粉 40 千克、盐 15 千克、花椒 0.5 千克、姜 10 千克、水。

2. 工艺流程
　　选豆→浸泡→蒸煮→炒面→拌豆制曲→洗霉→初发酵→配料入缸→发酵成品

3. 制作方法

(1)选豆　选择籽粒饱满、皮薄肉厚、新鲜、无霉变的小黑豆,挑除破碎粒及杂质。

(2)浸泡　将黑大豆置缸内用水浸泡,注意应有足够水泡豆(以防上部豆吸水不足),浸 3 小时后检查有 70% 左右豆粒膨胀、豆皮无皱纹时结束浸泡,将豆子从水中捞出。

(3)蒸煮　将泡好的黑大豆置于蒸桶(锅)内,用大火蒸到上大热气后盖上盖。保持 104℃蒸 2 小时,使黑豆细胞软化、蛋白质适应变性,淀粉糊状,产生少量碳水化合物,以利于霉菌的发育繁殖,并有较好的杀灭杂菌作用。当蒸豆散发出大量豆香味,并检查有 70% 豆粒能用手捻碎时,即可停止蒸煮。注意掌握蒸豆时间和温度不可过短或过长,蒸煮温度低、时间短会使蒸豆"过生",不利于霉菌发育,影响鲜味;蒸煮温度过高、时间过长则使豆粒易脱皮散瓣,影响成品色泽。

(4)炒面　面粉放入锅中,用小火不断翻炒,炒至略有焦香时取出冷却。

(5)拌豆　将蒸煮好的黑大豆在冷却后的炒面中拌匀,使豆粒外面均匀黏附 1 层面粉。

(6)制曲　将拌好豆子分盛在竹筐或席子上,摊成 3 厘米厚,放在泥地房间里,上面盖竹筐或席子,经两日后,白色菌丝繁殖,豆粒结成块,用手翻拌 1 次,使豆粒分散成单粒,以免黏化影响菌丝深入豆内,形成硬粒。再过 2 天,豆粒上生黄绿色菌丝时,曲已制成,取出放日光下晒 3～4 日。

(7)洗霉　曲制好后,有苦涩味,须用清水洗霉。可将曲放在竹筐内用水快速冲洗,尽量减少浸泡时间,防止粘在黑豆曲外的面粉层脱落。

(8)初发酵 将洗霉后的豆曲喷适量凉开水,使含水量至 45%,在竹席上堆积(上盖纱布或薄膜),6~7 小时后,白色菌丝长出,并有清香味时即可。

(9)配料入缸 将经初发酵豆曲入缸,将 6 升水、盐、花椒、姜(切成丝)入锅烧沸,烧出香味充分晾冷后,倒入缸内搅拌均匀,将缸口用纱布封严。

(10)发酵成品 将缸置于室外暴晒,开始每天搅拌 1 次,1 周后 3~4 天拌 1次,经 6~8 个月发酵,酱色变黑褐色,发出香气,味鲜而带甜,即为成品。

(二)黑豆酱油

1. 原料配方 黑豆 50 千克、面粉 7.5 千克、曲种适量、食盐 5 千克,原料与盐水比例为 1∶1.8。

2. 工艺流程

选豆—浸泡—蒸煮—接种制曲—洗霉—发酵—淋油—暴晒—沉淀、灭菌—过滤—包装

3. 制作方法

(1)选豆、浸泡、蒸煮 同上。

(2)接种制曲 将蒸熟冷却后的黑豆与面粉、曲种充分拌和均匀,置于竹圆或曲盒中,移入 29℃~30℃ 温暖室内制曲,经 8~10 小时后料温升至 38℃ 左右,此时应通风,保持料温 33℃ 左右。经 16~18 小时,待料上出现菌丝体,并有曲香味时,应将料翻搓 1 遍,把料摊成 2~3 厘米厚,再过 8 天后 2 次翻曲。保持室温 26℃~28℃,料温不能超过 40℃。经过 30 小时后,曲面布满白色菌丝体时,再继续培养24~48 小时,曲面生黄绿色菌丝,无夹心,具有正常曲香味,即成曲。

(3)洗霉 同上。

(4)发酵 将洗霉后的曲料置于席上堆积发酵 6~7 小时,待白色菌丝长出,豆曲有香味时将曲移入缸内,按料与盐水 1∶1.8 比例配制,盐用水化开,将盐水倒入缸内,搅拌均匀,缸口用纱布罩上。经过 90 天日晒夜露,即发酵为成熟酱醪。

(5)淋油 在发酵后缸内加入 80℃ 热水进行搅拌,浸泡 3 天,待酱醅全部上漂,可进行淋油;再加水浸泡 3~4 天,淋第二次油。淋出的酱油液叶浓黏,色泽红棕,味道香甜。

(6)配制成品 淋出酱油经 10~15 天暴晒、沉淀、过滤,加温灭菌后,灌装入瓶或袋即为成品。

(三)风味萝卜豆

1. 原料配比 黑豆 1.5 千克、水萝卜 10 千克、香菜 1 千克、盐 1.2 千克、花椒

50克、姜0.5千克。

2. 工艺流程

选料—煮豆—制曲—萝卜处理—熬调料—泡豆—配料发酵—包装成品

3. 制作方法

(1)选料　黑豆选择新鲜、饱满、无霉变大粒黑豆,挑除烂粒、杂质;萝卜选择青皮水萝卜。

(2)煮豆　将黑豆在清水中泡3~4小时,洗净后放入锅内煮熟,捞出晾去表面水分。

(3)制曲　在竹筛底部铺1层香椿叶,将熟豆铺3厘米厚,上盖香椿叶,筛口用纱布盖上,2天后黑豆长满白色菌丝,用手翻搓1次,再过2天黑豆上生出黄绿色菌丝时,取出摊晾备用。

(4)萝卜处理　萝卜削去根须、洗净,切成0.5厘米厚、2.5厘米宽的片,在缸内底部先放1层盐,按一层萝卜一层盐入缸,顶部再撒1层盐腌上1~2天,每天翻拌1次。

(5)熬调料　在锅内加水,放入盐、花椒、八角,烧沸后煮出香味,冷晾后备用。

(6)泡豆　将晾干的豆曲置盆内,用湿布擦去表面黄霉菌,倒入冷却后调料液,浸泡3~4小时后,豆曲吸足调料液。

(7)配料发酵　姜、蒜洗净切片与泡好的黑豆一块倒入萝卜缸内,充分拌匀,盖上缸口发酵,开始2~3天每天搅拌1~2次,继续发酵15~20天,待萝卜呈微红透亮状时,将香菜洗净切段拌入,腌1~2天即可。

(8)包装成品　将腌好的萝卜豆豉入袋(瓶)包装即成成品。

(四)黑豆糙米饭

1. 原料　黑豆少量、糙米适量(按人口而定)。

2. 制作方法　将黑豆洗净用水浸泡1晚;糙米洗净用水浸泡3小时。将黑豆与糙米放入电饭煲,加水(可用泡米的水)。水量测定方法是:水面到米的高度大约是食指指尖到第一个关节。

3. 营养价值　黑豆和糙米都是粗粮。黑豆能促进消化,软化血管,养颜美容,延缓衰老。糙米能够提高人体免疫力,促进血液循环,并有降低脂肪和胆固醇的作用。

(五)黑豆鲫鱼汤

1. 原料　黑大豆50克、鲫鱼1条、姜适量。

2. 制作方法　将黑豆洗净用水浸泡 4~5 小时,待用。生姜洗净切片,待用。鲫鱼宰好,放入锅中用小火煎透一点,然后直接将水倒入煎鲫鱼的锅中,放入黑豆和姜,武火煮沸后,转文火煮至黑豆熟软,调味即可。

3. 注意　鲫鱼的咽喉齿(位于鳃后咽喉部的牙齿)泥味很重,影响汤水的鲜味,因此宰鲫鱼时应去掉。

4. 营养价值　鲫鱼有利消水肿、益气健脾、解毒、催乳等功效。此汤可补肾益脾、乌发明目、通乳养虚、祛湿利尿、降低胆固醇、防止便秘。十分适合老年人、病后虚弱和孕、产妇饮用。

(六)黑豆雪梨汤

1. 原料　黑豆 30 克,雪梨 1~2 个。

2. 制作方法　将雪梨洗净切片,黑豆洗净,把两者放入锅中,加适量水,先用旺火煮沸后,转小火炖至烂熟。

每日食用 2 次,连用 1 个月,对由肺肾阴虚引起的须发早白、皮肤粗糙有一定功效。

(七)酸辣黑豆

1. 原料　黑豆 500 克,香醋 100 克,红糖 8 克,湿淀粉 20 克,辣椒粉、精盐适量。

2. 制作方法　将黑豆洗净后,浸泡 1 天,沥干水分,隔水蒸至熟软。将香醋、红糖、湿淀粉一起搅匀放入锅中,用文火边煮边用勺搅,至稠厚,把蒸过的黑豆倒入锅中,加入精盐、辣椒粉,拌匀调好味后,即可食用。本方可开胃消食、补肾抗衰。

(八)黑豆活血粥

1. 原料　黑豆、粳米各 100 克,苏木 15 克,鸡血藤 30 克,延胡索粉 5 克,红糖适量。

2. 制作方法　先将黑豆洗净,放入锅内,加适量水,煮至五成熟。另将苏木、鸡血藤加水煎煮 40 分钟,滤去药渣。把药液与黑豆再同时煮至八成熟时,放入粳米、延胡索粉及适量清水,煮至熟烂,加红糖搅拌均匀即可。本方有补肾活血、通络止痛之功效,适用于气滞血瘀型血管性头痛者食用。特别值得一提的是,虽然我国从美国大量进口大豆,但广东台山市生产的"马蹄印"黑大豆,却远销美国,均是用于煲骨汤、煮粥等食用。

(九)豆　酱

经过发酵的黑豆豆酱可防止胃溃疡。取豆酱 20 克,入锅加水和萝卜块、冬瓜片、白菜等蔬菜煮成酱汤,每到午餐时食用。由于高温油脂会使豆酱中的营养物质降解,影响治疗胃溃疡的效果,所以最好不要用热油炒豆酱。

(十)纳 豆

纳豆是蒸煮后的大豆经纳豆芽孢杆菌发酵而成,含金雀异黄酮、葡萄糖、维生素 K、多聚谷氨酸,能促进钙质吸收,提高成骨细胞活性,促进胰岛素样生长因子的产生,从而起到防止骨质疏松症的作用。此外,由于金雀异黄酮与人体雌性激素的结构相似,故可发挥雌性激素的替代作用,改善绝经妇女的骨质疏松症状。

第六节 黑芝麻

一、生物学特性

芝麻在亚洲和中美、南美洲的许多国家均有大量种植,我国和印度的产量占全球的 40%,我国芝麻产量居世界之首,素有"芝麻王国"之称。黑芝麻在我国有悠久的栽培历史,资源也很丰富,分布也很广泛。据 1992 年肖唐华对我国 17 个省、直辖市、自治区的黑芝麻品种进行统计,编入《中国芝麻品种目录》的就有 372 份,据不完全统计,全国已有黑芝麻品种资源近 1 000 份。

二、营养价值

近年来研究证明,黑芝麻的营养价值不亚于黑米、黑大豆,尤其是维生素 E 的含量高出黑米和黑大豆数倍,人体必需的 8 种氨基酸有 6 种高于鸡蛋,2 种与鸡蛋接近。据肖唐华(1992)分析 372 份黑芝麻品种资源,黑芝麻的蛋白质含量平均为 20.8%,最高的可达 26%以上,黑芝麻蛋白质是完全蛋白质,蛋氨酸和色氨酸等含硫氨基酸比其他植物蛋白高,容易被人体吸收利用,是一种理想的植物蛋白资源。黑芝麻含油量为 50.76%,变幅为 37.04%~57.29%;在脂肪的组成中亚油酸平均为 45.8%,变幅为 37.86%~52.47%;油酸平均含量为 39.83%,变幅为 32.74%~49.58%;硬脂酸含量平均为 4.79%,棕榈酸含量为 9.55%,不饱和脂肪酸的油酸和亚油酸的含量较高,平均超过 40%,两者总和达 84.96%。

黑芝麻还含有丰富的矿物质和多种维生素。在大、中量元素中,磷的含量黑芝麻和白芝麻相近,钠元素黑芝麻比白芝麻相对低 74%,钾、钙、镁三元素分别比白芝麻高出 34.6%、25.8%和 43.6%。在微量元素中,被称为"补血素"的铁,黑芝麻比白芝麻高出 455.6％；被称为"生命的火花"的锌，黑芝麻比白芝麻高出 45.6％；被称为"心血管的护卫"的铜，黑芝麻比白芝麻高出 22.9％；与生殖功能密切相关的锰，黑芝麻更是显著高于白芝麻，是白芝麻 14 倍之多。微量元素硒，黑芝麻比白芝麻高出 15.8％。黑芝麻的矿物质元素含量比谷类作物、豆类作物均高，比菜子、花生等也高出许多（表 2-13）。

表 2-13　黑芝麻和白芝麻矿物元素含量对比

	常量元素（毫克/100 克）					微量元素（毫克/100 克）				超微量元素（微克/100 克）
	磷	钾	钠	钙	镁	铁	锰	锌	铜	硒
白芝麻	513	266	32.2	620	202	14.4	1.17	4.21	1.41	4.06
黑芝麻	516	358	8.3	780	290	22.7	17.85	6.13	1.77	4.7
±％	0.6	34.6	—74	25.8	43.6	57.6	1400	45.6	22.9	15.8

三、生理功能

黑芝麻的营养功能在我国古代已有记载，据《名医别录》记载，黑芝麻有"补中益气、润养五脏、利大小肠，产后赢困，催生落胞"的功能。李时珍在《本草纲目》中进一步指出："入药以乌麻油为上"，服食黑芝麻可使白发反黑。后来有人将黑芝麻与黑大豆、黑葵花籽称为植物蛋白"三状元"，它们所含的丰富优质蛋白质被人体消化吸收后，通过血液运送至各部组织，按各器官和组织的需要合成人体内各种蛋白质。

黑芝麻所含有的人体必需的不饱和脂肪酸亚油酸，在人体内不能合成，必须由食物提供。不饱和脂肪酸对脂肪的消化、吸收和贮存以及在生理上都有其特别的意义。食物中的胆固醇经吸收后与必需脂肪酸结合才能在体内进行正常代谢。必需脂肪酸能促进人体发育，具有促进乳汁分泌、降低血胆固醇和减少血小板黏附性的作用。亚油酸还是理想的肌肤美容剂，人体缺乏了亚油酸，容易引起皮肤干燥，鳞屑肥厚，生长迟缓，血管中胆固醇沉积等症状，故亚油酸又有"美肌酸"之称。黑芝麻还含有丰富的维生素 E，能预防皮肤干燥，增强皮肤对湿疹、疥疮的抵抗力，保持正常生理功能和防止肌肉萎缩等作用。

黑芝麻品种营养功能分析如表 2-14（8 个黑芝麻品种主要营养、总多酚和花色苷及抗氧化力测定）。

表 2-14　8种黑芝麻品种资源的主要营养、总黄酮多酚含量及其抗氧化力测定

编号	品种名称	蛋白质（克/100克）	脂肪（克/100克）	粗纤维（克/100克）	铁（毫克/千克）	锌（毫克/千克）	维生素B₁（毫克/100克）	维生素B₂（毫克/100克）	维生素E（毫克/100克）	总黄酮（毫克/100克）	多酚（毫克/100克）	总抗氧化能力（单位/克）	清除自由基能力（单位/克）
1	赣芝2号	20.23	46.48	12.9	46.77	19.54	0.16	0.21	69.03	0.5	33.47	190.54	100.34
2	黑三长	19.34	47.22	14.8	19.17	18.55	0.16	0.46	50.43	0.6	37.31	190.22	102.31
3	临湘黑芝麻	17.35	44.45	15.56	44.67	33.78	0.21	0.5	66.34	0.56	37.89	189	92.34
4	九江黑芝	18.45	44.47	13.96	33.19	16.45	0.17	0.56	62.11	0.58	31.67	187.54	89.44
5	丹阳黑芝麻	17.78	44.46	12.36	44.89	25.57	0.18	0.45	45.45	0.34	37.9	176.43	77.31
6	岳阳黑芝麻	19.43	46.08	13.56	22.34	21.09	0.11	0.54	51.34	0.35	33.56	169.89	89.34
7	黑芝麻86-3	19.97	43.44	13.25	33.36	17.49	0.22	0.5	50.51	0.42	37.09	156.96	89.31
8	中芝9号	18.57	45.78	14.8	54.35	31.36	0.17	0.62	57.45	0.44	34.23	13.24	78.56

四、加工与应用

（一）加工黑芝麻黑豆浆

1. 原　料　黑大豆30克，黑芝麻10克，白糖适量。

2. 制作方法　先将黑大豆洗净，用清水浸泡8小时备用。然后，将浸泡好的黑大豆、黑芝麻放入豆浆机中，泡豆的水（富含生物色素）也一同倒入，磨成豆浆，不过滤，倒出，加白糖，徐徐饮服。

3. 营养特点　中医学认为，黑豆为肾之谷，具有健脾利水、消水下气、滋肾阴、润肺燥、治风热而活血解毒、止盗汗等功效；黑芝麻具有补血、生津、润肠、通便和养发等功能。两者都富含第八营养素——生物色素，因此，锦上添花，有很强的抗氧化、延年益寿之功效。其能量营养素含量如表2-15。

表 2-15　黑芝麻黑豆浆能量及营养素含量表　（100毫升）

项　目	含　量	项　目	含　量	项　目	含　量
能量（千卡·千焦）	176/737	维生素A（微克）	1.5	碳水化合物（克）	8
蛋白质（克）	12.7	维生素B₁（毫克）	0.1	烟酸（毫克）	1.2
脂肪（克）	9.4	维生素B₂（毫克）	0.1	钾（毫克）	448.9

续表 2-15

项　　目	含　量	项　　目	含　量	项　　目	含　量
钙(毫克)	145.2	维生素C(毫克)	0	磷(毫克)	201.6
铁(毫克)	4.4	维生素E(毫克)	10.2	钠(毫克)	1.7
锌(毫克)	1.9	硒(微克)	2.5	铜(毫克)	0.6

(二)加工黑芝麻糊类、羹类方便食品

目前市场上这类食品种类多而且数量也大,笔者等研制生产的黑米芝麻糊就是以黑芝麻、黑优粘米为主料,辅以黑大豆等天然黑色食品,经粉碎、配料、膨化等工序精制而成,产品在加工过程中由于采用了现代挤压膨化技术,使得产品最大限度地保留了原料中所含的有益成分;并且,经过膨化处理,改变了原有蛋白质的结构,更加便于消化酶的渗入,有利于人体消化吸收。该产品为速食型食品,用沸水一冲即可食用,符合现代人生活节奏快,需要省时、方便的需求。黑芝麻糊在我国具有悠久的生产历史,也为广大人民所接受,尤其是 20 世纪 80 年代以来,一些企业采用现代食品加工工艺与设备对其进行改进,在营养、风味、包装等方面都深受消费者的厚爱,在市场上拥有良好的声誉,"南方黑芝麻糊"已成为同类产品中名牌产品,在中国乃至国际上享有较高的声誉。

(三)开发黑芝麻保健功能食品

依据以中医学理论为基础并结合现代科学技术,进一步了解黑芝麻有效成分和功能因子,认真地进行检测、分析、论证、评价其生理功能,研究其清除自由基、健美皮肤、美发乌发等生理功能,然后根据可行的工艺进行分离、纯化、提取、制备生产质量优良、功能可靠的保健食品,如美容食品、抗衰老食品、生发乌发食品等。

1. 生产膏类、酱类食品　目前黑色食品风行世界,黑色食品资源的利用是当今国内外食品开发的方向之一,利用黑芝麻与其他黑色食品资源相结合生产的黑色食品,如广西黑五类集团生产的第二代黑色食品——黑八珍就是以黑豆、黑麦、黑芝麻、黑米、黑木耳、黑枣、螺旋藻、黑加仑、罗汉果等为原料生产的膏状食品;芝麻酱是一种传统产品,但目前市场上多以白芝麻生产,黑芝麻酱较少,在人们逐渐喜爱黑色食品的今天,可以开发生产黑芝麻酱,生产原味、咸味和甜味的黑芝麻酱,满足消费者调味、佐餐之需要。

2. 加工芝麻乳　银玉容等(1996)采用碱性分离和等电点法分离出芝麻蛋白,

对芝麻蛋白功能特性进行了比较系统地研究,测定了不同浓度、不同 pH 值/离子浓度和温度条件下的溶解性、乳化能力和乳化稳定性,探讨了芝麻蛋白在不同条件下的溶解性和乳化性的变化规律,并在此基础上研制成功了芝麻乳。

其工艺:

芝麻烘烤→0.5%NaHCO₃浸泡→磨浆→过滤→调配→搅拌→均质→装瓶→压盖→杀菌→冷却

烘烤的目的是灭酶和产生芝麻香味,适宜烘烤温度为 120℃～130℃,为保证产品的均匀稳定,除了采用在 70℃、20～30 兆帕的条件下均质外,增稠剂、乳化剂的选用与 pH 值的调控也至关重要。采用复合稳定剂(黄原胶 30%、CMC 50%、卡拉胶 20%)和复合乳化剂(单甘酯 30%、吐温 30%、聚甘油酯 40%)生产的芝麻乳均匀稳定,常温下保存 3 个月以上不变质。

3. 精炼浓香型芝麻油 我国是独创"小磨香油"工艺的故乡,小磨香油的历史至少有四五百年了,小磨香油以其独特的芳香和丰富的营养赢得了消费者的欢迎。虽然生产小磨香油"水带法"跟现在科学上典型的萃取技术不谋而合,但多年来其配套技术和设备及生产方式还沿用传统的作坊式生产,工艺、设备相对落后,生产规模小,产品的香味散失较多,油体浑浊,质量不稳定。今后应逐渐对作坊式的小厂进行改造,增加一些先进设备,重点是芳香物质的回收与精炼净化装置,制定科学的生产工艺和产品质量标准,进行规模化、标准化生产。

第七节　黑花生

一、生物学特性

黑花生是彩色花生的一种。黑花生,也被称为富硒黑花生、黑粒花生。

品种来源:黑丰一号黑花生是根据花生遗传性变异选育而成,性状稳定。该品种属早熟、大粒花生,春播全生长期 130 天左右,夏播 110 天左右。长势稳健,一般不会出现疯长,叶色深绿带黑,籽仁皮黑色,百果重 200 克左右,株高 39～45 厘米,植株半直立性,抗倒伏性好。连续开花数目多,有效结果枝 5～7 个,结实率高,双仁果 70%以上,每 667 米² 产量 300～450 千克,如采用保护地覆膜栽培,每 667 米²产量可达 500 千克。

二、营养价值

黑花生是内含钙、钾、铜、锌、铁、硒、锰和 8 种维生素及 19 种人体所需的氨基酸等营养成分,还富含硒、铁、锌等微量元素和黑色素(花青素)的新品种。黑花生与红花生相比,粗蛋白质含量高5%,精氨酸含量高23.9%,钾含量高19%,锌含量高48%,硒含量高101%。黑花生富含18种氨基酸,氨基酸总量占27.57%,仅次于黑大豆,必需氨基酸比例占22.90%。以下为含量较高的10种氨基酸及作用如下:

1. 谷氨酸 在日常粮油作物中黑花生含量最高,为5 550毫克/100克,比氨基酸总量最高的黑大豆高10.65%,比玉米高215.69%,可称为"谷氨酸之王"。脑中最多的是氨基酸,谷氨酸为构成大脑的主原料,其有助于增强大脑功能,使大脑快速地发挥功能。谷氨酸具有收集多余的胺(胺会抑制大脑发挥其功能)并将其转化为缓冲的谷酰胺之功能。谷酰胺可增进智能,加速溃疡愈合,缓解疲劳、情绪低落及阳痿现象,可治疗精神分裂症及衰老症。谷氨酸、甘氨酸和胱氨酸合成谷胱甘肽,这是一种关键的自由基清除剂,保护脑细胞免受自由基损伤,延缓大脑衰老。自由基是一群不稳定的氧化分子,是细胞用氧后的正常副产物,人脑50%以上的区域是由脂肪组织组成的,因此特别易受自由基的攻击。美国营养学家发现,成年人血液中的谷氨酸在以非常快的速度与脑内的谷氨酸进行交换。

2. 天冬氨酸 含量为3 280毫克/100克,仅次于黑大豆(3 719毫克/100克),对促进脑细胞发育和增强记忆力有良好的作用。

3. 精氨酸 含量为3 160毫克/100克,比黑大豆高2.46%,在美国被列入100种最热门的营养补品中,排在第二位,是维持脑下垂体正常功能的必需氨基酸。与鸟氨酸、苯丙氨酸一起作用,可合成及分泌脑下垂体的生长激素,增强肌肉组织,增强免疫功能及伤口的愈合。精氨酸对男性尤为重要,可增加精子的数量,因为精液中80%是由此种蛋白质要素构成的,可促进血液流向阴茎,使之更坚挺,增强男性性功能。精氨酸对成年人尤为需要,因为30岁后的脑下垂体就几乎停止分泌精氨酸了。精氨酸对人体肝脏疾病有明显疗效。

4. 苯丙氨酸 含量为1 610毫克/100克,比黑大豆高8.05%。苯丙氨酸是一种必需氨基酸,是作为神经传导必需的氨基酸,是传达大脑和神经细胞之间往来的化学物质。可改善记忆力和提高思维敏捷度,降低饥饿感,提高性欲,清除抑郁情绪。

5. 甘氨酸 含量1 500毫克/100克,仅次于黑大豆(1 792毫克/100克)。甘氨酸对人体十分有益,有助于治疗脑下垂体功能不足症,可提供人体额外的肌胺酸,因此可治疗进行性肌肉萎缩,对治疗胃酸过多亦十分有效。

6. 酪氨酸 含量1 320毫克/100克,与黑大豆相当。可使大脑思维敏捷,是神经传导物质多巴胺的前驱物质,在高层次的神经传导、刺激与改变大脑活动方面具有重要作用。有助于改善性能力,使精神亢奋,有助于控制精神抑郁及焦躁症。

7. 脯氨酸 含量1250毫克/100克。有助于提高学习能力,加速伤口愈合。

8. 缬氨酸 含量1050毫克/100克。是人体必需氨基酸,是天然合成代谢建构肌肉的补品,是人体肌肉所需热量的主要来源。

9. 丙氨酸 含量1030毫克/100克。可提高免疫系统功能,预防肾结石,有助于缓解低血糖。

10. 赖氨酸 含量930毫克/100克。在许多植物蛋白质中,不含或少含赖氨酸。

三、生 理 功 能

赖氨酸是建构人体蛋白质中极为重要的必需氨基酸,可促进生长发育,组织修复及产生抗体、激素和酶。能使人注意力高度集中,提高生育能力。因此,黑花生是强精补脑、延缓衰老、防治心脑血管疾病、癌症和糖尿病的天然保健食品,前景十分诱人。

黑花生的优势在于特殊的营养作用。除其含丰富的蛋白质、多种必需氨基酸外,还含具有抗氧化功能的微量元素锌和硒及生物色素如花青素等。其在维持人体的生长发育和增强机体免疫、心脑血管保健等方面具有非凡的作用;还具有防癌、保护肝脏、保护心肌健康、防止心脑血管病、清除人体内的多余脂肪、抗氧化、延缓衰老等功效。

四、加 工 与 应 用

黑花生集观赏、食用、营养、保健于一身,适合开发加工高档保健、休闲食品。很多人认为黑花生生吃更能保留它的营养价值,生吃一定要连花生衣一起吃。另外,也可以做黑花生浆。黑花生浆的做法很简单:把黑花生洗净泡到水里,浸泡4小时以上,然后将浸泡花生的"紫水"与黑花生一起加入用豆浆机做成花生浆。黑花生还可以用盐水浸泡后煮着吃。其实同普通花生的吃法没有区别。从种植前景方面看,行业人士分析,它将取代当前市场上的普通花生,受到人们的喜爱。因此,黑花生在保健食品与医疗食品等方面具有广阔前景,是一种很有发展前途的黑色食品。

第三章 薯块类黑色食品

第一节 紫甘薯

一、生物学特性

紫甘薯是旋花科甘薯属,1年生或多年生蔓生草本植物。也是一种高产稳产、营养丰富、用途广泛的重要农作物,并且具有抗旱、耐瘠薄、少病虫等特点。联合国粮农组织认为,甘薯是21世纪解决粮食短缺和能源问题重要的、最有希望的农作物。我国是世界甘薯生产大国,种植面积和年总产量均居全球首位,近几年来甘薯的种植面积一直稳定在550万~600万公顷/年,占世界甘薯种植面积的70%~75%,单产达到19吨/公顷,是世界平均水平的130%。

二、营养价值

紫甘薯除富含淀粉和可溶性糖外,还含有蛋白质、脂肪酸、多种维生素、氨基酸及钙、磷、铁等矿物质,不含胆固醇,富含膳食纤维素(3.9%~5.9%)。甘薯中含丰富的赖氨酸,蛋白质的生物价比大米、面粉高。分析测定表明,每100克鲜薯中含维生素C 22.7毫克,维生素E 0.3毫克,钙22毫克,钾204毫克,磷28毫克。据中国预防医学科学院的检测,与胡萝卜、菠菜等14种蔬菜相比,在14种营养成分中,薯叶的蛋白质、微量元素、维生素等13项指标均居首位。甘薯还是一种理想的碱性食品,长期食用甘薯可以调节人体的酸碱平衡,有益人体的健康。特别是甘薯还富含第八营养素,如总黄酮(每100克干重中含有3克多),还有原花青素等。

广东省2013年主推品种——新普紫甘薯,经普宁市农业科学研究所检测,其淀粉率为21.90%~21.94%,花青素含量达26.33毫克/100克鲜薯;广紫薯1号,经广东省农业科学院作物研究所检测,其淀粉率为22.18%~28.60%,花青素含量达46.97%~80.82毫克/100克。

三、生理功能

中医学认为,甘薯"补虚乏,益气力,健脾胃,滋肺肾,功同山药,久食益人,为长寿之食"。近几年来,甘薯的生理功能研究已经成为全球关注的焦点,在这方面国外(特别是日本)的学者做了大量的工作。

(一)一般甘薯具有的生理功能

大量研究发现,甘薯中含有多种生理活性物质,对预防疾病、营养保健具有非常好的作用。

1. 抗癌作用 日本国立癌症预防研究所对 40 种蔬菜抗癌成分的分析和抑制肿瘤的试验结果分析发现,甘薯的效果最好。美国的科学家从甘薯中分离出一种叫"脱氢表雄甾酮"的活性物质,它具有预防结肠癌和皮肤癌的作用。甘薯高膳食纤维能够促进胃肠蠕动,可以预防便秘和直肠癌。

2. 预防心血管疾病 日本学者发现,甘薯中含有胶原、黏多糖,可以维持人体血管壁的弹性,防止动脉粥样硬化。甘薯富含钾、β-胡萝卜素、叶酸、维生素 C 和维生素 B_6,这些物质都具有预防心血管疾病的功能。

3. 预防糖尿病 奥地利维也纳大学的一项临床研究发现,2-型糖尿病患者服用甘薯的提取物后,体内胰岛素的敏感性得到改善,有助于控制血糖。日本的研究证实,患糖尿病的肥胖大鼠在服用了甘薯 4 周、6 周后,血液中的胰岛素水平分别下降了 26％和 60％,可以降低三酰甘油和游离脂肪酸的水平,所以甘薯具有抗糖尿病的功效。

4. 减肥美容功能 尽管甘薯中含有大量的碳水化合物,但是它的热能只有大米热能的 1/3,而且不含脂肪和胆固醇,具有一定的减肥效果。美国科学家的研究发现,甘薯中含有类雌激素的成分,可以保持人的皮肤细腻,延缓衰老。

5. 抑制胆固醇的产生 日本东京大学等 3 个研究单位的学者,对 130 种蔬菜、水果和花卉植物研究发现,甘薯、毛豆、姜芽、芹菜、菊花和当归 6 种植物具有抑制胆固醇生成的作用,其中甘薯的作用最大。

(二)紫甘薯特有的生理功能

紫甘薯富含黑色食品特有的花青素,这是其他种类的甘薯所缺少的,因此紫甘薯除了拥有一般甘薯所具有的生理功能外,还拥有花青素所带来的生理功能。

花青素,又被称为花色素或花色苷,是一种水溶性的天然色素,属于类黄酮化合物,具有抗氧化、降血脂、降血压、降血糖、抗炎的功效,对动脉粥样硬化(AS)的发生发展起到一定的抑制作用。

目前,从葡萄和紫甘薯中提取的花青素国内外研究的最多。其中,紫甘薯中提取的花青素比草莓、紫苏及其他植物中的花青素更稳定。花青素存在于紫甘薯的各个部分当中,但是分布却是极不均匀的,紫甘薯块根中的花青素含量远远要高于茎和叶中的含量。因地域、品种不同,紫甘薯中花青素含量也不同,对 21 份紫甘薯品种的营养品质鉴定结果表明,鲜薯的花青素含量为 18.1~93.1 毫克/100 克。现将紫甘薯中的花青素与动脉粥样硬化(AS)相关危险因素的关系的研究进展综述如下:

1. 抗氧化和保护血管内皮　机体在新陈代谢的过程中,会产生自由基,如超氧阴离子、羟基自由基和过氧化氢。人体内自由基的积聚可以氧化低密度脂蛋白(LDL),形成脂类过氧化自由基,造成内皮功能损伤,导致动脉粥样硬化。紫甘薯中富含花青素,花青素可以抑制脂质和 LDL 的氧化,并预防内皮细胞氧化损害。紫甘薯花青素在动物体内的抗氧化途径可能有 2 种:一是通过提高动物抗氧化酶活性的间接作用来清除过多自由基;二是紫甘薯花青素分子具有多个酚羟基,它易通过氧化还原释放电子,补给自由基,从而直接清除各类自由基。研究还发现,将紫甘薯色素液分别加入到过氧化氢和次氯酸钠溶液中,过氧化氢色素液静置约 30 分钟后呈无色透明状,波长 530 纳米处的吸收峰完全消失;而次氯酸钠色素液即刻呈浅黄绿色,波长 530 纳米处的吸收峰完全消失,说明紫甘薯色素在体外能迅速还原氧化性物质,具有较强的清除氧化物的功能。外国科研人员给大鼠灌注紫甘薯花青素溶液和让人体服用花青素汁,2 小时后留取尿液,并加入二苯基肼基自由基(DPPH·自由基),发现两组尿液中的 DPPH 含量显著下降,这说明花青素具有较强的抗氧化能力。Hwang YP 等人的研究显示,紫甘薯花青素可明显减少高脂膳食诱导的小鼠的肝内脂质的过氧化。Suda I 等人研究表明,紫甘薯花青素能被大鼠吸收,增强了血浆抗氧化能力。给雄性大鼠喂食高胆固醇饮食,并给予紫甘薯泥摄入,发现摄入紫甘薯泥可以抑制增加的肝脂质过氧化水平,提高谷胱甘肽还原酶和谷胱甘肽-S-转移酶的活性。Chang 等为了评估紫甘薯叶的抗氧化效果,在运动员培训期间,让其食用紫甘薯叶饮料,2 周后,发现紫甘薯叶的饮料可以抗 DNA 的氧化,以及调节在培训期间的篮球运动员抗氧化状态,如提高血清内维生素 C 和维生素 E 的水平。

2. 降血脂　异常脂血症包括高胆固醇血症、高甘油三酯血症、高低密度脂蛋白血症、高脂蛋白血症和低高密度脂蛋白血症,其中前两项被认为与动脉粥样硬化(AS)的发生关系最为密切。AS 的特征是动脉内膜斑块形成,而脂质是粥样硬化斑的基本成分。在内皮损伤的基础上,患者本身的脂肪代谢、胆固醇代谢异常,造成了粥样硬化的斑块形成。花青素类化合物能对自由基诱发的生物大分子损伤起到保护作用,从而维持细胞膜的流动性和蛋白质的构型构象,具有明显抑制高血脂的作用。

Hwang YP 等人的研究显示,紫甘薯中的花青素可通过调控与脂质代谢相关的蛋白表达,从而调节肝内脂质代谢,抑制脂质生成;能减少高脂模型小鼠体重增加、降低肝脏中甘油三酯积聚。Chang 等在评估紫甘薯叶的抗氧化效果的同时,发现紫甘薯叶的饮料可以降低血脂。胆固醇的逆转运可以减少胆固醇在血管壁的沉积,从而减少 AS 的发生。夏敏等人的实验结果显示,花青素明显增加小鼠巨噬泡沫细胞胆固醇流出和过氧化物酶体增殖物活化受体 γ(peroxisome proliferater-activated receptor,PPAR-γ)的表达,说明花青素作用于胆固醇逆转运过程的起始步骤,一方面减少胆固醇的酯化,使胆固醇易于流出;另一方面使 PPAR-γ 的表达升高,从而减少细胞内胆固醇的聚集。马淑青等人在研究紫甘薯花青素对糖尿病大鼠血糖和血脂的影响时发现,紫甘薯花青素虽不能显著提高血清高密度脂蛋白胆固醇,但能显著降低总胆固醇、甘油三酯和低密度脂蛋白胆固醇,表明有较强的降脂作用。

3. 降血压 高血压是促进 AS 发生、发展的重要因子,而动脉因粥样硬化所致的狭窄又可引起继发性高血压,因此二者之间互相影响,互相促进,高血压致使血流冲击血管内膜,不仅导致管壁增厚管腔变细,还损伤血管内膜,导致脂质容易沉积,加重了动脉粥样斑块的形成。Mio K 等研究发现,患有自发性高血压的大鼠经单一喂食紫甘薯花青素 400 毫克/千克,2 小时后收缩压明显下降,并且一直持续 8 小时;长期(8 周)喂食紫甘薯花青素,也有降血压作用。血管紧张素转化酶(ACE)是肾素—血管紧张素系统的一个关键酶,在调节血压上具有重要作用。日本研究者比较了紫、橙、白 3 种甘薯的浸提物的抑制效果,表明紫甘薯的浸提物与白色或橙黄色甘薯的相比,具有更高的抑制 ACE 活性作用。另有研究显示,紫甘薯花青素对 ACE 有较强的抑制效果,使有高血压志愿者的收缩压下降到接近正常水平。在 12 例收缩压超过 140 毫米汞柱的志愿者中,2 例血压降低超过 20 毫米汞柱、4 例下降 10～20 毫米汞柱。

4. 降血糖 2 型糖尿病者存在高胰岛素血症,其胰岛素可以直接或通过胰岛素样生长因子刺激血管平滑肌细胞增生,促进 AS 发生、发展。因此,糖尿病病人控制血糖有助于血脂紊乱的改善,降低罹患 AS 的风险。

一项 Meta 分析显示,甘薯可以明显降低糖化血红蛋白和空腹血糖,连续服用甘薯至少 8 周,可能会加强血糖控制水平。α-葡萄糖苷酶是蔗糖酶和异麦芽糖酶的复合酶。有研究表明,紫甘薯花青素可有效抑制 α-糖苷酶活性。马淑青等用 1.0%紫甘薯花青素溶液对糖尿病大鼠连续定时灌胃 8 周,灌胃量均为 1 毫升/(100 克·体重),7 周后大鼠血糖显著降低。另一项研究显示,给大鼠口服麦芽糖(2 克/千克)后随即口服花青素 100 毫克/千克,30 分钟时血糖峰值明显低于对照组,而用低剂量(10毫克/千克)的花青素就可抑制血糖上升,但对摄入蔗糖或葡萄糖引起的血糖上升无效,可能原因是花青素通过抑制麦芽糖酶活性来降低血糖,而不是通过抑制小肠黏膜的蔗糖酶活性或抑制 Na^+ 泵对葡萄糖的联合转运作用。

5. 抗炎症和促进斑块消退 AS 的病因还包括血管壁的慢性炎症,后者是对血管壁损害的反应和修复过程。核转录因子 NF-kB p65 节在炎症的发展中起重要作用。由于大量炎性细胞因子和趋化因子、前列环素、白三烯、磷脂酶的释放,使环氧化酶 COX-2 诱导前列环素类产物的生成,引起组织水肿和损害。一氧化氮合酶(iNOS)则与局部和全身的炎症反应有关。有研究显示,紫甘薯花青素可以通过抑制 NF-kB p65、COX-2 和 iNOS 表达的上调、抑制白细胞浸润,从而抑制小鼠肝内 D-半乳糖诱导的炎症反应而改善 AS。

AS 斑块的进行性增大,会导致血管腔狭窄,心脏血流减少,而 AS 脆性斑块的破裂所形成的血栓能够直接引起急性冠脉综合征的发生。Miyazaki K 等以富含胆固醇和脂肪的食物喂养大白鼠进行动物实验,实验表明紫甘薯花青素可以使得动脉粥样斑块的面积减少一半。

紫甘薯中除了含有花青素外,还富含多酚、绿原酸。这些成分有抗氧化作用,也能去除会引发癌症及动脉硬化等的活性氧,如在会制造出致癌物质的亚硝酸盐中,只要加入绿原酸就可将亚硝酸盐分解掉,而因绿原酸有妨碍铁质吸收的作用,因此有贫血症状、正在服用铁剂的人最好避免摄取。

四、加工与应用

除了蒸煮、烘烤等传统的甘薯食用方法外,近几年来,由于甘薯食品加工技术的迅速发展,加工的甘薯食品种类和数量不断增加,主要的食品类别有:①粉皮、粉条类甘薯淀粉食品;②果脯、蜜饯类糖制产品;③糕点、糖果类产品;④饮料类;⑤甘薯茎叶蔬菜。

目前,我国对甘薯的利用也发生了新的变化,直接用作食物的仅占 14% 左右,用于工业加工的占 15%。随着人们对甘薯营养和保健功能更深入的认识,将来甘薯的利用价值和消费方式会发生非常大的变化,其发展趋势主要体现在以下几方面:

(一)茎叶的综合利用

甘薯叶、茎尖营养丰富,具有补虚益气,健脾强肾,降低血糖和延缓衰老的功效,其营养价值高于菠菜,在我国香港、澳门特区有"蔬菜皇后"的美誉,可以制成高档保鲜蔬菜、速冻产品、脱水产品等。

(二)甘薯全粉及天然色素

甘薯全粉能够很好地保持其原有的营养素及风味,是制造婴儿营养食品、老年健康食品的最佳天然添加成分。有色甘薯中含有丰富的天然色素,经分离提取后可以直接用于食品中。

(三)方便食品

甘薯可以制成膨化薯片、油炸薯片、烤薯片和各式薯脯、薯糕等休闲小食品,既可以丰富方便食品的品种,又可以大大提高甘薯的附加值。

下面具体介绍几种紫薯加工应用实例。

1. 紫甘薯脆片

(1)工艺流程

原料预处理→切片→热烫→冷却沥干→冷冻→低温真空油炸→脱油→包装

(2)操作要点

①原料预处理 要求选择新鲜、粗细适中紫甘薯块,剔除有病、虫、机械损伤及霉烂变质的,用流动水漂洗;去皮可用人工去皮或磨皮机去皮。

②切 片 通常切成厚度在 2.0～4.0 毫米的薄片。切片根据薯形、薯块大小切成圆片、微椭圆片等,应尽量大小一致。

③热 烫 在 1.0%～2.0%氯化钠溶液中热烫 1.5 分钟,甘薯圆片变透明即可捞出。

④冷却沥干 流动清水冷却甘薯圆片至 15℃以下即可,冷却后用离心机脱水。

⑤冷冻 一般在冻藏库中进行,快速冷冻至物料中心温度达－18℃以下,冻藏备用。冷冻的目的是使薯片在油炸时迅速脱水,发生升华现象,产生大量网状结构,口感酥脆。

⑥真空低温油炸脱水 真空低温油炸条件油温 110℃,真空压力 0.05 兆帕。

⑦脱油 采用真空脱油技术。真空脱油即在油炸主机内配备真空脱油的设备,至油炸结束后提起吊筐,然后启动脱油电机即可。

⑧包装 真空油炸产品具有多孔结构,且在孔隙表面吸附了一层油脂,因此宜采用充入惰性气体的包装方式。

2. 紫甘薯软糖

(1)工艺流程

原料预处理→护色→蒸煮→磨浆→熬浆→浇模→冷却凝固→脱模→烘烤→包

装→产品入库

（2）加工步骤

①原料预处理　剔除有病、虫、机械损伤及霉烂变质的紫甘薯,用流动水漂洗;进行人工去皮。

②护色　将甘薯块放在1％氯化钠和0.3％柠檬酸的护色液中浸泡2小时。

③蒸煮　捞起甘薯,放入含0.1％柠檬酸的水中,水面浸过甘薯,加热将甘薯蒸煮熟。

④磨浆　用磨浆机将煮好的甘薯磨成薯浆。

⑤熬浆　配方:甘薯浆200克、糖150克、混合胶凝剂(琼脂1％＋卡拉胶1％)2％、柠檬酸0.2克、少许蜂蜜等。糖用20％糖重的水溶解,加入胶凝剂下锅熬煮,约15分钟后加入甘薯浆,继续熬煮15～20分钟熬制成黏稠状,煮至浆体温度约104℃左右时即可准备浇模。

⑥浇模　将甘薯浆趁热倒进模具桌,刮模要快,冷却凝固后进行脱模。

⑦烘烤　烘烤温度50℃,干燥时间16～20小时,成品水分含量12％～16％。

3. 紫心地瓜干

（1）工艺流程

原料预处理→切片→漂洗→沥干→煮制→糖渍→烘干→包装→成品

（2）加工步骤

①原料预处理　原料要求新鲜良好,薯块大小均匀、光滑,无病虫害、无霉烂发芽现象。原料运输途中必须用编织袋包装,尽量避免原料在装袋、运输过程中出现破皮现象。

②切片　在自动切片机中进行切片,厚度1～2毫米。

③漂洗　将切好的甘薯片放入清水中漂洗,以去除甘薯片表面淀粉。

④煮制　在夹层锅中配以定量糖液,加入一定量柠檬酸煮10～20分钟起锅,要求甘薯刚好煮熟。

⑤烘干　将糖渍后的甘薯片放入烤房干燥,烘制水分含量小于12％以下。烤房烘干条件选择为70℃～80℃干燥10～15小时,中间翻动2次。

4. 速溶紫薯粉

（1）工艺流程

新鲜紫心甘薯→挑拣、清洗→切分、烫煮→打浆→调配(加入经过溶解过滤后的白砂糖溶液)→胶磨→高压均质→喷雾干燥→收集→混合(加入速溶剂)→检验→包装→成品

（2）操作要点

①原料的选择与处理　选择无病变、无腐烂的新鲜紫心甘薯,洗去表面泥沙,用不锈钢刀削去表皮。

②烫煮　先将洗好的原料切成小块,待水沸腾后下锅,煮至熟烂使淀粉充分糊化。

③打浆　将煮好的薯块放入打浆机中打成薯浆。

④调配　先将所需的白砂糖用水熬煮沸腾5分钟,用纱布过滤备用,按水∶薯（重量）＝4∶1的比例补足水量,并按试验设计要求与糖液混合均匀。

⑤胶磨、均质　将调配好的料液放进胶体磨胶磨两次,在压力为40兆帕、温度为55℃条件下进行高压均质。

⑥喷雾干燥　这是本试验的重要环节。在120℃～170℃的温度范围内,从低温到高温依次进行喷雾干燥试验。

⑦收集　由于成品呈干粉状态,极易吸湿回潮,所以喷雾干燥结束后应立即进行收集。

⑧调和、包装　将收集好的紫薯粉与复合速溶剂按试验设计要求充分混匀后立即包装。

第二节　紫山药

一、生物学特性

紫山药,学名参薯,又称大薯、参薯、脚板薯、紫苕药、紫淮山。为薯蓣科薯蓣属参薯种草本蔓生性食用植物。原产于亚洲热带地区,主要分布在我国南方沿海诸省的温暖地带,如浙江、湖南、广东、广西、福建、江西、云南、台湾等地,以及印度尼西亚诸岛,另外非洲也有大面积栽培;而在北方地区种植较少。实际上它是野山药和褐苞薯蓣共同进化而来的一个栽培种,属于山药的近缘植物,不过其性状、品质都和山药十分接近,民间一般都把它当作山药来栽培,也选育了许多优良品种。广东清远市华榕农业发展有限公司选用"红龙5号"肉质深紫色,富含生物色素,品质优良,值得推广。

紫山药喜温、喜光,生长期较长,适应性强。紫山药的叶片一般基部呈戟状的心脏形或三角状卵形、尖头,叶色为深绿色或紫绿色,单叶互生,中部以上叶对生;茎部四棱形,有翅。紫山药长在地下、毛根很多,它的食用部分不是肥大的根,而是肥大的块茎,块茎形状的变异主要是受到遗传和环境的影响,其中土壤环境影响很大。紫山药的地下块茎外形表现为各种形状的五股八权形，极不规则，典型形状像脚丫子，或为下宽上窄的酒壶形，也叫"脚板薯""佛掌薯"。紫山药的根系不是很发达，多分布在土壤浅层吸取水分和养分。紫山药表皮紫褐色，肉质柔滑，紫色亮丽。

二、营养价值

紫山药营养及药用价值皆近似于普通山药，富含多糖、黏液质、蛋白质、淀粉、多种氨基酸、矿物元素，既是入馔佳蔬，还可作粮充饥，淀粉和黏蛋白的含量比普通山药高，适于食用、药用和加工利用，有优质滋补、强身健体的作用。对紫山药（鲜）进行营养成分的测定，发现每 100 克新鲜紫山药中，含水分 78 克，蛋白质多于 2 克，脂肪少于 1 克，总糖 2.3 克，灰分 0.75 克，富含钾、锌、铁、镁、锰等元素，其中钾含量高达 186 毫克。此外，紫山药比一般的山药含有更多的维生素和微量元素，特别是它含有 8 种酚类黄酮物质的"花青素"，并含酚酸类及黏性蛋白、黏性多糖、尿囊素、植物固醇、薯蓣皂苷元等较高营养物质及功能性成分。

三、生理功能

我国中医药古典书籍《本经》记载："淮山，主伤中、补虚。除寒热邪气，补中益气力，长肌肉，久服耳目聪明"。《本草纲目》记载："淮山味甘性平，益肾气，健脾胃，止泻痢，润皮毛"。现代医学研究表明，淮山药还具有降血压、预防心血管疾病以及防肥胖、抗肿瘤、增强机体消化吸收"功能"，还有提高机体免疫力，促进新陈代谢，延缓衰老以及治疗皮肤病、镇咳、祛痰、平喘等多种药理作用。

由于黑色食品中的功能因子黄酮类化合物有维生素 P（芦丁）的生理功能，故紫山药能维持血管的正常渗透压，减轻血管的脆性，防止血管破裂和止血作用等。生物色素对过氧化氢有清除作用，另外具有清除超羟基自由基的作用及清除超氧阴离子自由基的作用。因此，开发利用黑色食品对医药和化妆品行业有重要意义。

宋曙辉等人从营养生理角度对紫山药进行研究，发现紫山药对大鼠血液中的低密度脂蛋白胆固醇、甘油三酯、总胆固醇和血糖含量的降低有一定的作用。在与抗氧化功能相关的指标中，紫山药可以降低肝脏中丙二醛含量，提高肝脏和血液中谷胱甘肽过氧化物酶、超氧化物歧化酶、过氧化氢酶活性的趋势，具有一定的抗氧化作用。

总结国内外医药临床验证，紫山药具有以下生理功能：

一是降血糖作用,可作为轻、中型糖尿病及消渴症者的辅助药材。

二是可提高免疫功能。

三是有促进消化作用。

四是抗氧化、抗衰老作用。

五是紫山药水煎剂给小鼠灌服,有增加其前列腺、精囊腺的重量,增强雄性激素样作用。中医师也证实,紫山药确有固精效果。

四、加工与应用

(一)紫山药的药用

紫山药本身是一种药食同源的植物,性平、味甘、无毒,入肺、脾、肾三经。《本草纲目》记载:益肾气,健脾胃,止泻痢,润皮毛,能健脾补肺,固肾益精。山药既是珍贵的蔬菜,又是补品。其补而不滞,不燥不热,可以和多种食品搭配食用;可增进食欲,预防心脑血管疾病,增强免疫力;可预防类风湿性关节炎;还具有减肥健美、滋肺益肾、健脾止泻、降血压利肝等作用,是集味美和保健作用于一体的珍贵药食兼用的绿色食品。

(二)紫山药作为天然色素的使用

紫山药皮紫褐色。肉色亮紫,含有大量花青素,它不仅有抗氧化、增强免疫力的功效,而且可作为天然色素在食品中使用,可增加人们的食欲。

(三)紫山药在食品中的使用

紫山药不仅可以蒸煮后直接食用,还可以经过加工后食用,由于紫山药特殊的保健功能,把紫山药的药理作用和食品加工结合起来,近年来开发了多种紫山药食品,如紫山药糕、紫山药饮料、紫山药脯、冻干紫山药片、脱水紫山药片、即食紫山药粉、紫山药清水罐头、紫山药软糖、紫山药食醋、紫山药面包、紫山药面条、紫山药粉丝、紫山药馒头、紫山药保健冰淇淋、紫山药保健豆腐、紫山药保健果冻等。紫山药制成粉剂后,可广泛添加于各种奶粉、营养麦片、麦乳精等冲调食品中。

下面介绍紫山药营养保健面条的加工。

1. 原料 紫山药、紫薯、高筋面粉、甘薯全粉、食盐。

2. 主要设备 压面机。

3. 工艺流程

新鲜优质紫山药→清洗→蒸制→去皮→捣碎→紫山药泥

甘薯全粉→加水熬制→甘薯全粉糊 ──→ 和面（加入高筋面粉、食盐）

新鲜优质紫薯→清洗→蒸制→去皮→捣碎→紫薯泥

面条成品←干燥←切条成型←压片←熟化

4. 操作要点

（1）紫山药泥、紫薯泥的制备　选取优质新鲜的紫山药、紫薯，清洗淤泥和杂质，切成 3 厘米左右的小段，放入预先烧沸的沸水上隔水大火蒸制 10 分钟左右，时间越短越好，以保护营养不被破坏。然后趁热取出剥皮，放入盛器中压烂成泥状。

（2）红薯全粉糊的制备　红薯全粉先经过磨细、过 60 目筛，加入适量水，倒入不锈钢锅中，中小火煮至不见白色夹生粉，呈灰褐色稀黏糊状。

（3）和面　将高筋面粉、食盐、紫山药泥、紫薯泥、红薯全粉糊混匀后，趁热和面，形成紫色均匀、干湿适中的面团。和面时间 15～20 分钟，和面温度 20℃～30℃。

（4）熟化　将和好的面团在 20℃～30℃条件下熟化 30 分钟，使面团充分吸水，形成面筋网络结构。

（5）压片、切条　将熟化好的面团用压面机压成 1 毫米厚的光滑薄片，切成长25 厘米、宽 3 厘米左右的细长条。

（6）干燥　将湿面条均匀平摊于不锈钢盘中，置于恒温干燥箱中，在 40℃下恒温干燥至面条含水量为 5％左右，密封包装。

（四）紫山药在保健功能食品上的开发

可利用紫山药黑色食品功效成分生产口服液、营养保健片、多维胶囊等。同时，依据中医学理论推崇药食同源和逢黑必补之说，大力开发研究出集功能、营养、保健于一身的新黑色食品产品。

1. 益寿延年"三黑汤"

（1）材料　紫山药 1 根，乌鸡 1 只，乌枣 8～10 枚，八角 2 粒，葱 1 段，姜 1 块，盐适量。

（2）做　法

①紫山药去皮，洗净，切成小块；

②乌枣洗净，置于清水中浸泡一会；

③乌鸡按常规方法处理干净，剁成小块，放在沸水中焯一下，取出待用；

④姜洗净切片，葱洗净切成葱花；

⑤砂锅加水半锅,烧开,将上述材料(紫山药除外)一起加入,大火煮沸后,小火炖1.5小时,再加入紫山药,再煮0.5小时至酥烂,加盐调味即可。

2. 敦煌长寿秘方"神仙粥" 在敦煌石窟出土的卷子中有一个长寿秘方——"神仙粥"。

(1)**具体做法** 紫山药(去皮)500克,将其煮熟;芡实250克,煮熟去壳捣为末,将以上2味放入粳米500克,慢火煮成粥,空腹食之。

(2)**功效** 善补虚劳、益气强体、壮元阳、止泻精。

第三节　黑马铃薯

一、生物学特性

黑马铃薯,别名黑土豆、黑洋芋、紫洋番薯、紫山药蛋。是茄科茄属植物,属于多年生草本,但作1年生或1年两季栽培。黑马铃薯名副其实,它的秧苗是黑紫色,表皮呈黑色,内部为黑紫色。黑马铃薯呈黑紫色的原因是富含花青素,因此黑马铃薯具有普通土豆所没有的营养与生理功能。

黑马铃薯块茎可供食用,是重要的粮食、蔬菜兼药用作物,其营养丰富,有"地下苹果"之称。黑马铃薯产量高,对环境的适应性较强,在我国黑马铃薯的主产区是西南山区、西北、内蒙古和东北地区。其中以西南山区的播种面积最大,约占全国总面积的1/3。

自笔者开创黑色食品研究以来黑色食品资源不断被挖掘、利用和创新。前20年主要是研发黑米、黑豆、黑小麦、黑玉米等地上开花结实的资源并加工成黑色食品,21世纪后进入了第二阶段,主要是挖掘地下的黑色食品新资源,黑马铃薯就是主要研究品种之一。"黑金刚""黑美人"是我国黑马铃薯种植栽培范围最广、最多的两个品种。前者属中熟品种,从出苗至成熟90天左右,结薯集中,单株平均结薯630克,大面积平均每667米²产量2 200千克左右,块茎休眠期45天左右,较耐贮藏;后者属中早熟品种,全生育期90天,结薯集中,单株结薯6~8个,单薯重120~300克,耐旱耐寒性强,适应性广,薯块耐贮藏,抗旱疫病、晚疫病、环腐病、黑胫病、病毒病。一般每667米²产量1 500~2 000千克,适宜全国马铃薯主产区、次产区栽培,发展前景看好。

二、营养价值

"黑金刚"是由清远市华榕农业发展公司等单位培育的黑马铃薯新品种,经有关权威单位检测：每 100 克黑马铃薯鲜重内含淀粉 21.6 克，蛋白质 2.5 克，脂肪 0.1 克，总碳水化合物 22.1 克，粗纤维 3.3 克，因而是一种低脂、高膳食纤维的减肥瘦身的食品。

富含生物色素——花青素 31.5 毫克，笔者首次发现黑马铃薯含有茄红素等第八营养素。

在矿物质方面富含钙、磷、铁，每 100 克食物中含钾很高（0.45 克）、含钠很低（0.04 克），因而又是一种高钾低钠优秀碱性的降血压食品。

在维生素方面有维生素 C、维生素 A、B 族维生素等。还在氨基酸方面特别富含一般食物较少的色氨酸和赖氨酸，从而提高了食物蛋白质吸收的营养价值，如表 3-1。

表 3-1　黑马铃薯与普通马铃薯必需氨基酸含量对比

必需氨基酸	黑马铃薯含量	普通马铃薯含量	对比（±％）
THR（苏氨酸）	0.07	0.054	＋29.63
VAL（缬氨酸）	o.14	0.091	＋53.85
MET（蛋氨酸）	0.03	0.057	－47.33
ILE（异亮氨酸）	0.08	0.061	＋31.14
LEU（亮氨酸）	0.09	0.099	－10.1
PHE（苯丙氨酸）	0.08	0.07	＋14.29
LYS（赖氨酸）	0.11	0.086	＋27.91
TRP（色氨酸）	0.10	0.03	＋233.33

特别值得注意的是，笔者在 2010 年首次发现黑马铃薯富含茄红素。

茄红素是一种非环状的类胡萝卜素，因为在人体内无法制造茄红素，因此必须从膳食中获得。茄红素具有广泛的生理、药理作用，被誉为"21 世纪医药保健制品新宠"，目前市场上 5％含量的茄红素价格高达 380 美元/千克，有"植物黄金"的美誉。中国的茄红素开发亦被纳入"国家 863 计划"，受到高度重视。

中医学认为，马铃薯性平，有和胃、调中、健脾、益气之功效，能改善胃肠功能，对胃溃疡、十二指肠溃疡、慢性胆囊炎、痔疮引起的便秘均有一定的疗效。美国农业研究所认为"每餐只吃全脂牛奶和马铃薯，可以得到人体所需的一切物质元素"。

马铃薯营养丰富，粮菜兼用，老少皆宜，功能齐全。

所含有的热量低于谷类粮食，是理想的减肥食物，出海远航吃些马铃薯可预防坏血症；经常食用马铃薯，可防止结肠癌等。由于马铃薯中还含有丰富的钾元素，可以有效地预防高血压。

黑马铃薯含有丰富的赖氨酸和色氨酸，这是一般粮食所不可比的。

黑马铃薯所含的纤维素细嫩，对胃肠黏膜无刺激作用，有解痛或减少胃酸分泌的作用。常食马铃薯有和胃、调中、健脾、益气的作用，对胃溃疡、习惯性便秘、热咳及皮肤湿疹也有治疗功效。

三、生理功能

黑马铃薯富含花青素和茄红素，这就使其不仅具有普通马铃薯的所有其他营养价值，还具有抗癌、抗衰老、美容、健身等功能。

花青素是机体内抗氧化、还原自由基的重要成分。

自由基的作用及危害：自由基是一些具有不配对电子氧分子，它们在机体内漫游，损伤任何与其接触的细胞和组织，摧毁细胞膜，导致细胞膜发生变性，使细胞不能从外部吸收营养，也排泄不出细胞内的代谢废物，并丧失了对细菌和病毒的抵御能力；自由基攻击正在复制中的基因，造成基因突变，诱发癌症发生；自由基激活人体免疫系统，使人体表现出过敏反应，或出现如红斑狼疮等自体免疫疾病；自由基作用于人体内酶系统，导致胶原酶和硬弹性蛋白酶的释放，这些酶作用于皮肤中的胶原蛋白和硬弹性蛋白并使这两种蛋白产生过度交联并降解，结果使皮肤失去弹性出现皱纹及囊泡，类似的作用使体内毛细血管脆性增加，使血管容易破裂，可导致静脉曲张、水肿等与血管通透性升高有关疾病的发生；自由基侵蚀机体组织，可激发人体释放各种炎症因子，导致各种非菌类炎症；自由基侵蚀脑细胞，使人患早老性痴呆的疾病；自由基氧化血液中的脂蛋白造成胆固醇向血管壁的沉积，引起心脏病和中风；自由基引起关节膜及关节滑液的降解，从而导致关节炎；自由基侵蚀眼睛晶状体组织引起白内障；自由基侵蚀胰脏细胞引起糖尿病。总之，自由基可破坏胶原蛋白及其他结缔组织，干扰重要的生理过程，引起细胞 DNA 突变；自由基与 70 多种疾病有关，包括心脏病、动脉硬化、静脉炎、关节炎、过敏、早老性痴呆、冠心病与癌症。

而茄红素同样具有抗氧化功能，其抗氧化的效力是维生素 E 的 100 倍，β-胡萝卜素的 2 倍之多。它能除去自由基、预防动脉硬化。另外，茄红素对活性氧引起的视觉功能降低也有效。虽然在预防因年龄增加而引起的视觉障碍方面叶黄素是很有效的物质，不过茄红素也能在与叶黄素的相互作用下发挥功效。

四、加工与应用

(一)加工技术

黑马铃薯和普通马铃薯一样煎炸蒸煮都可以,但不建议朋友们炒马铃薯丝,因为炒马铃薯丝前需要漂水,而黑马铃薯中的原花青素极容易溶于水,造成营养价值流失。想最大限度地保留花青素,比较好的方法是榨汁,用榨汁机把黑马铃薯榨成汁,沉淀稍许,倒出上面的汁冲一点温水喝,就能在不破坏花青素的情况下吸收它。下面教大家几种黑马铃薯的家常菜谱。

1. 红烧肉炖黑马铃薯

(1)材料　主料:五花肉、黑马铃薯、高汤、八角、桂皮、香叶、老抽和料酒。

(2)制　作

①将五花肉洗切成麻将牌大小正方形的块,肉不要切得太小,太小易缩易碎,没有卖相了。切完后,用冷水浸没,水中放半杯料酒。然后放在水中浸,可以浸去毛细血管中的血水,水中加酒易于肉纤维吸收,去除肉腥。肉不宜久浸,浸的时间太长则鲜味尽失,一般浸 15 分钟左右即可。

②炒锅里放油,加 2 大勺冰糖小火融化,直到冰糖变颜色冒泡泡后,赶快把肉放进去不断翻炒,煸至肉里头的油都析出,这样做出来的肉不腻。

③准备热的高汤(没有就用清水),作料 1 包(八角,桂皮,香叶等,笔者用的是现成的炖肉调料包),把炒锅里的肉转至砂锅中,大火烧沸,加入一大勺老抽,一勺料酒,然后盖上盖子小火一直炖 1 个多小时,肉有七成熟时放入马铃薯,时间大约是起锅前 20 几分钟吧(检验肉烂的标准,筷子一戳,轻易戳进肉里,说明肉烂了),最后放盐等调料,把汤汁收至黏稠即可。

2. 排骨炖黑马铃薯

(1)材料　猪排骨 500 克,黑马铃薯 500 克,花椒 3 克,酒 5 克,姜 10 克,香菜 5 克,葱 10 克,盐 10 克,味精 5 克。

(2)制　法

①将排骨剁成 5 厘米长的段,马铃薯去皮切成块;

②姜切片、葱切段、香菜洗净切段;

③锅内放入水,烧沸后将排骨烫一下,洗净浮沫;

④锅内加底油烧热,用葱、姜炝锅,放入排骨煸炒,然后加入汤汁和调味料,放入马铃薯,拣去葱、姜后盛出;

⑤撒入切好的香菜段即可。

3. 黑马铃薯煎饼

(1)材料　黑马铃薯、葱花、色拉油。

(2)制作　将黑美人马铃薯洗净,去皮,在沸水中煮熟。黑马铃薯放在大碗中,用汤勺压烂成泥状,再放入面粉和少许食盐、葱花,加入清水拌匀。平底锅放油,待油热后放入拌好的黑美人马铃薯泥,用勺压平成一个圆形的饼,用中火煎至两面呈微黄色即可。将黑马铃薯饼装盘,用刀切成大小一样的 6 块,每块黑美人马铃薯饼抹上炼乳和番茄酱,即可食用。可当点心或佐餐食用。经常食用黑美人马铃薯煎饼有益气健脾,促进食欲,润肠通便的食疗效果。

4. 牛奶马铃薯泥　将黑美人马铃薯去皮,切片,清洗,上笼蒸或煮熟后捣成泥。反复炙锅后下马铃薯泥用小火慢慢炒制,边炒边加牛奶和少许油。油从锅边下,防止马铃薯泥粘锅。炒至马铃薯泥成半流体状时,放精盐、味精、葱花和几滴香油调制成咸鲜味即成。因加入了富含蛋白质的牛奶,使成菜口感软糯细腻,奶香味浓,带有葱花淡淡的清香,特别适合幼儿和老人食用。

5. 番茄马铃薯泥　用与制作黑美人牛奶马铃薯泥同样的方法将马铃薯捣成泥。番茄烫制后去皮,切成粒。锅内加油烧热,下番茄炒成茄汁,出锅待用。另起锅放少许油烧热,投入洋葱末煸炒片刻,倒入茄汁炒香,再加马铃薯泥炒匀,放入糖、精盐、味精等调制出酸甜味。成菜酸甜可口,营养丰富。

6. 腊味马铃薯泥　用与制作黑美人牛奶马铃薯泥同样的方法将马铃薯捣成泥。瘦腊肉蒸熟,切成 0.5 厘米见方的颗粒,入锅略炒香盛出,待用。然后反复炙锅,下马铃薯泥用小火慢慢炒制。边炒边加冷鲜汤和少许油,油要从锅边下,防止马铃薯泥粘锅。炒至马铃薯泥成半流体状时,放入炒香的瘦腊肉粒、精盐、味精、葱花和几滴香油调制成咸鲜味即成。成菜腊味浓厚、糯而不腻、风味独特。

7. 黑马铃薯水果沙拉　将黑美人马铃薯去皮,切成 1 厘米见方的颗粒,在沸水中余烫至熟;将煎熟的鸡肉和余烫后的西芹、苹果、香蕉都切成 1 厘米见方的颗粒,将所有的原料用色拉酱拌匀,加入适量柠檬汁撒上葡萄干和核桃粒,即成一道味道鲜美、营养丰富的黑美人水果沙拉。其口感圆润清香,色彩搭配合理,既有素菜的营养又有动物蛋白的营养,经常食用可以满足人体均衡营养的要求。

(二)应用技术

目前茄红素研发火热,据美国 CMR 预测,茄红素产品销售将年增 35%,预计两三年内到达 200 亿美元的销售量,世界跨国医药巨头和国内的医药巨头们纷纷进军茄红素产业开发。

在市场上,茄红素已迅速横扫卖场,掀起生物色素风暴。以色列、美国、日本、法国、德国、新加坡、英国等国家服用茄红素蔚然成风。

国际上,茄红素被广泛运用于消除亚健康、延缓衰老、护肤、防止紫外线灼伤类产品,以及对前列腺疾患、心脑血管疾患的保健和防治。整个国际医学界更是喊出了"茄红素不是维生素,胜似维生素"的口号。

其功能与适应人群如下:

第一,前列腺增生、肥大等疾病患者。

第二,高血脂、动脉硬化、冠心病等心脑血管疾病的患者。

第三,免疫功能低下、体质虚弱、亚健康的人群。

第四,处于更年期阶段、乳腺增生、子宫肌瘤的人群。

第五,骨质疏松人群。

第六,身体明显衰老的中老年人群。

第七,延缓衰老、调节内分泌的美容人群。

第八,工作紧张忙碌、长期疲劳的人群。

第九,皮肤敏感、易受紫外线伤害的人群。

第十,术后及病后的康复人群。

第十一,生活在辐射环境或环境污染较严重地区的人。

第四节　"黑色人参"——黑沙姜

一、生物学特性

沙姜又称山柰,为姜科山柰属植物的根茎。为多年生草本原产于印度。我国华南及东南亚等热带地区均有栽培。具有抗真菌、抗炎,强心抗溃疡等功效。

黑沙姜,学名黑色垂花山柰,又被人们称为"黑色人参""泰国人参"。为姜科山柰属植物的地下根茎,多年生草本植物。地下有根,根茎有瘤状物储存营养,植物幼苗期只有根,长大后发育成根茎,茎肉有黄色、红色、黑色 3 种,人们认为三种之中功能最好的是纯黑色的根茎。黑沙姜的植株形态为单片叶丛生。花开在枝头顶部,味香,一串一朵,花瓣为紫色伴有白色花边。热带常年可种植,春种冬收。

黑沙姜原产于东南亚热带地区。2010 年笔者委托乐于助人的张先生夫妇到热带地区生态旅游时收集、引进了 2 份资源,经过笔者送国家权威测定后,优选 1 份进行了 3 年试种、观察,完全适应我国南方地区种植条件。在广州的生长期约 8 个月。经现代科学测试,黑沙姜是一种药食同源、食疗两用的宝贵食品资源。

二、营养价值

黑沙姜根茎含挥发油,如桂皮酸乙酯、香豆酸乙酯、山柰酚等,特别富含黄酮类化合物。据权威单位中国科学院广州分析测试中心的检测结果,每 100 克黑沙姜鲜重含 1.5 克的总黄酮,生物总黄酮含量为黑沙姜干重的 10% 左右,远高于大豆、葛根等含量。比白果的总黄酮含量高 10 倍以上。此外,还富含原花青素 23 毫克(100 克鲜重)。同时,锌、硒等功能性元素也很丰富。

三、生理功能

黑沙姜性味苦、辛、温,据黑沙姜种植地区人们的说法,黑沙姜自古以来就是最优秀的长寿食品之一。同时,黑沙姜能增强性欲、促神经、解除酸痛、排尿、行气、保持血压平衡、扩张心血管、通风,对胃痛、消化道疾病、痢疾、糖尿病、心脏病有一定治疗作用;还能降低血糖。女士们食用可以调节荷尔蒙,促进血液循环,使皮肤幼嫩,且能治疗白带、月经失调。

黑沙姜中富含生物总黄酮,后者与人类营养和健康的息息相关。

黄酮类化合物是一大类天然产物,广泛存在于植物界,是许多中草药的有效成分。在自然界中最常见的是黄酮和黄酮醇,其他包括双氢黄(醇)、异黄酮、双黄酮、黄烷醇、查尔酮、橙酮、花色苷与新黄酮类等。近年来,由于自由基生命科学的进展,使具有很强的抗氧化和消除自由基作用的类黄酮受到空前的重视。类黄酮参与了磷酸与花生四烯酸的代谢、蛋白质的磷酸化、钙离子的转移、自由基的清除、抗氧化活力的增强、氧化还原作用、螯合作用和基因的表达。它们对健康的好处有:①抗炎症;②抗过敏;③抑制细菌;④抑制寄生虫;⑤抑制病毒;⑥防治肝病;⑦防治血管疾病;⑧防治血管栓塞;⑨防治心与脑血管疾病;⑩抗肿瘤;⑪抗化学毒物等。天然来源的生物黄酮分子量小,能被人体迅速吸收,能通过血脑屏障,能进入脂肪组织,进而体现出如下功能:消除疲劳、保护血管、防动脉硬化、扩张毛细血管、疏通微循环、活化大脑以及其他脏器细胞的功能、抗脂肪氧化、抗衰老。

据国外有关资料,黑沙姜还具有以下六大功效:

(一)抗肥胖

有日本研究报道,黑沙姜根茎粉具有防止肥胖和调节代谢性疾病的作用。在这项研究中,为了阐明黑沙姜有效成分具有抗肥胖效果的分子机制,研究人员调查黑沙姜乙酸乙酯提取物(KPE)对 TSOD 小鼠(自发肥胖的 Ⅱ 型糖尿病模型)和胰脂肪酶的效果。在 TSOD 组，KPE 显示对增加体重和内脏脂肪堆积的抑制作用，而且对胰岛素抵抗、高血压和脂肪肝相关的症状也有预防作用。此外，在早期阶段药的参考动物 TSNO 小鼠组，KPE 也抑制体重的增加和食物摄入量。KPE 组成成分研究显示，KPE 包含至少 12 种的多甲氧基黄酮（PMF）。此外，KPE 和它的组成成分多甲氧基黄酮表现出胰脂肪酶的抑制作用。以上结果表明，KPE 具有肥胖和各种代谢性疾病的预防作用，其作用机制可能涉及 KPE 中 PMFS 对胰脂肪酶的抑制作用。

日本东京大学医学研究生院也证实了黑沙姜对自发性肥胖的Ⅱ型糖尿病小鼠的抗肥胖效果。研究调查了黑沙姜对肥胖的预防作用及其下游症状（各种代谢紊乱）的影响，使用肥胖小鼠来研究，非肥胖小鼠作为相应的对照组小鼠。当两种小鼠自由采食黑沙姜（1%或 3%）混合的饲料到第八周，肥胖小鼠的体重增加、内脏脂肪蓄积、脂质代谢异常，高胰岛素血症、糖耐量、胰岛素抵抗、高血压及周边神经病变均被抑制了，但观察非肥胖小鼠却没有显著差异。说明黑沙姜对有代谢性疾病有预防作用，同时只对肥胖动物有抗肥胖效果，因此黑沙姜可作为一种药物或食物成分替代医疗保健。

（二）提高性功能

黑沙姜长期以来被用于在东南亚传统医学纠正勃起功能障碍，因此泰国的研究人员认为黑沙姜在心脏内可能会产生类似西地那非枸橼酸盐（伟哥）的效果。尽管其作用机制尚不清楚，最近国外研究表明，它可能是通过环磷酸鸟苷（cGMP）的调节，促进抑制 5 型磷酸二酯酶（PDE-5）活性分解 cGMP 的裂解 5'-GMP。cGMP 的阴茎勃起是必不可少的，因为它会导致平滑肌松弛海绵体。形成的 cGMP 增加了响应性刺激的海绵体神经和内皮细胞释放的一氧化氮（NO）。黑沙姜提取物通过提高在人脐静脉内皮细胞 mRNA 和蛋白表达，还促进 NO 的释放。此外，它会通过一氧化氮信号通路，导致大鼠主动脉环松弛。所有这些行动导致 cGMP 水平增加，并可能纠正勃起功能障碍。

（三）抗炎症

黑沙姜根茎已经在泰国传统医学上用于治疗脓肿、痛风、消化性溃疡。泰国科研人员也证实了黑沙姜氯仿提取物对大鼠足跖水肿有抑制作用，研究了从黑沙姜馏分的成分和调查对一氧化氮（NO）产生的消炎机制，肿瘤坏死因子-α（TNF-α）和诱导型一氧化氮合酶（iNOS）的表达，以及作为磷酸化细胞外信号调节激酶（P-ERK）磷酸化 c-Jun 氨基末端激酶（P-JNK），证明了黑沙姜根茎的氯仿馏分的甲氧基黄酮类化合物抗炎活性的机制主要是抑制 iNOS 的表达,化合物 4 抑制 SYK 可能与抑制巨噬细胞中 LPS 诱导信号的有关。

(四)预防登革热

韩国有科研人员对黑沙姜根的氯仿提取中分离出 2 个倍半萜化合物并对其免疫效果进行了研究,结果证明黑沙姜对早期的埃及伊蚊幼虫有明显的毒性作用。这对寻找对埃及伊蚊更新、更安全、更有效的天然免疫毒性药物非常有用。

(五)促进癌细胞凋亡

泰国的科研人员研究了黑沙姜提取物单独使用,及结合化疗药物——紫杉醇和喜树碱对人白血病 U937 细胞的凋亡作用,发现黑沙姜提取物对细胞增殖的抑制作用和对细胞活力下降呈剂量和时间依赖性。联合紫杉醇使用时,黑沙姜对 U937 细胞凋亡得到一个加性效应,而喜树碱的施加则表现为拮抗作用。

(六)抗胃溃疡

泰国清迈大学对黑沙姜乙醇提取物(KPE)抗胃溃疡活性进行了研究,以 30 毫克/千克、60 毫克/千克和 120 毫克/千克的剂量给大鼠口服 KPE 能显著抑制由吲哚美辛、盐酸-乙醇和水浸束缚应激导致的胃溃疡。在幽门结扎大鼠中,KPE 预处理对胃液量、pH 值和酸度输出没有影响。剂量为 60 毫克/千克和 120 毫克/千克 KPE 预处理对乙醇诱导的溃疡的大鼠胃壁黏液有明显的保护作用。研究结果表明,沙姜乙醇提取物具有胃保护潜力,这与其能保护胃黏液分泌有关,但与抑制胃酸分泌无关。

四、加工与应用

(一)养生食法

将黑沙姜研磨成细末加蜜糖,1 天 1 匙羹,能延年益寿,保持性欲。

将黑沙姜研磨碎加水或酒服用,可以治疗小儿疳积、儿科病、痢疾与各种疼痛。

(二)烹饪加工

1. 沙姜猪手　猪手有很好的营养价值,其中的骨胶原有改善人体骨质疏松、促进身体健康的作用。沙姜有化痰开胃、健脾去湿的食效,而且当中含有的姜辣素,可去除猪手中的腻气,起到增添风味的作用。

（1）材料　猪手 400 克，沙姜 30 克，蒜头（去衣拍碎）15 克，盐、糖、生抽、生粉、米酒、醋、蚝油、花生油各适量。

（2）做法　先将猪手洗净，斩块，以米酒、醋飞水后捞起备用；沙姜去皮（也可不去皮）洗净，拍碎备用；开锅下油，爆香拍蒜和沙姜，下猪手大火翻炒片刻，加入适量水和蚝油、生抽，以盐、糖调味，中火焖煮 25 分钟，最后收汁即成。

2. 沙姜鸡

（1）材料　光鸡 1 个，沙姜 3～4 粒，葱 3 根，盐 1 茶匙，糖 1/2 茶匙，油 2 大匙，料酒 2 茶匙。

（2）做法　光鸡洗干净，剁块。用盐和料酒腌 20 分钟。沙姜去皮剁碎，葱切成葱花。热油锅，把鸡爆炒至变色。把鸡推到锅边，爆香沙姜和葱白。把鸡和沙姜炒匀。放糖炒匀，盖上锅盖焖至鸡肉熟透。最后撒上剩余的葱花炒匀即可。

人参，有东北吉林人参、高丽红参、西洋参等。泰国人民认为，沙姜有各种颜色，自然颜色越深其长寿等功能越好，只有深黑色的沙姜才称为黑色人参，因为在人们心目中，人参是高贵、名贵的补品和药材之一。高丽红参颜色也相对较深，所以也很名贵。这与笔者的理论是一致的。

第五节　葛　根

一、生物学特性

葛是豆科多年生藤本植物，原产于我国，有关葛文化的记载至少有 2 500 年历史，在古代广为种植，用于治病、酿酒、解酒毒，荒年充饥。《本草纲目》记载：葛根，气味甘、辛、平，无毒；止渴，排毒，利大小便，解酒，去烦热。

葛根为葛的块根，富含淀粉及多种药物功能，具有悠久的药食两用历史，为国家卫生部发布的药食兼用植物。作为食物，可以取其淀粉以充饥；作为药物，葛根的保健功能得到长期验证并被证明安全有效。以葛根为原料，已经成功地开发出多种健康食品。世界联合国粮农组织（FAO）预测葛根将成为世界第六大粮食作物。葛根同时也是一种非常典型的美容、健康食品资源，有"南葛北参，女人人参"之美称。

二、营养价值

葛根含淀粉 63.2%，粗纤维较少，经水磨加工成的葛粉，其淀粉含量更高，经水磨澄清后的葛粉经测定:淀粉 76.114%、蛋白质 0.108%、纤维素 0.136%、灰分 0.122% 和水 1.915%。葛根中还含有丰富的矿物元素,每 100 克葛根含铁 1.26 毫克、锌 3.53 毫克、锰 0.1 毫克、钙 101.98 毫克、钾 374.93 毫克。广东银葛宝科技有限公司生产的葛根片,经中国科学院广州分析测试中心及广东省微生物检测中心分析:每千克中含硒高达 44 微克,含葛根素 2.38% 以上,含总黄酮 0.067%,粗多糖 2.62%,此外还含有 β-谷甾醇、花生酸等稀有营养素。

三、生理功能

(一)解酒功能

葛根粉能有效地拮抗酒精引起的肝和睾丸组织脂质过氧化损害,葛花有"千杯不醉花"之美誉,可解酒醒脑、护肝、健胃、减少皮下脂肪及内脏脂肪之功效,有望作为可靠的解酒药物来开发。葛根含大豆苷,它能分解乙醛毒性,能阻止酒精对大脑抑制功能的减弱;能抑制胃肠对酒精的吸收,促进血液中酒精的代谢和排泄。美国人在用葛根黄酮治疗酒精中毒的临床研究中,取得了很好的疗效。

(二)美容功能

20 世纪 90 年代末专家发现葛根含有丰富的高活性异黄酮,其含量和活性远优于大豆。异黄酮对于雌激素水平偏低的中年妇女,能增加中年妇女血清中雌二醇的水平和血浆中高密度脂蛋白的含量,降低低密度脂蛋白和胆固醇含量,起到保护心血管的作用;而对雌激素水平偏高者,又表现为抗雌激素样活性,有助于防治乳腺癌、子宫内膜癌等,从而起到双向调节的作用;并对原发性骨质疏松症具有防治作用。葛根中的异黄酮类成分能显著抑制酪氨酸酶的催化活性,中断黑素氧化过程,抑制黑素的发生与形成,从而防治黄褐斑、日晒斑等色素沉积。所以,葛根被国际化妆品界誉为又一种源于绿色植物的皮肤脱色组分,并被化妆品科技领先的日本用于祛斑化妆品,日本花王公司已将葛根异黄酮作为活性物质应用于增白霜。

(三)丰胸功能

从全球范围来看,东方女性胸部普遍偏小。采用野葛根精制提炼成的丰胸产品,能够迅速被人体吸收。野葛根,是唯一被全球公认的有安全丰胸效果的草本植物,它依靠提供与女性自身分泌雌性激素高度同源的野葛根异黄酮来激发女性的雌性症状。野葛根积蓄了至少 13 种划分为"植物雌激素"的珍贵物质,是世界医学界公认无不良反应的含丰富天然雌性激素的圣品,其中葛雌素及其衍生物不仅具有使乳腺丰满坚挺和乳房组织重构的作用,而且在各种组织培养物中都能提高雌激素的水平并能刺激乳腺细胞的生长,是泰国和欧美女性食疗圣品。

葛根的丰胸机制:乳房由乳腺和脂肪组成,其中脂肪占 90%。有些女性胸部扁平,其主要原因是乳腺发育不良与胸部脂肪缺乏所致。一些产妇由于哺乳的关系,也会使得乳房皮肤松弛,脂肪丢失而导致乳房下垂。葛根中的异黄酮是目前在分子结构上与人体自身分泌的雌激素最为相似的一种植物雌激素,与其他调节女性内分泌的药物相比,葛根异黄酮的独特之处在于具有与体内雌激素受体抢先结合和作用温和两个特点。因此,它能与身体各系统、器官组织细胞表面的雌激素受体结合,发挥效应。促使乳腺腺泡发育增大,并促使其新陈代谢的速度加快。此外,异黄酮还能够对体内脂肪进行合理的导向排序,引导脂肪在胸部堆积。异黄酮还具有滋润皮肤、恢复皮肤弹性的作用,能够帮助和支持乳房挺拔。

(四)降血压功能

最新资料表明,葛根对 α 受体和血管紧张素 II 受体(血管紧张素 II 在高血压肾脏损害特别是糖尿病肾病恶化中起重要作用)有阻断作用,可以起到抗高血压的效果。尤其是可能逆转高血压所致的心肌肥厚。葛根素可使明显增高的血浆内皮素(ET)水平较快恢复正常。还有研究表明,大剂量葛根素能降低血糖,能明显降低血清胆固醇,但对血清游离脂肪酸和甘油三酯则无明显影响。葛根总黄酮、大豆苷元和葛根素对高血压引起的头痛、头晕、项背强痛和耳鸣等症有明显疗效,尤以缓解头痛、项背强痛更为显著。葛根对正常与高血压动物有一定的降血压作用。实验室静脉注射葛根浸膏、总黄酮和葛根素,正常麻醉狗的血压出现短暂而明显地降低。另外研究还发现,葛根降血压效应与抑制肾素—血管经张素系统和降低儿茶酚胺含量有关;日本学者原田正敏等人认为葛根对血压有“双向调节”的作用。

(五)提高记忆力功能

用小鼠跳台法和大鼠操作式条件反射观察葛根提取物与总黄酮对动物学习记忆功能的影响,结果显示,两者均能对抗东莨菪碱所致的小鼠记忆获得性障碍、40%乙醇所致的记忆再生性障碍和亚硝酸钠造成的记忆巩固障碍。葛根醇提取物还能对抗东莨菪碱所致的大鼠操作式条件反射的一致,东莨菪碱能降低小鼠大脑皮质和海马乙酰胆碱含量,并能降低其转移酶的活性,这可能就是葛根能改善学习记忆作用的机制之一。

(六)对免疫功能的作用

葛根可使主要吞噬碳粒的肝、脾脏的碳粒摄取功能增强,使细胞性免疫功能反应性恢复。

(七)抗癌功能

葛根内含有人体需要的 10 多种氨基酸和 10 多种微量元素,其中钙、锌、磷最高,葛粉所含的硒元素,具有一定的防癌抗癌功效。研究人员采用现代分离方法,从葛根中提取总黄酮成分进行动物实验发现,小鼠前胃癌抑制率达 77.77%,对大鼠肺癌抑制率达 55.65%。研究后发现,葛根黄酮有明显的提高 NK 细胞、SOD 与P450 的活性作用。在食管癌高发地区进行的人群干预试验结果证明,葛根总黄酮对基底细胞增生的病人有明显阻断其癌变的作用。

(八)治疗糖尿病、脑梗死的临床作用

为了观察葛根治疗糖尿病脑梗死的临床疗效,研究者将 72 例糖尿病脑梗死患者随机分为治疗组 36 例,对照组 36 例,对照组采用常规治疗,治疗组在常规治疗基础上加服葛根通络饮,于治疗前后观察临床疗效,并检测血糖、血脂和血液流变学参数。结果治疗组总有效率 94.44%,对照组为 72.22%,差异有显著性(P<0.05)。治疗组显效率 63.89%,明显高于对照组的 36.11%(P<0.05)。治疗组神经功能缺损有明显改善,血糖、血脂和血液流变学参数均有明显改善(P<0.05 或P<0.01)。可见葛根与常规治疗合用对糖尿病脑梗死有显著疗效。

四、加 工 与 应 用

(一)葛根汁的制作

选用新鲜、无霉变、无病虫害、无机械损伤的新鲜粉葛,经洗净、去皮、切块后,投入 0.05%维生素 C+0.1%CA 水溶液中进行护色处理,完成后将葛块置于打浆机中,加入葛根 6 倍重量的净化水,进行破碎打浆,待葛块破碎成均匀的浆液后,注入夹层锅中,加热糊化,同时开动搅拌器,使浆液受热、糊化均匀,在 90℃～95℃条件下保持 20～30 分钟待乳白色的浆液变成均匀透明的稀糊体,即完成糊化。将稀糊体进行压滤,去掉葛渣,得到葛根汁。

(二)葛粉新的提取方法

1. 工艺流程

葛根→清洗→切片→粉碎→浸泡→洗粉→筛分→静置分层→分离上层→离心→干燥→粉碎→包装→成品

2. 加工步骤

(1)清洗　主要洗去葛根表面的泥渣,防止泥渣混入葛根粉中影响葛粉的品质;

(2)切片　把葛根切成适当大小的小块,便于粉碎;

(3)粉碎与浸泡洗粉　将洗净的葛根先用刀切成2～3厘米长的小段,再用机械粉碎,粉碎得越细越好,然后将粉碎的葛根放入清水池中反复揉洗取粉,直至将淀粉洗净为止。

(4)筛分　先用筛子将洗粉池中的粗渣过滤掉,然后用粗布袋过滤滤液。再分别用120目分样筛和200目分样筛过滤滤液;

(5)加水沉淀　在过滤的粉液中,再加入3～4倍的清水,充分搅匀,让其自行沉淀6小时,如过水的颜色很深,可以再用同样的方法沉淀1次;

(6)静置分层　收集沉淀于透明容器中,加入3～4倍的清水,2分钟后透明容器中会出现明显的分层,上层为较白的葛粉,下层为黄粉;

(7)分离上层离心机离心　用吸管将上层较白的葛粉抽入到另一容器中自行沉淀或用离心机离心得沉淀,可以根据生产要求重复(6)和(7)步骤;

(8)干燥　在70℃条件下烘干;

(9)粉碎　将烘干的葛根粉粉碎到要求的粒度大小;

(10)包装　成品。

(三)即食葛粉保健糊

在葛根粉中适量配以其他谷物淀粉,生产老少皆宜的即食葛根保健糊。

工艺流程:

葛根淀粉、玉米淀粉→搅拌混合→水分测定与控制→挤压膨化→粉碎过筛→膨化粉(同时加入蔗糖)→搅拌混合→定量包装→成品

(四)葛根粉丝

1. 材料　葛淀粉80％、魔芋粉20％。

2. 工艺流程

葛淀粉、魔芋粉→打芡→配料→搅拌→真空和面→制皮→冷冻老化→抽丝→

蒸烘→质检→包装→成品

3. 制作步骤 选择取葛淀粉 40 千克与 10 千克魔芋粉混合,并取出打芡应用的 1.75 千克干淀粉,加入 2.5 升、55℃温水调成淀粉浆,再快速冲入 25 升、100℃的沸水中并搅拌,混合淀粉(葛淀粉＋魔芋粉)充分糊化。此工艺的目的是通过加入魔芋粉取代传统生产工艺中添加白矾的做法,有利于提高葛粉的亲水性、增稠性、稳定性、乳化性、悬浮性、凝胶性和成膜性等多种特性,可增加线面的强度和粉丝韧性。先将充分糊化后的芡糊倒入和面机中,加入 50 千克混合淀粉(葛淀粉＋魔芋粉),正转、倒转反复和面,把面和成无疙瘩、不粘手、柔软细腻,手握面团均匀下落成线且不断为止,然后将其装入真空和面机。

蕉岭县银葛宝养生品公司利用葛粉加工成系列功能食品:如制成原生态葛根粉丝、葛根面条,并将葛粉通过发酵制成葛根酒等。

(五)葛根粉加其他食品

沸水冲食的系列食疗功能:

葛根粉＋红糖,可以祛风散寒、调经活血。

葛根粉＋蜂蜜,有清火养颜之功效。

葛根粉＋抹茶,含有大量茶多酚与膳食纤维,有美容和瘦身之功效。

葛根粉＋姜粉,姜有驱寒之功效,可防治空调病。

葛根粉＋红枣粉,有补中益气、养血安神之功效。

(六)葛藤应用

葛叶含丰富维生素 C 和植物性雌激素等成分,捣烂外敷可止血;晒干可制成葛叶茶,有益胃安神、缓解疼痛的作用。

葛藤有隔热、隔音、防霉、抗菌的性能,因此可编织花篮、花瓶等手工艺品。葛根的纤维可编织衣服、毛巾、地毯、墙布等系列高端具有生态功能的纺织品。

第六节　红心萝卜

一、生物学特性

红心萝卜又名胭脂红,其叶深绿色,形似枇杷叶,叶柄肋深红色。萝卜呈长圆形,表皮和肉质均为鲜红色,品质佳,肉质细嫩、脆甜。红心萝卜为十字花科植物红心萝卜的根,含大量的芥子油、膳食纤维和多种消化酶。具有健脾化滞之功能,对消化不良、久痢、咳嗽等病症有一定的疗效。是人们餐桌上的常备之菜肴,可炒食,多用糖、醋凉拌。主产于重庆市涪陵地区及涪陵邻近市(县),四川、贵州和云南等省也有栽培,是继榨菜之后的第二个涪陵特产。

二、营养价值

红心萝卜每100克新鲜可食部分含蛋白质1.1克、脂肪0.2克、碳水化合物6.4克、钙37毫克、磷36毫克、钾341毫克、钠47毫克以及维生素A 9毫克和胡萝卜素30毫克左右。其中维生素A的含量比番茄高1.5倍,比花椰菜高9倍,比甘蓝高300倍。红萝卜中胡萝卜素的含量是蔬菜中最多的,比番茄、瓜类蔬菜高百倍左右。

三、生理功能

常食红心萝卜,具有明目、润肤、抗衰老、健脾、化滞、解毒、透疹等功效,同时可排除体内毒性元素——汞,对高血压也有一定的疗效。红心萝卜里丰富的胡萝卜素被认为是人体获得必需的维生素A的重要来源,有"小人参"之称,顾名思义具有很高的营养、保健和医疗价值,故胡萝卜在蔬菜中的重要性,被国际上列为仅次于马铃薯占第二位。胡萝卜含有丰富的胡萝卜素,其中β-胡萝卜素含量是所有蔬菜中含量最高的蔬菜之一。β-胡萝卜素具有前维生素A活性,被人体摄取后可转变为维生素A,是人体有价值的营养素并且具有一定的抗癌作用。

国外学者早在1991年就指出:类胡萝卜素能增加免疫系统中B细胞的活力,从而消灭外源入侵的病原菌;能提高淋巴辅助T细胞(CD4细胞)的活力,能协助B细胞产生抗体,并提高其他免疫组分的活性;能增加自然杀伤细胞(NK)的数目,以消除机体内被感染的细胞或癌细胞。关于β-胡萝卜素能增加免疫功能的报道已有很多,目前还了解除了β-胡萝卜素外番茄红素以及斑蝥黄素等其他类胡萝卜素也具有增强机体免疫功能的作用。

大量的流行病学研究一致表明经常地摄入富含类胡萝卜素的果蔬可以在很大程度上降低多种癌症的发病率,包括如肺癌、口腔癌、胃癌和食管癌等。流行病学认为癌症的低发病率与血清中高水平的类胡萝卜素也存在密切的关系。从1975年到1992年的46项有关膳食中或血清中类胡萝卜素水平与肺癌发病率之间的关系的研究中,有41项研究发现摄入类胡萝卜素水平高的或血清中β-胡萝卜素水平高的受试者,其肺癌的发病率显著降低。从众多的研究看来,番茄红素预防前列腺癌、肺癌和胃癌发生的证据最充分,对其他类胡萝卜素的流行病学研究发现,叶黄素的血清水平和肺癌的发生有反向的关系。α-胡萝卜素的血清水平和宫颈癌有反向关系。

在类胡萝卜素增强细胞间隙连接通讯的功能研究中,胡萝卜素研究得最多。目前,有关 β-胡萝卜素抗癌机制有以下几种:转化为类视黄醇而起作用、抗氧化机制、提高机体免疫力等。但在 20 世纪 80 年代末 90 年代初,Pung,Bertram 等首次提出并证明有关 β-胡萝卜素与转化为类视黄醇及抗氧化机制无关的抗癌作用机制,即 β-胡萝卜素能增强细胞间隙连接通讯,抑制细胞的恶性转化。研究表明 β-胡萝卜素是细胞间通讯的诱导剂,它能增强转化的癌起始细胞与健康细胞之间的交流作用,而且目前研究人员通过荧光染料示踪技术已获得 β-胡萝卜素增强转化细胞和未转化细胞间的 GJIC 功能的直接证据,但对于其具体的调节机制尚不清楚。

四、加工与应用

(一)红心萝卜最佳的保健食法

1. 明眼目　红心萝卜 100 克切片与 2 只鸡蛋做汤饮。

2. 降血压　红心萝卜汁生饮,每次 100 克,每日 2～3 次。

3. 健脾、生津、解毒、润肺、止渴　红心萝卜 200 克、红枣 10 个以及 1 500 毫升水煎成 500 毫升浓缩汁,分 2～3 次饮用;或红萝卜汁加冰糖,连服数日。

4. 清热、润肤、治粉刺、痤疮、斑点　红心萝卜 500 克切细片,加冰糖 50 克,加少量水,用慢火熬煮至酥烂、稠浓。

5. 助消化、防感冒　红心萝卜 1 条、番茄 1 个、半个柠檬、适量蜂蜜及适量沸水,用果菜机打成果菜汁。

6. 增强体内免疫系统　红心萝卜 1 条、马铃薯 1 个、苹果 1 个、适量蜂蜜和冷开水打成菜汁。

7. 清热、降温　红心萝卜 120 克、橙 2 个、芦笋 150 克、1/4 个柠檬、适量蜂蜜和冷开水打成菜汁。

8. 润肤、防感冒　红心萝卜 1 条、牛奶 150 毫升及适量蜂蜜打成菜汁。

9. 保持肌肤光滑、延缓衰老　红心萝卜半条、枇杷 5 个、酵母乳 100 毫升、1/4 个柠檬及适量蜂蜜打成菜汁。

(二)红心萝卜的加工应用

1. 做泡菜原料　红心萝卜做泡菜久泡不烂,食之脆而不硬,味美爽口,色泽艳丽,刺激食欲。萝卜红是水溶性色素,在酸性条件下呈红色,作为泡菜辅助料,可为其他泡菜食品上色,使菜品色艳丽泽,诱发食欲。红心萝卜还可以作为礼品馈赠亲朋好友。

2. 做加工红心萝卜干原料　红心萝卜心皮全红,是加工红心萝卜干的独特原料。以它为原料加工的红心萝卜干着色自然,不含任何合成色素,具绵而不硬、脆而不烂、味香爽口的特点,深受特色食品商家和消费者的青睐。

3. 提取天然色素　红心萝卜富含天然色素萝卜红。萝卜红是国家许可使用的食用天然红色素。

第七节　黑　大　蒜

一、生物学特性

黑蒜又名黑大蒜、发酵黑蒜、黑蒜头,是用新鲜的生蒜,带皮放在高温高湿的发酵箱里发酵 60～90 天,让其自然发酵制成的食品,它在保留生大蒜原有成分、功能的基础上,使生大蒜的抗氧化、抗酸化功效提高了数十倍,又把生大蒜本身的蛋白质大量转化成为人体每天所必需的 18 种氨基酸,进而被人体迅速吸收,对增强人体免疫力、恢复人体疲劳、保持人体健康起到巨大积极作用。同时味道酸甜,食后无蒜味,不上火,是速效性的保健食品。具有抗氧化、抗酸化的功效,特别适合三高人群与癌症患者。

二、营养价值

大蒜本身就是非常好的保健食品,而黑蒜的作用更是惊人。对糖尿病、高血压、高血脂、癌症都有非常显著的防治功效。黑蒜具有极高的营养价值,检验机构检测报告显示:鲜大蒜每 100 克含水分 63.8 克、糖 7.2 克、蛋白质 5.2 克、脂肪 10.2 克、钙 10 毫克、磷 12.5 毫克、铁 1.3 毫克、维生素 B_1 0.29 毫克、维生素 B_2 0.06 毫克、烟酸 0.8 毫克、维生素 C 7 毫克,此外还含有镁及其他微量元素等,这些都是人体不可缺少的营养成分。而黑蒜每 100 克含水分 43.6 克、热能 1 100 千焦、糖 41.4 克、蛋白质 10.4 克、脂肪 5.1 克、钙 13 毫克、镁 52 毫克、铁 2.1 毫克、钠 36 毫克、钾 930 毫克、锌 1.4 毫克、维生素 B_6 10.726 毫克、维生素 B_2 0.126 毫克、烟酸 10.048 毫克等。由此可以看出,黑蒜比大蒜水分、脂肪等显著降低,微量元素显著提高,而蛋白质、糖分、维生素等则至少为大蒜的 2 倍以上。因此,黑蒜具有丰富的、人体必需的营养成分。

三、生理功能

第一,杀菌消毒,建设防病墙。黑蒜中含有的大蒜素具有广谱抗菌效果,它对几十种流行病毒与多种致病微生物都有杀灭作用。起杀菌作用的成分主要是大蒜素,还有一种白色油脂性液体"硫化丙烯"。这种大蒜素即使稀释 10 万倍仍能在瞬间杀死伤寒杆菌、痢疾杆菌、流感病毒等。黑蒜的挥发性物质、浸出液与蒜素在试管内对多种致病菌都有明显的抑制或杀灭作用。这些含硫化合物对腐败真菌也有很强的抑制和杀灭作用,其作用强度相当于甚至强于化学防腐剂苯甲酸、山梨酸,是目前发现的天然植物中抗菌作用最强的一种。

第二,抗氧化能力强。人体衰老的实质就是被氧化,而黑蒜的超强的抗氧化功能就是它能对较多病症产生非常好效果的主要原因,同时也对造成身体多功能减弱的疾病产生非常好的保健治疗作用。其抗衰老、抗氧化能力是普通大蒜的 39 倍。

第三,增强免疫功能。实验表明,黑蒜中的脂溶性挥发油能显著提高巨噬细胞的吞噬机能,有增强免疫系统的作用。大蒜素具有活化由糖脂质组成的细胞膜功能,能提高其渗透性,使细胞的新陈代谢加强,活力提高,使机体免疫力随之加强。黑蒜所含的赖氨酸、丝氨酸都有提高免疫力的功能,维生素 C 也能增强人体的免疫力。黑蒜中含有的锌参与激素的合成,可改善人体的免疫力。

第四,强力调节血糖水平。黑蒜能影响肝脏中糖原的合成,减少其血糖水平并增加血浆的胰岛素水平。其中的蒜素能使正常人的血糖水平下降。黑蒜中还含有 S-甲基半胱氨酸亚砜和 S-烯丙基半胱氨酸亚砜,此含硫化物可抑制 G-6-P 酶 NADPH,防止胰岛素破坏,有降血糖作用。黑蒜中的烯丙基二硫化物也有此作用。黑蒜中含有的生物碱,也具有降低血糖的成分,增加胰岛素的功能,更重要的是它对正常血糖值无影响。甘氨酸降低血液中的血糖值,防治糖尿病。异亮氨酸有促进胰岛素分泌、调节血糖的功能。

研究人员在动物实验中用 25 克黑蒜汁喂养家兔进行葡萄糖耐量试验,测得黑蒜组的最大血糖下降值为 12.4％±1.2％,蒸馏水对照组则为 1.8％±0.5％,说明黑蒜对控制血糖有明显效果。他们又给由四氧嘧啶所致糖尿病的大鼠经口摄取黑蒜提取物,也显示出黑蒜有降血糖作用,摄入 2 小时后其血糖浓度降低 17.9％～26.2％。

大蒜中的蒜味的主要成分——蒜素和维生素 B_1 相结合能形成叫做蒜硫胺素的成分,此成分具有解除疲劳、促进糖质分解的功效,从而控制血糖上升;将蒜素加热 25℃～100℃后生成叫做大蒜烯的硫化合物(具有能溶化油脂的特性)成分,其控制血糖并将糖分转化为能源的效果更大。

　　黑蒜的调节血糖能力不是简单的控制，而是在保护胰岛素同时主动将糖转化成能量，使糖尿病人拥有普通人一样的化糖能力，而不是药物降糖，因而决定了黑蒜非一般的降糖产品可比的功效。

　　第五，其他功效。现代医学研究证实，大蒜集 100 多种药用和保健成分于一身，其中含硫挥发物 43 种，硫化亚磺酸（如大蒜素）酯类 13 种，氨基酸 9 种，肽类 8 种，苷类 12 种，酶类 11 种。另外，蒜氨酸是大蒜独具的成分，当它进入血液时便成为大蒜素，大蒜素与维生素 B_1 结合可产生蒜硫胺素，具有消除疲劳、增强体力的奇效。大蒜含有的肌酸酐是参与肌肉活动不可缺少的成分，对精液的生成也有作用，可使精子数量大增。大蒜还能促进新陈代谢，降低胆固醇和甘油三酯的含量，并有降血压、降血糖的作用，故对高血压、高血脂、动脉硬化、糖尿病等有一定疗效。大蒜外用可促进皮肤血液循环，去除皮肤的老化角质层，软化皮肤并增强其弹性，还可防日晒、防黑色素沉积，去色斑增白。研究证明，大蒜可阻断亚硝胺类致癌物在体内的合成，到目前为止，其防癌效果在 40 多种蔬菜、水果中，按金字塔排列，大蒜位于塔顶。在大蒜的 100 多种成分中，其中几十种成分都有单独的抗癌作用。黑蒜也还有消除疲劳、提高体力、解决便秘、保护肝脏、提高前列腺活性、促进睡眠等多种功能。

四、加工与应用

　　黑蒜，没有大蒜所特有的味道，而是散发着可以勾起食欲的浓郁香味。为了让蒜粒保持很多的水分，全部制作过程中保持着潮湿的状态，它的外观近似果脯。因为经长时间的发酵和熟成使大蒜中所含的蛋白质被分解为氨基酸，碳水化合物被分解为果糖，并完整保留大蒜所含的蒜氨酸。黑蒜味道甜酸，美味可口，也可以当做点心或甜品来吃。通过食品分析检查结果证明，作为美味成分的氨基酸的含量，黑蒜比普通的大蒜增加了 2.5 倍。且食后没有吃过生大蒜后所特有的气味，同时也不会对胃肠产生不良刺激。

　　发酵黑蒜制作方法：用新鲜的生蒜，带皮放在高温高湿的发酵箱里自然发酵 60～90 天即成。

　　注意：请选用完整、未剥皮、饱满的、不长霉点的大蒜，因为发酵对大蒜品质要求很高。容器最好用玻璃或陶瓷，别用塑料，否则黑蒜可能会有异味，塑料中的化学成分也可能会进入黑蒜中。

第八节 牛 蒡

一、生物学特性

牛蒡，别名山牛蒡、蒡翁菜、东洋参、牛菜、牛子、大力子、老母猪耳朵、黑萝卜、白肌人参。牛蒡为 2 年生草本植物，高 1～2 米。茎直立，带紫色，上部多分枝。基生叶丛生，大形，有长柄；茎生叶广卵形或心形，长 40～50 厘米、宽 30～40 厘米，边缘微波状或有细齿，基部心形，下面密被白短柔毛。头状花序多数，排成伞房状；总苞球形，总苞片披针形，先端具短钩；花淡红色，全为管状。瘦果椭圆形，具棱，灰褐色，冠毛短刚毛状。花期 6～7 月份，果期 7～8 月份。目前主栽的品种多为日本品种，有柳川理想、南部白肌、松内早生、山田早生、札幌大长白、野川、白肤等。在中国长期作为药用，近年来才开始对牛蒡的营养价值、食用价值和药理进行研究。牛蒡虽被称为东洋参，实际上原产于中国，《本草纲目》称"牛蒡"（又称大力子）；其子、其根均可入药，也可食用。

二、营养价值

牛蒡享有蔬菜之王的美誉，在日本可与人参媲美，它是一种营养价值极高的保健产品，它全身是宝，富含菊糖、纤维素、蛋白质、钙、磷、铁等人体所需要的多种矿物质、氨基酸；每 100 克鲜菜中含水分约 87 克，蛋白质 4.1～4.7 克，碳水化合物 3.0～3.5 克，脂肪 0.1 克，纤维素 1.3～1.5 克。胡萝卜素高达 390 毫克，比胡萝卜高 280 倍。维生素 C 1.9 毫克。在矿物质元素中含钙 240 毫克、磷 106 毫克、铁 7.6 毫克，并含有其他多种营养素（表 3-2）。

表 3-2 根茎蔬菜每 100 克食用部分营养成分对照表　（含量单位：毫克）

种类	蛋白质	粗纤维钙	磷	铁	胡萝卜素	维生素 B$_1$	维生素 B$_2$	维生素 C
牛 蒡	4700	2400	242	61	7.6	390.0	0.02	2.29	25.0
胡萝卜	600	800	19	29	0.7	1.35	0.01	0.04	12.0
菠 菜	2400	700	72	53	1.8	3.87	0.01	0.13	39.0
番 茄	800	400	8	24	0.8	0.37	0.30	0.02	8.0
马铃薯	2300	300	11	64	1.2	0.10	0.01	0.03	16.0

三、生理功能

牛蒡为中国古老的药食两用食物蔬菜。明朝李时珍称其"剪苗淘为蔬,取根煮,曝为脯,云其益人"。《本草纲目》中详载其"通十二经脉,除五脏恶气"。《名医别录》称其"久服轻身耐老"。宋人苏颂曾这样描写牛蒡:"叶如芋而长,实似葡萄核而褐色,外壳如栗木小而多刺","根有极大者,做菜茹尤益人"。世界著名的营养保健专家艾尔·敏德尔博士在其所著的《抗衰老圣典》中这样描述:"牛蒡的根部受到全世界人的喜爱,它是一种可以帮助身体维持良好工作状态、降血脂、降血压、补肾壮阳、润肠通便和抑制癌细胞滋生、扩散及除去水中重金属的作用,是非常理想的天然保健食品。"

牛蒡根含有人体必需的各种氨基酸,且含量较高,尤其是具有特殊药理作用的氨基酸含量高,如具有健脑作用的天冬氨酸占总氨基酸的 25%～28%,精氨酸占18%～20%。牛蒡可每日食用而无任何不良反应,且对体内各系统的平衡具有复原功能。中国《现代中药学大辞典》《中药大辞典》等国家权威药典中把牛蒡的药理作用概括为 3 个方面:有促进生长作用、有抑制肿瘤生长的物质和有抗菌和抗真菌作用。2002 年国家卫生部把牛蒡列入可用于保健食品的物品名单。全世界最长寿的民族——日本人常年食用牛蒡根部。

牛蒡的纤维可以促进大肠蠕动,帮助排便,降低体内胆固醇,减少毒素、废物在体内积存,达到预防中风和防治胃癌、子宫癌的功效。西医认为它除了具有利尿、消积、祛痰止泄等药理作用外,还用于便秘、高血压、高胆固醇症的食疗。中医学认为有疏风散热、宣肺透疹、解毒利咽等功效。可用于风热感冒、咳嗽痰多、麻疹风疹、咽喉肿痛。研究表明,牛蒡有明显的降血糖作用,且含有钙、镁、铁、锰、锌等人体必需的大量元素和微量元素;其多酚类物质具有抗癌、抗突变的作用,因而具有很高的营养价值和较广泛的药理活性。

牛蒡茎叶含挥发油、鞣质、黏液质、咖啡酸、绿原酸、异绿原酸等。牛蒡果实含牛蒡苷、脂肪油、甾醇、硫胺素、牛蒡酚等多种化学成分,其中脂肪油占 25%～30%,碘值为 138.83,可做工业用油;药理实验表明,牛蒡苷有扩张血管、降低血压、抗菌的作用,能治疗热感冒、咽喉肿痛、流行性腮腺炎等多种疾病及抗老年痴呆作用。

四、加工与应用

牛蒡肉质根细嫩香脆,可炒食、煮食、生食或加工成饮料。

(一)一般烹调加工方法

1. 牛蒡排骨汤

(1)原料　牛蒡 250 克,排骨 250 克,香菜少许,盐 2 小匙,胡椒少许。

(2)做法　将牛蒡片泡入醋水中以防止变色。排骨(或五花肉)切小块。锅内放水煮沸,放入排骨与牛蒡,煮沸后,改用中小火煮 20 分钟左右,加盐、胡椒调味,然后盛入大碗中,撒入香菜即可。

2. 蜜汁牛蒡

(1)原料　牛蒡 500 克、麦芽 240 克、糖 500 克、酸梅 4 粒、白芝麻少许。

(2)做法　牛蒡切成 3 厘米长段加水(要腌过牛蒡)煮至熟烂加入酸梅并上下翻动使之入味,再下糖用小火续熬至糖溶化,再拌入麦芽糖,并常翻动以防烧焦,待水分收干即可。注意不盖锅盖,水分才易蒸发。

食用前拌入少许白芝麻增加美味。

3. 健康五行汤

(1)原料　牛蒡 300 克,白萝卜 100 克,胡萝卜 100 克,萝卜叶 1/4,香菇 1 枚。

(2)做法　将牛蒡切成 2 毫米厚的薄片,其他蔬菜连皮切成大块加水 1 500 毫升,大火煮沸后慢火熬 10～15 分钟即可。

(3)功效　促进正常人体细胞繁殖,增加血液中白细胞和血小板,在人体内产生 30 余种抗生素,提高人体免疫力,净化人体环境,清除人体垃圾。

4. 牛蒡猪肚汤

(1)原料　牛蒡丝 100 克,肥猪肚 1 个,豆豉、葱白各适量。

(2)做法　先将猪肚洗净,然后将猪肚与牛蒡丝同时放入沸水锅中,煮至猪肚将熟,再加入葱白、豆豉、盐调味,捞出猪肚切成片即成。

(3)功效　补脾益气,适用于糖尿病。

5. 牛蒡海带羹

(1)原料　牛蒡 100 克,海带 30 克,决明子 15 克。

(2)做法　将牛蒡丝、海带和决明子一同放入锅内,加清水适量,煨汤熟后去决明子(牛蒡可食用)即成。

(3)功效　清肝化痰,适用于结膜炎、高血压、肝火旺引起的面赤头痛等。

6. 牛蒡杜仲羹

(1)原料　牛蒡 100 克,鹌鹑 3 只,杜仲 30 克,淮山药 60 克,枸杞子 15 克,生姜 8 克,红枣 5 个,精盐适量。

(2)做法　先将洗净的鹌鹑与牛蒡、杜仲、枸杞子、去核红枣、生姜一起放入锅内,加水适量,用武火煮沸,再转用文火烧 3 小时,加精盐调味即可。

（3）功效　补益肝肾,强肾壮骨。适用于中风后遗症。

7. 牛蒡雪莲汤(2～4 人量)

（1）原料　牛蒡(干)50 克,雪莲花 2～3 朵,黑豆 30 克,香菇 3～5 个,蜜枣 1～3 个,肉类(猪、牛、羊肉均可)250 克,陈皮、生姜少许。

（2）做法　将原料洗净后放入锅中,加水 500～650 毫升,大火煮沸后,改用微火慢炖 60 分钟,即可。

（3）功效　补肾益气、强身健体、调节内分泌、补阴虚。

8. 牛蒡牛肉汤

（1）原料　牛肉 500 克,牛蒡 50 克(干),生姜少许。

（2）做法　将牛肉洗净切块,生姜切片,与其他配料放入瓦煲内,煮沸后文火煲 2～3 小时,调味后即可食用。

（3）功效　补中益气、滋养脾胃、强身健骨。

9. 牛蒡鲤鱼汤

（1）原料　鲤鱼 100 克,牛蒡 100 克,海带适量。

（2）做法　将牛蒡去皮切片,加入鲤鱼与海带,炖沸即可,亦可加枸杞子。

（3）功效　可改善小腿肿胀、青春期胸胀痛,也可通乳安胎、化痰止咳、降血压、健脾益气,还可预防动脉硬化、碘缺乏症、脚气病。

10. 牛蒡山楂汤

（1）原料　牛蒡 500 克,山楂 15 克,山药 300 克,胡萝卜 1 个,盐 2 小匙。

（2）做法　将牛蒡削皮洗净,切滚刀块,浸在淡盐水中;胡萝卜削皮,切滚刀块;山药切块。

山楂以清水快速冲过,和牛蒡、胡萝卜、山药一道入锅,加 5 碗水煮沸,转小火煮至牛蒡熟软,加盐调味即可。

（3）功效　抗癌防老,去脂助消化,降低胆固醇。消化不良、吸收功能不全者,也适合食用此汤。

11. 芝麻肉丝炒牛蒡

（1）原料　牛蒡、猪里脊、红辣椒、蒜苗、熟白芝麻。

（2）做法　将牛蒡切细丝,蒜苗切段,猪里脊切丝,红椒切丝,葱姜切末;猪里脊丝用盐、胡椒粉、酒、水淀粉腌渍。然后将 1 大匙烧热,放入肉丝滑熟捞出,留底油,煸香葱、姜,放入牛蒡丝炒,加入蒜苗、红椒丝。最后加上肉丝,一起拌炒,盐、糖、酒调味,撒上熟白芝麻即可。

(二)常见加工方法

1. 牛蒡茶 牛蒡根为原料的纯天然茶品。《本草纲目》中详载：牛蒡性温、味甘无毒，通十二经脉、除五脏恶气，久服轻身耐老。牛蒡茶具有一面排除人体毒素，一面以营养成分进行滋补和调理的特点，符合中医"一消，必有一补"的理论。牛蒡茶的类别有牛蒡茶花片、斜片、马蹄片、小圆片、柳叶片等。

工艺流程：

原料→陈化→清洗→去皮→护色→吹风切片→二次护色→吹风→烘烤→出炉→粉碎→检验→包装→成品

牛蒡茶在日本作为高档保健食品消费十分盛行，具有降低血压、健脾和胃、补肾壮阳之功效，对肾虚体弱者有较好的补益作用；它能清除人体内尿酸等代谢垃圾，有防癌、抗癌和美容等作用；对高血脂、糖尿病、便秘、类风湿、性功能减退和肥胖症等病症有一定疗效，经常饮用牛蒡茶对增强人们的体质将起到积极的推动作用。

2. 牛蒡罐头 工艺流程：

原料→清洗→去皮→护色→切分→烫漂→装罐→排气→密封→杀菌→保温→检验

3. 牛蒡酱 工艺流程：

原料→清洗→去皮→切片→烫漂→打浆→浓缩→装罐→封口→冷却

4. 牛蒡晶 工艺流程：

原料→清洗→去皮→破碎→浓缩牛蒡汁→合料→成型→烘干→过筛→包装

5. 速冻牛蒡 工艺流程：

原料选择→清洗→刨皮→切丝→护色→烫漂→冷却→沥水→速冻→包装→冷藏

(三)深加工方法

1. 菊糖的提取 牛蒡根中菊糖含量较高。菊糖活性广泛，对控制尿糖有一定的辅助疗效，可作为防治肿瘤、冠心病、糖尿病、结肠癌、便秘等的保健食品配料和天然药物；还有可能作为植物抗病诱导子，激活植物的防卫免疫系统，抵御病虫害，用来开发新型的无毒、无公害的生防制剂。郝林华等研发的牛蒡菊糖制备方法如下：牛蒡根洗净、晾干、切片，然后经干燥、机械粉碎、过筛，制得牛蒡根干粉，分次用热水浸提并分次过滤，合并提取液；将提取液除去小分子杂质后脱色处理，减压浓缩；将浓缩液脱蛋白，离心除去滤渣；所收集的滤液进行乙醇沉析、离心，收集滤饼；用无水乙醇、丙酮反复洗涤；真空干燥、制粉得牛蒡菊糖成品。

2. 挥发油的提取　牛蒡子干燥后粉碎,水蒸气蒸馏,然后用有机溶剂萃取,干燥后过滤,得到挥发油。罗永明等用 GC-MS 从牛蒡子挥发油分离并鉴定了 66 个化学成分,占挥发油总量的 90.8%,其中 R 和 S-胡薄荷酮含量较高。

3. 木脂素的提取　牛蒡子干燥后粉碎,用石油醚或乙醚于索氏提取器中脱脂后,用有机溶剂浸泡、萃取、过滤得到木脂素提取物。Omaki,Ichihara 和 Yamanouchi 等先后从牛蒡子中分离到 12 个 2,3-二苄基丁内酯木脂素,木脂素能抑制血小板活化因子(PAF)对血小板的结合作用。

4. 多酚的提取　牛蒡根洗净切片,加入有机溶剂,组织捣碎,过滤,蒸发除去有机溶剂,高压灭菌后即得多酚提取物。多酚类物质如咖啡酸、绿原酸等具有抗癌抗突变作用。

第九节　红　洋　葱

一、生物学特性

洋葱又名球葱、圆葱、玉葱、葱头。主要种类为红洋葱、白洋葱与黄皮洋葱等三种。

红洋葱葱头外表紫红色,鳞片肉质带红色,扁球形或圆球形,直径 8～10 厘米。以肥大的肉质鳞茎为食用器官。

二、营养价值

洋葱在国外被誉为"菜中皇后",营养非常丰富。每 100 克洋葱含有:水分 88克左右,蛋白质 1～1.8 克,脂肪 0.3～0.5 克,碳水化合物 5～8 克,粗纤维 0.5 克,热能 130 千焦,钙 12 毫克,磷 46 毫克,铁 0.6 毫克,维生素 C 14 毫克,烟酸 0.5 毫克,核黄素 0.05 毫克,硫胺素 0.08 毫克,胡萝卜素 1.2 毫克。红洋葱含有蛋白质、碳水化合物、粗纤维,矿物质钙、铁、磷、硒等,维生素 B_1、维生素 B_2、维生素 C、烟酸、胡萝卜素等对人体有益的营养成分,是一种物美价廉的天然健康食品。

三、生理功能

中医学认为,洋葱味甘、微辛、性温,入肝、脾、胃、肺经。可润肠,理气和胃,健脾进食,发散风寒,温中通阳,消食化肉,提神健体,散瘀解毒;主治外感风寒无汗、鼻塞、食积纳呆、宿食不消、高血压、高血脂、痢疾等症。同时,现代医学认为洋葱能降血压、血糖、预防血栓形成;其含有的两种特殊的营养物质——槲皮素和硒,槲皮素是目前所知最有效的天然抗癌物质之一;所含的微量元素硒是一种很强的抗氧化剂,能消除体内的自由基,增强细胞的活力和代谢能力,具有防癌抗衰老的功效;能提高骨密度,有助于防治骨质疏松症;含有植物杀菌素如大蒜素等,因而有很强的杀菌能力。

(一)预防癌症

洋葱的防癌功效来自于它富含的硒元素和槲皮素。硒是一种抗氧化剂,能刺激人体免疫反应,从而抑制癌细胞的分裂和生长,同时还可降低致癌物的毒性。而槲皮素则能抑制致癌细胞活性,阻止癌细胞生长。一份调查显示,常吃洋葱比不吃的人患胃癌的概率少 25%,因胃癌致死者少 30%。

(二)维护心血管健康

洋葱是所知唯一含前列腺素 A 的蔬菜。前列腺素 A 能扩张血管、降低血液黏度,因而会产生降血压、增加冠状动脉的血流量,有预防血栓形成的作用。洋葱中含量丰富的槲皮素,其生物的可利用率很高,科学家研究报告指出,槲皮素可能有助于防止低密度脂蛋白(LDL)的氧化,对于动脉粥样硬化,能提供重要的保护作用。

(三)刺激食欲,帮助消化

洋葱含有葱蒜辣素,有浓郁的香气,加工时因气味刺鼻而常使人流泪。正是这特殊气味可刺激胃酸分泌,增进食欲。动物实验也证明,洋葱能提高胃肠道张力,促进胃肠蠕动,从而起到开胃作用,对萎缩性胃炎、胃动力不足、消化不良等引起的食欲不振有明显效果。当然,如果你正在进行节食瘦身,那么洋葱的这项功效,显然不太适合你!

(四)杀菌、抗感冒

洋葱中含有植物杀菌素如大蒜素等,有很强的杀菌能力,能有效抵御流感病毒,预防感冒。这种植物杀菌素经由呼吸道、泌尿道、汗腺排出时,能刺激这些位置的细胞管道壁分泌,所以又有祛痰、利尿、发汗以及抑菌防腐等作用。

(五)洋葱对"富贵病"有很好地预防

近年发现,洋葱可有效预防"富贵病",洋葱含有的黄尿丁酸,可使细胞更好利用糖分,从而降低血糖。洋葱还含有前列腺素,可扩张血管,减少外周血管阻力,促进钠的排泄,使增高的血压下降。

洋葱中含有少量的棉籽糖,它是一种功能性低聚糖,是洋葱抵御恶劣环境(耐寒、耐旱)的重要碳水化合物。棉籽糖可增殖人体双歧杆菌,起到润肠通便、降脂降血压等作用。

洋葱中还含有二烯丙基硫化物,有预防血管硬化、降低血脂的功能。在洋葱中还能检测到含槲皮质类物质,在黄醇酮诱导下所形成的配糖体有利尿消肿作用,这些对肥胖、高血脂、动脉硬化等症的预防有益,与洋葱的燥湿解毒功能是一致的。

四、加工技术与应用

红洋葱、白洋葱都是非常常见且廉价的家常蔬菜。其中红洋葱外形呈扁圆形,表皮呈紫红色,内部鳞茎也呈深紫色,气味辛辣浓烈,口感也较白洋葱辣,更适合用来炝锅和做沙拉。而白洋葱水分和甜度皆高,长时间烹煮后有黄金般的色泽及丰富甜味,比较适合烘烤或炖煮。常见的家常菜有洋葱炒猪肝、洋葱炒虾、洋葱回锅肉、洋葱黑椒牛肉等。

给大家推荐几个洋葱食疗方:

一是用可口可乐 500 毫升,加入洋葱 100 克切丝,生姜 50 克切丝,红糖少量,慢火烧沸约 5 分钟,趁热饮。用于外感风寒引起的头痛、鼻塞、身重、恶寒、发热、无汗。

二是取高粱米与生薏米各 100 克,用凉水泡 4 小时后慢火煮粥,待米烂时,把 100 克切块的南瓜,100 克洋葱切丁入粥同煮至熟,其甜、咸自调。可用于贪食荤腥厚味,脾虚湿困,高血脂、下肢水肿、痰多胸闷等症。

三是将瘦肉 100 克切丝,加姜丝煸熟;洋葱 100 克切片,萝卜 50 克切丝;盐及调料一并加入,大火翻炒即可起锅。用于脾胃虚寒,运化不足引起的食少纳呆,上腹不适,脘腹冷痛,厌食呕逆等症。

四是将洋葱洗净切丝,再加几片莴苣叶,然后倒入苹果醋,没过洋葱丝即可。经常食用可治疗便秘、稳定血压,还能有效改善睡眠。

五是用洋葱外皮煎水喝,或多吃炒洋葱,可减轻眼睛的玻璃体混浊,改善视力。

第四章　蔬菜类黑色食品资源

　　黑色食品是指在食物中自然颜色相对较深、营养较全面并富含有抗氧化抗衰老功能的生物色素的资源，并经科学方法加工而成的一类食品。

　　蔬菜类总体上是富含"三素"（维生素、叶绿素、纤维素）的青色食品。但其中自然颜色相对较深的资源属于黑色食物，如马齿苋、紫苏叶、紫豆角、紫椰菜、紫背天葵、紫茄爪、紫叶甘薯菜等。现将其主要资源的营养功能评价和利用分述如下：

第一节　马　齿　苋

一、生物学特性

　　马齿苋为马齿苋科植物，别名爪菜、马苋、五色草（因其叶青、梗赤、花黄根白、籽黑而得名）、长命菜、长寿菜、甜酸菜等。因其叶状似马齿，味似苋菜，故称为"马齿苋"。

　　马齿苋几乎遍及我国，广布于世界的热带至温带地区。广东省各地常生于旷地、路旁和园地。马齿苋一生几乎没有病虫的侵害，华南地区3～11月生长繁茂，在此期间处处可采摘到鲜嫩肥美的马齿苋，它是一种野生性的生态食品。

二、营养成分

　　马齿苋鲜菜含有甲肾卜腺素约0.25％，每100克新鲜马齿苋叶含有300～400毫克的亚麻酸、12.2毫克维生素E、26.6毫克维生素C、1.9毫克胡萝卜素以及1.48毫克谷胱甘肽。每100克可食部分中含蛋白质2.3克、脂肪0.5克、糖3克、粗纤维0.7克、钙85毫克、磷56毫克、铁1.5毫克、胡萝卜素2.23毫克、硫胺素0.03毫克、核黄素0.11毫克、烟酸0.7毫克、维生素C，以及磷、铁盐，草酸氢钾，硝酸钾，硫酸钾和其他钾盐。其中钾的总量约0.83％。并含有丰富的苹果酸、柠檬酸、氨基酸等，以及脂肪酸等营养物质。

三、生理功能

第一，抗菌作用。马齿苋的有效成分对志贺氏、宋贺氏、斯氏福氏痢疾杆菌均有抑制作用。此外，对伤寒杆菌、大肠杆菌及黄色葡萄球菌也有一定的抑制作用，对某些致病性真菌也有不同程度的抑制作用，固有"天然抗生素"之美称。

第二，能促进上皮细胞的增长，加快溃疡愈合以及利尿等。

第三，马齿苋具有清热解毒作用，凉血止血，利水去湿，消肿痛。用于湿热泄泻痢双、血热崩漏、痔疮出血、痈肿疮痛、肺痈、肠痈、乳痈以及湿脚气、水肿等。民间常用鲜马齿苋 120 克（干 60 克）、粳米 60 克煮粥，或用鲜马齿苋绞取汁或大剂量水煎服来治疗湿热腹泻，急性肠炎、痢疾、细菌性痢疾等，是一味清热、抗病毒、消炎、杀菌、凉血的天然良药。

第四，据有关资料表明，脂肪酸在日常食用的蔬菜类植物中仍未发现，它具有多种药理活性，可使血管内皮细胞合成的抗炎物质——前列腺素增加，对血小板形成血栓素 A_2（一种强烈的血管收缩剂和血小板凝结剂）减少，使血液黏度下降，抗凝血脂增加，起到预防血栓形成的作用。因此，从马齿苋中摄取脂肪酸，可预防血小板的聚集、冠状动脉痉挛和血栓形成有降血脂、血糖作用。从而对心脏病的防治起到积极的效果。

第五，马齿苋中还富含钾元素。而钾是人体生长发育过程中不可缺少的元素之一。据研究表明，高钾饮食具有一定的降血压作用，钾对心肌的兴奋性有重要的生理效应，钾能直接抑制心肌的收缩力，直接影响心脏的收缩次数、钾在机体内主要功能是与钠互相协调，调节体内水、电解质平衡，在氮的同化作用下，钾能有效地利用自质修复被破坏的组织，直接抑制神经肌肉的兴奋冲动，促进并保持体液适当碱性，使体内达到酸碱平衡的最佳状态，防止血液酸化等。医学家认为，高血压的特征是动脉管壁增厚，但常吃马齿苋而摄入适量的钾元素后，经过机体生理化反应，进入血液中的钾离子可直接作用于血管壁上，对血管壁起到扩张，阻止动脉管壁增厚，从而为降低高血压中风发生率提供了有效的措施。

第六，抗氧化及抗衰老作用。马齿苋具有较强的抗氧化清除氧自由基作用，可以保护超氧阴离子自由基所致的红细胞膜损伤，具有一定的保护作用。马齿苋降低肝中 MDA 含量及增强小鼠 SOD 及 GSH-PX 活力，对乙醇致小鼠肝损伤具有抗氧化作用，这可能与马齿苋含丰富的营养性抗氧化剂（维生素 E、维生素 C、β-胡萝卜素、谷胱甘肽）、生物类黄酮有关。实验表明，马齿苋对乙醇诱导的肝损伤具有一定预防保护作用，这将为进一步开发利用我国野生资源的食用价值提供参考。马齿苋含有大量抗衰老成分,马齿苋能提高家兔体内 SOD 活力,减少或消除自由基和过氧化脂质对机体损伤,有助于抗衰老。

第七,抗肿瘤及免疫增强作用。马齿苋多糖(POP)具有一定的抗肿瘤作用。体外抑癌实验结果表明,马齿苋多糖可抑制 SNNC7721 肝癌细胞体外增殖,其抑癌效果与剂量呈正相关;体内抑瘤实验结果表明,马齿苋多糖对小鼠 S180 实体瘤和腹水瘤都具有抑制作用,可部分阻止 S180 细胞进入分裂期。马齿苋多糖的抑瘤作用可能是通过增强体内免疫功能和直接抑制肿瘤细胞的分裂而实现。另有报道马齿苋对家兔正常和 PHA 诱导的淋巴细胞增殖都有显著提高作用。

第八,肌肉松弛作用。据研究表明,马齿苋水提取物有独特的离体骨骼肌舒张的特性,将此水提取物局部用于脊髓损伤所致的骨骼肌强直有效。认为马齿苋的肌肉松弛作用与高钾浓度有关。

第九,对子宫收缩作用。马齿苋水提取液及其分离结晶氯化钾对豚鼠、大鼠及家兔离体子宫,犬的离体子宫皆有明显的兴奋作用。

四、加工与应用

(一)人体健康上的应用

1. 细菌性痢疾　应用天津市食品研究所制的新鲜马齿苋糖块,治疗小儿细菌性痢疾 42 人,有效 95.2%,显效 2.4%,无效 2.4%。

2. 肠炎　应用马齿苋合剂治疗急性肠炎 276 人,其中 213 人治愈,54 人有效,9 例无效。

3. 带状疱疹　马齿苋合剂治疗带状疱疹患者 36 人,治疗组显效 24 人(66.6%),有效 12 人(34.4%),总有效率 100%;对照组显效 14 人(46.6%),有效 7 人(23.3%),无效率差异显著(P<0.01)。

4. 扁平疣　单味马齿苋 100 克(鲜品 300 克),水煎服,每日 1 次,早晚温服,连食 6 次。

(二)动物生产中的应用

马齿苋可以促进动物对饲料的消化利用,有利动物生长,增强其抗病能力。

王瑞云(1999)报道,给蛋鸡每日每羽添加 0.5 千克鲜马齿苋糊,饲料报酬提高 11.4%,产蛋率提高 5.1%,料蛋比为 2.08:1,种蛋受精率提高 4.8%,孵化率提高 4.2%,适口性好,采食量增加,蛋鸡抗病能力和鸡群健康水平提高。

张照喜(2003)报道,用鲜马齿苋饲喂肉仔鸡,按不同日龄每日每羽喂 20～50

克,仔鸡表现喜食,采食量增加,日增重8.3%,饲料利用率提高5.8%,可以促进肉仔鸡生长。

马齿苋作为中药应用十分广泛,水煎剂可预防和治疗痢疾,有效率为98%,根据其药用功效,提取其中不同的有效成分,加工制成药膏、冲剂(或糖浆)、消痢片等。

据报道,将鲜马齿苋500克捣汁,加米醋500毫升混合涂抹患处每日3～4次,可以治疗牛口炎,效果很好;将鲜马齿苋1 000克捣烂内服或鲜马齿苋1 000克水煎去渣,加白糖200克内服1次,治愈牛胃肠炎达90%以上。

吴天靖(2001)报道,将茎叶粗壮、幼嫩的马齿苋打成浆后,与适量的水煮沸10～15分钟后连渣带汁拌米糠并捏成团状,冷却后投入鱼塘供鱼食用,若鱼患有轻微肠炎,连喂2～3天后肠炎即治愈。

(三)食品行业加工应用

马齿苋为天然绿色食品,可以直接食用,方法较多,如炒食、煮食、凉拌等,也可加工制成半成品或四季可食的方便菜。还可生产速冻产品,制成干制品、马齿苋粉、固体饮料等,或将马齿苋做成辣菜、腌渍菜、罐头系列食品在淡季食用。

第二节　紫苏叶

一、生物学特性

紫苏,又名白苏、赤苏、红苏、香苏、黑苏、白紫苏、青苏、野苏、苏麻、苏草、唐紫苏、桂荏、皱叶苏等,是唇形科紫苏属下唯一种。属1年生草本植物,主产于东南亚和我国台湾、浙江、江西、湖南等中南部地区、喜马拉雅地区,日本、缅甸、朝鲜半岛、印度、尼泊尔已有种植,北美洲也有生长。

二、营养成分

主要含有挥发油,其中叶含0.2%～0.9%,挥发油中的成分因品种、产地等因素而不同,变异较大。挥发油中按其主要成分的不同,可将紫苏分为多种化学型和亚化学型:①紫苏醛型(PA),占大多数(50%～60%),主要含有紫苏醛和柠檬烯,两者的含量分别为30%～60%和10%～30%;②呋喃酮型(FK)占20%～25%,其主要成分有香篱酮、紫苏酮、弯刀酮和异白苏(烯)酮等;③苯基丙烷型(PP)约占

20％,其主要成分有萝油脑、榄香素和肉豆蔻醚等;④柠檬醛型(C)极少,不足1％,主要成分为柠檬醛。也有人将紫苏分为6种化学类型:①紫苏醛(PA)型,含紫苏醛48.36％～56.13％,柠檬烯15.98％～18.85％;②香酮(EK)型,主要成分为香酮和弯刀酮,近从野生该型紫苏精油中分离出新化合物紫苏呋喃,含量为41％,其蒸馏时易分解(在新鲜材料中紫苏呋喃的含量为51.8％),③紫苏酮(PK)型,主要成分为紫苏酮和异白苏酮;④紫苏烯(PL)型,含紫苏烯达90％;⑤柠檬醛(C)型,主要成分为柠檬醛;⑥苯丙烷(PP)型,又分3个亚型(肉豆蔻醚、萝油脑肉豆蔻醚型和榄香素肉豆蔻醚型)。另有报道,从紫苏地上部挥发油中分离出50余种成分,其主要成分有柠檬烯28.4％、胡椒酮25.9％、石竹烯16.7％和吉玛烯6.8％。从江苏常熟产紫苏叶挥发油中鉴定出44种成分,其中单萜28种、倍半萜11种、二萜1种、其他4种,其中含量较多的有单萜类中的紫苏醛、柠檬烯(14.15％)、紫苏醇(12.03％)、烯(6.18％)、薄荷烯(2.33％)和倍半萜类中的按醇(7.12％)、没药醇(5.85％)、麝子油烯(5.78％)。

新鲜紫苏叶含紫苏苷 A、B、C、D 等多种葡萄糖苷,还含有黄酮类成分芹菜苷元、本樨草素、芹菜苷元和木犀草素的葡萄糖苷、双葡萄糖苷、咖啡酰葡萄糖苷、黄芩素苷、巢菜素等,色素类紫苏苷、丙二酰紫苏宁等,以及几种花氰苷类、生氰苷类、碳水化合物、鞣质类、有机酸与谷醇等。

紫苏全株均有很高的营养价值,它具有低糖、高纤维、高胡萝卜素、高矿质元素等。在嫩叶中每 100 克含还原糖 0.68～1.26 克,蛋白质 3.84 克,纤维素 3.49～6.96 克,脂肪 1.3 克,胡萝卜素 7.94～9.09 毫克,维生素 B_1 0.02 毫克,维生素 B_2 0.35 毫克,烟酸 1.3 毫克,维生素 C 55～68 毫克,钾 522 毫克,钠 4.24 毫克,钙 217 毫克,镁 70.4 毫克,磷 65.6 毫克,铜 0.34 毫克,铁 20.7 毫克,锌 1.21 毫克,锰 1.25 毫克,锶 1.50 毫克,硒 3.24～4.23 微克;挥发油中含紫苏醛、紫苏醇、薄荷酮、薄荷醇、丁香油酚、白苏烯酮等。抗衰老素(SOD)在每毫克苏叶中含量高达 106.2 微克。

紫苏种子中含大量油脂,出油率高达 45％ 左右,油中含亚麻酸 62.73％、亚油酸 15.43％、油酸 12.01％。种子中蛋白质含量占 25％,内含 18 种氨基酸,其中赖氨酸、蛋氨酸的含量均高于高蛋白植物籽粒苋。此外,还有谷维素、维生素 E、维生素 B_1、甾醇、磷脂等。

三、生理功能

第一,镇静作用。紫苏叶水提取物或紫苏醛灌小鼠胃,能显著延长环己巴比妥诱导的小鼠睡眠时间。紫苏叶水提取物灌大鼠胃,连续 6 日,能明显减少大鼠的运动量。给小鼠灌胃紫苏叶的甲醇提取物也能延长环己巴比妥诱导小鼠的睡眠时间,表明有效成分为紫苏醛和豆醇的组合(主要成分为莳萝油脑,副成分为肉豆蔻醚),其甲醇提取物延长环己巴比妥睡眠作用时间的有效成分莳萝油脑,其 ED_{50} 为 1.75 毫克/千克。

第二,解热作用。给家兔灌胃紫苏叶煎剂或浸剂 2 克/千克生药,对静脉注射伤寒混合菌引起的发热有微弱的解热作用。朝鲜产紫苏叶的浸出液对温刺发热的家兔也有较弱的解热作用。紫苏解热作用略优于阿司匹林。

第三,抑菌作用。紫苏油对自然污染的霉菌有明显的抑制力,其对霉菌的抑制力明显优于尼泊金乙酸,且具有用量少、安全、不受 pH 值因素影响的特点。紫苏在体外对金黄色葡萄球菌、乙型链球菌、白喉杆菌、炭疽杆菌、伤寒杆菌、绿脓杆菌、变形杆菌、肺炎杆菌、枯草杆菌与蜡样芽孢杆菌等有明显抑制作用。

紫苏对皮肤癣菌也有明显抑制作用,紫苏叶中的主要成分紫苏醛和柠檬醛可抑制深红色发癣菌、须发癣菌、硫磺样断发癣菌、石膏样小孢子菌、犬小孢子菌与絮状表皮癣菌。紫苏叶油对自然污染的霉菌、酵母菌也有明显抑制作用,近有报道,紫苏和白苏在体外对深部真菌白色珠菌、新型隐球菌,皮肤癣菌红色手癣菌、石膏样小孢子癣菌和絮状表皮癣菌以及金黄色葡萄球菌,大肠杆菌和绿脓杆菌等细菌均有较好的抗菌作用。紫苏有较强的抗乙型肝炎表面抗原的作用。

第四,抗血栓。实验证实,紫苏油能抑制血小板和血清素的游离基,从而抑制血栓病的发生,具有抗血栓作用。α-亚麻酸等不饱和脂肪酸有降血小板 AA 水平和抑制血栓素 A_1 生成作用,可使血小板活性减弱,有效控制并抑制血小板在血管壁的凝集,从而减少血栓的形成。

第五,止咳祛痰平喘作用。紫苏能减少支气管分泌物,缓解支气管痉挛。紫苏成分石竹烯对豚鼠离体气管有松弛作用,对丙烯醛或柠檬酸引起的咳嗽有明显的镇咳作用,小鼠酚红法实验表明有祛痰作用,紫苏成分沉香醇也有平喘作用。

第六,抗过敏。据检测,紫苏叶含有丰富的维生素 C、钾、铁等,还含有丰富的不饱和脂肪酸,具有使免疫功能正常发挥的作用,有缓和过敏性皮炎、花粉症等过敏反应的效果。研究还发现,苏梗药效与苏叶相似,苏梗还可用于皮肤病的治疗。

第七,抗凝血作用。紫苏生药 40 毫克/千克、80 毫克/千克、120 毫克/千克、160 毫克/千克、200 毫克/毫升,在体外对大鼠和家兔血液,均能明显延长凝血时间,并随剂的增加而作用增强。体内或体外实验表明紫苏能对抗 ADP 和胶原引起的家兔血小板聚集。体内实验紫苏能使血浆中浓度降低,表明紫苏可能通过抑制血小板成和释放从而抑制血小板聚集,通过抑制血小板活化,使其减少凝血因子的释放而延长凝血时间。此外,紫苏还能降低红细胞压积和全血黏度。

第八,升高血糖。给家兔灌胃紫苏油 0.35 毫升/千克可使其血糖升高。紫苏油的主要成分紫苏醛做成后,其升血糖作用比紫苏油更强,将此溶于橄榄油中皮下注射也有作用,但作用较缓慢。

第九,抑制肾小球膜细胞增殖。有研究认为,抑制肾小球膜细胞增殖是预防肾小球硬化的重要环节。紫苏叶提取物对血小板衍生的生长因子或肿瘤坏死因子诱导的鼠肾小球膜细胞 DNA 合成有显著抑制作用,紫苏叶成分木樨草素有更强的抗增殖活性。

第十,对机体免疫功能的影响。紫苏叶的乙醚提取物能增强脾细胞的免疫功能,而乙醚提取物和紫苏醛有免疫抑制作用。由紫苏叶和茎制取的干扰素诱导剂,在家兔与家兔的脾、骨髓和淋巴结悬液的实验中均证实其干扰素诱导活性。

紫苏叶还能控制肿瘤坏死因子的产生,肿瘤坏死因子(TNF)是主要巨噬细胞分泌的一种细胞因子,不仅影响肿瘤细胞,也影响许多正常细胞的功能,在机体炎症反应和免疫反应中起重要作用。

第十一,降血脂。紫苏油中的 α-亚麻酸能显著降低血中较高的甘油三酯含量,可抑制内源性胆固醇的合成。动物实验表明,紫苏油对高脂血症大鼠具有调整血脂的作用。

第十二,抗癌作用。紫苏油可明显抑制化学致癌剂所致的癌症发病率,减小肿瘤体积,延长肿瘤出现的时间。用紫苏油饲育化学致癌剂诱发的大肠癌大鼠,结果表明,紫苏油可降低黏膜鸟氨酸脱羧酶的活性,降低结肠肌对肿瘤促进剂——结肠上皮细胞磷脂膜的敏感性,有效地抑制结肠癌。在 EB 病毒早期抗原诱导实验中,紫苏有强抑制活性,诱导抑制率大于 70%,即使在中低浓度下也有较强的抑制作用,表明紫苏有显著的抗促癌活性。

第十三,其他作用。紫苏粉提取物在油水乳剂系统中有明显抗氧化作用。紫苏叶甲醇提取物的丁醇组分也有强大抗氧化作用。薄荷醇有局部止痒、局部麻醉、防腐和祛风作用。

四、加 工 与 应 用

(一)紫苏实用食疗方

1. 上呼吸道感染　紫苏叶与干姜制成 25% 苏叶液,每次服 100 毫升,每日 2 次,10 日为 1 个疗程,治疗慢性气管炎 552 例,用药 4 个疗程后,近期控制 62 例,显效 150 例，好转 213 例，无效 127 例，总有效率 77％，对咳、痰、喘三症状均有效。紫苏配鹅不食草、胡秃子叶和生姜治疗风寒型气管炎 30 余例，一般用药两剂即愈。紫苏糖（紫苏叶、板蓝根、薄荷油）预防小儿急性呼吸道感染有明显效果，用药组的发病率仅为对照组的 1/6～1/5。

2. 出血性疾病　紫苏止血粉治疗宫颈癌后期出血、拔牙后出血、刀伤和一些术后出血等均有较好疗效。

3. 特异反应性皮炎　用 1％～5％紫苏叶提取物软膏治疗特异反应性皮炎30 人，完全有效 14 人，有效 6 人，轻微有效 4 人，总有效率 80％。将紫苏叶提取物加入饮料或汤中每日服用，治疗特异反应性皮炎，对 70％的儿童患者也有显著疗效。

4. 治咳嗽痰喘　紫苏子、白芥子、莱菔子各 9 克，水煎 2 次，将药液混匀，分2～3 次温服，每日 1 剂，连用数日即可见效。

5. 治风寒感冒　紫苏叶 5 克，陈皮、香附各 4 克，荆芥、秦艽、防风、蔓荆子、炙甘草各 3 克，川芎 2 克，生姜 9 克。共研为粗末，水煎服，每日 1 剂，盖被取微汗，一般 2～3 剂可愈。又方：紫苏叶 3 克，葱白、生姜适量。紫苏叶研为细末，与葱、姜共捣为泥状，涂敷于脐部，外盖无菌纱布，胶布固定，热水袋外熨，每日 2 次，每次 10～20 分钟。1～2 日后可获明显疗效。

6. 治食鱼、蟹中毒，吐泻、腹痛　紫苏叶 30～60 克，水煎频饮。1～2 剂后症状可消失至愈。

7. 治胎动不安　紫苏梗、桑寄生各 12 克，黄芩 3 克，白术 6 克，续断 9 克。水煎服，每日 1 剂。

8. 治胸腹胀闷、恶心呕吐　紫苏梗、陈皮、香附、莱菔子、半夏各 9 克，生姜 6克。水煎 2 次，早、晚温服。每日 1 剂。

9. 治慢性胃炎　紫苏梗 12 克，柴胡、枳壳、青皮、陈皮、藿香各 10 克，川黄连、佛手各 6 克，吴茱萸、生甘草各 3 克。水煎服，每日 1 剂，10 日为 1 个疗程。本方可舒肝行气，和胃止痛。

10. 其他　苏叶、黄连水煎服或冲泡代茶治疗妊娠恶阻，可止呕吐，并增进食欲；苏叶黄连汤治疗肾病、眩晕；香苏饮（香附、苏叶、陈皮、甘草）治疗泌尿系结石和胃腹疼痛等均有一定效果；紫苏也用于鱼胆中毒。

（二）紫苏家常食谱

1. 紫苏叶拌黄瓜

（1）材料　黄瓜 500 克，紫苏叶（红、绿均可）100 克。

(2)调料　精盐、味精、香油、白醋、白糖。

(3)制　作

①紫苏叶洗净,加盐杀一下,切碎。

②黄瓜洗净,去皮,切成丝,放入一小盆中,撒上精盐、味精、白醋和适量白糖,拌匀,再把切好的紫苏撒在黄瓜丝上,淋上香油,上桌前拌匀,装入盘中,即可食用。

特点:清香爽口,风味独特。

2. 软炸紫苏叶

(1)材料　紫苏叶 200 克,煎炸粉 50 克。

(2)调料　椒盐、食用油 250 克。

(3)制　作

①将紫苏叶一片片洗净,用布擦干,放在盘中。煎炸粉用适量水调好。

②锅内倒入油,将紫苏叶全部浸入调好的煎炸粉中,下油锅文火炸至两面金黄色捞出放盘中。

③全部炸完后撒上椒盐即可食用。

特点:呈香酥脆,有紫苏特有的香味。

3. 鲜紫苏叶滚鱼头　紫苏是辛温解表类中药,而新鲜紫苏叶性温味辛,有疏散、达气之功,且气味辛香味,常为菜肴之用。大鱼头即鳙鱼头,头极肥大,故称大鱼头。有人会嫌它肉质粗劣,其实鳙鱼不庸,尤其是鱼头味道"至美"。难怪郭沫若品尝后赋诗曰:"平生无此乐,饱吃大鱼头"。鲜紫苏滚大鱼头,并撒入少许胡椒粉,有增香、去腥、解毒、祛湿之功。

(1)材料　紫苏叶 15 克、大鱼头 1 个、生姜 3 片、生葱少许。

(2)烹制　紫苏叶洗净,切碎;鱼头开边、去鳃、洗净、盐拌腌,拍上干生粉,起油锅下姜,下鱼头稍煎,烹入少许绍酒。加入清水 1 250 毫升(5 碗量),煮沸至刚熟,下紫苏叶、葱稍沸,下盐便可。此量可供 3~4 人用。

第三节　紫背天葵

一、生物学特性

紫背天葵又名观音菜、两色三七草、当归菜、木耳菜等,学名 Gynura biooloi DC。菊科土三七属,多年生草本植物。在我国南方各地如四川、广东、广西、云南、福建、台湾等地均有栽培。

二、营养成分

紫背天葵叶面绿色,叶背紫红色,每 100 克干物质中含钙 1.4～3 克,磷 0.17～0.3 克,铜 1.34～2.55 克,铁 20.97 毫克,锌 2.6～7.22 毫克,锰 0.477～14.87 毫克,嫩梢及叶含有丰富的维生素 C 及黄酮苷,营养丰富,对支气管炎、中暑、咯血等症有一定疗效。紫背天葵矿质营养较为丰富,中、微量元素的钙、锰、铁、锌、铜等营养成分含量较高,特别是紫背天葵含有黄酮苷成分,在紫色的菊科植物的叶子生长早期,其含量达到高峰,以后逐渐递减。据文献记述,黄酮类对恶性生长细胞有中度抗效,有延长抗坏血酸作用和抗寄生虫、抗病毒作用。

三、生 理 功 能

(一)增强机体免疫力,延缓衰老

紫背天葵矿质营养较为丰富,中、微量元素的钙、锰、铁、锌、铜等营养成分含量较高,大量的研究资料表明,锌、锰等成分具有增强机体免疫力的作用。锰能刺激免疫器官的细胞增殖,大大提高具有吞噬、杀菌、抑癌、溶瘤作用的巨噬细胞的生存率。锌是直接参与免疫功能的重要生命相关元素,因为锌有免疫功能,故白细胞中的锌含量比红细胞高 25 倍。铁、铜等对治疗一些血液病(如营养型贫血)有很好的疗效。可预防高血压,防治糖尿病、高血脂胆石。人体内清除自由基的防御体系之一——酶防御体系,如超氧化物歧化酶(SOD)、过氧化物酶等;铁、铜、镁等中、微量元素又是上述酶的辅基,所以紫背天葵具有抗氧化和清除自由基的作用,从而达到延缓衰老的目的。

(二)治疗心血管疾病

紫背天葵的脂肪酸成分分析检测出 6 种脂肪酸及其相对百分含量:分别为软脂酸 37.97%、棕榈油酸 1.25%、硬脂酸 1.98%、油酸 12.61%、亚油酸 34.51%、亚麻酸 11.68%。紫背天葵中饱和脂肪酸总量占 39.95%,不饱和脂肪酸总量占 60.05%。亚麻酸和亚油酸是人体必需的脂肪酸,其含量是评价油脂营养的重要指标。表明紫背天葵具有一定的治疗人类心血管系统疾病、抑制血栓的形成、降低血脂和抗溃疡等作用。

(三)降血压

据研究表明,紫背天葵所含的氨基酸总类及其干物质中各成分相对百分含量如下:天冬氨酸(2.46%)、苏氨酸(1.24%)、丝氨酸(1.07%)、谷氨酸(2.82%)、甘氨酸(1.39%)、丙氨酸(4.54%)、缬氨酸(1.50%)、蛋氨酸(0.46%)、异亮氨酸(1.34%)、亮氨酸(2.34%)、酪氨酸(4.03%)、苯丙氨酸(1.42%)、赖氨酸(1.54%)、组氨酸(0.48%)、精氨酸(1.51%)、脯氨酸(1.00%)。总氨基酸含量为23.11%,必需氨基酸含量为9.84%,必需氨基酸占总氨基酸的42.58%,鲜味氨基酸含量(天冬氨酸和谷氨酸)占5.28%,鲜味氨基酸占总氨基酸的22.85%。表明紫背天葵具有一定的解除人体组织代谢过程中产生的氨毒害、降低血压和提供人体内肾上腺素、甲状腺素和黑色素的合成原料的作用。

(四)降血糖

根据余小平的研究,紫背天葵提取物对改善糖尿病小鼠脂代谢紊乱、糖耐量与高胰岛素血症都有较好的作用,表明紫背天葵提取物具有较好的降血糖作用,并且能显示出一定的量效、时效关系;但紫背天葵提取物具体的降血糖成分还有待进一步研究。

(五)抗　癌

黄酮类化合物具有抗癌功能。吕寒等检测并鉴定了紫背天葵中含有5种黄酮化合物。紫背天葵中黄酮类(不包含花青素)质量分数为0.41%,与一些文章中报道的银杏叶中黄酮类质量分数0.4%～1.98%相当,表明其具有极高的食用兼药用价值。

四、加工与应用

紫背天葵其生长地域广,适应性强,营养全面且兼具保健功能,集鲜、绿、野和营养、药用、味美于一身,是重要的绿色保健食品资源。目前,紫背天葵的开发利用主要集中在如下3个领域:

(一)特色蔬菜

紫背天葵的嫩茎叶供凉拌或炒食,清香,有特殊风味,脆嫩爽口。紫背天葵作为我国传统野菜资源,外形美观,有表达喜气的紫红色外观,花开美丽,可盆栽于阳台或庭院作为观赏蔬菜。紫背天葵为多年生热带性分布的植物,抗逆性强,在我国华南地区可全年露天栽培,而我国北方地区也可季节性栽培或长年温室栽培,栽培种植简易,种植成本低,可连续采摘新鲜嫩枝叶,产量高,耐贮藏和长途运输。紫背天葵除含一般蔬菜所具有的营养物质外,还含有丰富的维生素、黄酮苷成分与钙、铁、锌、锰等多种对人体健康有益的元素,其营养价值与保健功能俱佳,是具有巨大的经济开发潜力的天然特色蔬菜。

(二)保健(饮)品

以紫背天葵新鲜或干燥品为主要原料之一,利用其营养成分丰富以及对人体的保健功能,结合现代食品加工新技术可生产紫背天葵系列保健(饮)品。例如用紫背天葵配上山药、枸杞子、山楂、银耳等,经过蒸煮、打浆、酶处理、均质等工艺流程加工制成营养液饮料,可起到健体强身、补肾壮阳的作用。也可将紫背天葵作为原料之一添加到饮料或传统食品中,经过简单配制、浸制等手段加工成传统食品或饮品,如风味雪糕、糕点、酒、醋、茶等。紫背天葵全草均可入药,味苦性温,可治疗疮肿痛、骨折,民间又常作风湿劳伤配方药用。紫背天葵中含有黄酮苷成分,可提高动物抗病毒病和抗寄生虫的能力,并对恶性生长细胞具中度抗效。长期食用紫背天葵,可治疗血气亏、咯血、血崩、支气管炎、阿米巴痢疾、痛经、盆腔炎与缺铁性贫血等病,我国南方一些地区常把紫背天葵作为产妇补血的良药。由于紫背天葵特殊的营养和药用价值,越来越受到人们的青睐。

(三)生理功能活性成分

利用现代生物工程原理与技术,将紫背天葵中的生理功能活性成分如红色素提取出来,作为添加剂或制药原料用于各种药品和食品中,以充分提高其利用价值。有报道:采用乙醇法提取紫背天葵的红色素,该提取液的颜色会随 pH 值的变化而变化,表现为在 pH 值小于或等于 4.1 条件下,提取液基本保持鲜艳的紫红色;当 pH 值大于或等于 4.1,红色逐渐消退。所以,紫背天葵红色素只能作为酸性食品的着色剂,成品不适宜采用含铁、锌离子的容器包装,且应置低温条件或室温避光环境中贮放,加热或高温时易氧化褪色。医学毒理学表明,大多数人工合成有机色素对人体有不同程度的伤害,有的甚至有致畸、致癌、突变作用。而天然色素是从果蔬矿物质与动物中提取或者是天然存在的色素,大多数对人体无毒、无害,且富含人体所需的营养物质,具有维生素活性,所具有特殊芳香物质添加到食品中会带给愉快的感觉,因此更能引起消费者的注意。紫背天葵含有丰富的紫红色色素,可将该色素提取运用于酸性食品中,目前已开发研制出紫背天葵饮料,紫背天葵蔬菜纸、干制品和其他加工产品。

第四节　紫叶甘薯菜

一、生物学特性

甘薯是旋花科 1 年生或多年生蔓生草本植物,紫叶甘薯菜是甘薯大家庭中的一个成员,枝叶可食用,其中甘薯嫩叶被誉为"蔬菜皇后"。我国甘薯的种植面积居世界首位。科技进步与营养研究使甘薯嫩叶的身价蒸蒸日上。近年来,甘薯嫩叶逐渐走向都市百姓的餐桌,甚至成为宾馆的一道特殊佳肴。2005 年,笔者在收集黑色食品资源时又从荒坡地树林下发现了野生的紫叶甘薯,经初步筛选其中茎叶颜色最深的薯苗到世界长寿之乡蕉岭县试种,观察其生物学特性,发现它只长茎叶不结薯块(薯根为白色),是一种典型的叶菜类的新资源。据查阅,我国叶菜型的甘薯品种有商薯 19,鲁薯 3 号和 7 号,徐薯 2 号等品种。未见有紫色薯叶品种的报告。小面积试种折合每 667 米² 产量达 5 000 千克以上,全年生长期近 10 个月平均每月收叶菜 500 千克。不施农药、化肥,野生性强,有较强抗病、抗虫能力,有利于有机种植。施有机肥有利于冬季防霜、防冻。可用薄膜遮盖 1~2 个月过冬。

二、营养价值

甘薯叶菜的营养特点是:低脂肪、低热能、高生物色素、高膳食纤维的"二低二高"碱性食物,是世卫组织(WHO)评选出来的"十大最佳蔬菜的皇后"。日本、中国台湾把它称为"长寿食品"。

笔者用紫叶甘薯菜 1 号与对照的不同部分进行花色苷与抗氧化功能的分析测定,测定结果显示:①紫叶甘薯菜 1 号的成熟叶,(叶片及其叶柄)含花色苷为 415 微克/克,比顶芽(茎尖及嫩叶)花色苷(303 微克/克)提高 39.96%;②在抗氧化功能方面,紫叶甘薯菜 1 号的成熟叶为 373.91 单位/克,比广州甘薯菜 325.29 单位/克提高了 14.95%;而紫叶甘薯菜的顶芽抗氧化功能为 446.31 单位/克,更是提高了 37.2%。

笔者将紫叶甘薯菜 1 号送至中国广州分析测试中心对微量营养素和活性物质进行了检测,结果显示:①紫叶甘薯菜 1 号的鲜茎叶含钾 4 000 毫克/千克,比白菜、菠菜、花椰菜、油菜、枸杞菜、地达菜、芥菜、韭菜、芹菜、荸菜、青蒜、苋菜、蕹菜、西兰花、芫荽等几十种蔬菜都显著提高;②紫叶甘薯菜富含绿原酸,且含量高达 170

微克/克；③紫叶甘薯菜的一大特点是富含原花青素，检测含量 53.7 毫克/100 克。

三、生理功能

甘薯嫩叶不仅营养丰富，而且还有较高的药用价值。据日本国立预防研究所的研究证实，甘薯嫩叶与菠菜、白菜、韭菜等 12 种蔬菜相比较，在具有防癌保健作用中功效居首位，被营养学家誉之为"长寿食品"。甘薯的嫩叶和块根等各部分均含有抑制癌细胞增殖的物质脱氧异雄固酮，对乳腺癌、大肠癌有特殊疗效，能有效预防各类肿瘤的发生，在防止细胞癌变方面有良好的保健和医疗效果，是蔬菜中的防癌之王。将甘薯嫩叶叶汁注入子宫癌和皮肤癌的培养液里，可把癌细胞的增殖抑制至 1/5 以下。甘薯嫩叶含有多糖蛋白等物质，抑制胆固醇生成，可保护人体消化、呼吸、泌尿系统器官组织黏膜，避免炎症和癌变的侵扰，防治心血管脂肪沉积，维护动脉血管壁弹性，预防肥胖。在甘薯嫩叶中还含有高浓度多酚化合物，被认为是抑制艾滋病发病的重要物质。甘薯嫩叶具有增强免疫功能、促进新陈代谢、延缓衰老、降低血糖、通便利尿、解毒、防止夜盲症等的作用，尤其是能有效地预防动脉硬化，有很好的保健功能。甘薯嫩叶不仅是人们的营养食品，而且是病人的"功能食品"。因此，美国把甘薯嫩叶列为非常有开发前景的保健长寿菜之一。

而紫甘薯叶除含有普通甘薯叶所具有的营养成分外，还含有丰富的药用价值较高的花青素和绿原酸，而花青素和绿原酸具有抑制诱癌物质的产生和减少基因突变的作用。在《健康研究》一书中，介绍法国科学家马斯魁勒博士发现花青素是天然强效自由基清除剂，并在美国获得专利。花青素是目前科学界发现的防治疾病、维护人类健康最直接、最有效、最安全的自由基清除剂。其清除自由基能力是维生素 C 的 20 倍、维生素 E 的 50 倍。笔者认为花青素等生物色素是七大营养素之后的人体的第八营养素。

日本保健食品协会认为：钾可促进钠的排出、降血压，饮食中盐分过多、有高血压倾向的人可多加摄取；钾还能调整肌肉收缩运动防疲劳。

紫叶甘薯菜富含绿原酸，其功能除具有抗氧化作用外也能去除引发癌症与动脉硬化等活性氧，只要加入绿原酸就可将亚硝酸盐分解掉。但绿原酸有碍铁的吸收。绿原酸除在紫色的马铃薯皮和甘薯皮与咖啡含有外，在菜叶类中未发现。

紫叶甘薯菜的一大特点是富含原花青素，原花青素可抗氧化及提高免疫力，促进肝功能提升，并可预防癌症。另外、因原花青素可阻断血压上升的酵素（血管收缩素）转化酵素活性，所以也可期待其能抑制血压升高。

国际上科学实验证明，甘薯叶菜对 100 多种疾病有预防和治疗作用，所以世界卫生组织把它列为向全球首推的功能蔬菜。紫叶甘薯菜微营养素更丰富堪称黑色食品的"蔬菜皇后"。

据农业部功能食品重点实验室测定,紫叶甘薯菜花色苷含量,比黑马铃薯高104.5%,比紫山药高94%,比紫莲雾高701%。紫叶甘薯菜的抗氧化功能比黑马铃薯强6.9倍,比紫山药强2.5倍,比紫莲雾强123倍。

各地区的研究还发现紫叶甘薯菜含有多种功能因子:

一是,防止动脉硬化的黏蛋白;

二是,利通便,减少肠癌的纤维素和果胶;

三是,对乳腺、癌肠癌有特效的胱氢异公固酮;

四是,具有最强效的自由基清除剂原花青素;

五是,被认为是抑制艾滋病的重要物质多酚化合物;

六是,具有抑制胆固醇作用的糖脂复合物。

可见紫叶甘薯菜的花色苷含量和抗氧化功能都极显著高于黑马铃薯、紫山药和紫莲雾。因此,紫叶甘薯菜是名副其实的黑色食品"蔬菜皇后"。

四、加工与应用

(一)紫叶甘薯菜的食用

一是,选鲜嫩的甘薯叶尖,沸水烫熟后,用香油、酱油、醋、辣椒油、芥末、姜汁等调料,制成凉拌菜,其外观鲜嫩,令人胃口大开。

二是,把甘薯嫩叶的叶柄外皮撕去,用沸水烫熟,配上蒜泥、麻汁凉拌,吃起来十分爽口。

三是,将甘薯嫩叶同肉丝一起爆炒,食之味美甘甜,别有风味。

四是,直接用嫩芽炒来食用,吃起来清香益人。

五是,将甘薯嫩叶烧汤,或在熬粥时放入,汤或粥喝起来让人食欲大振。

六是,将甘薯嫩叶加盐腌制成咸菜、小菜,供佐餐用,别有一番风味。

(二)紫叶甘薯菜的产业化开发

紫叶甘薯菜栽培易,茎叶再生特强,在华南几乎全年可生长采摘,其产量之高和生长期之长是其他蔬菜无法相比的。此外,更为重要的是甘薯病虫害极少,可不用化学农药,可进行有机栽培成为有机蔬菜进入高端市场。同时也可以利用现有的脱水蔬菜设备和速冻设备将甘薯茎尖叶加工成高档保鲜蔬菜、速冻产品、脱水产品等保健菜进行产业化开发利用。

（三）开发保健食品和药物

紫叶甘薯菜大量活性成分的研究和功能性的确定，为甘薯保健食品和药物的开发提供了有力的理论基础和巨大的市场空间和发展潜力。日本利用"黑薯"加工出不用掺加任何果汁的健康饮料，色泽鲜美，营养丰富，具有明显的抗氧化功能、减轻肝脏功能障碍等功效。日本还有一种甘薯藤叶保健酒，以薯叶 25％、薯藤 25％、甘薯块根 50％为原料，用蜂蜜酿制而成。此外，可以从甘薯叶分离提纯功能因子，制造抗癌、艾滋病、心血管疾病、高血压和降胆固醇等药物，可大幅度提高其附加值。可见开发前景广阔。

（四）干菜粉加工，销往全国市场

低温真空、干燥、粉碎、包装（每 500 克鲜菜变成 50 克干粉），可用于作各种加工食品的保健添加剂，可加入面粉、米粉的各种制品，或制成胶囊供患者服用。

（五）进行精细加工（第二阶段）

一是，提取原花青素，其抗氧化能力为维生素 C 的 20 倍，维生素 A 的 50 倍，目前国际市场价 545 万元/千克，每克约 5 000 元。

二是，提取绿原酸，作保健药品。

第五节　紫茄子

一、生物学特性

紫茄子，又名落苏、酪酥、昆仑瓜、矮瓜，是茄科茄属 1 年生草本植物，在热带种植为多年生，果实颜色多为紫色或紫黑色，也有淡绿色或白色品种，形状上有圆形、椭圆形、梨形等各种。茄子是少有的紫色蔬菜，营养价值也是独一无二。

二、营养价值

茄子含有蛋白质、脂肪、碳水化合物、维生素以及钙、磷、铁等多种营养成分。每 100 克可食部维生素 C 含量达 17 毫克，远远高于苹果。除了六大营养成分外，茄子还含一定量的皂草苷、葫芦巴碱、水苏碱、胆碱等人体需要的生物活性物质。紫茄子中富含维生素 P，其含量最多的部位是紫色表皮和果肉的结合处。在自然界中维生素 P 总是与维生素 C 同时存在，好似维生素 C 的伴侣。它对维生素 C 有明显的协同作用。一般来说,每人每天都应该吃 20 毫克维生素 P,紫茄子就是很好的选择,100 克紫茄子中含有 700 微克维生素 P。

三、生理功能

维生素 P 是类黄酮一类物质中的一种,维生素 P 能增强毛细血管的弹性,降低毛细血管的脆性及渗透性,防止微血管破裂出血,并有预防败血病以及促进伤口愈合的功效,对防治高血压、动脉粥状硬化、咯血与败血症等有一定的作用。因此,中老年人以及患有心血管疾病或高胆固醇者应常吃茄子。另外,茄子还可提供大量的钾,钾在人体中有着重要的生理功能,如人体缺钾则易引起脑血管破裂。因此,适量进食茄子对保持血管健康大有裨益。

茄子含有微量的龙葵碱,近年来的研究表明,龙葵碱有抑制肿瘤细胞增殖、诱导肿瘤细胞凋亡和增进红细胞免疫功能等多种抗肿瘤作用,对胃癌、结肠癌与子宫癌有一定的抑制作用。因此,食用茄子不会造成中毒。从某种意义上讲,食用茄子还有抗癌的功效。

皂苷主要分为三萜皂苷和甾体皂苷两大类。三萜皂苷最为著名的是人参、西洋参和三七中所含的各种人参皂苷、纹股蓝皂苷等。甾体皂苷的数量明显少于三萜皂苷,绝大部分分布于茄科。茄子纤维中所含的皂草苷即属于甾体皂苷。皂草苷对机体有双向调节作用,有抗疲劳、抗衰老、降低胆固醇、降低血脂、保护心血管等功效。

四、加工与应用

(一)茄子干

将成熟的无病虫害的茄子去蒂,切成薄片放入沸水中烫一下,立即捞出晾干,放在太阳下晾晒,每隔 2 小时翻动 1 次,夜间收回室内,连续晒 3～4 天后即可装箱贮藏。食用时用温水浸泡还原后与猪肉同炒,味道鲜美可口。

(二)糖醋茄子

将新鲜茄子洗净、去蒂、晾干切成两半,然后装缸。按 100 千克茄子加 10 千克糖的比例,放一层茄子撒一层糖,直到装满后再用食用醋(100 千克茄子放 10 升醋)泼洒至与茄子相平,上面压重物。每隔 2～3 天翻缸 1 次,连续翻 3～4 次即可。把腌缸放在阴凉通风处,15 天后即可食用。

(三)咸蒜茄条

先把腌制成熟的咸茄子切成长 4～5 厘米、宽 2 厘米的条状,用锅蒸至以牙能咬动而不烂的程度时取出,摊开降温后装缸腌制;在装缸时每 100 千克咸茄子加入干蒜头或蒜末 3.5 千克、酱油 3 千克和鲜姜末 1.5 千克。第二天翻动 1 次,之后隔 1 天再翻 1 次,4～5 天后即可食用。成品以色泽深红、咸辣适口为标准。

(四)红烧茄子

先将茄子切成角块或条块均可。凉锅后,同时放油和茄子。慢火煎熟,让茄子先大量吸油,煎到出油,到不再出油时停止。煎得后起锅,放在一边继续滤掉一些油。重置锅,用葱、姜、蒜炒肉末(50 克许)。蒜可多些。待肉末由红转白,加水半碗,制汤。加入煎好的茄子,放糖、料酒、生抽、老抽、盐。搅拌,稍煮后起锅。老抽须极少,只为调色用。其他调料视口味而调整。

(五)鱼香茄子

1. 原料　长茄子 500 克、马鲛咸鱼 1 小块、猪肉馅 150 克,盐、鸡粉、生抽、老抽、蒜蓉辣酱、柱候酱、红椒、大蒜、姜少许,干香菇 2 枚。

2. 做　法

第一,长茄子削去皮,切成长条状;大蒜剁蓉;姜切成姜末;青红椒也切成与蒜蓉相仿的小粒;香菇涨发好后同样切小粒。

第二,马鲛咸鱼放入五成热的油锅中炸至熟,炸的过程中放入一大块姜在油锅里(目的是去除腥味),炸好后取出,用刀同样剁成茸状。

第三,将茄子上面撒上一点点生粉,用手和匀,下入七成热的油锅中(炸茄子的时候油要多一点,油最好能没过茄子),将茄子炸至黄褐色,捞出控油,余油倒入一个小碗中可以炒其他菜肴。

第四,猪肉末用鸡蛋黄抓匀,倒入刚才炸茄子的炒锅中(锅中不必放油,因为炸茄子的余油倒出后,锅中的一点点油足够煸肉馅用的),煸熟,倒出备用。

第五,炒锅刷净,烧热,倒入少许热油(刚才炸茄子的油即可),下入蒜茸、青红椒粒、香菇粒、柱候酱、桂林辣椒酱等炒香出色,倒入猪肉馅,喷料酒,翻炒两下。

第六,将炸好的茄子一并放入,加一点点高汤(水),水的量以将要没过茄子为宜。

第七,加入盐、鸡精、蚝油、白糖和生抽,烧至茄条入味且熟时,看一下颜色,如果颜色较淡,再加入点老抽。

第八,再烧制,最后用水淀粉勾一点点芡,起锅盛入烧烫的煲仔内(如果没有煲仔盛在深一点的盘中即可)。还可以在茄子上面撒上点葱花和香菜,味道会更好。

第六节　紫甘蓝

一、生物学特性

紫甘蓝又称红甘蓝、赤甘蓝,俗称紫包菜、卷心菜。紫甘蓝属十字花科芸薹属甘蓝种中的一个变种,是结球甘蓝中的一个类型,由于它的外叶和叶球都呈紫红色,故名。紫甘蓝也叫紫圆白菜,叶片紫红,叶面有蜡粉,叶球近圆形。

二、营养价值

据测定,紫甘蓝的营养价值丰富,含有丰富的维生素 C 和较多的维生素 E 和 B 族维生素。每 100 克鲜菜含胡萝卜素 0.11 毫克、维生素 B_1 0.04 毫克、维生素 B_2 0.04 毫克、维生素 C 39 毫克、烟酸 0.3 毫克、碳水化合物 4%、蛋白质 1.3%、脂肪 0.3%、粗纤维 0.9%、钙 100 毫克、磷 56 毫克、铁 1.9 毫克。每千克鲜菜中含碳水化合物 27~34 克、粗蛋白质 11~16 克。其中含有的维生素成分与矿物质都高于结球甘蓝(绿甘蓝),所以公认紫甘蓝的营养价值高于结球甘蓝。

三、生理功能

紫甘蓝是钾的良好来源。日本科学家认为,紫甘蓝的防衰老、抗氧化的效果与芦笋、菜花同样处在较高的水平。紫甘蓝的营养价值与大白菜相差无几,其中维生素 C 的含量还要高出 1 倍左右。此外,紫甘蓝富含叶酸,这是甘蓝类蔬菜的一个优点,所以怀孕的妇女与贫血患者应当多吃些卷心菜。紫甘蓝也是重要的美容品。紫甘蓝能提高人体免疫力,预防感冒,保障癌症患者的生活质量。在抗癌蔬菜中,紫甘蓝排在第五位。新鲜的紫甘蓝中含有植物杀菌素,有抑菌消炎的作用,对咽喉疼痛、外伤肿痛、蚊叮虫咬、胃痛、牙痛有一定的作用。紫甘蓝中含有某种溃疡愈合因子,对溃疡有着很好的治疗作用,能加速创面愈合,是胃溃疡患者的有效食品。多吃紫甘蓝,还可增进食欲,促进消化,预防便秘。紫甘蓝也是糖尿病和肥胖患者的理想食物。

中医学认为,经常食用紫甘蓝有补髓,利关节,壮筋骨,利五脏,调六腑,清热镇痛等功效。

紫甘蓝新鲜汁液能治疗胃和十二指肠溃疡,有镇痛及促进愈合作用。

经常吃紫甘蓝对皮肤美容有一定的功效,能防止皮肤色素沉淀,减少青年人雀斑,延缓老年斑的出现。

四、加工与应用

(一)素炒紫甘蓝

1. 原料 紫甘蓝 500 克。调料:白醋、色拉油、精盐适量,大蒜 3 瓣,味精少量。

2. 制法 紫甘蓝洗净切成小块或宽条,大蒜拍碎。锅放油加热,放大蒜爆香,放入紫甘蓝,旺火与蒜炒匀,即放入白醋(如太干可加少量清水或肉汤),旺火快炒至菜软,放精盐、味精拌匀即出锅盛盘。

3. 特点 菜色鲜艳紫红,油光发亮,口感清脆。

(二)蒜香紫甘蓝双丝卷

1. 原料 紫甘蓝、胡萝卜、白萝卜、香菇(泡好)、大蒜、蚝油、鲜贝露、酱油、糖、虾皮、淀粉。

2. 做法 胡萝卜、白萝卜切成细丝,紫甘蓝去掉硬梗留叶子,大蒜切斜刀;锅里放适量油,将蒜放入,小火慢慢熬,将油熬出蒜香来;清水中放少许盐、油,将紫甘蓝叶放入煮软捞起;捞去大蒜将萝卜丝放入过油;萝卜丝捞起沥油,锅中油也倒出。用紫甘蓝包住带着蒜味的萝卜丝;取一点蒜香油,将香菇放入油锅中爆炒,倒入适量蚝油、鲜贝汁、糖,煮开放入虾皮转小火让香菇吸收汤汁,充分入味,加 1 滴酱油提鲜,最后加适量水淀粉勾薄芡,淋在卷好的紫甘蓝上即可。

3. 特点 色泽鲜艳多彩,营养丰富。

(三)凉拌紫甘蓝

1. 原料 紫甘蓝小半个,香菜适量。调料:盐、白糖、白醋、辣椒油、麻油、花椒油、蒜汁、鸡精少许。

2. 做法 紫甘蓝用水洗净切丝,用少许盐腌制 40 分钟左右,香菜用水洗净,切丝。腌制好的紫甘蓝除去多余水分,放入香菜,调入盐、白糖少许,白醋、辣椒油、麻油、花椒油、蒜汁、鸡精少许,搅拌均匀,装盘即可食用。

(四)紫包菜炒肉

1. 原料 猪瘦肉 100 克,紫甘蓝半个。调料:盐、酱油、糖、生粉。

2. 做法　猪肉切薄片，用酱油、糖、生粉先腌半小时；紫甘蓝切丝。炒锅内下油，放入紫甘蓝丝大火炒5～6分钟，加少许盐调味后盛出装盘。热锅下油，把腌好的猪肉倒进去，加入一点水，使猪肉不会糊底，再小火炒5～6分钟。把猪肉盛入已炒好的紫甘蓝丝盘上。

(五)紫包菜腊肠炒饭

1. 原料　紫包菜半个，腊肠2根，香葱1棵。调料：黑胡椒、生抽、油、盐。

2. 做法　腊肠用沸水烫一下，去掉表面的灰尘，切小粒；紫包菜洗干净，切细丝，控干水分；香葱洗干净，切粒；隔夜剩米饭用点花雕酒打散，炒香；下油热锅，炒香腊肠，放入紫甘蓝丝，翻炒至断生，加盐和适量的生抽，搅拌均匀；加入炒散的剩米饭粒，中火拌炒，让每粒米饭吸收紫甘蓝的甜、腊肠的香；出锅前撒点现磨的黑胡椒，撒上葱花即可。

3. 功效　紫甘蓝腊肠炒饭健脾开胃，米饭粒吸收了紫甘蓝汁的鲜甜，味道鲜美。

(六)紫甘蓝滑蛋

1. 原料　紫甘蓝150克，鸡蛋3个，生姜、葱、胡椒粉、鸡粉、芝麻油各少许。

2. 做法　先将紫甘蓝切成丝，再洗净沥干，生姜切成丝，葱切花；鸡蛋打散成蛋液，加入葱花与少许盐、胡椒粉与几滴芝麻油搅拌均匀；热锅放油，放入紫甘蓝与姜丝，大火翻炒3分钟左右，如感觉太干可洒入少许的水，加入适量的盐将其炒匀，再放入少许鸡粉与葱花炒匀后将其舀入盘中；再将锅洗净后置于火上，烧热后放入适量的油，倒入鸡蛋液，快速将其划炒成小块状，舀出放入紫甘蓝中间，如果喜欢吃辣可再放一些辣椒酱。

(七)紫甘蓝剪刀面

1. 原料　紫甘蓝、面粉。

2. 做法　将紫甘蓝洗干净，切丝后入搅拌机，加入1∶1的水打成浆，过滤出紫色汁液(可以选择不过滤，直接用紫甘蓝浆和面团)。准备好面粉(中、高筋的都可以)，用紫色汁液和面，一点点加，这样不至于水、面比例失调，和的面团比一般做包子的面团要硬点就可以了；将和好的面团盖上保鲜膜醒上15分钟；再次和面团；揉匀面团后，用剪刀开始剪面团，剪的块不要太大，不然煮的时候会夹生(剪下来的面可直接下入沸水锅中，边剪边煮；也可以先剪在一个盘子里，剪好后撒上干面粉，摇匀，这样互相不会粘连。也可放冰箱冷冻保存)；煮到面条浮起水面就好出锅了；按自己的喜好调味，即成。

（八）紫甘蓝炒虾皮

1. 原料　紫甘蓝 300 克，虾皮 50 克，油 2 汤勺，盐 1 茶勺，糖 1 茶勺，蒜头 4 粒。

2. 做法　将紫甘蓝洗净，切成均匀的细条，沥净水；将虾皮洗净，沥净水待用；锅中下油，放入蒜片，中火爆香；转大火，将紫甘蓝倒入锅中，火速翻炒，因甘蓝可生食，所以不用炒至烂熟；放入虾皮，翻炒几下，加入盐、糖，炒匀即可起锅。

注：紫甘蓝特别适合动脉硬化者、胆结石症患者、肥胖患者、孕妇及有消化道溃疡者食用；但皮肤瘙痒性疾病、眼部充血患者忌食。紫甘蓝含有粗纤维量多，且质硬，故脾胃虚寒、泄泻以及小儿脾弱者不宜多食；另外，腹腔和胸外科手术后，胃肠溃疡及其出血特别严重时，腹泻及肝病时不宜吃。

紫甘蓝和其他芥属蔬菜都含有少量致甲状腺肿的物质，可以干扰甲状腺对碘的利用，当机体发生代偿性增生，就使甲状腺变大，形成甲状腺肿。紫甘蓝的致甲状腺肿作用可以用大量的膳食碘来消除，如用碘盐、海鱼、海藻和海产品来补充碘。

第五章　食用菌类黑色食品

食用菌是指有大型子实体的、可食的高等真菌。

食用菌有狭义食用菌和广义食用菌之分。狭义食用菌是指菇体可食的菌,如可以作为蔬菜食用或生吃的蘑菇、金针菇、木耳、银耳等。广义的食用菌包括菇体可食和菇体不可食,但可作为保健品,对人体无不良反应的高等真菌,如菇体革质、不能被消化的灵芝、茯苓、云芝等菌。野生食用菌是大自然赐给人类的美味佳肴,它味道鲜美,肉质细嫩,自古以来就被人们视为食用佳品。但千万不能采摘不明的野生菌(毒蘑菇)食用,以防中毒。

我国可作为保健应用的食用菌有700多种,其中已被了解和利用的不过20%。如灵芝、冬虫夏草、猴头菇、木耳、香菇、银耳、松茸、茯苓、红菇、灰树花、金针菇、竹荪、樟菌等,不同种类的食用菌拥有独特的颜色和外貌,形态各异,十分逗人喜爱。

食用菌对人体大多有增强耐缺氧,提高应激能力,提高机体免疫力和提高抗病能力、降血脂、促进病后康复和延年益寿的功效。灵芝、猴头菇、冬虫夏草等食用菌更有安神、平喘、补肾、抑制免疫过敏、提高机体生命活力、抗肿瘤等功效。食用菌营养丰富,味道鲜美可口,是居家与宴席上的珍品,深受世界各国人们的喜爱,西方人更称之为"上帝的食品",是国际上公认的保健食物和增智良品。

我国最早开展食用菌药效研究是在1960年,最早研究的单位是上海市农业科学院食用菌研究所。1972年上海市农业科学院食用菌研究所陈国良研究的灵芝片正式投入临床应用,这是我国第一个食用菌制成的药品。到目前为止,我国已研制成的食用菌药品和保健品已有100多种,如灵芝片、破壁灵芝孢子粉、灵芝孢子油、云芝胶囊、灵芝茶、灵芝酒、灵芝口服液、灵芝糖浆、虫草菌丝体粉、银耳芽孢冲剂、灰树花口服液等。从20世纪70年代初开始,北京大学医学部、北京药物所、复旦大学医学部、安徽医科大学、上海师范大学、中国科学院上海药物研究所、上海市农业科学院食用菌所等多位专家对食用菌药理、药化进行了系统研究。研究发现,食用菌含有数十种有效成分,如多糖、糖肽、灵芝酸、腺苷、生物碱、甾醇类化合物等,并进行了结构测定和功效研究,还探明了食用菌许多功效的药理机制。这些研究为现在食用菌药品和保健食品的开发奠定了坚实的基础。

食用菌的基本生物化学成分除水分外有纤维素、蛋白质、脂肪、碳水化合物、矿物质、维生素等营养素。此外,不同食用菌还分别含有多种对人体防病、治病有效的成分。如灵芝含有灵芝多糖、三萜类化合物、甾醇类化合物、生物碱、牛磺酸、甘露醇、核苷类化合物等,猴头菇含有猴头菇多糖、莽墩果酸、三萜类成分、猴头菌碱、功能性氨基酸、酰胺类等成分,银耳含有银耳多糖、麦角甾醇、十一烷酸、十二烷酸、十六碳烯酸、十八碳烯酸、磷脂酰乙醇、磷脂酰胆碱、磷脂肌醇、卵磷脂、脑磷脂等多种磷脂类物质,木耳含有木耳多糖、腺苷、植物血凝素、麦角甾醇、胡萝卜素、维生素A、维生素 B_1、维生素 B_2 等成分。

世界卫生组织把食用菌作为第三世界国家人民植物性蛋白质的新来源。我国食用菌消费量年均增长 10％以上。特别是黑色食用菌营养更为丰富,有食疗功效,更成为人们餐桌上不可缺少的一道素食。

第一节　黑木耳

一、生物学特性

黑木耳是著名的山珍,可食、可药、可补,中国老百姓餐桌上久食不厌,有"素中之荤"之美誉,在全世界均称之为"中餐中的黑色瑰宝"。黑木耳培植方法,在世界农艺、园艺、菌艺史上,都堪称一绝。黑木耳是木耳科真菌木耳的干燥子实体,又名云耳、木耳等。黑木耳状如耳朵,呈胶质片状,新鲜的木耳半透明,侧生在树木上,耳片直径5～10厘米,有弹性,腹面平滑下凹,边缘略上卷,背面凸起,并有极细的绒毛,呈黑褐色或茶褐色。干燥后收缩为角质状,硬而脆,背面暗灰色或灰白色。

二、营养价值

黑木耳特有的木耳多糖,经实验分析证明为一种酸性黏多糖,其组成单糖为岩藻糖、阿拉伯糖、木糖、甘露糖、半乳糖、葡萄糖、肌醇。此外,黑木耳中还含有麦角甾醇、原维生素 D、黑刺菌素。在菌丝体中含外多糖。生长在棉籽壳上的木耳含总氨基酸 11.5％、蛋白质 13.85％、脂质 0.06％、糖 66.22％、纤维素 1.68％、胡萝卜素 0.22％、维生素 A 1.76 克/千克、维生素 B_1 0.66 克/千克、维生素 B_2 11.4 克/千克,以及多种矿物质元素——硒、钾、钠、钙、镁、铁、铜、锰、磷等。

三、生理功能

第一,抗血小板聚集与抗凝血、抗血栓形成。木耳的抗血小板功能是美国明尼苏达大学医学院偶然观察到的,研究人员发现一位正常的 32 岁男性在食用了含大量黑木耳的川菜——麻婆豆腐后，出现血小板功能降低，表现为血小板聚集受到抑制，有轻微的出血倾向。后用黑木耳的磷酸缓冲盐水提取物做体外试验，发现其在试管内明显抑制二磷酸腺苷（ADP）引起的血小板聚集，并阻断 ADP 激活血小板释放 5-羟色胺（5-HT）；且经 90℃加热 40 分钟处理后，不影响黑木耳的抗血小板功能活性。人口服 70 克黑木耳后 3 小时内开始出现血小板功能降低，作用持续 24 小时；黑木耳提取液经 10 000 道尔顿的超滤装置处理后，超滤液中测不出蛋白质和水杨酸盐，仍具有抗血小板功能活性。实验结果表明：黑木耳抗血小板作用的有效成分是水溶性的，其分子量低于 10 000 道尔顿。后来，美国乔治·华盛顿大学进行实验，用 20 倍体积的磷酸盐缓冲液提取黑木耳，分离后得到提取物，其具有抗血小板功能活性；用有机溶剂处理后，黑木耳水溶性部分的抗血小板功能活性仍大部保存。此结果进一步说明黑木耳中抗血小板作用的有效成分不易溶于有机溶剂；并发现该提取物在引起抑制血小板聚集的有效浓度时，不影响花生四烯酸合成凝血恶烷，显示其不抑制血小板环氧化酶的功能。又将黑木耳提取物与腺苷脱氨酶（2单位/毫升）在 23℃孵育 10 分钟至 1 小时，发现约 80% 的抗血小板聚集活性被破坏，显示黑木耳抑制血小板功能是由于其有效成分与腺苷竞争腺苷脱氨酶，而使腺苷在体内堆积所致。木耳煎剂可提高大白鼠血浆抗凝血酶Ⅲ的活性，延长白陶土部分凝血活酶时间 12.06 秒，显示具有明显的抗凝血作用。另外，用从黑木耳中提取、分离和纯化的木耳多糖（AP）对家兔凝血酶原时间无明显影响，表明该物质能在不影响凝血酶原情况下明显延长家兔白陶土部分凝血活酶时间。将木耳多糖每千克重量 18.5 毫克的剂量给家兔灌胃后 3.5 小时，测定实验性特异性血栓行程时间（CTFT）、实验纤维蛋白血栓形成时间（TFT）、血栓长度、血栓湿重和干重，并计算血栓含水百分率。测定结果表明，AP 可延长家兔 CTFT 和 TFT，缩短血栓长度，减轻血栓湿重和干重（P＜0.01），但对血栓含水百分率无明显影响；并且发现其能使家兔血小板数显著下降（P＜0.01），血小板黏附率显著下降（P＜0.01）；家兔血浆黏度、血沉、红细胞压积显著降低（P＜0.01），对全血黏度也有影响。给豚鼠每千克重量灌胃 AP 30.6 毫克，给药后分别在 30 分钟、3 小时和 5 小时测定豚鼠血浆纤维蛋白原含量。测定结果表明，给药 30 分钟后即可使血浆纤维蛋白原含量显著降低，且给药 5 小时仍有作用（P＜0.01）；给药 30 分钟，测定优球蛋白溶解时间（ELT）表明有明显缩短 ELT 作用，纤维酶活力显著增高（P＜0.01）。AP 不同给药途径对小白鼠凝血影响的结果显示：静脉注射、腹腔注射与灌胃，AP 均有明显抗凝血作用；在体外实验中发现 AP 也有很强的抗凝血活性（P＜0.01）。另有报道，黑木耳酸性杂多糖的抗凝血和降低血小板作用，其活性随着多糖分子量和糖醛酸含量降低而增强，即活性依赖于多糖在水中的溶解度。另外，用木耳菌丝体醇提取物以 5 克/千克和 10 克/千克剂量一次性给大白鼠静脉注射,30 分钟后取血,按比浊法测定血小板聚集。测定结果表明,10 克/千克剂量能明显抑制 ADP 诱导大白鼠血小板聚集(P<0.01)。又用醇提取物以 5 克/千克和 10 克/千克剂量给大白鼠灌胃,连续给药 15 天,末次给药 1 小时后取血同上法测定血小板聚集,测定结果显示,两种剂量均可显著抑制 ADP 诱导大白鼠血小板聚集(P<0.01)。取大白鼠血液进行体外抑制血小板聚集实验:以菌丝体 25 毫克/毫升、50 毫克/毫升和 100 毫克/毫升浓度的醇提取物,按比浊法测定,显示均能明显抑制 ADP 诱导血小板聚集。又用醇提取物以 5 克/千克和 7 克/千克给小白鼠灌胃,每日 1 次,连续 15 天,末次给药 1 小时后取血测定红细胞电泳时间。测定结果显示,醇提取物能明显缩短红细胞电泳时间(P<0.05)。上述实验结果说明了木耳菌丝体醇提取物也具有抗血栓形成作用。

第二,降血脂与抗动脉粥样硬化作用。木耳煎剂以 30 克/千克剂量给大白鼠灌胃 20 天,可降低实验性高脂血症大白鼠血清三酰甘油(TG)和血清总胆固醇(TC)含量,提高血清高密度脂蛋白胆固醇与 TC 比值。实验还证实,木耳只有在大剂量应用时才显示抗动脉粥样硬化作用,表明大剂量的木耳或 AP 具有对抗高脂血症和减缓动脉粥样硬化作用。

第三,对免疫功能的促进作用。给小白鼠腹腔注射 AP 120 毫克/千克,给药 7 天,处死,取脾脏和胸腺称重。称重结果表明:AP 可明显增加脾脏重量,与对照组比较,脾指数增加 0.43 倍(P<0.01),而对胸腺的影响不明显。AP 还可明显增加小白鼠巨噬细胞的吞噬功能,新鲜正常人全血淋巴细胞转化实验表明,AP 有良好的体外促进淋巴细胞转化作用。

第四,升白细胞作用。给 22 克左右的小白鼠腹腔注射 AP(2 毫克/只),给药 9 天,第九天取血检查细胞数。检查结果表明,AP 有较好的对抗引起的小白鼠细胞下降的作用(P<0.01)。另据报道,用黑木耳酸性杂多糖给小白鼠腹腔注射,发现该类多糖促进白细胞增加的活性随着多糖分子量和糖醛酸含量降低而增大,即与该类多糖在水中的溶解度有关,溶解度大,活性强。

第五,强壮与抗衰老作用。给小白鼠腹腔注射 AP 100 毫克/千克,连续给药 7 天,可使小白鼠平均游泳时间延长 50.40%(P<0.01);给小白鼠腹腔注射 AP 100 毫克/千克,给药 30 天,取心脏测定肌组织脂褐质含量,显示其含量下降(P<0.01);取脑、肝,测定其中超氧化物歧化酶(SOD)活力,显示 SOD 活力明显增加。每日给家兔喂食黑木耳 2.5 克/只,连续喂养 90 天,显示可降低实验性动脉粥样硬化家兔自由基与肝、心、脑组织脂褐质含量。另外,运用化学分析法发现,2.5% 的黑木耳水提取物对过氧化氢或由酶体系与非酶体系产生的超氧化物自由基有清除

作用,清除能力与用量之间呈量效关系,提示黑木耳水提取物中含有抗氧化作用的成分。

第六,降血糖作用。在 AP 对实验性四氧嘧啶糖尿病小白鼠高血糖防治作用实验中,AP 均可明显降低小白鼠血糖;给四氧嘧啶糖尿病小白鼠灌胃 AP33 或 100 毫克/千克,也显示能明显降低实验小白鼠的血糖水平。显示 AP 对四氧嘧啶实验性糖尿病有预防和治疗作用。

第七,对血钙的作用。给小白鼠灌胃木耳煎剂 15 天,可使小白鼠血钙显著上升;对于腹腔注射枸橼酸钠所致低血钙的小白鼠,灌胃木耳煎剂也可使血钙明显上升,表明木耳煎剂有升高血钙作用。

第八,抗辐射作用。给小白鼠腹腔注射 AP 100 毫克/千克,每日 1 次,连续给药 7 天,第七天给药 1 小时后将小白鼠放置在放射源处照射 23 分钟(总剂量为 0.2064c/千克),然后观察 20 天。以死亡为指标,发现 AP 能提高实验小白鼠存活率,为对照组的 1.56 倍($P < 0.05$),并延长平均存活时间。

第九,抗炎作用。给 250～300 克重的大白鼠,腹腔注射 AP 60 毫克/只,发现 AP 对鸡蛋清引起的足跖肿胀有明显的抗炎作用($P < 0.01$)。

第十,抗溃疡作用。给大白鼠灌胃 AP 70 毫克/千克,连续 2 天,显示能显著抑制大白鼠应激性溃疡形成,使溃疡面积缩小($P < 0.05$),但对胃酸分泌和胃蛋白酶活性无明显影响。

第十一,抗生育作用。给小白鼠腹腔注射 AP 8.25 毫克/千克,结果表明:AP 有显著地抗着床和抗早孕作用,终止中期妊娠作用较弱,而对孕卵运输无明显作用;但经灌胃给药,即使剂量高至 165～330 毫克/千克也无抗生育作用。可能因腹腔注射,通过局部刺激引起前列腺素 E 或其前体花生四烯酸的大量释放而引起抗生育作用,不是 AP 直接引起抗生育作用。另外实验还发现,AP 经高压消毒灭菌处理后,其抗生育作用明显降低,但在 60℃和 75℃两次加热间歇灭菌后,其抗生育作用无明显变化;又 AP 经垂熔漏斗 5 号或 6 号过滤后,其抗生育作用也明显降低。

第十二,抗突变与抗癌作用。给小白鼠腹腔注射 AP 100 毫克/千克,每日 1 次,连续 10 天,在第九天和第十天给小白鼠腹腔注射 CY,末次给药后测定小白鼠骨髓微核率。测定结果表明,AP 有明显的对抗 CY 致小白鼠骨髓微核率增加的作用($P < 0.01$)。另有报道,木耳水提取物对瑞士鼠 S 180 有抑制作用。

四、加工与应用

常吃黑木耳能养血驻颜,令人肌肤红润,容光焕发,并可防治缺铁性贫血。黑木耳含有维生素 K,能减少血液凝结成块,预防血栓等症的发生。吃黑木耳后,血液变稀,人就不容易得脑血栓、老年痴呆,也不容易得冠心病。

黑木耳中的胶质可把残留在人体消化系统内的灰尘、杂质吸附集中起来排出体外,从而起到清胃涤肠的作用。

黑木耳有帮助消化纤维类物质的特殊功能,对无意中吃下的难以消化的头发、谷壳、木渣、沙子、金属屑等异物有溶解与溶化作用。因此,它是矿山、化工和纺织工人不可缺少的保健食品。

黑木耳对胆结石、肾结石等内源性异物也有比较显著的化解功能。它含有抗肿瘤活性物质,能增强机体免疫力,经常食用可防癌抗癌。

鲜木耳含有毒素(卟啉类光感物质),人类食用后经太阳照射可引起皮肤瘙痒、水肿,严重的可致皮肤坏死,不可食用。当鲜木耳加工晒干后,分解了大部分卟啉,食用前又经水泡,所含毒素便会溶于水而被清除,食用才安全。

黑木耳食用方法很有讲究,一般炒食不易被人体消化吸收。最理想的吃法是将黑木耳洗净后,用温水泡发 24 小时,去除杂质。先用旺火煮沸,再改用文火耐心烧煮 4 小时左右。黑木耳发酥,可使汤变浓,用筷子或汤匙舀起时,以汤呈线状流下为佳。然后加入适量红枣(去核),待红枣煮熟后,冷却食用,最好不放糖。

干木耳烹调前宜用温水泡发,泡发后仍然紧缩在一起的部分不宜吃。

黑木耳一次不可过多食用,特别是孕妇、儿童食用时更应控制数量。一般人群均可食用,特别是癌症、高血压、动脉硬化患者,结石症、缺铁的人群和矿工、冶金工人、纺织工、理发师等人群适宜食用。

(一)木 耳 汤

1. 用法　黑木耳 30 克,煮汤,调以盐、醋进食,每日 2 次。

2. 主治　用于血痢日夜不止、腹中疼痛、心神麻闷。

(二)双 耳 汤

1. 用法　黑木耳 15 克,白木耳 15 克,调味煮汤食。

2. 主治　用于肺痨咯血、高血压病。

(三)黑木耳炖大肠

1. 用法　黑木耳 15 克,猪大肠 100 克。调味炖食。每日 1 次,连食 1 周。

2. 主治　用于大便下血、痔疮出血。

(四)双黑益智粥

1. 用法　将黑木耳、黑芝麻各 30 克,粳米 100 克,分别洗净,同煮成粥,粥熟时加白糖食用。

2. 功效　补益肝肾,健脑益智。

3. 主治　肝肾亏虚的头晕目眩和健忘等。

(五)康复肉汤

1. 用法　将黑木耳 30 克、猪瘦肉和大枣 10 粒同煮食用。

2. 主治　目眩乏力、疲劳、健忘等,产后和大手术后常食可促进康复。

(六)木 耳 粥

1. 用法　将 30 克黑木耳用温水浸泡约 1 小时,并将 100 克粳米、5 粒大枣加水煮沸后加黑木耳、冰糖,再煮沸即可食用。

2. 功效　补中健脾,凉血止血。

3. 主治　脾虚气弱、胃热亢盛、脾不统血与血热妄行所导致的出血。

(七)止 咳 汤

1. 用法　将梨 1 个洗净、切块,与 10 克黑木耳、冰糖、橘皮各 10 克一起入锅内煮 40 分钟,取汁热食。

2. 主治　咳嗽。

(八)止喘糖水

用法　将黑木耳 15 克,冰糖 20 克加水煮熟。每日 2 次,常食。

(九)木耳鸡酒

1. 用法　黑木耳 30 克,鸡腿 1 对,米酒适量,加水同煮。将 30 克黑木耳熬汤,鸡腿 1 对炭烧,配米酒,送服。

2. 主治　四肢麻木。

(十)黑木耳、豆腐菜

1. 用法　将黑木耳、豆腐炒熟,常食。

2. 主治　动脉硬化、心脏病等。

（十一）双 耳 菜

1. 用法　黑木耳、银耳各 20 克泡软,洗净放碗内置锅中蒸 1 小时,经常食用。
2. 主治　动脉硬化,高血压和眼底出血等。

（十二）木耳蜜糖

1. 用法　将黑木耳 50 克洗净,放碗内;将蜂蜜、红糖各 25 克与黑木耳一起放入锅内蒸熟食用。
2. 主治　手足麻木。

（十三）木耳补血菜

1. 用法　黑木耳 20 克,大枣 20 克,鸡蛋 1 个。
2. 主治　贫血、益气养血。

（十四）止便血茶

用法　将 30 克黑木耳炒焦,同 30 克银耳、15 克芝麻一起煮汤。代茶饮。

（十五）通便点心

1. 用法　将黑木耳、柿饼加水同煮烂。当点心食用。
2. 主治　痔疮出血、大便秘结等。

（十六）通经点心

1. 配方　黑木耳、核桃仁各 120 克研细,加红糖 240 克拌匀,冲沸水食用。
2. 主治　闭经。

第二节　紫 灵 芝

一、生物学特性

灵芝古称芝草、神芝、瑞草、仙草。广义的灵芝包括真菌门、担子菌亚门、层菌纲、非褶菌目、灵芝科、灵芝属中的每一个种,按现代生物学分类,我国已知的灵芝有 70 多种。目前通常作药用的灵芝主要是已列入《中华人民共和国药典》的赤灵芝和紫灵芝(市场上常称为黑灵芝)。

灵芝的生活史是从成熟的灵芝孢子开始,灵芝孢子在适宜的条件下萌发成菌丝体,菌丝体在适宜的温度、湿度、空气与营养条件下不断生长,达到生理成熟后,形成子实体即通常所指的灵芝,灵芝成熟后又产生大量的灵芝孢子。灵芝的菌丝体、子实体和孢子均有药用功效,以灵芝孢子的药用功效最好。

在野生环境下,灵芝子实体产生的孢子飘散在空气中,无法收集,因此商品用的孢子粉是没有野生的。高质量的孢子粉的收集需要专门的设备和技术,随着灵芝栽培技术的提高,孢子粉的产量不断提高。

不破壁的灵芝孢子粉的一些有效成分可以被人体吸收,经水煮后,有更多的有效成分析出,吸收率提高。不过,经破壁的灵芝孢子粉,其含有的有效成分完全释放出来,灵芝多糖、三萜类、微量元素/灵芝孢子油等更容易被人体吸收利用。特别是体弱多病与消化系统功能不良者,服用破壁灵芝孢子粉效果更佳。

二、营养价值

含水解蛋白、脂肪酸、甘露醇、麦角甾醇、B 族维生素等物质,此外还含有大量的酶,这都是滋润、营养皮肤的有效成分。

第一,灵芝多糖。提高机体免疫力,抵抗肿瘤,降低血压,预防心血管疾病的产生,提高血液供氧能力,降低静止状态下的无效耗氧量,消除体内自由基,提高机体细胞膜的封闭度,抗辐射,提高肝脏、骨髓、血液合成脱氧核糖核酸(DNA)、核糖核酸(RNA)、蛋白质的能力,延长寿命等。还能刺激胰岛素的分泌,降低血糖浓度。灵芝的多种药理活性大多和灵芝多糖有关。

第二,灵芝酸。灵芝酸是一种三萜类物质,具有强烈的药理活性,并有止痛、镇静、抑制组织胺释放、解毒、保肝、毒杀肿瘤细胞等功能。可降低血中胆固醇,抑制血小板凝结,帮助血液流通,防止血栓形成,促进血液循环,从而增进消化器官功能,增加新陈代谢。

第三,腺苷。有降低血液黏度,抑制血小板聚集,提高血液供氧能力,加速血液循环,止痛等作用。

第四,微量元素。有机锗、有机硒等,有抗肿瘤、抗衰老、增强机体免疫功能。

第五,其他有效成分:

灵芝孢子内酯 A:降胆固醇;

灵芝孢子酸 A、灵芝碱甲、灵芝碱乙:抗炎;

腺嘌呤核苷:镇静,抗缺氧;

尿嘧啶核苷:降低实验性肌肉强直症小鼠的血清醛缩酶;

油酸：抑制肥大细胞释放组胺，有稳定膜作用，还能抗过敏；

薄醇醚、孢醚：可使肝脏再生能力增强；

灵芝总碱：能明显增加冠状动脉血流通量，降低冠状动脉阻力与降低心肌耗氧量，提高心肌对氧的利用率，改善缺血心电图变化。

三、生理功能

灵芝有滋补强壮、补肺益肾、健脾安神的作用。现代研究表明，灵芝能提高人体免疫力，有健肤抗衰老的作用。

第一，抗肿瘤功能。灵芝可以改善各种癌症症状，抑制癌细胞的形成、生长、转移、增殖，促使肿瘤缩小，消除腹水，减轻患者痛苦，增进食欲，对手术后的复发有预防和抑制作用，延长生存期。近年来国内外一些研究结果证实，灵芝对胃癌、食管癌、肺癌、肝癌、结肠癌、肾癌、前列腺癌、卵巢癌、子宫癌等有一定的辅助治疗效果，其疗效特点如下：提高肿瘤患者对化学治疗和放射治疗的耐受性；减轻化学治疗和放射治疗引起的白细胞减少、食欲减退等不良反应；使体质增强；提高肿瘤患者的免疫功能，增强机体的抗肿瘤免疫力。

第二，提高免疫功能。灵芝可激活机体巨噬细胞系统的功能，可使脾脏巨噬细胞增殖，对机体体液免疫功能和细胞免疫功能有促进作用；改善肾上腺素皮质功能，对各种原因的白细胞减少症有疗效，能增加红细胞、白细胞、血色素和血小板，增强体质；还可改善衰老所致的免疫功能衰退。

第三，抗放射功能。能增加强机体对放、化疗的耐受性，减少放、化疗毒副作用。

第四，对心血管系统的保护功能。灵芝有强心作用，对心肌缺血有保护作用，对冠心病的心绞痛与高血脂症有效，能不同程度降低血清胆固醇、甘油三酯，能舒缓心区闷胀、气短等症；对急性心肌缺血有保护作用，有减少动脉粥样硬化斑块形成的功效。

第五，对呼吸系统保护功能。有镇咳、祛痰作用，对气管平滑肌有解痉、平喘作用；灵芝对慢性支气管炎引发的咳、痰、喘有疗效。

第六，对神经系统的调节功能。有抗疲劳、安神益智功效，对神经衰弱引起各种病症有缓解作用，能改善睡眠、增强食欲，使心悸、头痛、头晕减轻或消失，能使精神振奋，记忆力、体力增强。

第七，保肝解毒功能。灵芝制剂能改善各类型病毒性肝炎、中毒性肝炎、肝硬化症状和体征，使肝功能复常，还能增强肝脏解毒功能和再生能力。灵芝制剂用于治疗病毒性肝炎的总有效率为 73.1％～97.0％，显效（包括临床治愈率）为 44.0％～76.5％。其疗效主要表现为：观察乏力、食欲不振、腹胀与肝区疼痛等症状减轻或消失；肝功能检查如血清谷丙转氨酶恢复正常或有不同程度的降低；肿大的肝、脾恢复正常或有不同程度的缩小。一般来说，对急性肝炎的效果较慢性或迁延型肝炎为好。

第八，高血压病的治疗作用。临床研究指出，灵芝能降低高血压病患者的血压并减轻症状，如江西灵芝协作组曾用灵芝煎剂治疗 3 组高血压病患者，共 84 例，有降血压和改善症状作用，降血压有效率可达 87％～98％。

第九，神经衰弱的治疗作用。灵芝制剂对神经衰弱失眠有显著疗效，总有效率高达 87.4％～96.0％，显效率 46.0％～90.0％。一般用药后 1～2 周即可出现明显疗效，表现为睡眠改善，食欲、体重增加，心悸、头痛、头晕减轻或消失，精神振奋，记忆力增强，体力增强。一些患者合并的阳痿、遗精、耳鸣、畏寒、腰酸等症状也有不同程度的改善。灵芝制剂对神经衰弱失眠的疗效与所用药物剂量和疗效有关，剂量大、疗程长者，疗效高。中医分型属气血两虚者疗效好。

第十，糖尿病的治疗作用。马来西亚进行了一项灵芝的开放对照临床研究，对象是包括胰岛素依赖型和非胰岛素依赖型的糖尿病患者。灵芝提取物胶囊（1 克，3 次/天）与对照组口服降血糖药和胰岛素相比具有相同的降血糖作用。

四、加工与应用

（一）食用方法

1. 灵芝炖乳鸽　取灵芝孢子粉 3 克，乳鸽 1 只，食盐适量，隔水炖煮。可补中益气，用于白细胞减少症。

2. 灵芝孢子粉蒸肉饼　灵芝粉末 3 克，猪瘦肉 100 克。将瘦肉剁成肉酱，加入灵芝粉拌匀，再加少量酱油调味蒸熟。空腹服用。此菜可安神益气，用于神经衰弱、白细胞减少症、老年慢性支气管炎、慢性胃炎、冠心病、高血脂症等。

3. 灵芝莲子鸡汤　灵芝孢子粉 5 克，莲子 50 克，陈皮少许，鸡 1 只。将鸡、莲子和陈皮用清水煲 60～80 分钟，加入灵芝孢子粉，以慢火再煮约 10～30 分钟，再调味即可。

4. 灵芝孢子红枣茶　灵芝孢子粉 5 克、红枣 9 枚，加 3～4 碗清水，慢水煎成 2 碗水即可，也可以加适量枸杞、党参等。

5. 灵芝煎水　将灵芝用水洗干净，切成 1～2 毫米厚的薄片，水煮 15～30 分钟左右，最好重煮 1～2 次，每人每天 5～10 克。

6. 灵芝陈皮老鸭汤　灵芝 50 克、老鸭 1 只、陈皮 1 个、蜜枣 2 枚、盐适量。

先将老鸭剖洗干净，去毛，去内脏，去鸭尾，斩大件；灵芝、陈皮和蜜枣分别洗干净；然后，将上述全部材料一起放入已经煲沸的水中，继续用中火煲 3 小时左右；最后以少许盐调味，即可食用。

特别提醒：用来煮、煲、炖灵芝、灵芝孢子粉的餐具最好用陶瓷或玻璃制品，避免用金属制品。

灵芝、灵芝孢子粉的使用方法多种多样，消费者结合自己的身体情况和产品选择具体使用方法。

（二）加工应用

1. 灵芝乳粉

（1）原料配方　鲜牛奶 300 千克，乳清粉 25.2 千克，精炼植物油 10 千克，果葡糖浆（70%）15 千克，灵芝 8 千克，维生素 A 1.2 克，维生素 C 60 克，维生素 E 1.2 克，乳酸钙 5 千克，乳酸亚铁 62 克，葡萄糖酸锌 87 克，卵磷脂 1.2 千克。

（2）工艺流程

乳清粉、果葡糖浆、维生素 C 等→溶解→过滤→植物油维生素 A、维生素 E
鲜牛奶→检验→净化→标准化→调配→预煮→灵芝→清洗→粉碎→一次浸提→过滤→二次浸提→过滤→浸液合并→浓缩均质→杀菌→浓缩→喷雾干燥→筛粉、凉粉→计量包装→成品

（3）操作要点

①灵芝浸提液的制备　选成熟、干燥、红褐色的原木灵芝为原料，洗净，沥干水分并粉碎成粗粒，过 40 目筛。加 10 倍重量净化水，在提取罐内通入蒸汽加热至 80℃～90℃、浸提 1 小时后，增加蒸汽压力加热至微沸，浸提温度在 95℃～103℃，1 小时后用 60 目滤布过滤，得浸提液Ⅰ；在滤渣中加入 8 倍重量净化水，于同样条件下进行第二次浸提，2 小时后，滤去残渣得浸提液Ⅱ。将 2 次滤液合并，加浸提液重量 0.2% 的 β 环状糊精（增加稠度并包埋苦味），搅拌混匀后，送入真空浓缩装置进行真空浓缩，蒸发温度为 55℃（真空度 53 千帕），浓缩至 1/3 体积，冷却至室温后备用。在大规模生产时，为节约能耗，浸提液先经薄膜蒸发，然后加入 β 环状糊精，再进行真空浓缩。

②鲜牛奶预处理　对配料用鲜牛奶按常规预先进行酸度测定、比重测定、酒精试验与总菌数检测。经检验合格的牛奶通过双联过滤器去除粒度较大的杂质，再经牛奶净化机离心分离去除细小固体杂质；然后按其乳脂肪的含量进行标准化处理。

③调配　按配方比例称取乳清粉、果葡糖浆、乳酸钙、乳酸亚铁、葡萄糖酸锌、维生素 C、卵磷脂等，加入适量软化水充分溶解，与经双联过滤器过滤后的灵芝浸提浓缩液、净化牛奶并泵入调料罐；然后将维生素 A、维生素 E 溶解于 60℃热植物油后，再加入调配罐中；启动搅拌器，使各物料充分混合均匀。

④预热及均质　将调配好的混合乳液经板式热交换器加热至 65℃，然后由离心奶泵送入高压均质机进行二级压力均质处理。Ⅰ级均质压力 20～25 兆帕，Ⅱ级均质压力 3.5 兆帕。经均质处理，可使乳液中的脂肪球颗粒进一步细化并均匀分散，提高乳化效果，改善产品品质。

⑤杀菌浓缩　均质后的混合乳液经板式加热器迅速加热至 90℃，保持 20～30 秒钟，经离心奶泵送入双效降膜浓缩装置进行真空浓缩。Ⅰ效蒸发温度 68℃（真空度 85.3 千帕），蒸发温度 55℃（真空度 53 千帕）。浓缩终了固形物含量为 48%～50%。

⑥喷雾干燥　浓缩乳液由高压泵送入喷雾干燥塔内并由压力式喷雾装置分散成细小乳滴，并喷入干燥的热空气中，使大部分水分瞬间蒸发而成为固体乳粉，在自身重力作用下落至干燥塔锥形底部并迅速排出干燥塔以保证其速溶性。热空气进口温度约 150℃，废气排出温度 75℃。废气经由旋风分离器或布袋式过滤器，将废气中所夹带的细小乳粉分离回收后排入大气中。

⑦筛粉、凉粉　排出干燥塔的乳粉经振动筛进行筛粉以破碎黏结的团块乳粉，然后用除湿后 10℃左右的冷空气冷却至室温，经称量后进行包装。要求包装袋具良好密封性和避光性，一般采用 PET/AL/PE 复合包装袋。每袋装料量 400 克，误差不超过 5 克。

（4）产品特与及功能特点　该产品营养丰富且各种营养素配比平衡合理，富含灵芝多糖、三萜类化合物、核苷类化合物与有机锗等多种生物活性成分。因此，灵芝乳粉具有机体免疫功能、提高防癌能力、延缓衰老、预防心脏血管疾病的生理功能，适合中老年人预防各类疾病发生，并能有助于肿瘤患者的康复。

2. 灵芝酸奶

（1）原料配方　牛奶 6%，白砂糖 6%，甜蜜素 0.04%，柠檬酸 0.165%，灵芝提取液 2.5%，CMC 0.2%，PGA 0.1%，其余为净化水。

（2）工艺流程

牛奶、灵芝提取液、白砂糖、甜蜜素、PGA、CMC、柠檬酸、乳酸→调配→加热→均质→脱气→灌装→杀菌→成品

（3）操作要点

①灵芝提取液的制备　选取优质灵芝子实体，洗净，沥干，切片，按灵芝干重加

6 倍净化水,于 90℃加热 6 小时,过滤,取滤液,在 50℃(真空度 0.095 兆帕)下真空浓缩至约相当于干灵芝 0.7 克/毫升。

②调配　按配方之顺序投料,加入配料锅内(酸在最后加入),使其溶于灵芝提取液中,搅拌均匀,定容。

③均质　在 80℃(真空度 20 兆帕)下均质 2 次。

④脱气　在 50℃(真空度 0.1 兆帕)下进行真空脱气。

(4)产品特点与功能特点　该产品营养丰富且各种营养素配比平衡合理,富含灵芝多糖、三萜类化合物、核苷类化合物与有机锗等多种生物活性成分。因此,灵芝乳粉具有机体免疫功能、提高防癌能力、延缓衰老、预防心脑血管疾病的生理功能,适合中老年人预防各类疾病发生,并能有助于肿瘤患者的康复。铅(以 Pb 计,毫克/千克)≤1.0,砷(以 As 计,毫克/千克)≤0.5,铜(以 Cu 计,毫克/千克)≤10。

3. 灵芝金菇饮

(1)原料配方　灵芝 20 千克,金针菇 10 千克,异麦芽低聚糖 4 千克,白砂糖 5 千克,蛋白糖 0.06 千克,柠檬酸 0.15 千克,β-环状糊精 0.8 千克,CMC-Na 0.3 千克,多聚磷酸钠 0.02 千克。

(2)工艺流程　调配液配制:按配方称取白砂糖、异麦芽低聚糖、蛋白糖、柠檬酸、稳定剂、多聚磷酸钠等,加入适量水充分溶解,经双联过滤器除杂后待用。

新鲜金针菇→软化→打浆→离心→金针菇汁

灵芝→清洗→粉碎→一次浸提→过滤→二次浸提→过滤→浸提液合并→加入 β-环状糊精→调配(加入调配液)→过滤→杀菌→灌装、封口→二次杀菌→冷却→成品

(3)操作要点

①灵芝浸提液的制备　选用优质干燥原木灵芝子实体,清水洗净,沥干水分,粉碎,过 40 目筛;将粉碎后灵芝浸泡在 10 倍重量的净化水中,用夹层锅蒸汽加热至 80℃～90℃,热浸 1 小时,用 60 目滤布过滤得浸提液Ⅰ;在滤渣中加 10 倍重量的净化水,在同样条件下进行二次浸提,时间 4 小时,滤去残渣得浸提液Ⅱ;将 2 次浸提液合并,经精滤后加入 2%的 β-环状糊精,充分搅拌混合均匀,以达到包埋苦味、改善产品口感之目的,冷却至室温后备用。

②金针菇汁的制备　选取洁白或金黄色、无病虫害的新鲜金针菇为原料,经挑选后剪去菇根,清水洗净,浸入抗坏血酸溶液中护色,可抑制多酚氧化酶活性;将整理后金针菇连同护色液加入夹层锅中,通入蒸汽加热至 90℃～95℃并保温 10～15 分钟,经过预煮可钝化多酚氧化酶的活力,避免褐变发生,还可软化金针菇细胞组织,提高出浆率;将预煮软化后的金针菇加入 2 倍重量的净化水,送入打浆机内进

行打浆,所得浆液经离心分离和过滤除渣即得金针菇汁。

③调配　按配方称取白砂糖、异麦芽低聚糖、蛋白糖、柠檬酸、稳定剂、多聚磷酸钠等,加入适量水充分溶解,经双联过滤器除杂后,与灵芝浸提液、金针菇汁一同泵入调配罐中进行混合调配。

④杀菌、灌装　调配均匀的混合汁液经精滤后,用板式热交换器迅速加热至95℃～100℃,进行3分钟的杀菌处理。冷却至85℃时趁热进行灌装,封口。所用容器与容器盖须经清洗并进行消毒处理。

⑤二次杀菌、冷却　封口后的混合汁液置于85℃～90℃的热水进行水浴加热杀菌15分钟,然后用冷水喷淋冷却至室温,擦干容器外壁水分并贴标后即得成品。

(4)产品特点与功能特性　该产品富含灵芝多糖、金针菇多糖、三萜类化合物等多种生理活性物质,具有抗肿瘤、降血脂、降血压、预防心脑血管疾病等功用,是适合高血压、高血脂、肿瘤患者食用的营养保健食品,也适于正常人群饮用,有预防癌症和心脑血管疾病的作用。

4. 灵芝黄芪酒

(1)原料配方　黄芪30千克,灵芝30千克,党参15千克,白术45千克,白酒100千克,白砂糖、香精适量。

(2)工艺流程

净化水预处理:净化水→加糖→加温净化→加酸→冷却过滤

原料→加工→浸泡→过滤→调配(加入预处理的净化水)→杀菌→冷却→过滤→灌装→冷却→包装→成品

(3)操作要点

①浸泡　将黄芪、灵芝、党参、白术切片,用白细布包装扎口,浸入优质基酒中,在室温下冷浸20～30天;经棉饼过滤机压榨过滤,得调配酒。所用基酒以清香大曲为好,浸泡后所得调配酒香味纯正,药香自然,协调,口感好,清香爽净。

②调配　要注意糖度、酒度的调配和药物剂量。

糖度:将白砂糖溶于净化水中,间接加温,保持恒温半小时左右,使其充分溶解;然后用多层纱布过滤、去除杂质,快速冷却至35℃左右,进行调配。

酒度:酒度要适当,要求既能突出酒香,又不掩盖灵芝、黄芪的药香。

药物浓度:药味不宜太浓,但要保证药酒的功效以及酒质的稳定。

色度:要保持浸泡酒的自然色泽,并使酒色和酒味保持协调统一。

③二次杀菌　调配后,在夹层锅内用蒸汽杀菌,经过滤后装瓶,再用蒸汽杀菌槽加热杀菌。采用二次杀菌法,可使酒品澄清透明,保持酒质的稳定性,延长保质期,一般可保存8个月以上,不浑浊,不沉淀,不变色。

第三节　灰树花

一、生物学特性

灰树花,又名贝叶多孔菌,是多孔菌中的一种真菌。属担子菌亚门层菌纲非褶菌目多孔菌科树花菌属。子实体无柄、灰色,形似灰色的树花,故名灰树花。本菌和茯苓、猪苓是近亲,是食、药兼用蕈菌,夏秋间常野生于栗树周围。子实体肉质,有柄,多分支,末端生扇形或匙形菌盖,重叠成丛,最宽可达 40～60 厘米。菌盖直径 2～7 厘米,灰色至淡褐色,表面有细的或干后坚硬的毛。老后光滑,有放射状条纹,边缘薄,内卷。菌肉白色,厚。其外观,婀娜多姿、层叠似菊;其气味清香四溢,沁人心脾;其肉质脆嫩爽口,百吃不厌;其营养丰富具有很好的保健作用和很高的药用价值。

二、营养价值

灰树花营养丰富,其营养素含量经中国预防医学科学院营养与食品卫生研究所和农业部质检中心检测,每 100 克干灰树花中含有蛋白质 25.2 克(其中含有人体所需氨基酸 18 种 18.68 克,其中必需氨基酸占 45.5%)、脂肪 3.2 克、膳食纤维 33.7 克、碳水化合物 21.4 克、灰分 5.1 克,富含多种有益的矿物质钾、磷、铁、锌、钙、铜、硒、铬等,维生素含量丰富,维生素 E 109.7 毫克、维生素 B_1 1.47 毫克、维生素 B_2 0.72 毫克、维生素 C 17.0 毫克、胡萝卜素 4.5 毫克。多种营养素含量居各种食用菌之首,其中维生素 B_1 和维生素 E 含量比其他菌类高 10～20 倍,维生素 C 含量是其他菌类的 3～5 倍,蛋白质和氨基酸含量是香菇的 2 倍,能促进儿童身体健康和智力发育的精氨酸和赖氨酸含量较金针菇中赖氨酸(1.024%)和精氨酸(1.231%)的含量高;与鲜味有关的天冬氨酸和谷氨酸含量也较高,且灰树花蛋白质中的色氨酸含量极高。《食物成分表》中 1 358 种食物色氨酸含量,绝大部分都是很低的,而灰树花是最高的。因此,灰树花被誉为"食用菌王子"和"华北人参"。灰树花提取物富含丰富的灰树花多糖,由葡聚糖、葡萄糖、木糖、岩藻糖、木糖、甘露糖、丰乳糖与少量蛋白质的异聚糖复合物组成。

三、生理功能

灰树花味甘,性平,无毒,可治痔疮,具有补虚固本、益肾抗癌、利水消肿之功效。子实体的水提取物对小白鼠艾氏癌的抑制率为 98.1%,对小白鼠肉瘤 180 的抑制率 100%。经美国、日本众多临床实验研究发现,灰树花提取物——D-fration

可有效激活人体免疫细胞,如 NK 细胞、抗毒 T 细胞、吞噬细胞等,从而可以达到抑制肿瘤细胞生长,诱导癌细胞凋亡的功效。此外,另外一种提取物——sx-fraction 可有效控制人体血糖,修复胰岛,减少胰岛素抵抗,增强人体对胰岛素的敏感度,有助于控制血糖,为Ⅰ型和Ⅱ型糖尿病患者带来健康。

药理试验表明,灰树花有抗病毒、抑制肿瘤生长和提高免疫力等作用。

灰树花其主要活性成分是灰树花蛋白多糖,多糖组分中以葡聚糖为主,以具有 β-(1→6)分支的 β-(1→3)葡聚糖为基本结构,含少量的木糖和甘露糖。研究结果表明,灰树花多糖主要通过增强细胞免疫功能而发挥其抗肿瘤作用,在基因水平上,本品有较强的抗化学诱变作用,可用于慢性乙型肝炎与恶性肿瘤放、化疗后乏力、白细胞减少、免疫功能降低的综合治疗,并且对艾滋病的预防有一定作用。临床上灰树花多糖口服有效,安全无毒。

项哨等试验,MIH 型小鼠分别连续服灰树花多糖和蒸馏水 7 天,7 天后,两组小鼠鼻腔中接种 A/PR 株流行感冒病毒;然后继续服灰树花多糖和蒸馏水,结果,服蒸馏水组小鼠逐渐死亡,至对照组小鼠全部死完时结束试验,计算饲养结果,每千克体重分别服用 500 毫克、1 000 毫克、2 000 毫克灰树花多糖,其死亡率分别是 70%、40%、30%。

项哨、董凤芹等又做试验,小鼠品种、体重、给药方式、给药量、观察统计方法与前同,但接种病毒改为接种单纯疱疹病毒,结果,对照组小鼠全部死完时,灰树花多糖组小鼠的死亡率分别为 90%、80%、30%;疲乏、步态不稳、行动困难、食欲减退等症状也比对照组出现迟,症状轻。

2 次试验均表明,灰树花多糖有抑制病毒生长的作用,其中剂量为 2 000 毫克/千克的效果最好。

灰树花多糖能提高动物免疫器官之肝脏、脾脏的重量,增加免疫细胞数量和提高免疫细胞杀伤病原菌的能力,显著提高巨噬细胞、NK 细胞对病原菌的杀伤指数,从而提高机体的抗病能力。

灰树花有一定的抑制肿瘤细胞生长的能力,小鼠服用灰树花多糖后再接种 S-180 皮肤肉瘤细胞,肿瘤抑制率可达到 90%。肿瘤患者在放疗、化疗后服用灰树花多糖,能减轻化疗、放疗产生的不良反应。灰树花多糖抑制肿瘤的作用机制与其提高机体免疫功能有关,灰树花多糖通过提高机体免疫作用实现对肿瘤的抑制作用。据美国一些癌症专门治疗医院临床实验表明,在化学治疗癌症的同时,用灰树花多糖抑制癌细胞比单纯化疗更见效果。日本医学专家用灰树花多糖进行抗肿瘤体内试验,结果表明,灰树花多糖抑制率可达 86.5%,比国际认证的抗癌新药香菇多糖抑制率高出 32%。美国国家癌症研究院早在 1992 年就已证实,灰树花的萃取物有抵抗艾滋病病毒的功效。日本的南波宏明博士除在实验中发现灰树花具有抗HIV的作用外,还发现灰树花对乳腺癌、肺癌、肝癌也有疗效;还可改善肿瘤的化学疗法带来的种种不良反应,如缺乏食欲、呕吐、恶心、头发脱落以及白细胞减少等等;还可缓解疼痛。

此外,灰树花还具有以下医疗保健功能:

一是,由于富含铁、铜和维生素C,它能预防贫血、坏血病、白癜风,防止动脉硬化和脑血栓的发生;

二是,它的硒和铬含量较高,有保护肝脏、胰脏,预防肝硬化和糖尿病的作用;硒含量高还使其具有防治克山病、大骨节病和某些心脏病的功能;

三是,它兼含钙和维生素D,两者配合,能有效地防治佝偻病;

四是,较高的锌含量有利大脑发育,保持视觉敏锐,促进伤口愈合;

五是,高含量的维生素E和硒配合,使之能抗衰老、增强记忆力和灵敏度,同时,它又是极好的免疫调节剂;

六是,作为中药,灰树花和猪苓等效,可治小便不利、水肿、脚气、肝硬化腹水与糖尿病等,是非常宝贵的药用真菌;

七是,它还有抑制高血压和肥胖症的功效;

八是,灰树花较高的硒含量有抗御肿瘤的作用。

四、加工与应用

灰树花作为一种高级保健食品,近年来风行日本、新加坡等市场。灰树花不仅营养丰富,而且鲜美可口,可烹调成多种美味佳肴,烹调后具有鲜、脆、嫩的特点。可炒、烧、炖、冷拼、做汤、做馅等多种吃法。凉拌质地脆嫩爽口,炒食清脆可口,做汤风味鲜美,是现代化家庭餐桌不可多得的"山珍"。在处理灰树花时,最好将泡发灰树花的水(其实是最有营养的水),用来炒菜,也在煮汤时,在汤快熬好时加入煮沸,既可增鲜提香,又可以增加汤的营养价值。无论是干品还是泡发之后的灰树花,在以手撕成片状时,可发现其纹理犹如一张张扇子,只要顺着撕开就不会破坏其质地和营养。

(一)灰树花三丝汤

1. 原料　水发灰树花 50 克,熟笋 40 克,紫菜 25 克,豆腐干 2 块,精肉 50 克,精盐 2.5 克,酱油 15 克,花生油 5 克,麻油 5 克,姜末 1.5 克,鲜汤 1 000 克。

2. 特点　鲜香可口。

3. 做 法

(1)将灰树花、熟笋、精肉、豆腐干切成细丝,紫菜拣净去杂掰碎待用。

(2)炒锅下油 5 克,烧至七成热,放入鲜汤 1 000 克,同时将灰树花、笋、肉、豆腐干丝与碎紫菜全部下锅,并放进酱、精盐、姜末等调料烧到汤汁起滚,淋上麻油,起锅倒入汤盆中即成。

(二)灰树花炖土鸡(排骨)

1. 原 料 土鸡、水发灰树花、火腿片、生姜、葱。

2. 调 料 食用油、盐、味精、鸡精、黄酒、胡椒粉。

3. 特 色 清醇鲜香,滋补养身。

4. 做 法

第一,先将洗净的土鸡在沸水锅中焯一下水,然后放入砂锅,加清水、黄酒、生姜块、葱结、火腿片,用旺火烧沸,然后用小火炖 2 个小时。

第二,炖熟后加入鸡精、盐和水发灰树花,再炖 15 分钟。

第三,最后加入胡椒粉即可。

(三)灰树花烧冬瓜

1. 材 料 灰树花 1 朵,冬瓜 500 克,豆苗 50 克,姜 6 片,酱油 1 茶匙(5 毫升),盐 3 克,糖少许,鸡精 1/4 茶匙(1 克)。

2. 做 法

第一,灰树花用温水泡发捞出洗净后沥干,过滤泡发的水备用。冬瓜去皮去籽洗净后,切成 2 厘米厚的块。豆苗洗净。

第二,锅中倒入油,大火加热至七成热时,放入灰树花炸 10 秒钟捞出。放入冬瓜块炸 20 秒钟捞出。

第三,炒锅中倒入少量油,放入姜片爆香后,倒入冬瓜和灰树花,再倒入过滤后的灰树花水(没过菜量的一半即可),然后调入酱油、盐和糖搅拌均匀,盖上盖子中火焖 3 分钟,待汤汁略收干,放入豆苗,撒入鸡精搅拌出锅即可。

第四节　发　菜

一、生物学特性

发菜又名江蓠、竹简菜、粉菜、头发菜、发藻、大发丝、地毛、地耳筋、毛菜、仙菜等。但事实上,发菜并不是菜,而是菌。发菜又称发状念珠藻,是蓝菌门念珠藻目的细菌,其颜色乌黑,状如发丝,故名"发菜"。明末清初戏曲理论家李渔称其为"河西物产第一"。发菜在甘肃张掖市山丹县境内分布和生长非常广泛,群众也早有食用习惯。改革开放以后,随着商贸流通的发展,山丹发菜逐步走出山丹,享誉南北,成为山丹一珍。天然发菜具有解毒清热、理肺化痰、调理肠胃的作用,尤其具有降血压的独特功效。发菜谐音"发财",与甜食搭配烹制为佳,深受广东一带人们的喜爱。20世纪80~90年代开始,在山丹大量收购,经加工包装成为烹制佳肴、馈赠亲友的上品,也成为山丹物产的一张名片。

由于发菜的开采会对生态造成了严重破坏(分子及细胞生物学家指出每采集100克重的发菜,便会破坏相当于16个足球场面积的草原,使这片草原至少10年寸草不生,且由于发菜主要分布在中国北方草原地带,采集发菜也成为中国沙尘暴的主要原因之一),中华人民共和国国务院在2000年发布了《国务院关于禁止采集和销售发菜制止滥挖甘草和麻黄草有关问题的通知》,将《中国国家重点保护野生植物名录》中发菜的保护级别从二级调整为一级,并要求严禁发菜的采集、收购、加工、销售和出口。

二、营养价值

每100克新鲜发菜中含能量1 029千焦,水分10.5克,蛋白质22.8克,脂肪0.8克,膳食纤维21.9克,碳水化合物36.8克,硫胺素0.23毫克,维生素E 21.7毫克,钾108毫克,钠103.3毫克,钙875毫克,镁132毫克,铁99.3毫克,锰3.51毫克,锌1.67毫克,铜0.72毫克,磷66毫克,硒7.455毫克,维生素C未检出。所含蛋白质较丰富,比鸡肉、猪肉高,脂肪含量极少,故有山珍"瘦肉"之称。

此外,还含藻红朊、十八酸、丙酮酸、胆甾醇、海胆酮、蓝藻叶黄素、藻蓝素和别藻蓝素等。营养成分高于同量的肉类与蛋类。

三、生理功能

发菜有较高的药用价值,其性平,味甘淡,有平肝潜阳、清肠止痢的功效。可清热解毒、化痰止咳、凉血明目、通便利尿,对佝偻病、痢疾、高血压、气管炎、鼻出血可软坚散结,理肠除垢,消滞降压。据中医书籍中介绍,发菜对甲状腺肿大、淋巴结核、脚气病、鼻出血、缺铁性贫血、高血压和妇科病等都有一定的疗效。发菜的颜色很黑,不好看,但发菜内所含的铁质较高,用发菜煮汤做菜,可以补血。研究发现,发菜还具有驱蛔虫、降血脂功效;它还有清胃肠、助消化的作用。动手术后的病人,吃一些发菜,伤口能较快愈合。所以,发菜又是一种名贵的珍稀保健蔬菜。

四、加工与应用

李笠翁在其《闲情偶集·饮馔部》有这样一段记载:"菜有色相最奇,而为本草食物志诸书之所不载者,则西秦所产之头发菜是也。予为秦客,传食于塞上诸侯,一日脂车将发,见坑上有物,俨然乱发一卷,谬谓婢子栉发所遗,将欲委之而去。婢子曰不然,群公所饷之物也。询之土人,知为头发菜,浸以滚水,拌以姜醋,其可口倍于藕丝、鹿角等菜,携归饷客,无不奇之,谓珍错中所未见。"

发菜是中国特别是南方的传统副食品,如福建的发菜球、北京的酿发菜、陕甘的拌发菜等。因发菜跟"发财"谐音,港、澳、台同胞和海外侨胞特别喜欢它,不惜以重金购买馈赠亲朋或制作佳肴。在海外,它常常被作为第一道菜,象征着四季发财,生意兴隆,因而被视为逢年过节馈亲待友的珍肴。

发菜最有名的做法是"酿金钱发菜"。"酿金钱发菜"始于盛唐,相传,唐代长安商人王元宝嗜吃发菜,每餐都要有一盘发菜佐食。后来王元宝成为国中豪富,都中商人以为王元宝的发迹,是吃了发菜的缘故。所以,纷纷仿效食用,并让厨师做成金钱形状,寓意"发财致富"。从此,"酿金钱发菜"世代流传。直至新中国成立前的西安,还有些富商大贾举办宴席,第一道菜,多是"酿金钱发菜"。当然,意思无非是讨个吉利,祝愿发财而已。

(一)"酿金钱发菜"的加工制作

1. 用料 发菜 100 克,鸡蛋皮 2 张,鸡脯肉 150 克,蛋清 3 个和少许黄蛋糕。

2. 制作 先将发菜用温水泡开,淘洗干净,投入开水中稍焯一下,捞出,加盐、味精和绍酒拌匀;再将鸡脯肉斩成泥茸,加清水、蛋清、湿淀粉拌匀,放入食盐、味精用力搅拌,直至发起;再将熟猪油 1 两(温度在 40℃ 以下)倒入搅匀,制成"酿子";然后将蛋皮摊开,先抹一层"酿子",摊上一层发菜,发菜上再抹一层鸡"酿子",酿子上加一层黄蛋糕,卷起上笼;蒸 2～3 分钟取出,切成 7～8 毫米厚、形如金钱的片,装入汤碗,浇入鸡汤即成。

(二)发菜鱼丸汤

1. 原料 花菜、鱼丸、发菜和肉片。

2. 制 作

第一,将花菜用手掰成小朵,浸泡过后沥干水分。

第二,肉片加盐加山芋粉或芡粉抓匀。

第三,鱼丸洗净备用。

第四,锅中倒入适量的大骨汤,烧沸。

第五,放入花菜烧沸后,放入鱼丸煮沸。

第六,再放入肉片划散。

第七,烧沸锅后,放盐,放发菜关火后即可。

(三)肉松发菜扒豆腐

1. 原料 豆腐 1 块,肉松 150 克,水发冬菇适量,发菜适量,蒜、葱、盐、生抽和蚝油适量。

2. 制 作

第一,将豆腐整块装盘入锅蒸 5 分钟取出待用。

第二,起油锅,爆香蒜头,将肉松入锅炒熟,加入切碎的冬菇与发菜,加水稍焖一下,然后加入葱、盐、生抽、蚝油调好味。

第三,用水淀粉勾芡,起锅淋在豆腐上面就好了。

(四)发菜汤泡肚

1. 原料 猪肚尖 350 克,发菜 15 克,白酱油 20 克,绍酒 15 克,味精 3 克,鸡汤 500 克,芝麻油 10 克。

2. 制 作

第一,将猪肚尖剔净油膜,用清水泡 30 分钟取出,切成片,下入沸水锅中氽热捞出,沥净水。

第二,将猪肚尖用绍酒 10 克拌匀略腌,发菜用清水泡 5 分钟,挤干水分,下入沸水锅内氽一下捞出,用绍酒 5 克、味精 1.5 克腌入味。

第三,将入味的猪肚片放在汤碗的一侧,入味的发菜放在汤碗的另一侧。

第四,将鸡汤烧沸,加白酱油、味精调匀,冲入猪肚尖、发菜碗内,淋上芝麻油即成。

特别提示:猪肚片氽熟即可,时间不能过长,否则不够脆嫩。

第五节 松 茸

一、生物学特性

松茸,学名松口蘑,别名松蕈、合菌、台菌、鸡丝菌,是世界上珍稀名贵的天然药用菌,也是我国二级濒危保护物种。松茸子实体粗壮,菌盖直径 5～20 厘米,为扁半球形逐渐平展,表面有黄褐色至栗色的绒毛状鳞片。表面干燥,风味极佳,香味诱人,而且是营养丰富的食用菌,在日本有"蘑菇之王"的美称,为名贵的野生食用菌。

二、营养价值

松茸的主要营养成分为多碳水化合物、多肽类、氨基酸类、菌蛋白类、矿物质类、微量元素类与醇类。子实体中含有 18 种氨基酸、14 种人体必需微量元素、49 种活性营养物质、5 种不饱和脂肪酸、8 种维生素、2 种糖蛋白、丰富的膳食纤维和多种活性酶,另含有 3 种珍贵的活性物质,分别是双链松茸多糖、松茸多肽和全世界所有植物中独一无二的抗癌物质——松茸醇,被广泛应用于预防癌症和癌症术后康复。

三、生理功能

中医学认为,松茸性淡、温,入肾,胃二经,主治腰膝酸软、头昏目眩、湿痰之咳嗽、恶心呕吐、肢体困倦等症。

现代科学研究证明,松茸具有抗肿瘤、提高免疫能力等多种生理功能。

(一)抗癌抗肿瘤

1. 抗癌抗肿瘤机制 松茸体内含有一种其他任何植物都没有的特殊双链生物活性物质——松茸醇,它具有超强抗基因突变能力和强抗癌作用,能自动识别肿瘤细胞所分泌的毒素,靶向性地与肿瘤细胞靠近、结合,通过溶解肿瘤细胞膜和破坏脂质双层进入细胞内,封闭肿瘤细胞的转体蛋白受体,阻断肿瘤细胞的蛋白质合成,使肿瘤细胞不能分裂繁殖以致死亡;破坏肿瘤细胞遗传复制的 DNA 基因,从而达到抗基因突变,抑制肿瘤和控制肿瘤复发、转移的目的。

2. 抗癌抗肿瘤研究 松茸具有很好的抗肿瘤活性,所含多糖的抗肿瘤活性远远高于灵芝,在 15 种具有抗肿瘤活性的食用菌中居于首位。其子实体热水提取物(多碳水化合物)对小白鼠肉瘤 S-180 的抑制率高达 91.8%,对艾氏腹水癌的抑制率为 70%。另外,有研究表明,松茸糖蛋白 MTSO 对人乳腺癌(MCF-7)细胞系也有抑制作用,在作用的同时它对正常细胞的毒性很低。同时,松茸多糖还能够诱导 K562 细胞凋亡,抑制白细胞增殖。研究还表明,肝癌患者在肝癌切除后服用松茸,能够明显提高存活率,并且可使 GOT,r-GTP,胆红素值明显降低。

研究表明,松茸的抗肿瘤作用表现为两个方面:一方面是直接杀死肿瘤细胞。实验发现,松茸中含有的某些蛋白能直接杀死皮肤癌、子宫癌的癌细胞。另一方面是诱导肿瘤细胞凋亡。实验发现,松茸中某些活性糖蛋白能通过抑制癌细胞在周期中 S 到 G2M 期的转化阶段细胞增殖,诱导细胞发生凋亡。

3. 抗癌抗肿瘤的应用　日本是使用松茸预防癌症领域最成功的国家,专家认为,这和日本癌症转化率和病死率世界排名最低的结果具有因果关系。在癌症治疗方面,松茸一方面是作为癌症术后的康复食品,被越来越多的患者所接受;另一方面是以提取物的方式作为癌症术后辅助治疗的药品。我国在松茸抗癌领域的研究起步较晚,目前仅有中科院上海药物研究所、云南白药等少数机构在从事松茸抗癌的研究和产品开发,加强松茸抗癌科普和松茸抗癌临床研究对应用松茸这一濒危物种具有重要的意义。

(二)提高免疫力

松茸含有人体所需的各种营养,具有综合提高免疫力的功效,特别是松茸中所富含的双链松茸多糖,能激活人体的 T 细胞,对非特异性免疫和特异性免疫具有确定的增强作用,对身体虚弱、术后产后人群快速提高免疫力具有一定的功效。

(三)抗衰老养颜

松茸多糖能增强机体的抗氧化能力,清除体内产生过量的自由基,降低组织细胞的过氧化程度,提高人体的免疫功能,具有抗衰老作用。另外,松茸还具有养颜美白的效果。黑色素是决定肤色的主要因素,酪氨酸酶是黑色素合成的关键酶,松茸中的松茸粗多糖对酪氨酸酶具有很好抑制作用,可以通过干预黑色素沉积的发生过程,从而达到美白肌肤的目的。世界著名化妆品品牌希思黎成功从松茸中提取松茸多糖,开发出自己的产品——抗皱活肤驻颜霜,到目前为止,已在全球范围内销售出 4 200 万瓶。

(四)治疗糖尿病作用

现代医学表明,松茸具有治疗糖尿病的作用。主要作用方式:

1. 提高体内胰岛素含量　松茸能够刺激胰岛 β 细胞分泌胰岛素,保护和修复胰岛 β 细胞,增加体内胰岛素含量;

2. 减少饭后血糖含量　α-葡糖苷酶抑制剂是一种新型降糖药物,实验证明,从松茸中提取出的 α-葡糖苷酶抑制剂(GI)能够降低糖尿病人用餐后血糖;

3. 直接降糖　松茸能够改善胰岛素抵抗,加速肝葡萄糖代谢,具有直接降糖的功效。

(五)治疗心血管疾病作用

松茸中不饱和脂肪酸的含量远远高于饱和脂肪酸,其中油酸、亚油酸和棕榈酸的含量占脂肪酸的比重很高。油酸、亚油酸等可有效地清除人体血液中的垃圾,延缓衰老;还有降低胆固醇的含量和血液黏稠度,预防高血压、动脉粥样硬化和脑血栓等心脑血管系统疾病的作用。

(六)促进胃肠功能

中国古典文献记载,松茸具有强身、补肾壮阳、益胃肠、理气、化痰和驱虫等功效。现代医学实验表明,松茸提取液既能加强正常小鼠胃肠蠕动,有类似胃肠促动药的作用,又能抑制小鼠因新斯的明负荷引起的胃肠功能亢进和脾虚所致的泄泻,使脾虚小鼠体重明显增加,体征显著改善,这说明松茸具有良好的促进胃肠功能。

(七)保护肝脏作用

松茸能够促进自由基清除,抑制或阻断自由基引发的脂质过氧化反应,增强SOD、CAT、GSH-Px 活性,提高机体抗氧化能力,具有保肝之功效。

(八)抗辐射、抗突变作用

第二次世界大战后,松茸从原子弹爆炸后的废墟中长出,成为唯一一种能够在高辐射环境下生存的物种,体现了松茸强大的抗辐射性;现代医学实验研究证明,松茸多糖能够清除体内自由基和过氧化物,保护细胞不产生突变,同时消除细胞所受到的各种辐射伤害。

四、加工与应用

一般人群均可食用,癌症患者尤为适用。干制品水发后味道会变差,不如鲜品口感好。一般食用方法:

(一)牛仔骨松茸

冻松茸 80 克,牛仔骨 100 克,洋葱 20 克,西兰花 20 克,荷兰豆、红椒各 10 克,黑椒汁 20 克,鲍汁 50 克。洋葱切圆圈,清炒后放盘中;其余 3 种清炒后放盘中,松茸用沸水解冻,切 5 毫米厚的片;然后选用平底锅放入黄油,放松茸和牛仔骨一起煎香放入盘中,最后淋上鲍汁和黑椒汁,即可上桌。

(二)松直三文鱼刺

鲜松茸 150 克,三文鱼 80 克,番茄 20 克,黄瓜 100 克,芥末 5 克,豉油 20 克。

先将松茸切片,用冰和盐水泡 5 分钟,黄瓜、番茄切片备用;然后把盘子装满碎冰,再用花草点缀好,把瓜片、番茄和松茸斜插在盘中的冰块里;最后把三文鱼放在盘子一边,洒上豉油和撒上芥末即可上桌。

第六节　冬虫夏草

一、生物学特性

冬虫夏草,是麦角菌科真菌冬虫夏草寄生在蝙蝠蛾科昆虫幼虫上的子座与幼虫尸体的复合体,是一种传统的名贵药食同源、食疗兼用的功能食品,有调节免疫系统功能、抗肿瘤、抗疲劳等多种功效。

冬虫夏草是一种真菌,是一种特殊的虫和真菌共生的生物体,是冬虫夏草真菌的菌丝体通过各种方式感染蝙蝠蛾(鳞翅目蝙蝠蛾科蝙蝠蛾属昆虫)的幼虫,以其体内的有机物质作为营养能量来源进行寄生生活,经过不断生长发育和分化后,最终菌丝体扭结并形成子座伸出寄主外壳,从而形成的一种特殊的虫菌共生的生物体。入药部位为菌核和子座的复合体。

二、营养价值

冬虫夏草含有水分 10.84%,脂肪 8.4%,蛋白质 25.32%,膳食纤维 18.53%,碳水化合物 28.90%,灰分 4.10%。含饱和脂肪酸 13.00%,不饱和脂肪酸 82.2%。此外,还含冬虫夏草素,是一种淡黄色结晶粉末,在试管内能抑制链球菌、鼻疽杆菌、炭疽杆菌、猪出血性败血症杆菌与葡萄状球菌的生长。另含维生素 B_{12} 0.29 微克/100 克。

此外,在药理学现代研究结果中,冬虫夏草含有虫草酸约 7%(是奎宁酸的异构物),以及超氧化物歧化酶(SOD)、麦角脂醇、虫草多糖、六碳糖醇、生物碱等。

三、生理功能

冬虫夏草是高级滋补名贵中药材,民间应用历史较早。始载于吴仪洛(1757

年)《本草从新》,记有:"冬虫夏草四川嘉定府所产最佳,云南、贵州所产者次之。冬在土中,身活如老蚕,有毛能动,至夏则毛出之,连身俱化为草。"又曰:"冬虫夏草有保肺益肾,止血化痰,治咳嗽……如同民间重视的补品燕窝一样。"以后,本草均有收录。

据医学科学分析,虫草体内含虫草酸、维生素 B_{12}、脂肪、蛋白等。现代医学临床研究表明,冬虫夏草吞噬肿瘤细胞的能力是硒的 4 倍,冬虫夏草所含虫草素能明显增强红细胞黏附肿瘤细胞的能力,抑制肿瘤生长和转移,能明显提升白细胞和血小板数量,迅速改善放、化疗后的呕吐恶心、胃口差、头发脱落、失眠等症状。在中国,冬虫夏草生长于海拔 4 200 米高的西藏那曲地区,由于其天然虫草素含量较高,因此抗癌效果更为显著。在美国,已将冬虫夏草列为抗肿瘤新药,进入临床三期。

第一,调节免疫系统功能。免疫系统相当于人体中的军队,对内抵御肿瘤,清除老化、坏死的细胞组织;对外抗击病毒、细菌等微生物感染。人体每天都可能出现突变的肿瘤细胞。免疫系统功能正常的人体可以逃脱肿瘤的厄运,免疫系统功能出现问题的人,则可能发展成肿瘤。冬虫夏草可诱发脾脏 B 淋巴细胞增殖,增强人体的自然杀伤细胞(NK)的活性,增强单核—巨噬细胞功能。冬虫夏草对免疫系统的作用像是在调整音量,使其处于最佳状态。它既能增加免疫系统细胞、组织数量,促进抗体产生,增加吞噬、杀伤细胞数量,增强其功能,又可以调低某些免疫细胞的功能。

另外,虫草多糖被认为是当前世界上最好的免疫促进剂之一,它的作用在于能增强免疫系统功能,激活 T 细胞、B 细胞,促进抗体形成。

第二,抗肿瘤。《中国癌症治疗保护网》吕迪主任与国内外肿瘤权威专家认为,冬虫夏草抗肿瘤是通过调节人体免疫力实现的,免疫力降低是肿瘤发生、进展、转移、复发、难于控制治愈的根本原因。此外,虫草具有激活人体的 DNA 合成,增强人体的吞噬细胞、白细胞和自身免疫力,降低人体不良变性的癌细胞,并包围吞噬变异细胞,使癌细胞减少至消失,这样肿瘤就会慢慢缩小至消失。冬虫夏草中的虫草素,是其发挥抗肿瘤作用的主要成分。

临床上使用虫草素多为辅助治疗恶性肿瘤,症状得到改善的在 91.7% 以上,主要用于鼻癌、咽癌、肺癌、白血病、脑癌、肝癌等恶性肿瘤患者。

第三,提高细胞能量、抗疲劳。冬虫夏草能提高人体能量工厂——线粒体的能量,提高机体耐寒能力,减轻疲劳。

第四,调节心脏功能。冬虫夏草可提高心脏耐缺氧能力,降低心脏对氧的消耗,抗心律失常。

第五，调节肝脏功能。冬虫夏草可减轻有毒物质对肝脏的损伤，对抗肝纤维化的发生。此外，通过调节免疫功能，增强抗病毒能力，对病毒性肝炎发挥有利作用。医学研究证实，虫草对实验性肝损伤能改善肝功能，降低血清谷丙转氨酶，冬虫夏草粉对乙肝表面抗原（HBsAg）阴转有一定作用，能显著提高患者血浆白蛋白，抑制 γ-球蛋白，对免疫球蛋白有双向调节作用。

第六，调节呼吸系统功能。冬虫夏草具有扩张支气管、平喘、祛痰、防止肺气肿的作用。

第七，调节肾脏功能。冬虫夏草可调节肾功能，补阴又补阳、不虚不亢、固本培元、补益强肾。冬虫夏草还有雄性激素作用，可生精，对阳痿、遗精、腰膝酸痛的肾阳不足有疗效；能减轻慢性病的肾脏病变，改善肾功能，减轻毒性物质对肾脏的损害。

第八，调节造血功能。冬虫夏草能增强骨髓生成血小板、红细胞和白细胞的能力。

第九，调节血脂。冬虫夏草可以降低血液中的胆固醇和甘油三酯，提高对人体有利的高密度脂蛋白，减轻动脉粥样硬化。

第十，治疗心血管病、增强心脑血管功能。冬虫夏草有舒张心脑血管，调节心脑血管功能，降血脂和降低心肌耗氧量，改善心肌和脑缺氧，抗心律失常、抗疲劳和抗衰老等作用，使心脑血管正常健康运作。

第十一，抗衰老、美容养颜。在目前公认的七大类抗衰老活性成分中，冬虫夏草涵盖了五大类，分别是多糖、氨基酸、多肽（蛋白质）、核酸和维生素（另外两者是黄酮和皂苷）。冬虫夏草能减轻由于衰老引起的儿茶酚水平下降以及由此造成的对机体生化过程的损害，并清除人体有害的自由基。冬虫夏草具有抑制脂质过氧化物，增强红细胞超氧化物歧化酶活力，从而起到延缓衰老、健康长寿的作用；还有美容养颜、调节内分泌的功能，以及明显的镇静和催眠的作用。

第十二，病后、手术后的康复作用。冬虫夏草具有抗癌、抗病毒的功能，虫草多糖有扶正固本、提高免疫功能的作用，另外冬虫夏草中含有丰富的维生素与硒元素，能增强机体免疫系统功能，增强抵抗力，生病期间与手术后的病人体质虚弱，抵抗病毒侵袭的能力明显降低，服用虫草有助于增强抵抗力，恢复病人体力，对康复痊愈十分有利。

第十三，其他。冬虫夏草还具有直接抗病毒、调节中枢神经系统功能、调节性功能等作用。冬虫夏草因能对人体起到全面的保健作用，被誉为"仙草"的美称。冬虫夏草能调节人体内分泌、加速血液的流动，促进体内的新陈代谢活动趋于正常，并迅速清除乳酸和新陈代谢的产物，使各项血清酶的指标迅速恢复正常，达到迅速恢复机体功能的效果，因此，它是有抗疲劳作用的。

四、加工与应用

专家指出，常温生服才是冬虫夏草最具药用价值的食用方式。冬虫夏草高温加热、炖煮时会造成冬虫夏草中很多重要精华成分的损失破坏，功效明显降低，而且这些方式吃起来也极不方便，难以坚持。

冬虫夏草对人体起作用必须具备两个条件：一是必须有足够数量的菌丝，二是不得含对人体有害的杂质。经过大量的临床研究发现，要达到治疗效果，必须服用足够的数量，每天 3～5 克。

冬虫夏草非常适合人们用来提高免疫力，或者是术后、产后身体的恢复，可是方法不当往往不能充分发挥它的营养作用。应如何食用？关于冬虫夏草的吃法，网上流传着很多种说法，有的说泡水喝，有的说炖着吃，有人说研磨成粉末，还有的说可以直接嚼着吃。到底冬虫夏草怎么吃比较好呢？

下面介绍几种比较简单而又有效的方法：

第一，煮水当茶喝，而不是用沸水泡着喝。此法简单有效。通常，冬虫夏草一次要煮 6～10 分钟，注意要用文火，煮沸时间短，水沸后要马上喝，边喝边添水，在冬虫夏草水颜色最深的时候是营养最丰富的时候，这个时候的水一定不要浪费。通常冬虫夏草水会经历一个由淡到浓再转淡的过程，余味也很绵长。在冬虫夏草水变淡甚至呈现白色的时候就不要喝了，可以把冬虫夏草吃掉。一壶冬虫夏草茶能喝上至少半个小时，添水 4～6 次。

第二，跟肉类产品炖着吃。此法为传统虫草吃法，结合不同的肉类品种，功效有一定的差别，详情可见下面的一些常见食谱。此法缺点是不适合每日坚持长期食用。

第三，用来泡药酒喝。

第四，使用研磨机将冬虫夏草磨成粉，装进胶囊盒中随身携带，每日定时服用。此法在卫生方面较为有隐患，若不是每日定期服用，不推荐使用。

第五，制作冬虫夏草瘦肉粥

原料：冬虫夏草 10 克，瘦猪肉（切片）50 克，小米 100 克。

制作：先将冬虫夏草用布包好，与小米、瘦猪肉一同放入砂锅内，加水煮至粥熟。

此粥具有润肺滋肾、补气生精、纳气定喘的功效，用于肺肾亏虚的咳喘劳嗽、自汗盗汗、阳痿遗精、腰膝酸痛，也可作为中老年人的保健食品。每日 1 剂，分次食用,需连续食用方会起效。

另外,还可参考表 5-1 食疗配方。

表 5-1 食疗配方

冬虫夏草(5~10 克)及配料	使用范围与功效
党参、白术、茯苓、当归、熟地黄、灵芝、曲酒	虫草酒;气血两虚,四肢乏力,月经不调等症
乌鸡、水鸭、白鸽、鹌鹑、瘦肉、甲鱼任选 1 种	滋肺补肾、护肝养颜、强身健体
灵芝、白芍、瘦肉(乌鸡、甲鱼、龟)	提高免疫力、抑制肿瘤、提高放化疗的效果
巴戟天、锁阳、乌鸡或水鸭	早泄、阳痿、不育
淮山药、枸杞子、芡实、乌鸡(甲鱼、水鸭、鹌鹑)	夜尿频多、头晕耳鸣、腰酸骨痛、体弱多病
川贝母、北杏仁、海底椰、蛤蚧(瘦肉)	虚劳、久咳、支气管炎
百合、酸枣仁、芡实、水鸭(乌鸡)	心律失常、失眠多梦
白芷、当归、瘦肉(乌鸡)	月经不调
何首乌、当归、乌鸡(鹌鹑)	养颜、乌发

第七节 蛹虫草(虫草子实体)

一、生物学特性

蛹虫草隶属于子囊菌门,子囊菌纲,肉座菌目,麦角菌科,虫草属。蛹虫草子实体是选取天然蛹虫草优良菌种,以营养充分的培养基代替虫体,并在培养基上接入蛹虫草菌种,然后人工模拟蛹虫草的生长环境,使培养容器中的蛹虫草菌种生长起来,形成蛹虫草子实体。

二、营养价值

蛹虫草子实体含有人体必需的多种氨基酸、微量元素和维生素,还富含蛹虫草最有效成分的虫草素、虫草酸、多糖、SOD 等,其中虫草素、虫草酸、多糖等含量高于天然虫草。营养成分和功效作用与天然虫草基本相同,是男女老少,四季皆宜,馈赠亲友的高级礼品。

三、生理功能

蛹虫草子实体具有虫草的营养功能,如调节机体免疫功能、平喘、保护肾脏功能、增强造血功能、延缓衰老、保肝、抑制器官移植排斥反应、抑制红斑狼疮、降血糖、抗肿瘤等作用;还有美容祛斑的功效;与药材配伍,还具有养肝保肝,改善睡眠等功效。

四、加工与应用技术

(一)蛹虫草子实体的生产工艺

出发菌株接入无菌的综合 PDA 斜面培养基中,在 20℃~25℃条件下,暗培养 10~15 天后,光照 4~6 天,即可作母种使用。将经复壮挑选的母种接至无菌液体培养基中,在 20℃~25℃条件下,振荡培养 7~10 天,选取菌丝球大小均匀一致、直径为 2~3 毫米的作为液体菌种,再将液体菌种接入制作好的米饭培养基中,经过菌丝培养阶段、原基诱导和子实体培养阶段,进行子实体采收、烘干、分级包装等步骤。

(二)蛹虫草子实体食用方法

用炖盅做成炖品是最好的食用方式之一,每盅用水约 230 毫升,加入蛹虫草子实体 3~5 克,可配各种肉类,加少许姜片,炖大约 1 个半小时,加盐调味即可食用。煲虫草汤:汤快要煲好时放入蛹虫草子实体,按每人 3~5 克分量,再以文火煲大约 30 分钟,调味即可食用。蛹虫草子实体不宜煲时间过长。

第八节 红 菇

一、生物学特学

红菇菌盖直径 5~12 厘米,初期呈扁半球形,平展后中部下凹,幼时黏,无光泽或绒状,中部深红色至暗黑红,边缘较淡,呈深红色,盖缘常见细横纹。菌肉白色,肉厚。菌柄长 3~5 厘米、粗 0.5~2 厘米,白色,或带珊瑚红色,圆柱形或向下渐细,菇脚矮圆,不空心。世界长寿之乡广东省蕉岭县是红菇著名产地之一,目前只有野生,还没人工栽植品种。说起红菇,名不虚传,它是菌类的珍品,非常名贵。不种自长，不削自圆，不染自红，是一种纯天然的有机食品。具有很高的营养价值，是一种温补食品。

红菇有的长在山林树苑下，有的隐藏于树叶下，有的长在草丛中；大如碗，小如珠。

红菇的菌丝不能分离，故至今无法进行人工栽培，因此日渐珍贵。

二、营养价值

红菇是一种高蛋白食物，并含有多种维生素如 B 族维生素、维生素 D、烟酸等，还含有矿物质钙与微量元素铁、锌、硒、锰等，以及许多人体必需的多种氨基酸、生物色素、红菇多糖等抗癌营养成分。红菇子实体中含有丰富的氨基酸、红菇多糖、多种人体必需的矿物质元素，还含有多种脂肪酸、甾醇等与人体健康密切相关的功能性成分。

三、生理功能

红菇具有养颜护肤、补血提神、滋阴补阳之功效，是产妇坐月子不可缺少的营养食品。红菇还有解毒、滋补的功效。此外，红菇还有补肾、润肺、活血、健脑、养颜和有利于血液循环，降低血液中的胆固醇的作用，并对治疗急性脊髓视神经症、腰腿痛、手足麻木、筋骨不适、四肢抽搐、贫血、水肿、营养不良、产妇出血过多等疾病也有疗效。

红菇营养丰富，鲜美可口，具有补血、滋阴、清凉解毒之功效。近几年研究显示，其可抗诱变、抑制癌症并具保健价值。实验研究从黄白红菇子实体中分离鉴定了多种重要化合物，其中脑苷脂类物质具有抗肿瘤、抗病毒、抗肝毒、免疫促进等作用；麦角甾醇具有抗癌、抗炎和免疫抑制及促进血小板凝聚等作用。甘耀坤等研究表明，红菇子实体能降低丙二醛（MDA）含量，提高谷胱甘肽（GSH）含量及超氧化物歧化酶（SOD）活性，对体内的抗氧化作用非常重要。

另外，研究证实，红菇粉能减轻肝脏损伤，改善肝脏功能，且与剂量呈正相关。说明红菇粉可有效减轻肝损伤，具有护肝保健作用。

研究表明，当小鼠吸入高浓度甲醛后，机体会造成明显的氧化损伤，产生氧化应激，红菇子实体中含有的这些功能性成分被小鼠吸收后，会对自由基产生的氧化损伤起到抑制作用。另外，红菇含有的还原性的维生素和糖可能直接参与了细胞内的抗氧化，维持了细胞内氧化系统和抗氧化系统的平衡，同时还起到了分解清除自由基和保护细胞免受氧化损伤的作用。

四、加工与应用

红菇的食用方法多种多样，也很方便，既可以单独煮、蒸、炖，又可以作为一种作料加到肉类、蛋类，还可以做甜食。

刚采回的新鲜红菇煮或炖后，其肉滑嫩味佳，汤色鲜红而味道甜美，好吃之极。烤干的红菇，很远就能闻到一股香味，扑鼻而来，令人心旷神怡。若与鸡、鸭肉或猪肉一起煮或清炖，则色、香、味俱全。以下介绍2种食用方法：

(一)红菇焖豆腐

1. 主料　干红菇30克。

2. 辅料　白豆腐250克、大蒜10克、青椒10克。

3. 调料　耗油5克、盐1克、味精0.5克、生抽5克、清油适量。

4. 制作方法

第一，红菇先用水发开，耗油；豆腐切3厘米长、1厘米宽，用油炸成金黄色。

第二，炒锅上火，下少许清油；大蒜，炒香后下蚝油、豆腐、红菇、青椒，加入少量水，调味焖几分钟即可上桌。

(二)红菇炖脑花

1. 主料　干红菇50克。

2. 辅料　猪脑200克、胡椒1克、纯净水1500克、姜5克、雪梨20克。

3. 调料　盐5克、味精与鸡精各0.5克。

4. 制作方法

第一，红菇先用清水洗净放在炖盅里，猪脑用竹签把血线去掉，过水洗净放在炖盅里。

第二，炖盅里加纯净水，加入姜、胡椒、雪梨，再加上保鲜纸，调味上蒸笼蒸5小时即可上桌。

第六章　水生植物类黑色食品

第一节　海藻类

一、生物学特性

海藻是生长在海洋中的藻类，是植物界的隐花植物。藻类包括数种不同类以光合作用产生能量的生物。它们一般被认为是简单的植物，主要特征为：无维管束组织，没有真正根、茎、叶的分化现象；不开花，无果实和种子；生殖器官无特化的保护组织，常直接由单一细胞产生孢子或配子；以及无胚胎的形成。由于藻类的结构简单，所以有的植物学家将它跟菌类同归于低等植物的"叶状体植物群"，如海带、紫菜、石花菜、龙须菜等。有的可以吃，有的可以入药。

海藻，又名羊栖菜，隶属于褐藻门，马尾藻科，马尾藻属。它是一种富营养的食用藻，享有"保健珍品"的盛誉。属暖温带性海藻。我国北起辽东半岛，南至雷州半岛，均有它的分布；以浙江沿海最多。它喜丛生在浪大流急的礁石上，株高一般为30～50厘米，最高可达200～220厘米。藻体由假根、茎、叶片和气囊组成。假根为吸盘状的基部固着器，茎为直立圆柱状的主枝，叶片、气囊，北方呈锯齿状，南方则呈线形或棒状。藻体新鲜时呈黄褐色，干品呈黑色。

二、营养价值

海藻含藻胶酸（亦名海藻酸、褐藻酸，Alginicacid）20.8％，粗蛋白质7.95％，甘露醇10.25％，灰分37.19％，碘0.03％。海蒿子含藻胶酸19.0％，粗蛋白质9.69％，甘露醇9.07％，灰分30.65％，钾5.99％，碘0.017％，亦含马尾藻多糖（Sargassan），其组成中含D-半乳糖、D-甘露糖、D-木糖、L-岩藻糖、D-葡萄糖醛酸和多肽。

（一）蛋白质

海藻含有一种特殊的蛋白质称为亲糖蛋白，它对特定碳水化合物具有亲和性而与之非共价结合。亲糖蛋白和细胞膜糖分子结合后会造成细胞沉降现象，因此是一种凝集素。亲糖蛋白普遍存在于陆上动植物及微生物中,尤其在豆科植物种子里更是丰富。亲糖蛋白借其辨识碳水化合物的特性,在生物的防御、生长、生殖、营养储藏与生物共生上扮演重要角色。亲糖蛋白也可应用于血细胞分离检测和药物载体、免疫抗体的产生及抗癌药物的医药用途上。

发现海藻含有凝集活性物质后,研究又发现海藻的亲糖蛋白不但可以凝集红细胞、肿瘤细胞、淋巴球、酵母、海洋细菌及单细胞蓝绿藻,也能促进小老鼠与人体淋巴球分裂作用。一些红藻如盾果藻、龙须菜、红翎菜与旋花藻的亲糖蛋白都具有这种作用。海藻亲糖蛋白能激活淋巴细胞,因而和免疫功能有密切关联。随后的研究陆续发现有些海藻亲糖蛋白能抑制肿瘤细胞的增殖,如抑制白血病细胞株与老鼠乳癌细胞的增长。又如,将海藻亲糖蛋白予以染色并结合在癌细胞上,便可以诊断或追踪人体内癌细胞的分裂与转移情形。

(二)多 糖 类

海藻具有增强免疫力与抗癌活性的物质,属特殊多碳水化合物、蛋白质、脂质、色素与低分子物质。在传统的中药里,几种褐藻经烹煮之后可用来预防与治疗癌症,其主要成分是多碳水化合物。多碳水化合物具有增强免疫力与抗癌的活性;褐藻的褐藻糖是海藻的抗肿瘤与抗凝血活性成分中,研究得最多的一种化合物。实验结果显示,此单糖可抗肿瘤与延长小鼠寿命。许多种褐藻,如裙带菜与马尾藻的褐藻聚糖,同样能抑制肿瘤与增强老鼠的免疫抗体功能。褐藻酸是褐藻细胞壁的主要成分,其抗癌活性和所含的甘露糖醛酸与古洛糖醛酸成分有关。有人认为海藻聚糖的抗癌机制可能与吞噬细胞与干扰素活性增强有关,因而间接地诱发细胞蛋白质的免疫反应与影响淋巴细胞的活性。

(三)膳食纤维

膳食纤维是具有多碳水化合物结构的大分子,是构成海藻细胞壁的主要成分,也多分布在细胞间隙中。红藻及褐藻含有丰富的食物纤维,且大部分是水溶性。纤维的含量与结构因海藻种类而有不同:绿藻的纤维成分和陆上植物大致相同,主要是纤维素,但红藻中是洋菜、角叉藻聚糖与布糊,褐藻中是褐藻酸、褐藻聚糖与海带糖。一般海藻的纤维量约为干重的 $30\%\sim65\%$,远大于豆类、五谷类、蔬菜类与水果类的平均含量。适度增加海藻膳食纤维的摄取量可以降低血压、血液胆固醇与血糖量,对心脏、血管的正常规律有帮助,并预防癌症发生。此外,海藻膳食纤维进入人体胃肠后,因吸收水分而膨胀,容易造成饱腹感觉,避免摄取过多食物而造成肥胖,并达到减肥保健效果。膳食纤维在人体内又能帮助消化与促进废物排泄,避免体内有害细菌的生长,具整肠作用。

(四)维 生 素

当人体某种维生素不足或缺乏时,就会引起代谢失调或疾病。海藻含有多种维生素,主要有维生素 B_{12}、维生素 C 以及维生素 E、生物素与烟碱酸。有些海藻还含有维生素 B_1、维生素 B_2、维生素 D、维生素 A 及维生素 K,这些维生素也具有其特定功能。

(五)矿物质元素

海水含有 45 种以上的矿物质元素,因海藻生长在海水里,每天吸收矿物质元素作为营养成分,因此海藻会比陆上植物含有更多种以及多量的天然矿物质元素,可以提供人体所需。

海藻的矿物质元素中以钠、钾、铁、钙含量最多。铁是血红素的成分,缺铁是造成贫血的原因之一。钙是形成人体骨骼与牙齿的成分,也是维持细胞膜正常功能所需;但钙每日会有流失,因此必须补充,尤其是孩子在成长期更是需要。许多海藻如蕨藻、龙须菜、沙菜、指枝藻、团扇藻与网地藻,含多量的铁、钙,可以从中摄取以补充不足。再如人体缺少碘会造成甲状腺功能异常,而海带含有多量的碘,可以提供所需。

有些海藻含有较多量的镁,此元素可以缓解压力,避免因紧张引起心脏病。海藻含有微量的铜、锌与锰,如果人体缺乏,在肝脏中若无法维持适量,则会导致肝脏受损。铜也能影响铁的吸收,而锰和血糖量与癫痫病的发生有关。人体所需要的大、中量和微量元素可以通过平日多摄取海藻得到补充。

(六)氨基酸与脂肪酸

一些食用海藻如紫菜、掌藻、石莼与石发等有较多的蛋白质,为藻体干重的 $20\%\sim39\%$。海藻含有 20 余种人体必需的氨基酸,重要的是大部分种类都有含硫氨基酸,如牛磺酸、甲硫氨酸、胱氨酸及其衍生物,每 100 克干重藻体的含量在 $41\sim72$ 毫克。除母奶、鸡蛋与豆类含多量的牛磺酸外,一般陆上食物蛋白质的含硫氨基酸大都不足或缺少,摄取不足时,会影响人体健康。牛磺酸与心跳、脑化学与神经细胞的正常调控以及视力有关,甲硫氨酸与胱氨酸则能螯合重金属,其硫与氢结合成氢硫基而有去毒作用。牛磺酸又有助于脂肪的消化,抑制血液与肝脏胆固醇含量的增加,对高胆固醇患者有改善作用。

海藻的脂肪酸量很少,占 $1\%\sim5\%$,但有些特殊脂肪酸对人体健康有很大的影响。海藻除含有少量动物与高等植物常见的棕榈酸、肉豆蔻酸、月桂酸与硬脂酸等饱和脂肪酸外,大部分为不饱和脂肪酸,如海带、羊栖菜与裙带菜含有油酸、亚麻油酸及次亚麻油酸。后两者是人体必需的不饱和脂肪酸。根据分析,紫菜、海带、翅藻及其他海藻含有较多的 EPA,这种脂肪酸通常在深海鱼类的鱼油中含量较多,除可帮助降血压、心跳与舒解压力外,也可以抑制血液胆固醇含量上升与血小板凝集,防止血栓形成与心肌梗死,对循环系统疾病有预防作用。

三、生理功能

第一,对甲状腺作用。海藻含丰富的碘,对甲状腺的作用参见下文海带。

第二,抗凝、降脂。海藻所含的藻胶酸与甘露醇的衍生物,与海带所含相似,其抗凝、降血脂作用参见海带。

第三,抗菌。海藻水浸剂量(1∶4)在试管内对红色毛癣菌等皮肤真菌有不同程度的抑制作用。用平板划菌法试验,海藻的水醇提取液对金黄色葡萄球菌、绿脓杆菌、弗氏杆菌、伤寒杆菌有抑制作用。纸片法试验,羊栖菜的甲苯—甲醇混合溶剂提取物对枯草杆菌有抑制作用。

第四,抗肉毒素中毒。羊栖菜、海蒿子的水提取物 1 000 毫克/千克背部皮下注射,对腹部皮下注射肉毒素 A 的小白鼠有保护作用,使存活率增高。羊栖菜的水提取物皮下注射 250 毫克/千克、500 毫克/千克,对后背皮下注射肉毒素 A 的家兔有保护作用。羊栖菜 70％乙醇提取物对肉毒素 E 中毒小白鼠亦有保护作用。以羊栖菜水提取物皮下注射肉毒素 A 中毒 1 小时后的小白鼠,能显著提高其存活率,在所试 19 种海藻类水提取物中作用最强。从水提取物中初步分离出 4 组分,多糖组分(WSOS)是有效组分,进一步实验从羊栖菜中分离 3 个多糖样品均具有不同程度的抗肉毒素中毒的效力。

第五,抗血吸虫。海带流浸膏对感染血吸虫尾蚴的家兔有保护作用。以 2 克/千克流浸膏于感染后 1 日口服,连续 90 日,家兔体内血吸虫虫体余存数减少,肝脏病变显著减轻,仅见少量虫体结节,新生虫卵很难找到。

第六,对免疫系统的作用。海藻硫酸多糖可增强正常小白鼠体内淋巴细胞增殖反应,促进小白鼠体内淋巴细胞产生白介素-2,巨噬细胞产生白介素-1,对正常小白鼠自然杀伤细胞活性和溶血素生成等也有较好的促进作用,对由环磷酰胺所致免疫低下小白鼠的淋巴细胞有恢复作用。海藻水煎剂 30 克/千克灌胃给药 7 天,能明显促进绵羊红细胞(SRBC)所致的小白鼠迟发超敏反应(DTH),明显增加小白鼠的脾脏与胸腺指数。

第七,抗癌。复方海藻多糖合剂可显著延长荷瘤小白鼠的生存时间,抑制肿瘤细胞的增殖;对于因接种肿瘤细胞后引起荷瘤小白鼠的胸腺萎缩和肾上腺萎缩也具有显著地对抗作用。小白鼠口服海藻、海带与全蝎、蜈蚣的复方(化癌丹)煎剂,对艾氏腹水癌有抑制作用。从羊栖菜分离 3 种多糖样品对小白鼠 S180 肉瘤和 EAC 腹水瘤有抑制作用。菊藻丸(由野菊花、海藻、马钱子等药组成)对小白鼠 L1210 细胞、人胃癌 803 细胞、人宫颈癌细胞的生长均有一定抑制作用。

第八,其他。羊栖菜水醇提取液 12.5 克/千克腹腔注射,使小白鼠在常压缺氧下的存活时间显著延长。

四、加工与应用

具体见本章第二节海带加工的介绍。

第二节 海 带

一、生物学特性

海带,别名昆布(一般认为两者是同种,实则在生物学上是同目不同科)、江白菜。褐藻的一种,生长在海底的岩石上,形状像带子,含有大量的碘质,可用来提制碘、钾等。中医入药时叫昆布,有"碱性食物之冠"一称。海带属的种类很多,在全世界有 50 余种,在亚洲有 20 余种。

海带通体橄榄褐色,干燥后变为深褐色、黑褐色,上附白色粉状盐渍。海带所含的碘和甘露醇,尤其是甘露醇呈白色粉末状附在海带表面,没有任何白色粉末的海带质量较差。海带以叶宽厚、色浓绿或紫中微黄、无枯黄叶者为上品。另外,海带经加工捆绑后应选择无泥沙杂质,整洁干净无霉变,且手感不黏为佳。

昆布和海带的区别:海带与昆布在植物学上有严格区别。首先,海带是更普遍的名称,海带在生物学上分为海带目,海带科和海带属,其中海带目有 4 科:绳藻科,海带科,翅藻科和巨藻科。我们日常说的海带,是指海带科下的海带属。昆布是褐藻门—海带目—翅藻科的一属。因此,昆布与海带不是"亲兄弟",而是"堂兄弟"。昆布藻体黄褐色,中国古代是没有海带的,日语中把海带统称为昆布。中国的一些植物学书籍和地区也说海带的别名也叫昆布。所以,说海带与昆布是一回事没有大错,因为二者均属于海带目。说不是一回事也对,因为二者在种属一级不同。形象地说,它俩有共同的"爷爷"——海带目,"爸爸"则一个是海带科,一个是翅藻科。因为植物分类学上名称有些混乱,而且外形很接近,再加上海带是由日本引进,而日语中昆布就是海带,而且英语中 kelp 也既指海带又指昆布,所以就造成了海带与昆布经常被混淆。

二、营养价值

海带含碘量较高。海带含褐藻酸(又名海藻酸、藻胶酸、藻朊酸、褐藻素)、褐藻酸的钠盐、褐藻多糖硫酸脂(PS,其钠盐为藻酸双酯钠,简称 PSS)、褐藻淀粉(又称昆布素、昆布糖、海带淀粉,其硫酸酯为 LS)、褐藻氨酸(又称藻氨酸、海带氨酸)、褐藻酸丙二酯、甘露醇、胡萝卜素、硫胺素、核黄素、烟酸、抗坏血酸以及钠、钾、钙、铁、镁、锰、铬、磷、硒、氟和蛋白质、脂肪等。昆布的成分与海带相似,亦含褐藻酸类化学物质。每 100 克干昆布中含:蛋白质 8.2 克,脂肪 0.1 克,糖 57 克,粗纤维 9.8 克,矿物质 12.9 克,钙 2.25 克,铁 0.15 克,以及胡萝卜素 0.57 毫克,硫胺素(维生素 B_1)0.69 毫克,核黄素(维生素 B_2)0.36 毫克,烟酸 16 毫克。与菠菜、油菜相比,除维生素 C 外,其蛋白质、糖、钙、铁的含量均高出几倍、几十倍。

三、生理功能

(一)对甲状腺的作用

其作用是由于所含的碘、碘化物起作用的。昆布可用来纠正由缺碘而引起的甲状腺机能不足,同时也可以暂时抑制甲状腺功能亢进的新陈代谢率而减轻症状,但不能持久,可做手术前的准备。碘化物进入组织与血液后,尚能促进病理产物如炎症渗出物的吸收,并能使病态的组织崩溃和溶解,故对活动性肺结核一般不用。昆布中所含之碘,较单纯的碘、碘化钾吸收慢,体内保留时间长,排出也慢。

(二)对心血管作用

1. 降血压 海带在民间用于防治高血压,可饮用其水浸液,有效成分为褐藻氨酸。动物实验用褐藻氨酸静脉注射与麻醉兔,使血压明显下降;静脉注射于大白鼠,低剂量时作用不稳定,高剂量(6.25 毫克/千克、12.5 毫克/千克、25 毫克/千克)有持久的降血压作用,剂量再增大(75 毫克/千克、100 毫克/千克)则降血压过猛,导致呼吸停止。

2. 抗凝 藻酸双酯钠(PSS)对大白鼠和家兔血浆体外抗凝的效价相当于肝素 33.9%,PSS 1 毫克的作用与肝素 41.7 单位相近。静脉注射 PSS 对家兔具有抗凝血活酶样作用和抗凝血酶样作用,作用机制类似于肝素。PSS 24 毫克/千克、32 毫克/千克、96 毫克/千克灌胃,家兔凝血时间、凝血酶凝结时间限制延长,其药效随剂量的增加而增加。家兔肠系膜微循环观察表明,PSS 能扩张血管,接触血管痉挛,对高分子葡聚糖引起的红细胞具有强烈的解聚能力。预先给药证明,PSS 能显著减轻高分子葡聚糖引起的血管、血液病理改变,稀释血液,防止高血黏度综合征的发生。PSS 和甘糖酯(PGMS)有抑制血小板聚集血栓形成的作用;PSS 500 毫克/千克,PGMS 300 毫克/千克、500 毫克/千克灌胃,对 ADP 诱导的大白鼠血小板聚集均有抑制作用;PSS 500 毫克/千克,PGMS 300 毫克/千克、500 毫克/千克、700 毫克/千克灌胃,对大白鼠体外血栓形成均有抑制作用。

3. 对心脏作用　昆布基部的乙醚提取物对离体蛙心有兴奋作用;50％甲醇提取物可使豚鼠的离体心房收缩加强。褐藻淀粉硫酸酯(LS)50 毫克/千克腹腔注射,使异丙肾上腺素(ISOP)腹腔注射 20 毫克/千克后第三天的家兔心电图的异常 T 波显著减少,病理切片表明心肌梗死样损害较轻,并能预防血清磷酸肌酸激酶(SCPK)活性的升高。以上实验说明,LS 能促进 ISOP 所致心肌损害的修复。LS 40 毫克/千克腹腔注射,使大白鼠腹腔注射 ISOP 引起的心电图 J 点位移减小。心脏血管形态和病理组织学观察亦表明,LS 对实验性大白鼠心肌坏死有保护作用。

4. 降血脂与抗动脉粥样硬化　在大白鼠饲料中加入不同比例的褐藻酸钠,测定大白鼠粪便中脂肪、胆固醇含量,表明褐藻酸钠有阻止脂肪、胆固醇吸收的作用,当饲料中褐藻酸钠含量达 7％时,作用较为突出。以此饲料喂养大白鼠 2 个月,血浆胆固醇含量降低;喂养 1 年,未发现病理变化。从海带中提取、分离多糖,以每日 100 毫克/千克给予高脂饲料喂养的三黄鸡,给药后 4、6 周血清总胆固醇、甘油三酯显著低于对照组,主动脉内膜斑块发生率低,斑块面积显著小于对照组。对于高脂饲料喂养的鹌鹑,LS 可有效地防止血清 TC 水平的升高,并使血清中高密度胆固醇(HDL-C)与 HDL-C/TC 比值升高,抑制和延缓动脉粥样硬化的发生和发展。海带中提出的甘露醇,经半合成而得的甘露醇烟酸酯,以每日 1.5 克/千克口服,能使来亨鸡血清总胆固醇下降 26.69％,使高血脂造型的白来亨鸡血清总胆固醇下降 26.46％,血清甘油三酯下降 32.82％。PSS 每日 20 毫克/千克口服,使高脂饲料喂养鹌鹑动脉粥样硬化发生率由对照组(有给药)的 92.9％降低为 50％,中膜平滑肌无明显的表型转变,说明 PSS 能抑制动脉粥样硬化病变的发生和发展。

(三)抗肿瘤

日本研究,注射海带提取液或食用海带,均有防癌、抗癌作用。海带的提取物,对体外人肺癌细胞有抑制作用。以海带的热水抽提液腹腔注射 10 日,对于背部皮下接种肉瘤 180 的小白鼠,可使瘤重减轻,抑制率为 90％;预先注射预防 S180,有效率 80％。热水提取物对小白鼠白血病 1210(L1210)有抑制作用。从海带中提取的多糖 20 毫克/千克腹腔注射,每日 1 次,连续给药 14 日,对小白鼠 S180 的肿瘤有抑制作用,且使小白鼠脾脏增重;对接种 EAC 的小白鼠无作用。昆布素对大白鼠的网状肉瘤 IRE(腹水型)则无影响。由昆布、海藻、地鳖虫等药组成的复方消瘤丸对小白鼠 S180 与 EC 肿瘤抑制率达 45.19%、55.10%;并能增强荷瘤小白鼠的免疫功能。昆布多糖还能显著增强体液免疫和细胞免疫的功能。

四、加 工 与 应 用

(一)糖渍海带

水发海带 500 克,洗净切小块,煮熟后捞出,加白糖 250 克拌匀,腌渍 1 日后即可食用。每日 2 次,每次食用 50 克。有软坚散结作用,可治慢性咽炎。

(二)海带冬瓜薏米汤

海带(或海藻)30 克,冬瓜 100 克,薏米 10 克,同煮汤,用适量白糖调味食用。有降血压,降血脂,清暑解热,利湿健脾,防癌作用。

(三)海带绿豆糖水

海带 60 克切丝,绿豆 150 克,同煮汤,加适量红糖调味食用。有补心,利尿,软坚、消痰和散瘿瘤作用。适用于高血压、脚气水肿、颈淋巴结核、单纯性甲状腺肿、小儿暑天热痱疖毒、痰热咳嗽等症。有人赞美:黑带绿豆加红糖,三色同煮功能高,补心利尿和消痰,少年排毒治热咳,老人预防血压高,老少皆宜多喝汤。

(四)海带豆腐

豆腐营养丰富,含皂荚苷成分,能抑制脂肪的吸收,促进脂肪分解,阻止动脉硬化的过氧化质产生。但是,皂荚苷会造成人体碘的缺乏,而海带(切成长条)中富含人体必需的碘(每 100 克海带含碘 0.24 克)。两者同食,让豆腐中的皂荚苷充分发挥优势,抑制劣势,可使体内碘元素处于平衡状态。根据此食物的形象特征与功能被美食家描述为:"海带豆腐,黑白明分,以长补短,功效百分。"

(五)海带鸭肉汤

1. 材料 鸭肉 300 克,水发海带 100 克。

2. 调料 盐、水淀粉、蛋清、味精、胡椒粉各适量。

3. 做法

第一,鸭肉、海带分别洗净,切片。

第二,碗中放入鸭肉片,加蛋清、水淀粉调匀,焯水后捞出备用。

第三,砂锅中放入海带,加适量清水,小火炖半小时。

第四,将鸭片放入砂锅中,加盐、味精、胡椒粉搅匀,稍炖即可。

可在砂锅加适量香油,成汤香气浓郁。

(六)海带红烧肉

1. 原料 五花肉、海带、八角、花椒、香叶、白糖、葱、植物油、姜、蒜、五香粉、蚝油、精盐适量。

2. 做法

第一,五花肉1 000克,洗净(最好用沸水焯一下)。

第二,将五花肉切成大块,入高压锅,放入八角、花椒、香叶,定时18分钟,把肉煮熟透。

第三,将海带用水泡发,洗净,切成菱形块。葱,姜、蒜切片待用。

第四,肉煮好后,取出切方块;炒锅内放少量植物油,加入白糖熬糖色,将肉块入糖色中翻炒(不加水),炒到一定程度,把锅内多余的油倒出来,只留一点;再加入事先准备好的海带块,葱,姜蒜片,一起翻炒;加入少许五香粉、蚝油和适量精盐调味即可。

(七)海带粳米粥

1. 原料 海带(鲜)50克,粳米150克,绿豆50克,赤砂糖5克。

2. 做法 将海带洗净,切成3厘米长、0.5厘米宽的丝,备用;将绿豆、粳米淘洗干净,备用;锅中加水适量,放入粳米、绿豆,先用旺火烧沸,再改用小火熬粥;等粳米熬烂时,把海带丝撒入锅内,再煮片刻;将红糖加入锅中搅匀,即可食用。

(八)猪皮烧海带

1. 原料 主料熟猪皮200克,海带结100克,腐竹100克,红葱头、红椒、葱各少许和调料。盐2克、糖2克、鸡精2克、料酒一汤匙、酱油一汤匙、蚝油一汤匙

2. 做法

第一,将猪肉皮去毛,提前小火40分钟煮熟;海带结、腐竹泡发好。

第二,将肉皮切菱形块,其余食材切片。

第三,锅中放油,爆香葱片,放入肉皮、海带结、腐竹,烹入料酒、盐、糖、鸡精、酱油、蚝油,补充少许清水,小火炖制片刻,至汤汁收浓。

第四,汤汁收浓后,倒入葱头;红椒炒熟即可。

注：海带结能够帮你快速恢复精力和体力。

(九)黑豆海带牛尾汤

1. 原料　主料牛尾、海带、黑豆、龙眼,调料葱、姜、味精、盐、绍酒。

2. 做法

第一,将牛尾洗净,凉水下锅,焯水,去净血沫。捞出。

第二,将海带洗净切菱形块,黑豆提前半天用清水泡发,葱切段,姜切片。

第三,将龙眼去皮剥出龙眼肉。

第四,锅中放沸水,放入牛尾、葱姜,开锅撇去浮沫后再加入绍酒。

第五,煮一会出香味后放入黑豆,继续煮。

第六,煮大约 1.5 小时。

第七,汤减少后,加入切好的海带块(如果海带不干净可以提前焯水),略煮一会,放入龙眼肉,等到用筷子一扎豆烂、肉烂时就可以加盐调味即可。

(十)海带生地汤

1. 原料　海带 30 克,生地黄 18 克,绿豆 100 克,陈皮 3 克,瘦猪肉 100 克。

2. 做法　将海带洗净泡发切丝,猪肉、陈皮洗净切丝,与生地、绿豆同置砂锅内,加水适量用小火煲 2 小时,加食盐少许即可食用。

此药膳具有清热解毒、凉血养阴、美容养颜之功效。

(十一)凉拌海带丝

1. 原料　海带、蒜泥、葱末、盐、糖、酱油、陈醋、香油、味精、芝麻。

2. 做法

第一,干海带在高压锅中蒸 4 分钟;

第二,洗干净海带后水发,勤换水;

第三,取泡发好的柔软的海带切丝,在沸水中焯一下,沥干水分;

第四,加蒜泥、葱末、盐、糖、酱油、陈醋、麻油、味精、芝麻拌匀;

(十二)酸辣海带丝

1. 原料　海带。

2. 调料　醋、蒜、料酒、生抽、辣椒油、白糖。

3. 做法　海带切丝,用冷水浸泡半天以上。锅内热水烧沸后关火,倒入洗净的海带丝迅速拌匀后,倒出过凉水沥干备用。(焯水可以去除海带部分腥味,海带入锅的时间不要超过 30 秒钟,焯水时间太长会影响海带的口感。想要海带更有嚼劲,可以事先准备冰的凉开水,焯完水后再过冰水)加生抽和少许料酒、醋、辣油、糖、蒜末,拌匀(海带本身有咸味,根据口味调入盐。酸度和辣度根据自己的口味调整)。拌好的海带丝,在汤汁里浸泡半天更入味。(点缀的红色是枸杞子,喜辣的可以用红辣椒点缀。)

(十三)海带炖肉

1. 原料　瘦猪肉 400 克,水发海带 600 克,酱油 100 克,料酒 5 克,精盐 4 克,白糖 7 克,八角 2 瓣,葱段 15 克,姜片 7 克,麻油 8 克。

2. 做法

第一,将肉洗净,切成 1.5 厘米见方、0.5 厘米厚的块;葱择洗干净,切成段;姜切片;海带择洗干净,用沸水煮 10 分钟,切成小块待用。

第二,将麻油放入锅内,下入白糖炒成糖色,投入肉块、八角、葱段、姜片煸炒,视肉面上色,加入酱油、精盐、料酒,略炒一下,加入水(以漫过肉为度),用大火烧沸后,转微火炖至八成烂,投入海带,再一同炖 10 分钟左右,海带入味即成。

特点:海带酥香,肉质软烂,营养丰富,海带富含碘、钙、磷、铁,能促进骨骼、牙齿生长,是儿童良好的食疗保健食物,同时还可防治小儿缺铁性贫血。适宜幼儿与儿童食用。

(十四)海带萝卜汤

1. 原料　海带 30 克,白萝卜 250 克。

2. 做法　先将海带用冷水浸泡 12 小时,其间可换水数次、洗净后剖条、切成菱形片,备用;将白萝卜放入冷水中浸泡片刻,反复洗净外皮,连皮与根须切成细条状,与海带同放入砂锅,加水足量,大火烧沸后,改用小火煨煮,至萝卜酥烂;加入盐、味精、蒜末(或青蒜段)、拌匀,淋入麻油即成。

3. 功效　防癌抗癌,通治各期阶段乳腺癌。

第三节　紫　菜

一、生物学特性

紫菜,又名紫英、索菜、子菜、膜菜、紫瑛,是海中互生藻类生物的统称,可食用。与大部分藻类不同的是,紫菜是肉眼可见多细胞的生物。一般生活在距离潮间带数十米的海底,外表通常呈绿色,偶尔呈红色。

紫菜外形简单,由盘状固着器、柄和叶片3部分组成。叶片是由1层细胞(少数种类由2层或3层)构成的单一或具分叉的膜状体,其体长因种类不同而异,自数厘米至数米不等。含有叶绿素和胡萝卜素、叶黄素、藻红蛋白、藻蓝蛋白等色素,因其含量比例的差异,致使不同种类的紫菜呈现紫红、蓝绿、棕红、棕绿等颜色,但以紫色居多,因此而得名"紫菜"。

紫菜被称为"海洋蔬菜"。紫菜有点像韭菜,长成后可以反复的采割,一般叶长15~20厘米即可采收1次。通常行内人称第一割为第一水,第二割为第二水,依次类推,其中第一水的紫菜也叫初水海苔,特别细嫩,营养也比较丰富,市面上比较难买,养殖户大都是留着自己吃或者送人。超市里比较好的一般是3、4水的,差的就是7、8水的了。紫菜的种类颇多,福建、浙南沿海多养殖坛紫菜,北方则以养殖条斑紫菜为主。

二、营养价值

紫菜是一种营养丰富的海菜,富含碘、钙、钾、硒、锰等矿物质和维生素 B_1、维生素 B_2、维生素 B_3、胡萝卜素等,它的蛋白质含量在海藻类植物中首屈一指(占干品的30％左右),相当于海带的4倍、蘑菇的9倍,故紫菜又有"营养宝库"的美称。

每100克干品中含蛋白质26.7克、脂肪1.1克、膳食纤维21.6克、碳水化合物22.5克、胡萝卜素1 370微克、视黄醇228微克、硫胺素0.27毫克、核黄素1.02毫克、烟酸7.3毫克、维生素C 7.3毫克、维生素E 1.82毫克、钾1 796毫克、钠710.5毫克、钙264毫克、镁105毫克、铁54.9毫克、锰4.32毫克、锌2.47毫克、铜1.68毫克、磷350毫克、硒7.22微克。

三、生理功能

紫菜含二十碳五烯酸(EPA)和二十二碳六烯酸(DHA),可以预防人体衰老。含有可以降低有害胆固醇的牛磺酸,有利于保护肝脏。可将致癌物质排出体外,特别有利于预防大肠癌。含有微量多碳水化合物,有抑制癌症的效果。含有丰富的胆碱,常吃对记忆衰退有改善作用。

紫菜的纤维素质地柔软,有调节结肠的功能,可去除危害人体身体健康的汞、镉等有害物质,提高人体的免疫功能;所含有丰富的镁、碘、锌、铁、钙等矿物质和微量元素,可有效防治甲状腺肿大、缺铁性贫血、动脉硬化、心脏病、抑郁症、妇女痛经等症状;还含有胆碱、烟酸、胡萝卜素、硫胺素、降血压肽等生物活性物质,具有增强记忆力、缓解疲劳、调节血压、保持体内的酸碱平衡等生理功效。因此,紫菜被誉为"长寿菜""神仙菜",一直以来都是人们日常餐桌上的营养食品。

现代的医药学及其临床研究也表明,紫菜具有很多的医疗保健功效。通过小鼠实验和临床实验研究证明紫菜多糖具有抗凝血作用;顾佳雯等通过小鼠运动实验证明了紫菜多糖具有抗疲劳之功效;王茵等通过对 ACE 酶活性抑制率进行测定以及小鼠实验,证明了紫菜酶解液对降血压、防治心血管疾病具有很好的效果;Fujita 从褐藻浸提液中分离出降血压肽;Akiko Okamoto 综合比较了多种海藻酶解液的降血压活性,发现坛紫菜酶解液中含有较高 ACE 抑制活性的降血压肽。

中医学认为,紫菜性寒,味甘咸,有清热、利尿、化痰、软坚散结之功效。适宜甲状腺肿、淋巴结肿大、动脉硬化、恶性肿瘤、乳腺小叶增生、水肿等患者食用。

四、加工与应用

紫菜虽为植物,却有着海鲜特有的鲜香气味。紫菜入馔,既可作主料,又可作配色料、包卷料或调料,烹制方法则是拌、炝、蒸、煮、烧、炸、汤皆可。紫菜不仅营养丰富,也是一种理想的食疗佳品。但紫菜性寒,平素脾胃寒、腹痛便溏者慎食。

(一)用汤煮制的菜肴

紫菜最常见的烹饪方式是煮汤、滚汤。这也是最简单便捷的食用方式。常见的菜式有紫菜鸡蛋汤、紫菜瘦肉汤等。

1. 紫菜瘦肉汤　紫菜 15～20 克,瘦猪肉 100 克(切小块),同煮汤,加适量食盐、味精调味食用。此汤有清热化痰软坚的作用,适用于甲状腺肿大、颈淋巴结核者。

2. 陈皮白萝卜紫菜汤　紫菜 15 克,白萝卜 20 克,加陈皮 2 片,同煮汤,加少许食盐调味,即可。此汤也可治疗甲状腺肿大和淋巴结核。

(二)炒制技法烹制的菜肴

炒制紫菜的技法是:紫菜水发后洗净,撕成小块,再与配料同炒并调味成菜。这类紫菜菜肴的配料一般选用时令鲜蔬,其代表菜式有:紫菜炒韭菜河虾、紫菜炒茼蒿、紫菜炒油麦菜等。

以紫菜炒韭菜河虾为例:

原料:水发紫菜 50 克,河虾 100 克,韭菜 250 克,盐、料酒、味精、葱花、麻油、色拉油适量。

做法:水发紫菜撕成小块;河虾入沸水锅中氽烫熟后捞出;韭菜择洗净,切成 3

厘米长度的小段。炒锅上火,放入花生油烧热,投入葱花爆香,再下余烫好的河虾,烹入料酒,随即下入韭菜、紫菜翻炒,调入精盐和味精,炒熟后淋入麻油,起锅装盘即可。

(三)炸制技法烹制的菜肴

炸制紫菜的技法是:先将配料制成茸泥,再用紫菜裹成卷,或将紫菜和入茸泥内,调味后再制成一定形状的生坯,直接入热油锅中炸制成菜。这类菜肴的配料一般选用质地细嫩的鸡脯肉、虾仁、猪里脊肉等。其代表菜式有金沙紫菜饼、紫菜如意蟹肉卷、脆皮紫菜百花卷、佛手紫菜卷等。

以金沙紫菜饼为例:

原料:水发紫菜 75 克,马铃薯 400 克,鸡蛋 3 个,白糖、淀粉、面包糠各适量,色拉油 1 000 克。

做法:马铃薯去皮洗净,上笼蒸熟后取出,压成泥;紫菜洗净后剁细,与马铃薯共纳一盆,再磕入鸡蛋,放入白糖和淀粉,搅拌均匀后用手挤成丸子,随即拍匀干淀粉,拖匀鸡蛋液,滚匀面包糠,用手逐一按扁,即成金沙紫菜饼生胚。炒锅上火,放入色拉油烧至四五成热,将金沙紫菜饼生胚下入锅中,炸至色呈金黄且酥脆时,捞出沥油装盘,即成。

(四)蒸制技法烹制的菜肴

蒸制紫菜的技法是:将紫菜与配料调好味,制成一定形状并上笼蒸熟后,再浇上味汁而成菜。这类紫菜菜肴选料广泛,肉类、海鲜类、菌类和时令鲜蔬均可。其代表菜式有紫菜鲍脯三鲜扎、紫菜蒸肉丸、紫菜时蔬卷等。

以紫菜鲍脯三鲜扎为例:

原料:水发紫菜 75 克,鲍脯、鲜海参、鸡脯肉各 50 克,青红椒丝 50 克,姜丝 5 克,葱丝 10 克,精盐、料酒、味精、湿淀粉、清汤、色拉油各适量。

做法:鲍脯、鲜海参、鸡脯肉洗净,均切成粗丝,鸡肉丝用湿淀粉上浆,再分别下入锅中滑油后捞出。锅留底油,投入姜丝、葱丝、青红椒丝爆香,下入滑好油的鲍脯丝、海参丝、鸡脯肉丝炒匀,烹入料酒,调入精盐、味精,翻匀后起锅,即成鲍脯三鲜馅料。用水发紫菜将鲍脯三鲜馅料捆成把,呈放射状摆放在一圆盘内,上笼蒸约 5 分钟取出,淋上用精盐、味精、湿淀粉与清汤炒制而成的咸鲜芡汁,即成。

特点:咸鲜味美,具有补肾益气、养精血的功效。

(五)紫菜烹制的汤羹菜肴

用紫菜烹制成的汤羹菜肴很多,一般用肉类、蛋类、豆制品类和时令鲜蔬作为配料。常见的菜式有紫菜鸡茸羹、紫菜三丝莲藕羹、紫菜鱼丸汤等。

以紫菜三丝莲藕羹为例：

原料：紫菜 30 克，火腿 20 克，冬笋 20 克，豆腐干 20 克，鲜藕 50 克，香菇 20 克，蒜苗 25 克，香菜 15 克，精盐、胡椒粉、味精、水淀粉、清汤、麻油各适量。

做法：将紫菜洗净后用手撕成碎块；火腿、冬笋、豆腐干、香菇、鲜藕分别洗净，均切成细丝；蒜苗、香菜择洗净，均切成节；净锅上火，掺入清汤烧沸，下入所有的原辅料，调入精盐、胡椒粉和味精，用水淀粉勾成二流芡，撒入蒜苗节和香菜节，淋入麻油，起锅盛入汤盆内，即成。

特点：鲜香味美，具有化痰利水、解烦醒酒之功效。

第四节　裙　带　菜

一、生物学特性

裙带菜属褐藻门，褐子纲，海带目，翅藻科，裙带菜属。裙带菜属海藻类的植物，1 年生，色黄褐，高 1～2 米，宽 50～100 毫米，叶缘呈羽状裂片，叶片较海带薄，外形像芭蕉叶扇，也像裙带，故取其名。分淡干、咸干两种。裙带菜在我国宋代的《本草》上称莙荙菜，音变成裙带菜。裙带菜叶片作羽状裂，也很像裙带，故名裙带菜。裙带菜为温带性海藻，它能耐受较高的水温，我国自然生长的裙带菜主要分布在浙江省的舟山群岛与嵊泗岛。而现在青岛和大连地区也有裙带菜的分布。大连裙带菜的孢子体黄褐色，外形很像破的芭蕉叶扇，高 1～2 米，宽 50～100 毫米，明显地分化为固着器、柄与叶片三部分。固着器为叉状分枝的假根组成，假根的末端略粗大，以固着在岩礁上，柄稍长，扁圆形，中间略隆起，叶片的中部有柄部伸长而来的中肋，两侧形成羽状裂片。叶面上有许多黑色小斑点，在黏液腺细胞向表层处的开口。内部构造与海带很相似，在成长的孢子体柄部两侧，形成木耳状重叠褶皱的孢子叶，成熟时，在孢子叶上形成孢子囊。裙带菜的生活史与海带很相似，也是世代交替的，但孢子体生长的时间较海带短，接近 1 年（海带生长接近 2 年），而配子体的生长时间较海带为长，约 1 个月（海带配子体生长一般只有 2 周）。裙带菜是褐藻植物海带科的海草，誉为"海中蔬菜"。

二、营养价值

裙带菜中含有多种营养成分，是矿物质的天然宝库，含有十几种人体所需的氨基酸、钙、碘、锌、硒、叶酸和维生素 A、维生素 B、维生素 C 等。裙带菜含钙量是"补钙之王"牛奶的 10 倍，含锌量是"补锌能手"牛肉的 3 倍。500 克裙带菜含铁量等于10.5 千克菠菜、含维生素 C 量等于 750 克胡萝卜，蛋白质含量高于海带，其含碘量也比海带多，还富含氨基酸、粗纤维等营养素。其味道也超过海带。同时，裙带菜富含褐藻酸和岩藻固醇，不仅是一种食用的经济褐藻，而且可作综合利用提取褐藻酸的原料。

三、生理功能

裙带菜在欧美一些国家经常被称为"海中的蔬菜"。裙带菜的黏液中含有的褐藻酸和岩藻固醇，具有降低血液中的胆固醇，有利于体内多余的钠离子排出，防止脑血栓发生，改善和强化血管，防止动脉硬化与降低高血压等方面的作用。日本裙带菜栽培的历史悠久，也是一个消费大国，在裙带菜的营养和与人类健康的关系研究方面居于世界领先水平。西泽一俊先生是日本著名的藻类生物化学专家，多年来一直从事海藻的营养、药理以及与人类健康关系的研究，他的著作《海藻之王——裙带菜》一书通过大量的调查结果和裙带菜实验数据，阐述了裙带菜的营养价值和药用价值，特别在预防和治疗高血压、成人疾病等方面的特殊功效做了科学的论述。我国裙带菜是早年先后从朝鲜和日本移植过来的。

裙带菜还被称为聪明菜、美容菜、健康菜、绿色海参，对儿童的骨骼、智力发育极为有益。裙带菜还具有营养高、热能低的特点，容易达到减肥、清理肠道、保护皮肤、延缓衰老的功效，是许多女性喜爱的菜肴。经常食用可提高人体的免疫功能，促进脂肪代谢，降血脂，降血压，软化血管，增加心肌活力，清火安眠，排毒祛斑，是抗细胞癌变的天然食品，对预防糖尿病、心血管疾病等有一定作用，对儿童的智力发育也有一定的作用。

四、加工与应用

常见食用方法：

1. 凉拌　用凉开水泡 1 分钟即可复原，洗净后把水挤干，加花椒油、麻油、酱油（生抽）、盐、鸡精、蒜末、胡萝卜丝、香菜，即成美味凉菜。也可根据自己喜欢的口味随意凉拌。

2. 涮火锅　冷水泡开，洗净后直接下锅即可。

3. 做汤　水烧沸，放入汤料，裙带菜直接下锅，即成美味的裙带菜鲜汤。

4. 做馅　凉水泡 1 分钟，水挤干，裙带菜切成馅，可配肉馅、海鲜馅、各种蔬菜馅,即成各种风味饺子和包子。

5. 煮面条　裙带菜同面条搭配一起煮食,补充营养素与矿物质。

第五节　龙 须 菜

一、生物学特性

龙须菜又名麒麟菜、海冻菜、红丝、凤尾等,是红藻的一种。藻体紫红色,软骨质,肥厚多肉,长 12～30 厘米,体圆柱形,直径 2～3 毫米,不规则的分枝。腋角广开,近于水平伸出,互生、对生、偏生或数回叉状分枝,先端尖细,两边或周围具疣状突起。于分枝上部的突起密集,在下部的稀疏。髓部中央有藻丝。四孢子囊集生。带形分裂。囊果突起于体表而呈半球形。

二、营养价值

龙须菜与人们经常食用的海洋植物海带、裙带菜、紫菜的营养成分相比,其主要成分为多糖、纤维素和矿物质,而蛋白质和脂肪含量非常低。如果从蛋白质和脂肪含量看,龙须菜的食用营养价值极低。但如果换个角度看,龙须菜又是一种不可多得的优质保健食品。因为龙须菜富含多糖和纤维素,故属于高膳食纤维食物。膳食纤维是人体必需的物质,具有防治胃溃疡、抗凝血、降血脂、促进骨胶原生长等作用,而且食用高膳食纤维食物容易产生饱腹感,对减肥有一定作用。龙须菜还含有丰富的矿物质,钙和锌的含量尤其高。其钙含量是海带的 5.5 倍,裙带菜的 3.7 倍,紫菜的 9.3 倍;锌含量是海带的 3.5 倍,裙带菜的 6 倍,紫菜的 1.5 倍。钙对保持人体的循环、呼吸、神经、消化、内分泌、骨骼、泌尿、免疫等系统的正常生理功能均具有重要作用。锌是人体重要的必需微量元素,大约有 80 种酶和 14 种激活剂与锌有关。缺锌可引起人体内一系列代谢紊乱,生理功能异常,儿童生长和智力发育障碍。

三、生理功能

龙须菜味甘、咸,性寒,能清热化痰,润燥。归肺、肾经。功能主治:消痰、清热;主瘰疬;咳嗽;瘿瘤;痔疮。《养生经验补遗》:治辛苦劳碌之人,或嗜酒多欲,忽生外痔。麒麟菜洗去灰一两,用天泉水煮烊,和白糖五钱食之。《纲目拾遗》:消痰,能化一切痰结,痞积,痔毒。龙须菜富含琼胶、钙、镁、钾、钠和多种矿物质、多碳水化合物等成分。所含多碳水化合物,对 B 型流感病毒和腮腺炎病毒有抑制作用。可用于热痰或燥痰咳嗽,痰黄稠,胶黏;肠中燥热,便血或痔疮出血;大便燥结,习惯性便秘。龙须菜所含胶原蛋白具有改善皱纹、黑斑现象,更有排毒之明显效果,对于肌肤的保水性,紧缩性与弹性等的加强更有明显功效;在胃肠中更因能紧贴胃肠绒毛,顺畅胃肠。龙须菜中高铁、高钙、与镁的完美比例更是人体中最容易吸收的,对儿童成长、女人补血以及老人防止骨质疏松,都有良好的效果。改善女性生理期不适、阴部细菌感染,调整胃肠功能,使口臭、头痛、腰酸背痛等症状得到改善;还有减少皱纹、淡黑斑、增加体内循环、促进新陈代谢,活化人体细胞等作用。

龙须菜能在肠道中吸收水分,使肠内容物膨胀,增加大便量,刺激肠壁,引起便意。所以,经常便秘的人可以适当食用一些龙须菜。龙须菜所含的淀粉类硫酸酯为多碳水化合物物质,具有降脂功能,对高血压、高血脂有一定的防治作用。中医学认为,龙须菜能清肺化痰、清热燥湿、滋阴降火、凉血止血,具有解暑功效。

四、加工与应用

龙须菜通体透明,犹如胶冻,口感爽利脆嫩,既可拌凉菜,又能制成凉粉。龙须菜还是提炼琼脂的主要原料。琼脂又叫洋菜、洋粉、石花胶,是一种重要的植物胶,属于纤维类的食物,可溶于热水中。琼脂可用来制作冷食、果冻或微生物的培养基。因为龙须菜含黏质,黏质的成分中有半乳糖、半乳糖硫酸酯、半乳糖硫酸酯钙盐、3,6-去水半乳糖、D-葡萄糖醛酸和 D-木糖等,为琼脂的主要原料,所以大量用作细菌培养基。

龙须菜食用前可在沸水中焯过,但不可久煮,否则会融化掉。凉拌时可适当加些姜末或姜汁,以缓解其寒性。

龙须菜是较为寒凉的藻类食品,故脾胃虚寒、肾阳虚者要慎食。孕妇不宜经常吃,用法用量:每次 15 克~30 克。

第六节 地达菜

一、生物学特性

地达菜,又叫地耳、地膜、地衣、地软。颜色和形状都非常像黑木耳,是真菌和藻类的结合体,生长在阴凉、潮湿的坡地上和河沟边。其小小的菌丝经雨水一淋,就展身涨大,宛如蘑菇。陕南农村有首"地软歌":地软地软,美味佳餐,天天吃地软,胜过活神仙。

二、营养价值

地达菜营养素含量丰富,每 100 克含水分 96.4 克,蛋白质 1.5 克,膳食纤维 1.8 克,灰分 1 克,胡萝卜素 220 微克,硫胺素 0.02 毫克,核黄素 0.28 毫克,烟酸 0.5 毫克,维生素 E 2.24 毫克,钾 102 毫克,钠 10.7 毫克,钙 14 毫克,镁 275 毫克,铁 21.1 毫克,锰 7.74 毫克,锌 5.0 毫克,铜 1.13 毫克,磷 53 毫克,硒 9.54 微克。此外,还含有肌红蛋白,β-胡萝卜素,海胆烯酮,鸡油菌黄质,磷质,甾醇以及葡萄糖苷,香树脂醇类,维生素 C 等。

三、生理功能

地达菜性凉、味甘,入肝经。以色列魏茨曼研究所的科学家研究发现,地达菜所含的一种成分可以抑制人大脑中的乙酰胆碱酯酶的活性,从而能对老年痴呆症产生疗效。同时,还具有清热明目,收敛益气的功能。主治目赤红肿、夜盲、烫火伤、久痢、脱肛等病症。

1. 降脂明目 地达菜是一种很好的低脂肪营养保健菜,能降脂减肥,同时对目赤、夜盲、脱肛等病症也有一定疗效。

2. 清热降火 地达菜性寒而滑,具有清热解毒的功效,内服外用,可辅助治疗烧伤、烫伤和疮疡肿毒。

3. 补充营养 地达菜含有丰富的蛋白质、钙、磷、铁等,可为人体提供多种营养成分,具有补虚益气,滋养肝肾的作用。

四、加工与应用

地达菜是一种美食,最适于做汤,别有风味,也可凉拌或炖烧。用地达菜做馅蒸包子,美味可口;平时蒸米饭时也可掺入其中;而尤以炒菜和做汤最佳。常见烹饪方法有地达菜包子、咸菜地达菜、雪菜地达菜、韭菜炒地达菜、地达汤、地达炒鸡蛋、地达菜豆腐、凉拌地达菜、地达菜烧肉等。

第七章　水果类黑色食品

　　水果类黑色食品是指青色水果中,自然颜色相对较深的一类。其特点是含丰富的维生素、纤维素、叶绿素(三素)及花青素等生物色素。是一种低热能,抗氧化,减肥型的食品,并且自然颜色相对较深的,其抗衰老功能更强。

第一节　桑　椹

一、生物学特性

　　桑葚,又名桑果、桑枣、桑实、桑子等,为多年生木本植物桑的成熟果穗。我国是蚕桑发源地,栽桑养蚕历史悠久,桑葚资源丰富,除青藏高原外,全国各地均有栽培。

　　自古以来,桑葚就作为水果和中药材应用,现已被国家卫生部列为"既是食品又是药品"的资源。作为食品,桑葚果肉多汁,滋味甘美,被誉为水果中之珍品。桑葚不但滋味鲜美,而且具有许多保健功能,我国许多中医名著如《本草纲目》《中药大辞典》《中药志》《本草经疏》等都有关于桑葚入药的记载。鉴于桑葚有诸多保健功能,近几年桑葚产品的研究和开发较为活跃,广东省农科院蚕业及农产品加工研究所与宝桑园已开发出桑果汁等系列功能食品。

二、营养成分

　　桑葚中含有芦丁、胡萝卜素、维生素、蛋白质、碳水化合物、芸香苷、花青素苷、脂类游离酸、醇类、挥发油、鞣质及矢车菊素等。构成脂类的脂肪酸主要为亚油酸、油酸和棕榈酸以及少量的肉蔻酸、棕榈油酸、硬脂酸和亚麻酸等。挥发油的主要成分为桉叶素和香叶醇。磷脂组分中以磷脂酰胆碱含量最高,其次为溶血磷脂酰胆碱与磷脂酰乙醇胺。此外,尚有多种矿物质元素:钾、铁、磷、锌、锰、锰等共含0.47%;有机物中蛋白质为1.17%、脂肪2.15%、糖4.5%。特别富含花青素等生物色素。

三、生理功能

（一）增强细胞免疫

检测小鼠刀豆素诱导的脾淋巴细胞免疫功能探讨桑葚滋阴作用机制，其结果为：桑葚混悬液 12.5 克/千克与 25 克/千克能提高阴虚小鼠的淋巴细胞增殖能力（$P<0.05$ 与 $P<0.01$），桑葚混悬液 25 克/千克提高 IL-2 诱生活性和 NK 细胞杀伤率（$P<0.01$），从而增强其免疫功能。

（二）促进淋巴细胞转化

100％桑葚液以 2 克当量氢氧化钠溶液调 pH 值至 7.0，高压灭菌，试验时每培养管 0.1 毫升，用 H-TDR（胸腺嘧啶核苷）掺入淋巴细胞转化方法检查对淋巴细胞转化的促进作用，证明桑葚有中度促进淋巴细胞转化的作用。

（三）促进 T 淋巴细胞成熟

桑葚制成水剂，每只小鼠每早灌服 0.5 克，连续 10 日，观察桑葚对青年（3 月龄）、老年（24 月龄）小鼠淋巴细胞酸性-A 醋酸萘酯酶（ANAE）影响，结果可见对照组小鼠淋巴细胞 ANAE 阳性率随年龄增长逐渐下降，桑葚对 3、18、24 月龄小鼠 ANAE 阳性淋巴细胞百分率升高均有促进作用。ANAE 是成熟 T 淋巴细胞的标志，并参与 T 淋巴细胞对靶细胞的杀伤效应，桑葚提高 ANAE 阳性淋巴细胞百分率，可能由于促进 T 淋巴细胞成熟，从而使衰老黄牛 T 细胞功能得到恢复。

（四）促进体液免疫功能

桑葚剂量同前，观察对青年、老年小鼠体外抗体形成细胞的影响，结果桑葚只对 3 月龄小鼠的 PEC 有明显的促进作用，而老年对照组小鼠脾细胞 PEC 随年龄增长逐渐减少。PFC 是反映小鼠体液免疫的可靠方法，桑葚的作用表明只对青年小鼠体液免疫功能有促进作用。

（五）增加免疫器官的重量

100％桑葚水液 10 克/千克灌胃给药 10 日，对正常小鼠胸腺与血清碳粒廓清速率无明显影响，可明显增加脾脏的重量，对氢化可的松所致虚证小鼠的体重、脾脏、胸脾重量与血清碳粒廓清速率降低均有显著的增加作用。

(六)促进造血细胞生长

实验用昆明种小鼠,以体内扩散盒方法测试了桑葚对粒系祖细胞的作用,扩散盒内含正常小鼠骨髓细胞的培养体系,每只扩散盒内含骨髓有核细胞 10^4。受体小鼠皮下注射桑葚醇提注射液(每毫升含生药 1 克)0.2 毫升,每日 2 次,连续 3 日,第三日腹腔注射环磷酰胺 0.3 毫克/克,次日手术,腹腔埋入扩散盒,5 日后取出扩散盒,计数 CFU-D 集落(大于 50 个细胞为 1 个集落)。其结果显示桑葚能使 CFU-D 产率增加明显高于对照组,统计学处理有显著差异,表明桑葚对粒系细胞的生长有促进作用。

(七)降低红细胞膜 Na^+,K^+-ATP 酶活性

实验用不同年龄的 BALB/C 与 LACA 两种纯系小鼠,取血,制备红细胞膜,桑葚 100%水液,每日灌胃给药 1 次 12.5 毫升/千克,连续 2 周,观察对不同年龄组两种小鼠红细胞膜 NA^+,K^+-ATP 酶活性的影响,结果显示桑葚可使 6 月龄与 18 月龄 BALB/C 小鼠红细胞膜 NA^+、K^+-ATP 酶活性显著下降,桑葚也可显著降低 3、12、18 月龄组 LACA 小鼠红细胞膜 NA^+、K^+-ATP 酶活性,但对 24 月龄鼠影响不大。而鹿茸、黄芪可升高 NA^+。K^+-ATP 酶的活性,中医学认为滋阴可治虚热,益气助可治虚寒。NA^+、K^+-ATP 酶与机体产热有关。桑葚降低红细胞膜 NA^+、K^+-ATP 酶活性,可能是其滋阴、益阳的作用机制之一。

(八)促进造血功能

小鼠腹腔注射环磷酰胺 100 毫克/千克造成实验性白细胞减少症,然后灌胃给予醇提液 0.4 毫升相当生药 40 克/千克,连续 4 日,可见外周血白细胞数比单用环磷酰胺组高 $0.848×10^9$/L,提示可能有防止环磷酰胺所致白细胞减少症的作用;给小鼠灌胃 30%桑葚液 1 毫升/只鼠,可使乙酰苯肼注射后红细胞、血红蛋白下降的小鼠红细胞、血红蛋白 5 天恢复至正常水平,且小鼠血虚症状有明显改善。

(九)抗 诱 变

用小鼠骨髓细胞微核试验方法,观察新鲜桑葚汁对 CY 诱发小鼠骨髓细胞嗜多染红细胞微核的抑制作用,结果显示新鲜桑葚汁具有抑制 CY 诱发骨髓微核率升高的作用,且有明显的剂量依赖关系。

四、加 工 与 应 用

广东省农业科学院蚕业与农产品加工研究所和广东宝桑园健康食品有限公司近20年来利用桑果已经开发出果汁、桑果乳饮料、桑果酒、黑五类酒、桑果酱、桑果冰淇淋等系列食品,还从中提取天然食用红色素作为食品添加剂。

(一)桑果加工技术

1. 桑果原汁的生产与贮藏　由于桑果属浆果,果实极易腐烂受损,不耐贮藏,而且成熟采收期短,不能作为桑果产品的通用原料。桑果原汁是大多数桑果产品的原料,它可以用于桑果饮料、桑果酒、桑葚膏、桑果酱、桑葚红色素等产品生产,因此首先要解决桑果原汁的生产与保鲜问题,以确保原材料的长年供应。广东省农业科学院蚕业研究所的专家们经过多年的潜心研究,已经攻克了桑果原汁的保鲜难题,制定了桑果原汁的生产技术规程,并申请专利。

桑果原汁的保鲜技术,包括采果、榨汁、护色、渣汁分离、灭菌和罐装等工艺过程,现将操作要点叙述如下:

(1)采果和洗果　桑果属于浆果,皮薄多汁,果实极易受损和腐烂变质,不耐贮藏和运输。选用八九成熟、无病虫害、无腐烂的鲜果,采果时小心轻放,盐水表面消毒,再用清水去盐洗净,以除去污垢和大部分微生物。

(2)榨汁　因桑果不耐贮藏、不宜长途调运鲜果,采下的果要立即就地取汁,即"鲜榨"。一般采用螺旋榨汁机取汁,选用合适孔径的筛板。

(3)护色　由于桑葚含有丰富的桑葚红色素,该色素对细胞内所含有的多种酶敏感,很容易被破坏,因此为了保存桑果原汁应有的颜色,应该进行护色处理。护色的方法包括调整果汁的酸碱度和酶的钝化。调整果汁的酸碱度,通过添加一定量的柠檬酸和异抗坏血酸钠来实现;酶的钝化采用加热的方法。进行护色处理后进行渣汁分离。用转速≥4 000转/分的离心机进行离心,以离心后果汁静置无明显沉淀为准。用于生产果酱的桑果原汁不须进行渣分离。

(4)灭菌罐装　果汁在较短时间内加热升温至95℃,并维持一定时间,然后趁热装罐,装罐后的液温不低于85℃。装罐过程要准而迅速,并且不污染罐口和罐身,罐口盖及时旋紧。

(5)冷藏　装完罐后及时用水将果汁冷却降低温度,以保证果汁的品质与方便运输。为了确保果汁的质量,需要冷藏。

2. 桑果饮料的生产

（1）工艺流程

桑果汁→离心→调配→均质→脱气→灌装→封口→灭菌→冷却→贴标→检验→包装→成品

（2）操作要点

①调配　将糖、酸与稳定剂等先配成溶液，然后按一定顺序加入果汁中。

②均质　可使果汁中的颗粒微细化，以增强果汁的稳定性。均质需要达到一定的压力。

③脱气　果汁中溶解的氧气会破坏维生素 C，并能与果汁中的某些成分发生反应，使果汁品质劣变，因此须进行脱气。真空脱气机的压力为 60～80 千帕，脱气温度为 70℃。

④灌装、封口、灭菌、冷却　脱气后的果汁以及时装罐封口，在 95℃灭菌后，进行三级冷却，即 70℃→50℃→30℃。

3. 桑果酒的生产

桑果酒具有颜色鲜艳、营养丰富、醇香可口等特点，还具有一定的保健作用，是一种可以同葡萄酒相媲美的保健果酒。

（1）工艺流程

桑果原汁→成分调整→灭菌→（或不灭菌）→接种→发酵→陈酿→下胶澄清→调配→微滤→灌装→灭菌→成品

（2）操作要点

①成分调整　桑果原汁所含还原糖的含量较低，不足以满足生产果酒所需要的酒精度，因此要进行成分调整，主要是增加还原糖的含量。还可以按果酒发酵要求加入一定量的亚硫酸钾，以抑制杂菌的生长。

②灭菌　为了减少杂菌的污染，发酵前最好进行巴氏灭菌，68℃灭菌。如果能够严格按果酒生产规程操作，也可以不进行巴氏灭菌，以更好地保存桑果的特有风味。

③发酵　采用葡萄酒酵母在 20℃～25℃条件下发酵 5～10 天，到糖度不再下降停止发酵。

④陈酿　在 10℃～20℃条件下，陈酿 0.5～2 年。

⑤调配　发酵生产的原酒在罐装前要按标准要求进行调配，以保证质量的稳定性，主要是调整酒精度、糖度和酸度等。

⑥微滤　采用 0.4 微米微滤膜进行除菌过滤。

⑦罐装后灭菌　采用巴氏灭菌。

4. 桑果酱的生产　桑果酱的生产多采用带渣桑果原汁,为了提高浓缩效果,在进行浓缩前多进行渣汁分离,只对汁进行浓缩,渣在均质后在后期加入。

（1）工艺流程

带渣果原汁→渣汁分离→果汁真空浓缩→调配→装罐→灭菌→冷却→贴标→检验→包装→成品

（2）操作要点

①真空浓缩、调配　浓缩锅的真空度控制在 0.08～0.09 兆帕,温度为 60℃～70℃,临界终点时加入 30% 蔗糖,搅拌均匀,继续浓缩到可溶性固形物 50% 左右,关闭真空泵,破除真空,继续搅拌,迅速将果酱加热到 90℃～95℃,立即装罐。

②装罐、密封　果酱出锅后应迅速装罐,使装罐后酱体中心温度不低于 80℃。趁热密封,使罐内形成一定的真空度。

③杀菌、冷却　果酱为酸性食品,采用常压杀菌,杀菌公式为 5～15 分钟/100℃。杀菌后应迅速冷却,如为玻璃罐应采用分段冷却,最后冷却到室温。

5. 桑葚膏的生产　桑葚膏是传统的中成药之一,具有补肝肾、益精血的作用,用于肝肾亏虚所致的身体消瘦、腰膝酸软、遗精盗汗、头晕眼花、口渴咽干等症。该方为用干桑葚水煎后浓缩加蜂蜜熬制而成,现已载入我国中成药部颁标准的桑葚水煎液与蔗糖浆熬制而成的棕褐色黏稠液体。用鲜桑果榨汁,低温真空浓缩成稠膏,再加入蜂蜜熬制,生产出的桑葚膏能更好地保存维生素、花青素等有效成分,还具有颜色鲜艳、酸甜可口的特点。

（1）工艺流程

桑果原汁→离心或精滤→浓缩→配料→装瓶→灭菌→冷却→检验→贴标→包装→成品

（2）操作要点

①浓缩　桑果原汁在贮藏过程中仍会产生少量的沉淀,因此在进行浓缩前要通过离心或过滤去除沉渣,然后清液在 60℃ 左右的条件下进行真空浓缩,得到桑葚清膏。浓缩温度不宜过高,以防止营养成分的破坏。

②调配　向桑葚清膏加入 1.2～1.5 倍的蜂蜜,搅拌均匀,继续浓缩至所需浓度。

③装瓶灭菌　将调配好的桑葚膏加热至 80℃,趁热装瓶,密封后在杀菌锅内进行杀菌,杀菌处理采用 85℃。

6. 桑葚红色素的生产　桑果含有丰富的天然红色素,是生产天然食用红色素的理想资源。桑葚红色素属于花青素类色素,当 pH 值在 0.54～13 时,颜色由深玫瑰红色至蓝黑色变化;在 pH 值3.0 以下时为深玫瑰红色,鲜艳悦目;当 pH 值在 5.4、7、9、11、13 时分别为粉红、青蓝、深茄紫色、蓝黑色。桑葚红色素在不同 pH

值下吸收光谱各异,在 0 以下时最大吸收峰在 537.5~538.7 纳米,随 pH 增大变得平坦;桑葚红色素遇铁和铅会产生颜色变化,分别呈蓝紫色和天蓝色,并出现沉淀。广东省农业科学院利用色谱法将桑葚红色素的色价提高了近 30 倍,为实际应用奠定了基础。

(1)工艺流程

桑果原汁→离心或过滤→树脂吸附→冲洗→浓缩→干燥→检测→包装→成品

(2)操作要点

①树脂吸附 为了提高桑葚红色素色价,采用树脂吸附法,宜选用大孔吸附脂。树脂在使用前需要进行活化,方法是分别用氢氧化钠溶液和盐酸溶液冲洗,最后用水洗至中性备用。桑果原汁在吸附前需要进行离心或过滤,以去除沉淀。

②冲洗 待树脂接近饱和吸附时,用水冲洗树脂柱,以除去杂质。

③洗脱 一般选用乙醇作为洗脱剂,收集洗脱液,再进行低温真空浓缩,并回收溶剂。

④干燥 采用喷雾干燥或冷冻干燥法,以确保色素不被破坏。

⑤检测 主要项目是色价和卫生指标。

(二)桑果的应用

1. 再生障碍性贫血 "再障"患者的贫血症状,除头晕、乏力、气短、心悸、面色苍白等外尚有手足心热、低热、盗汗、口渴、便干等,采用补肾和养气血两个途径治疗,滋补肾阳主要方剂有造血 1 号(即大菟丝子饮),菟丝子、女贞子、枸杞子、熟地黄、何首乌、山茱萸、旱莲草、补骨脂、肉苁蓉、桑葚。肾阳虚者以补肾助阳法治之,主要方剂有造血Ⅱ号仙茅、淫羊藿、胡芦巴、肉苁蓉、补骨脂、菟丝子、女贞子、当归、桑葚。平均住院疗程为 15.7 个月,共治疗急、慢性再障 114 例,基本缓解 34 例,占 40.5%,明显进步 9 例,占 10.7%,进步 16 例,占 19%,无效 25 例,占 29.8%。

2. 血虚头晕、耳鸣、消渴等症 采用桑葚汤,以桑葚配以鸡血藤、乌豆衣、王爪龙等水煎服,用于贫血、神经衰弱、动脉硬化、糖尿病等引起的头晕、耳鸣、口渴等症,有一定疗效。

3. 高血压 桑葚降压片,以桑葚、黄芩、水蓟、粉葛根、杭菊各 15 克,煎煮浓缩、烤干,与一些西药共研粉末,压成 0.5 克片剂,1 日 3 次,每次 6 片,治疗高血压病 100 例,显效 81 例,有效 1 例,无效 8 例,有效率 92%。亦有用桑葚配生地黄、熟地黄、地骨皮等治疗阴虚型高血压有效。

4. 老年便秘 取桑葚干品 50 克的水提浸膏配成糖水剂 250 毫升,口服 1 次,5 日为 1 个疗程,治疗平均年龄 67.5 岁,便秘者 50 例,显效 41 例,占 82%,有效 8

例,占 16％,无效 1 例。亦有用桑葚配何首乌、黑芝麻,有一定效果。

5. 失眠 同上法治疗平均年龄 65.3 岁的睡眠障碍者 50 例,显效 36 例,占 72％,有效 13 例,占 26％,无效 1 例。

6. 阴虚津少、口干舌燥 用桑果配石斛、麦冬等。

7. 眼病 采用地黄复明汤,以生地黄、熟地黄、山药、炒泽泻、茯苓、枸杞子、制首乌、桑葚、楮实子、沙苑子、白蒺藜各 10 克制成煎剂,每周服药 5 剂,3 周为 1 个疗程,最长 5 个疗程,治疗中心性浆液性脉络膜视网膜病变的肝肾不足证,除眼部证候外,伴头晕、耳鸣、腰酸、膝软等,共治疗 92 例患者,计 136 只患眼,结果痊愈 68 例 103 只眼,好转 24 例 33 只眼。

第二节 桃金娘(野果)

一、生物学特性

桃金娘,又名山稔子、岗稔子、乌嘟子。在我国主要分布于广东及其邻省的荒山野岭,是绿化荒山的先锋灌木植物,属华南特产,成熟后果皮紫黑,口味香甜。此种果过去没有引起食品行业的重视,未能进入食府或大雅之堂。广东产地民间只采作鲜果食用或晒干制酒饮用。近几年来,笔者在研究黑色食品过程中专门采摘桃金娘鲜果进行了营养分析,发现其营养功能大大高于橄榄果和杨梅,作为黑色食物的重要黑果具有很大的开发潜力,直接食用,也有食疗兼用的功效。

二、营养成分

笔者从世界长寿之乡蕉岭县坡角村山冈上,摘回来的桃金娘野生果进行了首次营养分析,结果首次得到如下数据:含大、中量元素类,钙 225 毫克/千克,磷 230 毫克/千克(比杨梅高 37 倍之多),钾 651.7 毫克/千克;含微量元素类,铁 6.82 毫克/千克(比橄榄高 33 倍,比杨梅高 22 倍),含锰比橄榄高 102 倍(比杨梅高 48 倍);含锌 3.32 毫克/千克(比橄榄高 11.3 倍,比杨梅高 33 倍),含铜 1.75 毫克/千克(也比橄榄和杨梅高 100 多倍),防肿瘤元素硒 1.75 微克/千克(也比橄榄和杨梅高 2~4 倍);含有机营养类,氨基酸 0.98％(18 种),比橄榄和杨梅高 16.7％;含脂肪比橄榄和杨梅高 2.2 倍;含粗纤维 11.74％,比橄榄高 1.9 倍,比杨梅高 8.8 倍。此外,还含碳水化合物 13.69％、还原糖 22％、蔗糖 1.73％、单宁 1.23％。特别是富含第八营养素——花青素等黄酮类化合物 0.41％(鲜重)。其总体营养价值可与同类黑果乌枣、桑葚相媲美,由于桃金娘的营养显著高于橄榄、杨梅等山果,因此它不仅果汁香甜可口,且有广泛的保健疗效。

三、生理功能

正如《山草药指南》所说:桃金娘"其实如莲子大,熟软如柿,外紫内赤,中有细核,甘美可口,补血活血,与黄精同功"。

据《岭南草药志》记载:桃金娘 60～90 克,煮猪肚肠服,治脱肛;桃金娘晒干,炒焦如炭,研成细末,每服 15～30 克,以沸水冲服,治血崩、吐血、刀伤出血。《广东中药》认为本品治耳鸣遗精、夜多小便。

桃金娘有止血作用,对上消化道出血和崩漏有良好的止血作用。动物实验证明,桃金娘止血作用是通过收缩胃肠平滑肌和血管平滑肌而达到压迫止血,缩短出血、凝血时间和凝血酶原时间以及增加血小板而促进凝血过程。

补益作用,能提高血红蛋白含量、红细胞数;提高机体对缺氧、寒冷、疲劳等抵抗能力。

此外,桃金娘生物色素具有很强的抗氧化功能。

四、加工与应用

笔者在 20 世纪 80 年代,曾与蕉岭县的一线天酒厂曾建平厂长等以桃金娘、黑枣、黑豆、黑米、桑葚等酿制成功的含有丰富第八营养素的'黑五类酒',荣获首届"广东省名牌食品"称号(1994)。笔者认为将桃金娘野果采集起来,制成原生态的有机功能饮料、口服液等系列健美食品有很好的前景,值得保健食品企业家们大力开发利用。

第三节 山 楂

一、生物学特性

山楂为蔷薇科植物山里红或山楂的干燥成熟果实,味酸、甘,性微温,有消食健胃,行气散瘀之功能,用于肉食积滞、胃脘胀、泻痢腹痛、淤血经闭、产后淤阻、心腹刺痛、疝气疼痛和高脂血症。

二、营养成分

主要含有黄酮、有机酸、三萜、鞣质、胺类与微量元素等。黄酮类化合物有槲皮素及其苷类,牡荆素及其苷类,北美圣草素、柚皮素及其苷类,金丝桃苷,表儿茶精等;还含有熊果酸、齐墩果酸、山楂酸、绿原酸、苹果酸、酒石酸、柠檬酸、咖啡酸等有机酸;此外,尚含有豆甾醇、香草醛、胡萝卜素、维生素 B_1、维生素 B_2、维生素 C、苷类、碳水化合物、脂肪、烟酸、鞣质以及钙、磷、铁等。北山楂果肉和果核中的脂肪酸均以亚油酸含量为最高,尚含亚油酸、油酸、硬脂酸、棕榈酸。

三、生 理 功 能

(一)降 血 脂

给兔灌胃山楂乙醇浸膏 10 克/千克或给兔喂服山楂粉 10 克/千克,对实验性高脂血症有明显降低作用,其眼球上脂质斑块仅为云雾状,面积较小。给乳幼大鼠按 0.25 毫升/千克灌胃 15%和 30%山楂浸膏,每日 1 次,连续 10 天,高血脂降低率分别为 18.06%或 30.8%。山楂核乙醇提取物按 0.2 克/千克和 0.6 克/千克或 0.4 克/千克、1.2 克/千克给雄性鹌鹑灌胃每日 1 次,连续 6 周或 8 周,可降低高胆固醇血症血清总胆固醇、低密度和极低密度脂蛋白胆固醇,提高血清高密度脂蛋白胆固醇水平,并能明显提高高脂血症大鼠血清卵磷脂胆固醇酰基转移酶活性。山楂核醇提取物能明显减少胆固醇,尤其是胆固醇脂在鹌鹑动脉壁中的沉积,降低动脉粥样斑块发生率,防止实验性动脉粥样硬化的发生和发展。熊果酸为山楂核中调整血脂,预防实验性动脉粥样硬化的有效成分,给豚鼠灌胃山楂水煎剂 0.08 克(生药)/只,每日 1 次,连续 3 周,测定肝细胞微粒体与小肠黏膜匀浆中胆固醇生物合成限速酶——甲基戊二酰辅酶 A 还原酶(HMGR)活力明显受到抑制,而对肝微粒体胆固醇分解的限速酶 7-羟化酶活力无影响。

(二)增加冠脉血流量

5%浸膏、5%黄酮或 5%水解物溶液,给小鼠腹腔注射 0.25 毫升/千克,均能增加小鼠冠脉流量。

四、加 工 与 应 用

(一)山楂果胶

山楂能够加工丰富多彩的产品。它除具有特殊的风味和营养外,主要与果实中某些特殊成分与含量有密切关系,其中,果胶物质是主要的原因。随着加工技术和乡镇企业的发展,山楂加工品越来越多。目前市场供应较多的有山楂片、山楂糕、山楂酱、蜜饯山楂脯、果丹皮、山楂饼、山楂罐头、山楂酒、山楂汁、山楂馅等 10

余种。其加工制品营养丰富，色泽艳丽，酸甜可口，果香浓郁，有特殊风味。山楂果实中果胶含量丰富，是提取果胶的好原料，提取出的果胶呈粉白色，可以加入到其他果酱中，如草莓酱、橘子酱等。它能增加果酱的黏稠度，改善风味，节省果料。果胶的提取通常是采用山楂加工中被废弃的果渣、煮果水。

（二）山楂核油

山楂核中的油可用榨取法或溶剂浸出法提取。山楂核经过破碎，蒸汽加热后用榨油机榨油，并经过精炼。它含有较多的苦杏仁苷、金丝桃苷、黄酮类化合物和脂肪等有效成分，具有较好的保健作用。其中的黄酮类化合物提取出后，可用于研制成营养保健饮品，如山楂黄酮保健饮料，该产品果香怡人，酸甜适口，醇和谐调，风味独特，营养价值高，并有很好的医疗作用。

第四节　乌　梅

一、生物学特性

乌梅，别名酸梅、黄仔、合汉梅、干枝梅，为蔷薇科落叶乔木植物梅的近成熟果实，经烟火熏制而成。梅子在我国各地均有栽培，但以长江流域以南各省最多，江苏北部和河南南部也有少数品种，某些品种已在华北引种成功。日本和朝鲜也有。

二、营养成分

乌梅中主要含有分子量较小的挥发性成分、简单酸性成分、氨基酸和脂类化合物。

一是挥发性成分。乌梅中共有80多种挥发性化合物，9种为萘酚的衍生物以及正己醛、反式-2-己烯醛、正己醇、反式-2-己烯醇-1、顺式-3-己烯醇-1、芳樟醇、松油醇、三甲基四氢烯的衍生物、十四烷酸、苯甲醛、松油-4-醇、苯甲醇、十六烷酸。

二是类脂。中性类脂、糖脂、磷脂、三甘油酯以及游离甾醇、甾醇酯、1,3；1,2-二甘油酯、游离脂肪酸和蜡醇、果胶酸。

三是简单酸类化合物。苹果酸、柠檬酸、琥珀酸、草酸、富马酸、氢氰酸。

四是氨基酸类。天冬氨酸、天冬酰胺、丝氨酸、甘氨酸、甘酰胺、丙氨酸。

五是三萜脂肪酸酯。

六是含抗氧化功能的第八营养素，如黄酮苷类等。

此外，乌梅中还含有其他类型的化合物，苦杏仁苷，氢氰酸，谷甾醇，齐墩果酸样物质,葡萄糖苷酶,以及过氧化物歧化酶、赤霉素和其他赤霉素系列物。

尚有报告显示:经加工而成的乌梅子约含 50％的柠檬酸,20％苹果酸。与温州柑橘和苹果比较,乌梅干中的柠檬酸是柑橘的 4 倍,苹果的 11～21 倍,并含有强杀菌性与提高肝脏功能的成分苦味酸和具解热镇痛作用的苦扁桃苷等。乌梅果肉尚含有较高活性的超氧化物歧化酶;种子含有苦杏仁苷;果实成熟时期含氢氰酸;新鲜乌梅果实含 0.33％果胶,其中 68％～75％已经酯化,这种果胶具有很好胶凝作用。

三、生理功能

(一)对蛔虫的作用

实验研究表明,在 30％的乌梅溶液中蛔虫呈静止状态,若将其移至生理盐水,即能逐渐恢复活动。乌梅丸是以乌梅为主药的方剂,有麻醉蛔虫性能,能使蛔虫活动迟钝、静止,呈现濒死状态,当蛔虫离开乌梅丸液一定时间后,可逐渐恢复活性,表明本方没有直接杀灭蛔虫作用,但能使蛔虫失去附着肠壁的能力。另有报告,取新鲜大小不同的猪蛔虫放入 1％盐水和 0.1％碳酸氢钠溶液中,保持温度为 38℃厌氧条件下,在溶液中加入 50 克乌梅煎剂,结果乌梅能使蛔虫活动增强。再如给犬做胆道引流手术,通过胃管给犬灌注 500 克乌梅煎剂,可连续收集胆汁 4 小时;在38℃室温下,把直径 0.3～0.5 厘米、长 20 厘米胶管放入 38℃水盆内,在厌氧条件下将蛔虫放入胶管内活动,结果大部分蛔虫从管内后退,有的蛔虫头折回从管内退出。这说明乌梅对蛔虫有兴奋、刺激蛔虫后退的作用。

(二)对平滑肌的作用

100％乌梅煎液对离体兔肠有抑制作用。对奥氏括约肌表现为弛缓作用。对胆囊造瘘犬,乌梅丸能增加胆汁分泌,并使胆汁趋于酸性。实验尚证明,乌梅汤对胆囊有促进收缩和排胆作用,减少和防止胆道感染,也有利于减少蛔虫卵留在胆道内而形成胆石核心,从而减少胆石症的发生;并发现加大乌梅剂量,对胆囊的上述作用明显加强,但单味乌梅作用没有复方强,表明乌梅汤有协同作用;此外,乌梅可引起胆囊收缩、胆管括约肌松弛,有利于胆道蛔虫的排出。例如,用 B 超在空腹服用 50 克乌梅煎剂后探测胆囊大小,结果对正常人的胆囊平均收缩 35％左右。用胆囊造影剂观察,乌梅对胆囊亦有轻度收缩作用。

新近研究表明,低浓度(10％、30％)乌梅水煎液使胆囊肌条的张力降低,收缩波平均振幅减小,以及收缩频率减慢。然而,当乌梅浓度累积到 100％和 200％时,胆囊肌条的张力呈现为先降低后增高的双向反应。普萘洛尔、吲哚美辛（消炎痛）、雷尼替丁、六烃季胺、L-NNA 均未阻断乌梅对胆囊肌腱的作用,提示乌梅豚鼠的离体胆囊肌条的作用可能是直接作用平滑肌。另外,乌梅剂量依赖性增高膀胱逼尿肌肌条的张力及收缩频率,高浓度的乌梅(100、200)增大肌腱的收缩波平均振幅;维拉帕米(异搏定)可部分阻断乌梅增高肌条张力和增加收缩频率的作用,表明乌梅对离体豚鼠膀胱逼尿肌的作用可能是通过逼尿肌细胞膜钙通道实现的。

(三)抗病原微生物作用

乌梅煎剂、醇浸水沉剂体外试验,对脑膜炎球菌、隐球菌、百日咳杆菌、伤寒杆菌、副伤寒杆菌、炭疽杆菌、大肠杆菌等抗菌作用较强;对甲种溶血性链球菌、乙种溶血性链球菌、肺炎链球菌有中等度抗菌作用;对白色念珠菌、白喉杆菌、牛型布氏杆菌、副大肠杆菌、粪产碱杆菌等抗菌作用较弱;结结核杆菌有一定抗菌作用。

(四)抗过敏作用

乌梅煎剂对豚鼠蛋白质过敏性休克及组胺性休克有对抗作用,但对组胺所致豚鼠气管哮喘无对抗作用。另有实验表明,乌梅有脱敏作用,其可能系非特异性刺激小鼠产生更多游离抗体,中和了侵入体内的过敏原所致。对离体兔肠有明显抑制作用,可能与乌梅中所含拮抗剂 5-羟甲基糖醛有关。

(五)抗疲劳、抗辐射、抗衰老作用

乌梅干所含大量的柠檬酸,在体内是能量转换过程中不可缺少的物质,使葡萄糖的效力增加 10 倍,释放更多的能量以消除疲劳;乌梅干还可使放射性元素尽快排出体外,以达抗辐射目的。

(六)延缓衰老功能

乌梅干能使唾液腺分泌更多的腮腺激素,腮腺激素具有使血管与全身组织年轻化作用。乌梅还有促进皮肤细胞新陈代谢,有美肤美发效果,尚有难得的促进激素分泌物活性,从而达到抗衰老作用。

(七)抗肿瘤作用

体外试验结果表明,乌梅醇提取液和水提取液具有抑制人原始巨核白血病细胞和人早幼粒白血病细胞生长的作用。对人子宫颈癌癌细胞 JTC-26 株有抑制作用,其抑制率在 90% 以上;含乌梅的复方人参清肺汤能提高肿瘤患者的淋巴细胞转化

率。乌梅的提取液和乌梅中所含的主要成分三萜类——熊果酸体外抗肿瘤免疫调节初步研究结果表明,乌梅具有抑制人原始巨核白血病(HMEG)细胞和人早幼粒白血病(HL-60)细胞生长的作用。熊果酸对 HMEG 细胞作用不明显,对 HL-60细胞虽有较弱的抑制生长作用,但未见有诱导分化效应。所以认为,熊果酸只是乌梅中抑制两种细胞生长作用的成分之一,并非主要成分。

(八)抑制变异原性作用

乌梅肉与果仁的乙烷提取物对已知的诱变剂 2-(2-呋喃基)-3-(5-硝基-2-呋喃基)丙烯酰胺、苯并花芘以及黄曲霉素均呈抑制作用。

(九)免疫功能增强作用

小鼠免疫特异玫瑰花结试验表明,乌梅能增强机体的免疫功能。

(十)杀精子作用

研究发现,乌梅有较强的杀精子作用,杀精子的主要有效成分为乌梅-柠檬酸。研究表明,乌梅-柠檬酸具有良好的阻抑精子穿透宫颈黏液作用,使精子的运动能力明显减弱。乌梅-柠檬酸精子的最低有效浓度 0.09%,这一浓度能让精子在体外瞬间失活。经透射电镜观察证明,乌梅-柠檬酸杀伤精子的主要靶结构是精子顶体、质膜、核膜与线粒体,损伤核的遗传物质,使线粒体空泡变性,嵴崩解或者溶解。

(十一)其　他

乌梅有显著的整肠作用,促进肠蠕动,消除炎症;同时,又有收缩肠壁作用,因而可用于治疗腹泻。乌梅有增进食欲,刺激唾液腺、胃腺分泌消化液,促进消化,促使碳水化合物代谢。乌梅所含柠檬酸可将血液疲劳物质乳酸分解为二氧化碳和水并排出体外,从而防止乳酸和肌肉蛋白质结合,避免细胞与血管硬化;尚可使体液保持弱碱性,使血液中的酸性有毒物质分解以改善血液循环等作用。乌梅水煎剂对华支睾吸虫有显著抑制作用。

最新研究发现,在小鼠蛋黄乳剂高血脂模型,六味二陈汤(有乌梅、生姜)和四味二陈汤(不加乌梅、生姜)均可使升高的 TG 显著下降;六味二陈汤高剂量可使升高的 CHO 显著降低,在对 CHO 降低方面乌梅、生姜对二陈汤有明显影响。在对TG 降低方面六味二陈汤高剂量明显高于其他组,并有一定的剂量依赖关系,提示乌梅、生姜对二陈汤调节脂代谢有明显影响。

四、加工与应用

（一）胆道蛔虫症

乌梅汤主要用于治疗胆道蛔虫症。临床证明，按乌梅丸处方制成汤剂服用的乌梅汤，对人体胆囊有收缩作用，加大方中乌梅剂量，作用更为明显。以加减乌梅汤为主治疗胆道蛔虫症 155 例，痊愈 149 例（96.1％），好转 5 例（3.3％），无效 1 例（0.6％），总有效率为 99.4％；一般服药 2～5 剂，最多 14 剂。以乌梅丸加减（乌梅、苦楝根、使君子、槟榔，偏寒加干姜、附子、细辛，偏热酌加大黄、枳实、黄连）治疗 113 例胆道蛔虫症病人，每剂分 4 次服，4～6 小时服用 1 次，直至症状消失，一般 1～3 剂可愈。亦有以乌梅、吴茱萸、黄连等随症加减治疗 128 例胆道蛔虫症患者，均获痊愈。以乌梅为主药治疗胆道蛔虫症或伴蛔虫性肠梗阻、胆囊炎、急性胆道感染、胆囊术后综合征等的临床治疗报告极多，均获满意疗效。另外，还有将乌梅丸加以筛选并改剂型制成"乌梅胶囊"，治疗胆道蛔虫症 102 例，成人每次 10～20 粒，儿童酌减，结果全部病例缓解出院，用药后排出蛔虫者 36 例。应用加味乌梅汤灌肠治疗小儿胆道蛔虫症 22 例，用法是将加味乌梅汤药液 60～100 毫升作保留灌肠，每日 2～4 次，连续 2～3 天，结果痊愈 14 例，好转 5 例，无效 3 例，总有效率 86.3％。

（二）钩虫病与血吸虫病

乌梅 15～30 克水煎，晨空腹一次服，二煎在午饭前一次服；或用乌梅去核，文火焙干研末，水泛为丸，每次 3～6 克，每日 3 次，治疗 20 例钩虫病患者，粪便检查有 14 例虫卵转阴，转阴率为 70％。据临床观察，煎剂疗效似高于丸剂。雄黄乌梅汤（乌梅丸加柴胡、白芍、川楝子、大黄、雄黄）治疗 319 例血吸虫病（其中急性期 58 例，慢性期 246 例，晚期 15 例），结果：痊愈 242 例，显效 28 例，好转 25 例，无效 24 例，治愈率为 75.9％，总有效率为 92.4％。

（三）消化道疾病

乌梅或乌梅丸等复方制剂可用于治疗消化功能障碍、胃炎、胃痛、十二指肠球部溃疡、慢性胆囊炎、慢性非特异性溃疡性结肠炎、细菌性痢疾等消化道疾病。如以乌梅、党参、生黄芪、生谷芽、枸杞子、合欢皮、炙鸡内金、乌药、石斛等治疗消化功能障碍有效，药后精神爽朗，进食增加，胃中灼痛见减，诸恙均安。以乌梅、党参、细辛、桂枝、当归、附片、川椒、黄连、白芍为主方，随症加减治疗胃脘病；以乌梅丸方治疗滴虫性肠炎；以"连梅理中汤"（黄连、乌梅、党参、白术、甘草、干姜组成）治疗胃脘痛、泄泻、便血等；以乌梅丸方辨证治疗陈年骛溏（多年寒泄、脾肾虚泄、溏泄）；以乌梅丸方加陈皮、木香、吴茱萸治疗慢性胃炎、慢性肠炎；以乌梅、川椒、细辛、当归、黄连、黄柏、生大黄治疗湿热蕴结之胆囊炎、胆石症、胆囊术后综合征：均获得满意疗效。

有报道，应用乌梅、五味子、五倍子、白矾、牡蛎、罂粟壳、紫草、秦皮为基本方，随症加减，制成乌梅合剂作保留灌肠治疗慢性溃疡性直、结肠炎，与三黄汤口服及加减保留灌汤双育法对比观察30例，结果：乌梅合剂组治愈19例（63.3%），好转7例（23.3%），无效4例（3.3%），总有效率为86.6%；三黄汤组治愈16例（53.3%），好转6例（20.2%），无效8例（26.7%），总有效率为73.3%；乌梅合剂组比三黄汤组疗程短（P<0.01），疗效好。

亦有以乌梅丸与固肠丸治溃疡性结肠炎的报道。乌梅丸方用于寒热错杂型（甲型），固肠丸方用于阳虚寒盛型（乙型）。二方可先服用汤剂，症状好转后改用蜜丸（每丸9克，每服1丸，每日2～3次，连服3个月）。若腹泻严重，并伴有脓血者，配合应用由煅五倍子、地榆、白及、赤石脂、茯苓、血竭组成的灌肠液（每晚睡前保留灌肠，每次150毫升，连续10天）。结果：经治60例溃疡性结肠炎，痊愈31例（甲型25例，乙型6例），显效15例（甲型9例，乙型6例），有效9例（甲型6例，乙型3例），无效5例（甲型3例，乙型2例）。

尚有报道，应用单味乌梅治疗慢性结肠炎，即以乌梅15克，加水煎至1 000毫升，每日1剂当茶饮，25天为1个疗程。结果：经治慢性结肠炎18例，治愈15例，好转3例，用药最长者75天，最短25天，平均50天。另外，以乌梅丸加减方还可有效地治疗呕吐、呃逆、胃下垂、腹痛、细菌性痢疾、直肠癌等疾患。例如，治疗细菌性痢疾，取乌梅18克压碎，配合香附12克，加水150毫升文火煎熬药液浓缩至50毫升，分早、晚2次服。经治50例，治愈48例。服药后大便恢复正常者最短1天，最长6天。治疗过程中未发现毒性反应。早期治疗效果较好；对个别病人加大剂量（乌梅、香附各30克）可以缩短疗程。

用自拟乌梅汤（乌梅30克、丹参15克、红藤30克、穿山甲10克、七叶一枝花15克）加味，治疗7例消化道息肉患者。结果，息肉脱落为痊愈，计6例；息肉未脱落为无效，计1例。

（四）心血管疾病

以乌梅丸方或辨证加减治疗肺源性心脏病、高血压病与病态窦房综合征等心血管疾病疗效满意。对窦性心动过缓、Ⅱ度以上房室传导阻滞等心率减慢病例均有较好效果,且不良反应小。

(五)神经、精神系统疾病

以乌梅丸及其加减治疗神经性头痛、神经衰弱与自主神经功能紊乱,均获满意临床疗效。乌梅丸方加减治疗头晕、胁间神经痛、顽固性失眠、癔症、癫痫、精神分裂症等亦有一定疗效。

(六)病毒性肝炎

用乌梅40~50克(小儿酌减),加水500毫升,煎至250毫升,顿服或2次分服,每日1剂,共治疗74例;对照组56例,用退黄、降酶、保肝与免疫调整剂等中西药综合治疗。结果:乌梅组74例中急肝55例,慢肝19例,显效66例(89.1%),有效7例(9.5%),无效1例(1.2%);对照组56例中急性肝炎35例,慢性肝炎21例,显效28例(占50.0%),有效27例(48.2%),无效1例(1.8%)。乌梅组平均治疗19.5天达显效标准。

(七)男性不育症

用乌梅、党参各12克,细辛3克,干姜、当归、附子、黄柏各9克,黄连6克,川椒2克,水煎服,每日1剂,早、晚各服1次。共治疗16例男性不育患者,其中原发性不育症5例,继发性不育症11例。结果:本组16例,治愈12例,有效3例,无效1例。本组病例服药最多53剂,最少25剂,疗效满意,未见毒副反应。

(八)小儿科疾患

用乌罂煎剂(乌梅、罂粟壳、法半夏、山药各3克)治疗婴幼儿腹泻,每日1剂;3个月以内的患儿2剂服3日,药内可加适量红糖。经治41例,显效23例,好转16全例,无效2例,疗效满意,未见毒副反应。以乌梅、山楂煎汤制成合剂,治疗小儿腹泻40例,结果治愈34例,好转3例,无效3例,总有效率达92.5%。用乌梅丸加减治疗小儿喂养不当所致的上热下寒之口疮和寒食疳积,效果满意。尚有以乌梅丸加蜈蚣治疗病,其中1例为破伤风,经用6剂痊愈。治疗1例证属高热伤与脑络,津液亏损、筋脉失养之中毒性脑后遗症,经用18剂获愈。另加僵蚕、全蝎治疗乙脑后遗症并见浅昏迷、抽搐者,经用40多剂康复。亦有以党参、黄连、白芍、乌梅、川芎浓煎顿服治疗流行性乙型脑炎,1剂热退,眠安症减。

（九）外科疾患

用乌梅丸方加减治疗感染性休克、老年性前列腺肥大、跌打损伤所致肿痛痹症、息肉与肿瘤等外科疾患，均可获满意效果。

（十）妇科疾患

用乌梅浓缩煎剂口服，每次 3～5 毫升，每日 3 次，治疗妇女漏下和恶露（在无淤血症状时使用）疗效较好。以乌梅丸加减治疗痛经、阴吹与不孕症亦获良效。妊娠胆道蛔虫病单服乌梅丸无效者，可服乌梅丸与大剂量芍药甘草汤合方或加蜂蜜，镇痛迅速，效果可靠。乌梅丸方加减还可治疗妊娠呕吐、子宫息肉、子宫肌瘤、子宫癌等。乌梅对功能性子宫出血、慢性盆腔炎、妊娠咳嗽不已等均有较好疗效。

（十一）五官科疾患

用乌梅丸加天麻、石决明可有效地治疗耳源性眩晕病；乌梅丸加三棱、莪术、穿山甲，并综合治疗慢性角膜炎有良效；用乌梅、硼砂、桔梗、青橄榄等水煎服，半小时内频饮治疗食管异物，经治 20 例，均 1 剂而愈。

（十二）皮肤科疾患

用新鲜乌梅梅制成的乌梅酊，外搽白癜风患处，每次 3～5 分钟，每日 3～4 次，经治 245 例，痊愈率达到 25.7%，显效率为 34.7%，好转 28.2%，无效 11.4%，总有效率为 88.6%。并发现以面部、颈部与四肢暴露部位疗效为佳，认为乌梅可促进皮肤黑色素细胞再生，促使黑色素生长，使白斑缩小直至消失；以醋浸乌梅外敷治疗寻常疣、胼胝 100 例，均获良效；以乌梅、藜芦、续随子、急性子制成的复方乌梅酊治寻常疣，治愈率达 92.0%；以乌梅膏（5∶1）每次 9 克，每日 3 次，治疗寻常型牛皮癣 12 例，病程多在 5 年以上，结果亦有较好疗效；以乌梅、补骨脂、毛姜制成"消斑酊"为主治疗白癜风，每次 1～5 分钟，每日次数不限，经治 235 例，痊愈 51 例，显效 68 例，有效 85 例，无效 31 例，总有效率达 86.3%；用乌梅、公丁香、白芍与地骨皮组成的"乌丁饮"（痒甚者加徐长卿、夜交藤）每日 1 剂，内服治疗皮肤划痕症 50 例，结果痊愈 18 例，显效 6 例，好转 18 例，无效 8 例，总有效率达 84%，一般连服 5～7 剂则愈。还有乌梅、全蝎、皮硝、斑蝥、米醋，用醋浸泡 7 昼夜，过滤后直接外涂，治疗斑秃、脂溢性脱发、神经性皮炎均有效。

(十三)不良反应

用量较大时,可产生上腹不适、恶心呕吐等反应;多食对牙齿有一定损害;胃酸过多者、妇女经期与产前,产后不宜食用。

第五节 草 莓

一、生物学特性

草莓又叫红莓、洋莓、地莓、开心果等,是一种红色的花果。草莓属蔷薇科草莓属多年生草本植物,全世界有50多种。草莓全体有柔毛,有匍匐茎;茎生三出复叶,小叶卵形或菱形,边缘有锯齿;3~4月份开花,聚伞花序,有花10余朵,花瓣椭圆形,白色或略红色;花托增大变为肉质聚合果,多汁,鲜红色,有香味。因此,我们吃的草莓果实是由花托发育而成的,这与一般水果由子房发育而来是不同的。草莓成熟后为鲜红色至紫红色,单果重5~15克,平均10克左右,国外栽培品种可达30克。草莓原产于欧洲,其栽培始于14世纪的法国,以后传到英国、荷兰、丹麦等国,至18世纪育出大果草莓后,开始广泛传播,我国大果草莓栽培始于1915年。当今,世界上草莓品种不下2000个,我国引进的品种已逾百个,随着培育的新品种不断地出现,原有的旧品种不断被淘汰,草莓品种还会不断地推陈出新。

二、营养价值

草莓果实营养十分丰富。据测定,草莓浆果每100克中含糖4.5~12克,蛋白质1克,脂肪0.6克,有机酸0.6~1.6克,矿物质0.6克,膳食纤维1克以上,维生素C 50~120毫克,胡萝卜素0.01毫克,磷41毫克、铁1.8毫克、钙32毫克、钠4.2毫克、锰0.49毫克、锌0.14毫克、铜0.04毫克、硒0.70毫克,还有丰富的维生素A、B族维生素、核黄素、硫胺素等多种营养成分。草莓还含有14种人体所需的氨基酸,其中天冬酰胺占70%以上,其次丙氨酸约占9%,天冬氨酸、谷氨酸各占5%左右,还有少量的苏氨酸、谷氨酰胺、苯丙氨酸、缬氨酸、组氨酸、亮氨酸、异亮氨酸、赖氨酸、甘氨酸。草莓含有较多的果胶类物质,约0.7%。草莓的芳香成分十分复杂,含有多种酯类,使得草莓风味独特、浓郁。草莓的芳香成分集中在接近果皮的果肉层中,为各种碳氢化合物、酸和醇,大约10种酮与100种酯,其中19种是醋酸酯。构成草莓芳香物质的主要成分是各种醋酸、酪酸、2-甲基丁酸、己酸和辛酸的甲醋、乙酯、a-丁酯和 a-辛酯，还有未饱和脂肪酸和脂肪酸甲酯。前者如油酸、亚油酸和亚麻酸，后者如月桂酸、肉豆蔻酸、棕榈酸和硬脂酸。草莓的典型芳香成分有萜二烯、沉香醇和肉桂酸甲酯。此外，还富含抗氧化功能的第八营养素——生物色素。

三、生理功能

草莓果肉细嫩，柔软多汁，甜酸适度，不仅有诱人的色彩，还有一般水果所没有的宜人芳香，是水果中难得的色、香、味俱佳者。因此，特别受到人们的青睐，是世界七大水果之一。现代医学研究认为，草莓对胃肠道和贫血均有一定的滋补调理作用；草莓除了可以预防坏血病外，对防治动脉硬化、冠心病也有较好的功效；草莓中的维生素与果胶对改善便秘和治疗痔疮、高血压、高血脂均有一定效果。此外，它含有的一类胺类物质，对白血病、再生障碍性贫血等血液病亦有辅助治疗作用。草莓还是鞣酸含量丰富的植物，在体内可阻止致癌化学物质的吸收，具有防癌作用。草莓中维生素 C 含量比葡萄、梨和苹果高出 7～10 倍，日本有"草莓是活的维生素 C 结晶""每天吃 1 颗草莓对美容健身大有裨益""每天吃 10 颗草莓延年益寿"等说法。草莓对头发、皮肤有健美作用，美国把草莓列为十大美容食品之一，德国把草莓誉为神奇之果。因此，草莓是世界公认的"水果皇后"。草莓由于含丰富的抗氧化剂，能刺激多巴胺产生，将它与黑巧克力同吃，能达到双倍的开心效果，故有"开心果"之称。

（一）本身价值

草莓中所含的胡萝卜素具有明目养肝作用。

草莓对胃肠道和贫血均有一定的滋补调理作用。

草莓除可以预防坏血病外，对防治动脉硬化、冠心病也有较好的疗效。

草莓是鞣酸含量丰富的植物，在体内可阻止致癌化学物质的吸收。

草莓中含有天冬氨酸，可以自然平和地清除体内的重金属离子。草莓色泽鲜艳，果实柔软多汁，香味浓郁，甜酸适口，营养丰富。

国外学者研究发现，草莓中的有效成分，可抑制肿瘤的生长。每 100 克草莓含维生素 C 50～100 毫克，比苹果、葡萄高 10 倍以上。科学研究业已证实，维生素 C 能消除细胞间的松弛与紧张状态，使脑细胞结构坚固，皮肤细腻有弹性，对脑和智力发育有重要影响。饭后吃一些草莓，可分解食物脂肪，有利消化。

(二)食疗价值

草莓入药亦堪称上品。中医学认为,草莓性味甘、凉,入脾、胃、肺经,有润肺生津,健脾和胃,利尿消肿,解热祛暑之功,适用于肺热咳嗽,食欲不振,小便短少,暑热烦渴等。《本草纲目》亦有记:"补脾气,固元气,制伏亢阳,扶持衰土,壮精神,益气,宽疮,消痰,解酒毒,止酒后发渴,利头目,开心益志。"

草莓中丰富的维生素C除了可以预防坏血病以外,对动脉硬化、冠心病、心绞痛、脑出血、高血压、高血脂等,都有积极的预防作用。草莓中含有的果胶与纤维素,可促进胃肠蠕动,改善便秘,预防痔疮、肠癌的发生。草莓中含有的胺类物质,对白血病,再生障碍性贫血有一定疗效。一般人群均可食用,风热咳嗽、咽喉肿痛、声音嘶哑者;夏季烦热口干或腹泻如水者;癌症,特别是鼻咽癌、肺癌、扁桃体癌、喉癌患者,尤宜食用。痰湿内盛、肠滑便泻者和尿路结石病人不宜多食。

(三)膳食价值

1. 饭前吃草莓缓解胃口不佳　遇积食腹胀、胃口不佳时,可在饭前吃草莓60克,每日3次;

齿龈出血、口舌生疮、小便少、色黄时,可将鲜草莓60克捣烂,冷开水冲服,每日3次。

鲜草莓冰糖隔水炖服:干咳无痰,日久不愈时,可用鲜草莓6克与冰糖30克一起隔水炖服,每日3次;

遇烦热干咳、咽喉肿痛、声音嘶哑时,可用草莓鲜果洗净榨汁,每天早、晚各1杯。

2. 草莓对胃肠道和贫血有调理作用　现代医学研究认为,草莓对胃肠道和贫血均有一定的滋补调理作用。草莓除了可以预防坏血病外,对防治动脉硬化、冠心病也有较好的功效。草莓中的维生素与果胶对改善便秘和治疗痔疮、高血压、高脂血症均有一定效果。草莓中含有一种胺类物质,对白血病、再生障碍性贫血等血液病亦有辅助治疗作用。草莓是鞣酸含量丰富的植物,在体内可吸附和阻止致癌化学物质的吸收。

3. 鲜草莓有助于醒酒　酒后头昏不适时,可一次性食用鲜草莓100克,洗净后1次服完,有助于醒酒;

营养不良或病后体弱消瘦者,可将洗净的草莓榨汁,再加入等量米酒拌匀即成草莓酒,早、晚各饮1杯。

4. 美白牙齿　因为草莓中含有的苹果酸作为一种收敛剂,与发酵粉混合时产生氧化作用,可以去除咖啡、红酒和可乐在牙齿表面留下的污渍。

5. 有助于心脏健康　据英国《每日邮报》刊登英国一项新研究对此解析道,蓝莓、草莓等红、蓝、紫色浆果和蔬菜中所含的抗氧化剂花青素具有防止和修复细胞受损的作用。

英国东英吉利大学研究人员的新研究对此做了进一步说明。该研究对 9.3 万人进行了长达 18 年的跟踪调查。参试者被分为 5 组,年龄为 25～42 岁,他们每 4 年报告 1 次饮食情况与影响心脏健康的其他情况,如是否有高血压、心脏病家族病史,体重是否超标或肥胖,是否有锻炼习惯,是否吸烟、饮酒等。

结果发现,每周吃蓝莓或草莓至少 3 份(1 份约半杯)的人比其他参试者心脏病发病率更低。研究负责人爱丁·卡西迪博士表示,红、蓝、紫色水果蔬菜中的自然抗氧化剂可使年轻人和中年人心脏病危险降低 32%。研究认为,年轻时多吃富含花青素的水果、蔬菜,更有助于降低日后患心脏病的危险。花青素有助于提高好胆固醇(高密度脂蛋白胆固醇)水平,同时还可以减少与心脏病有关的体内炎症。除了蓝莓和草莓,富含花青素的食物还有紫茄子、李子和樱桃等。

四、加 工 与 应 用

草莓的吃法多样化,鲜吃,加工,作为饭菜的煮食材料,蛋糕的装饰或馅饼、水果挞的主角皆宜。

鲜吃:草莓可直接食用,淋上优酪乳、奶油、果糖、巧克力、炼乳也可,草莓雪糕、草莓奶酪同样是挺好的选择。

加工:既用完整果实加工成有蜜饯,又可切细加工成果酱,或者榨汁后制成浓缩果汁或草莓酒。

(一)食疗偏方

1. 水服草莓汁

原料:鲜草莓 60 克。

制法及用法:将草莓捣烂,用冷开水冲服,每日 3 次。

功效:治牙龈出血、口舌生疮、小便少、色黄。

治干咳无痰:鲜草莓 6 克,冰糖 30 克,入锅,一同隔水煮烂,每天 3 次分服。

2. 草莓美白牙齿

草莓中含鞣花酸,有抑制酪氨酸酶(黑色素形成的关键酶)活性的作用,能减缓黑色素的扩散作用,从而有美白皮肤的效果。用草莓美白牙齿的正确做法是:先将

1个草莓捣成糨糊状,再混入1勺发酵粉,之后用牙刷将其涂在牙齿上,固定3～4分钟后用清水冲净,牙齿就能又白又亮。

3. 草莓水果汤圆

材料:糯米粉100克,水100克,糖30克,豆沙适量,草莓几个。

做法:将水一点点倒入糯米粉中,搅拌均匀,放入蒸笼里20分钟蒸熟;趁热将蒸熟的糯米团分次放入白砂糖混合拌匀;放入涂抹了色拉油的保鲜膜中放至温热;取15克豆沙包裹1颗草莓,并让草莓尖端露出1/3,再取25克糯米面团包住豆沙即可。

(二)加工应用

草莓是浆果,不便运输,难藏贮。因此,将它开发加工成草莓食品,不仅可缓解鲜销压力,避免霉烂损失,又能满足不同消费需求,增值增收。

1. 草莓汁 选择充分成熟的莓果清洗干净,然后放入榨汁机中分离汁液,或将草莓放进容器中人工捣碎成浆状,倒入不锈钢锅或铝锅中,加入少量水升温煮沸后,迅速熄火降温,待5～6分钟后,用3～4层纱布过滤,并用器具协助将汁挤压尽;再按每千克滤液加白糖300～400克、柠檬酸2克的比例添料,搅拌均匀后,将果汁装入无菌的瓶或铁槽中,加盖密封好,再放入85℃的热水中灭菌20分钟,取出后自然冷却24小时,经检验符合饮料食品卫生标准后,即可装箱入库。

2. 草莓酱 挑选芳香味浓、果胶果酸含量高、果面呈浅红色、八九成熟的草莓,将果实清洗干净,再按照草莓10千克、水2.5升、白糖10千克、柠檬酸30克的配比备好料;将草莓和水放入锅内,加入白糖50%,升温加热使其充分软化;搅拌1次,再加入剩下的50%白糖和全部柠檬酸,继续加热煮沸,不断搅动,待酱色呈紫红或红褐色且有光泽、颜色均匀一致时,即出锅冷却,按定量装瓶或袋。

3. 草莓罐头 选择果实完整、粒大色红、新鲜味正、八成熟的果实做原料将草莓清洗干净,放入沸水中浸烫至果肉软而不烂,捞起沥去水分,趁热将草莓果实装入消过毒的瓶罐内;按每500克瓶装果300克,加入60℃的填充液(用水75升、白糖25千克、柠檬酸200克的配比经煮沸过滤即为填充液)200克,距瓶口留10毫米空隙;装瓶后趁热放入排气箱内排气,并将瓶盖和密封胶圈煮沸5分钟,封瓶后在沸水中煮10分钟进行杀菌,取出后擦干表面水分,在10℃的库房内贮存7天后即可上市。

4. 草莓醋 将残次草莓用水冲洗干净,倒入锅内加少量水,慢火熬煮成稀糊状;把稀糊果浆晾凉后,放进缸或坛内,添加适量发酵粉,再将容器封严密,让其自然发酵5～7天,容器的上层就会出现一层红褐色的溶液,过滤后取其澄清液,即为香气浓郁的食醋。

5. 草莓酒 将充分成熟的浆果冲洗干净,按 1 千克果实加 150 克白糖的比例配料,混匀后置于釉缸中发酵,每隔 2 小时搅拌 1 次,直到果实下沉,温度下降为止,一般经 4～5 天就可压榨取汁;然后酌量勾兑白酒,使酒度达 25°～30°时即可装瓶或装坛,置于常温下保存,或将净莓果按 2：1 的比例浸泡于白酒中,15 天后滤渣,再浸 15 天左右装瓶或坛;装瓶前,可酌情加糖、凉开水和微量柠檬酸,调至酒度为 17°～30°、糖度为 10°、酸度为 0.3°等多种规格的草莓酒。

6. 草莓脯 把制作果汁、果酒后剩下的草莓果肉渣去杂,放入打浆机内碎成细浆液备用,并在浆液中加入适量甘薯淀粉和水,迅速搅拌均匀成稀糊状,防止结块沉淀;然后加入适量白糖、柠檬酸和防腐剂搅匀,分次放入平底锅中加热浓缩,待成浓稠状时即可出锅,倒入干净的瓷盘或不锈钢盘中压成厚约 4～5 毫米的块状,冷却后放入烘房或烤箱中烘烤,温度为 65℃～75℃,以烘至不黏手、微软、不干硬时为宜;烘烤时要不断用排气扇排湿,烘好的果脯应立即取出,送入包装室平放在工作台上,趁热与容器分离,用电风扇吹冷(可按 30 克、50 克等不同重量规格用锡箔纸或聚乙烯薄膜包装成筒状,条状、块状等,外用铝箔袋密封包装,再用纸箱大包装、封口)。包装好的果脯可直接上市销售。

7. 五味莓 取鲜草莓 10 千克洗净,放入沸水中浸烫,捞出倒进缸中加食盐 1 千克混匀浸渍 5 天,滤去水液,加入甘草粉和姜粉各 150 克、白糖 5 千克,混匀浸渍 7 天,晒干即可。

8. 草莓干 选择粒大、均匀、颜色鲜艳、无伤烂和疤痕、无病虫害、香气浓郁、酸甜适口的草莓为原料。

清洗:将备用草莓倒入流动清水中充分漂洗,除去泥沙等杂物。

去果蒂:去蒂时要轻拿轻放,用手握住蒂把转动果实,或用去蒂刀去尽蒂叶,同时,剔除杂质和不合格的果实。

加糖煮制:先配制 40％浓度的糖液,放入夹层锅中加热至沸腾,然后加入草莓果实,再加热至沸腾,保持 10 分钟。冷却后,取出糖液和草莓果,放入备好的容器中,在 40％糖液中糖渍 6～8 小时。首先滤液:将糖渍好的果实从糖液中捞出,平铺在竹筛上沥糖 30 分钟。然后烘制:将草莓果单层平铺于瓷盘上,放入烘箱中烘烤,控制温度的方法有 3 种:

一是,180℃保持 10 分钟,降至 120℃保持 20 分钟,然后 100℃保持 24 小时。

二是,180℃保持 20 分钟,降至 120℃保持 2 小时,然后 80℃保持 20 小时。

三是,180℃保持 30 分钟,降至 120℃保持 60 分钟,最后 70℃保持 12 小时。

这 3 种烘制方法效果基本相同,可自由选择。

最后,包装检验:剔除碎果、不规整果,装袋,即为成品。

草莓干的成品为绛红色,大小均匀。种子露在外面,像芝麻点缀在果实表面。具有草莓的芳香、酸甜味。水分含量为 7％～8％,无致病菌与因微生物引起的腐败现象。

另外,草莓还可加工成果茶、草莓露、草莓蜜饯等各种各样的食品。

第六节 蓝 莓

一、生物学特性

蓝莓又称越橘,俗称都市果,为多年生落叶或长绿果树,耐寒性极强,可抵御－50℃的严寒,原产于北美、苏格兰和俄罗斯,是一种具有极高经济价值的新兴世界性小浆果果树。蓝莓是越橘属植物中营养成分最丰富的种类,其果实为浆果,呈蓝色,近圆形,果肉细腻,甜酸适度。

二、营养价值

果实除了含有糖、酸和维生素 C 外,还富含维生素 E、维生素 A、维生素 B_1、SOD、熊果酸、花青苷、蛋白质、脂肪等其他果品中少有的特殊成分与丰富的铁、锌、锰等微量元素。据科学研究,蓝莓果实具有防止脑神经衰老、增强心脏功能、明目抗癌等独特功效。据分析,每 100 克蓝莓果肉中含蛋白质 0.5 克、脂肪 0.1 克、碳水化合物 129 克、钙 8 毫克、铁 0.2 毫克、磷 9 毫克、钾 70 毫克、钠 1 毫克、锌 0.26 毫克、硒 0.11 毫克、维生素 A 0.91 毫克、维生素 C 9 毫克、维生素 E 1.7 毫克以及丰富的果胶物质、SOD、花青素、原花青素、花色苷、黄酮等成分,故称为营养巨星。

三、生理功能

(一)抗 癌

蓝莓中富含的鞣花酸对多种癌变有明显的抑制作用,具有抵抗肺癌、食管癌和抗氧化等作用。其机制是:它是一种抗氧化剂,能与人体内有害自由基结合,具有强力去癌变功效。此外,蓝莓果实含丰富的多酚类物质,如花色素苷,可使癌细胞急速增殖的酶的活性受到抑制。Toufexis 的研究表明,蓝莓的叶酸能预防子宫癌,并对孕期胎儿的发育大有益处。蓝莓没食子酸对体外肝癌细胞的培养具有显著抑制力,能延长艾氏腹水癌小鼠的生命,对加入亚硝酸钠所致的小鼠肺腺癌有强烈的抑制作用。

（二）抗 氧 化

蓝莓果实中花青素含量很高而且种类丰富。野生种蓝莓花青苷色素含量高达
0.33～3.38 克/100 克鲜重,栽培种一般为 0.07～0.15 克/100 克鲜重。花青素是
迄今为止所发现的最有效的天然水溶性自由基清除剂,其淬灭自由基的能力是维
生素 C 的 20 倍、维生素 E 的 50 倍。其体内活性更是其他抗氧化剂无法比拟的。
此外,已有的证据表明,花青素与胶原蛋白有较强的亲和力,能形成一层抗氧化保
护膜,保护细胞和组织不被自由基氧化。同时,花青素还能协助维生素 C 和维生素
E 的吸收利用,增强其在人体内的抗氧化作用。

（三）保护视力

蓝莓果实中所含的花色素苷对眼睛有良好的保健作用,能够减轻眼的疲劳与
提高夜间视力。人眼能够看到物体是由于视网膜上视红素的存在,视红素在光的
刺激下分解视蛋白和视黄醛发色物质,产生神经传送物质向大脑传送。视红素反
复分解、合成,连续地向大脑传送。蓝莓花青苷的重要功能是活化和促进视红素的
再合成作用,从而改善人眼视觉的敏锐程度,加快对黑暗环境的适应。利用蓝莓的
这一特性,国际上开发出了增视明目保健食品,解除用眼过度而产生的疲劳,改善
人眼机能,预防白内障。

（四）预防心脏病

蓝莓果实含有很高的果胶物质,研究表明,果胶为可溶性膳食纤维,可降低胆
固醇。胆固醇的降低,可降低患冠状动脉疾病的概率,从而预防心脏病与中风。蓝
莓果中富含的花青素可防止由胶原和花生四烯酸等引起的血小板凝固,从而预防
血栓的形成,防止动脉粥样硬化。现代医学已证明,蓝莓花色素苷具有比维生素和
儿茶酸等生理活性物质更强的保护毛细血管的作用,这一功能与其优异的抗氧化、
防衰老功能有关。赫尔辛基大学应用化学和微生物系完成的蓝莓中色素化合
物——花青素生物活性的研究项目,对花青素、富含花青素的食品配料以及它们对
心血管病的影响进行了研究,发现通过在红酒中添加蓝莓花青素可以对心脏病起
到很好的辅助食疗作用。

（五）美白皮肤

最新研究发现,蓝莓中的鞣花酸有抑制酪氨酸酶过剩的作用,从而使导致皮肤

雀斑、黄褐斑形成的黑色素难以形成,达到美白皮肤的效果。

(六)增强抵抗力

蓝莓果实中丰富的含钾量有利于调节人体内的液体平衡和对蛋白质的利用,保持精神与肌肉的应激性和正常的血压与功能,可促进造血,参与解毒,促进创伤和骨折愈合,增强肌体抵抗力。

(七)延缓神经衰老,改善循环系统功能

蓝莓中的花青苷具有从毛细血管渗入血液的性质,通过抑制毛细血管的透性,达到强化毛细血管、防止脑内毛细血管损伤的目的,从而延缓脑神经衰老。因此,通过这种血脑屏障,能够改善退行性老年痴呆。此外,花青苷可以抑制由胶原和花生四烯酸等引起的血小板凝固,从而有预防血管内血小板凝固引起的脑血栓作用。

四、加工与应用

蓝莓果实可制成多种果品、果酱等。由于蓝莓果实的出汁率可达80%以上,是制造饮料的上乘原料;此外用蓝莓酿制果酒,色泽鲜艳,口感浓郁醇厚;还可以将多种果汁混以蓝莓,制成蓝莓苹果汁、葡萄蓝莓汁、蓝莓鸡尾酒等。在日本等国,蓝莓果实制品已成为飞行员和长期从事电脑工作人员解除眼部疲劳的最佳补品。此外,由于蓝莓果胶含量高,总含量可达2.2克/千克,而且果胶高度甲醇化,非常适于制作果酱、果冻、果糕和饼馅等。用蓝莓制作的蛋糕、冰淇淋、酸奶和饼干等在国外市场也经常可见。

(一)蓝莓在医药中的应用

医药中使用的粉末状蓝莓提取物,含花青苷25%以上,成品药品中一般含0.25%～0.3%的花青苷。1976年,意大利第一次用于制造药品TEGENS,一片中含有80毫克花青苷和125毫克甘醇。1995年新开发产品有法国生产的DIFRA-EL100、意大利生产的ANTOCIN30、新西兰生产的STRIX均为速效性片剂,服用后4小时见效,1天后作用消失。每一片剂中含花青苷12毫克,1毫克β-胡萝卜素。这些制品在欧洲被用作眼病药剂或保健药品,效果得到普遍承认。

在欧洲,把花青苷含量＞24%的色素提取物作为药用,其中欧洲越橘(V. myrtillusL.)花青苷的提取物已被意大利、德国等国家的药典收载。

(二)蓝莓在化妆品中的应用

由于蓝莓色素成分含量很高,已用其专门生产色素制品,这种色素制品不仅可用作天然食用色素,而且因所含色素耐光耐热,可用于制作化妆品,如生产口红的天然色素。而其果实中的熊果苷有增白和消除雀斑的作用,花色素苷和酚类成分因具抗氧化、抗皱、消除雀斑的作用,可用于化妆品生产。当前,含醇酚和果酸的物质在现代化妆品生产中的价值越来越高。据报道,蓝莓是欧洲制造多种水果浓缩提取物高级化妆品的原料之一。

(三)蓝莓的其他应用

蓝莓加工中剩下的果渣可用来提取色素、酿醋和生产酶制剂等。现在,随着人们对食品安全的重视,对天然色素的需求量也越来越大。天然色素不仅能满足消费者的感官要求,而且能满足卫生安全要求。蓝莓果实的加工性能优异,开发天然色素受到了极大关注。在我国的饮料制品中,很少有深色品种,而使用蓝莓色素制造果汁、果酱、酿制果酒、勾兑复配饮料,使用含量低且不需添加任何色素,就能始终保持艳丽的色泽。此外,蓝莓叶片与全株含鞣质,还可以提取栲胶。

第七节　红　枣

一、生物学特性

红枣又名大枣、干枣、枣子,起源于中国,在中国已有4 000多年的种植历史,自古以来就被列为"五果"(桃、李、梅、杏、枣)之一,含有抑制癌细胞,甚至可使癌细胞向正常细胞转化的物质。红枣为鼠李科植物枣的果实,有补脾和胃,益气生津,滋养充液,解药毒之功能。主治胃纳差、脾虚便溏、气血津液不足、营卫不和、心悸怔忡、妇人脏躁,并能缓和峻烈药物的毒性,减少不良反应。

二、营养成分

红枣中含白桦脂酸、美洲茶酸、齐墩果酸、山楂酸、朦胧木酸等五环三菇。此外,红枣中还含有枣皂苷Ⅰ、Ⅱ、Ⅲ及酸枣仁皂苷等达马烷型皂苷。

红枣还分离出多种异喹啉类生物碱普罗托品、小檗碱、异欧鼠李碱、衡州乌药碱、千金藤任、N-降荷叶碱、阿西米诺宾、异波尔定碱、降异波尔定碱等。枣树叶和红枣种子中也还含黄酮类化合物：芸香苷、当药黄素等。

除上述有效成分外，红枣中还含有氨基酸和碳水化合物。红枣中游离氨基酸和酰胺是：天冬氨酸、谷氨酸、丝氨酸、丙氨酸、缬氨酸、苯丙氨酸、亮氨酸、脯氨酸、天冬酰胺和谷酰胺等 10 种。利用红枣中含有的碳水化合物，日本产大枣水提取物中含 D-果糖 36.1%，D-葡萄糖 32.5%，蔗糖 8.8% 与各种低聚糖。此外，红枣中还含有 CAMP（100～500 微克/克干重），维生素 C（2 克/100 克干果重）、维生素 P、维生素 A、维生素 B_2；枣叶中亦含抗坏血酸（800 毫克/100 克干叶重）。台湾大枣中含有 36 种元素，其中主要有磷、钾、镁、钙、铁、锰和铝。

三、生理功能

（一）抗变态反应作用

红枣 10 克，加热水 100 毫升提取的红枣提取液，当在体外培养用 2×10^{-2} 抗体氮/毫升的抗 IGE 刺激时，则可见白三烯 D4（LTD4）释放，此时加入 1：10 稀释的上述大枣提取液时，LTD4 的释放便受到抑制，LTD4 的释放与自发性释放大致相同。大枣本身含 CAMP，它易透过白细胞膜而作用于化学介质释放的第二期，因而抑制了化学介质的主要物质 LTD4 释放，故可抑制变态反应。

（二）抗　癌

红枣对 N-甲基-硝基-N-硝基胍（MNNG）诱发大鼠胃腺癌有一定抑制作用，用 MNNG100 微克/毫升处理大鼠 7 个月后，连续 8 个月投给中药红枣干果（每鼠每日 1 克），大鼠胃腺癌的发生率与 Ⅱ 组 MNNG（连续给 10 个月）组相比，经统计学处理有显著差别。

（三）抗白血病

用 MTT 比色分析法和集落形成法证明：红枣水提取物对 K562 细胞的增殖与集落形成能力有显著抑制作用，呈良好的线性关系（P＜0.001），半数抑制量（ID50）分别为 22.5 毫克/毫升和 9.46 毫克/毫升（相当于生药），当硒酸酯多糖≤50 微克/毫升时对 K562 细胞几乎无作用。但若与红枣提取物联合应用，则促进其对 K562 细胞增殖抑制作用，呈协同效应，抑制作用提高约 2 倍。

（四）对免疫功能的影响

每天给小鼠灌胃临泽红枣 50%、100% 药剂 1 毫升，连续 7 天，明显提高小鼠腹腔巨噬细胞吞噬功能。红枣果实粗多糖 60～480 微克/毫升具有明显抗补体活性,且具有浓度依赖关系。10 微克/毫升、50 微克/毫升、100 微克/毫升使脾细胞增殖反应随浓度增加而增强,但 200 微克/毫升、400 微克/毫升其作用反而降低,最适浓度为 100 微克/毫升。红枣中性多糖(JDP-N)50 微克/毫升、100 微克/毫升、200 微克/毫升能增强小鼠巨噬细胞杀伤 L929 细胞株的细胞毒作用。促进小鼠巨噬细胞分泌 IL-1,TNFA 和 NO 最适浓度分别为 50 微克/毫升、100 微克/毫升、和 100 微克/毫升,TDP-N 不能协同 LPS 促进 IL-1 和 TNFA 分泌。JDP-N 能引起浓度明显升高,升高是由细胞外内流和通过和机制释放细胞内贮存引起。因此,升高是 JKP-N 活化的重要信号转导通路。

(五)对中枢神经系统的影响

给小鼠灌服红枣仁油(制成乳液)0.175 毫升/千克、0.35 毫升/千克、0.70 毫升/千克,连续 5 天,跳台法和避暗法结果证明能减少错误次数,延长错误潜伏期,表明其能改善记忆损伤小鼠的记忆功能。利用细胞外记录离体大鼠海马脑片 CAI 区锥体细胞群体峰电位方法,青霉素钠 500 千单位/升、1 000 千单位/升、2 000 千单位/升可剂量依赖性地诱导海马脑片上 CAI 区神经元的兴奋,苯巴比妥钠 0.02～0.05 克/升和酸枣仁皂苷 A 0.05～0.1 克/升都可以剂量依赖性地抑制这种青霉素诱发的兴奋反应。高剂量的酸枣仁皂苷 A 能抑制青霉素钠诱导的海马 CAI 区兴奋性电位,群峰电位(PS)的个数和第一峰电位的幅度受到的抑制较明显,而兴奋性突触后场电位的变化不大。

四、加工与应用

(一)加工成红枣饮料

随着人们对红枣营养保健作用认识的深入,以红枣为原料的饮料产品也日趋多样化,如:以红枣、枸杞为原料制成的耐贮运、饮用方便的保健型固体饮料枣珍;以红枣、草莓和番茄为原料制成的复合红枣浑浊汁,富含人体必需的多种氨基酸、维生素和矿物质;以红枣和银耳为主要原料,配以蜂蜜等辅料制成的功能型保健饮料,经常饮用可降低胆固醇含量,增强人体免疫机能,并能抑制衰老因子,延长细胞寿命。红枣茶饮料也已进入市场,但在加工茶饮料时,由于红枣的提取物中含有的皂类物质易产生泡沫,生物碱类易使成品发生絮凝而导致沉淀,因此产品中需加入 0.1% 的海藻抽提物稳定剂以防止沉淀的产生。

(二)红枣的糖制品及其发酵品加工

蜜枣、枣果脯等蜜饯食品是红枣的传统加工品,既价廉物美,又易操作。近年来人们发现红枣还可用来加工成发酵型饮料。红枣含糖量高,枣汁能促进乳酸菌生长,乳酸菌发酵把其中一部分糖转化成乳酸。乳酸本身风味柔和,在赋予食品酸味的同时,还有助于消化。加工红枣乳酸菌饮料的关键是控制好发酵程度,这样既可起防腐作用,又可改善枣汁饮料的风味。研究表明,发酵温度 42℃、接种量 1%(杆菌球菌为 1∶1)、红枣汁可溶性固形物含量 12°BX、还原乳可溶性固形物含量 12°BX、红枣汁用量 30%、还原乳用量 70%,在此条件下可制成风味佳的红枣乳酸菌饮料。另有以红枣和蜂蜜为原料制成的发酵饮品,既保存了两者的保健功能,又赋予该饮品柔和的焦香和蜂蜜的芳香,是一种很有商品价值的新型饮品。

(三)红枣的干制品及其油炸制品加工

枣干是红枣的又一传统加工品,但传统的加工工艺温度较高,易发生焦糖化反应,产生苦涩味成分,且不能有效地保存维生素 C 等重要成分,干制时间也较长。采用近来发展的低温真空干燥技术,可生产维生素 C 高达 800 毫克/100 克以上,且无苦焦味的枣干。采用果胶酶酶解红枣原料,用乙醇水溶液进行二次浸提,再利用低温真空浓缩和真空干燥加工技术还可制作速溶枣粉。此外,红枣还可加工成芝麻枣、花生枣、焦枣等干制品,深受人们喜爱。

低温真空技术在油炸品加工中也得到了广泛应用。利用此技术加工油炸香酥枣,使原料在 85℃~105℃条件下脱水,能有效地避免高温对食品营养成分与品质的破坏;同时在真空状态下,大枣细胞间隙中水分急剧汽化膨胀,具有良好的膨化效果;低温油炸还可防止油脂的劣化变质,提高油脂利用率,而且产品安全卫生。

(四)提取生理活性物质

红枣含有多种生理活性物质,黄酮和多糖是其中一部分。研究表明,用 LSA-20 大孔吸附树脂分离纯化乙醇所提取得到的浸膏效果较好,相对得率可达 96.23%。李小平研究了热水提取法、酶提取法与超声提取法对红枣多糖的提取效果,发现酶法的提取率最高,可达 3.91%,所用酶为纤维素酶,并用 DEAF-纤维素离子交换柱层析法对红枣多糖进行纯化,得到了 5 种多糖组分。

(五)红枣加工副产物的利用

红枣的加工品日益丰富,但红枣枣皮却作为加工副产物被抛弃。而这些枣皮中存在大量红枣色素,有待于开发利用。从枣皮中提取红色素为红枣的综合利用开辟了一条途径。目前红枣红色素的提取方法主要是碱提法,且只能得到色素的粗品,其精制品的获得还有待研究。

从红枣加工的又一副产物枣仁中可提取油脂,还可利用枣仁制造枣醋、枣核露酒等。此外,红枣中提取的香精可作为烟用香精用于卷烟生产。

第八节　黑　枣

一、生物学特性

黑枣树,乔木,高 5～10 米;树皮暗褐色,深裂成方块状;幼枝有灰色柔毛;叶椭圆形至长圆形,长 6～12 厘米,宽 3～6 厘米,表面密生柔毛后脱落,背面灰色或苍白色,脉上有柔毛;花淡黄色或淡红色,单生或簇生叶腋;花萼密生柔毛,四深裂,裂片卵形;果实近球形,直径 1～1.5 厘米,熟时蓝黑色,有白蜡层,近无柄;花期 5 月份,果熟期 10～11 月份。

二、营养价值

每 100 克黑枣中含有碳水化合物 61.4 克,膳食纤维 9.2 克,蛋白质 3.7 克,脂肪 0.5 毫克,维生素 A 1 毫克,维生素 C 6 毫克,维生素 E 1.24 毫克,胆固醇 1 毫克,镁 46 毫克,钙 42 毫克,铁 3.7 毫克,锌 1.71 毫克,铜 0.97 毫克,钾 498 毫克,磷 66 毫克。新鲜的黑枣果总糖含量 45.7%,淀粉 41%,蛋白质 1.83%,果胶 3%～3.84%,单宁 0.98%。

三、生理功能

黑枣作为一种药材,味甘,性平,入脾,胃经,能补中益气,对病后体虚的人有良好的滋补作用,能养胃健脾,养血壮神,对脾气虚者有很好的食疗作用;能够助十二经,解药毒,调和百药,当与祛邪药配伍时,可缓其毒烈之性的功效;因富含芦丁,可以软化血管,对防治高血压病有一定疗效,能起到降血压固本的作用。

黑枣富含蛋白质、碳水化合物、有机酸、维生素 B 和维生素 E,还含有磷、钙、铁等微量元素,还有多种营养元素,有补肾与养胃的功效,并对延缓衰老、增强机体活力、美容养颜都很有帮助。所以,黑枣被称为"营养仓库",经常食用可以帮助女性补气养血、维持上皮细胞组织的功效,以及可以暖肠胃、明目活血、利水解毒,是润泽肌肤、乌须黑发佳品。黑枣以含维生素C和钙质、铁质最多,同时还含有丰富的膳食纤维与果胶,可以帮助消化及软化大便,起到润肠通便的作用。黑枣含有丰富的维生素,有极强的增强体内免疫力的作用,并对贲门癌、肺癌、吐血有明显的疗效;还可作为补血和调理药物,对贫血、血小板减少、肝炎、乏力、失眠有一定疗效,有很高的药用价值。

四、加 工 与 应 用

黑枣的吃法同红枣相同,也可同红枣一起。黑枣同红枣一起吃是保护肝脏的佳品,只是一次不能吃太多,特别是脾胃不好者不可多吃。黑枣不宜空着肚子吃,因黑枣含有大量果胶和鞣酸,这些成分与胃酸结合,会在胃内结成凝块。需要注意的是泡制而成的黑枣是大枣干品,不是真正的黑枣。

1. 黑枣醋

原料:黑枣1 000克、陈年醋2 000毫升。

做法:黑枣清洗晒干,并拣去杂质即可。将黑枣加陈年醋放进玻璃罐中,密封。放置4个月后即可饮用。

食用方法:可将黑枣醋与新鲜的葡萄汁调和,加入适量的开水稀释饮用;也可直接用温开水稀释后饮用。

功效:该饮品甘甜好喝,滋润心肺,生津止渴,抗老化,可促进气血循环,减少心血管的淤塞,建议睡前饮用。

2. 黑枣猪心汤

原料:猪心100克、黑枣(有核)15克、莲子15克。

调料:姜5克、大葱3克、料酒3克、盐2克。

做法:

(1)猪心切成片,莲子压碎,姜切片,葱切葱花。

(2)锅内放汤,放入莲子、猪心烧沸后加黑枣、姜片、料酒等,猪心煮熟后,葱花和盐调味即可。

功效:养心生血,安神定志。

3. 枸杞子黑枣鸽蛋(鸡蛋)

原料:鸽蛋80克、枸杞子15克、黑枣(无核)50克。

调料:白砂糖 10 克。

做法:将枸杞子、黑枣洗净;鸽蛋煮熟去壳;把全部用料一齐放入锅内,加清水适量,武火煮沸后,文火煮 20 分钟,加白糖适量再煮沸即可,随量饮用。

功效:益气血、润脏腑。

第九节　紫葡萄

一、生物学特性

紫葡萄为葡萄科草本植物的果实,别名草龙珠、蒲桃、山葫芦等。在全世界的果品生产中,中国葡萄产量和栽培面积一直居于首位,几乎占全世界水果量的 1/4。葡萄是水果中的珍品,营养丰富、用途广泛,既可鲜食又可加工成各种产品,如葡萄酒、葡萄汁、葡萄干等。近几年来,广东从台湾引进一批木本紫葡萄,果味鲜美,物稀价高,值得推广。

二、营养成分

葡萄不仅风味优美,而且含有丰富的营养。据测定,葡萄浆果除含水分外,还含有 15%~30%碳水化合物(主要是葡萄糖、果糖和戊糖),各种有机酸(苹果酸、酒石酸以及少量的柠檬酸、琥珀酸、没食子酸、草酸、水杨酸等)和矿物质、维生素等。

每 100 克葡萄可食部分营养含量:蛋白质 0.5 克、脂肪 0.2 克、碳水化合物 9.9 克、胡萝卜素 50 微克、维生素 B_1 0.04 毫克、维生素 B_2 0.02 毫克、烟酸 0.2 克、维生素 C 25 克、钾 104 毫克、镁 8 毫克、锰 0.06 毫克、锌 0.18 毫克。

三、生理功能

现代医学发现,葡萄皮和葡萄籽中含有一种抗氧化物质白藜芦醇,对心脑血管病和癌症有积极的预防和治疗作用。白藜芦醇是一种主要存在于葡萄及其制品中的多酚类化合物,在藜芦、虎杖、桑果、花生、凤梨等 70 多种植物中也含有,而葡萄皮中的含量最高,达到 50~100 微克/克,所以说"吃葡萄皮"是好习惯。尽管法国人脂肪和热量的摄入较高,但心血管病的发病率却很低,冠心病的死亡率仅是英美人的 1/3,究其原因,是法国人通过喝葡萄酒摄入的白藜芦醇发挥了重要作用。因此,常吃葡萄、喝葡萄汁和适量饮用葡萄酒对人体健康很有好处。

李时珍在《本草纲目》指出:"葡萄,汉书作蒲桃,可以造酒入甫,饮人则陶然而醉,故有是名。其白者称为水晶葡萄,黑者称为紫葡萄。汉书言由张骞出使西域带回,始得此种。而《神农本草经》已有葡萄,则汉前陇西旧有,但未入关耳。"由此得知我国栽培葡萄甚古,品种也多。葡萄颗颗晶莹玲珑可爱,累累成穗富丽令人垂涎欲滴。世界名酒都出于葡萄之造,鲜果美味可口,干果别有风味,果汁清凉宜人,果酱调食最佳,对于人类极具利用价值。

第一,葡萄食疗对于心性、肾性以及营养不良性等水肿、胃炎、肠炎、痢疾、慢性病毒性肝炎、疹、痘疮等有一定功效。能补诸虚不足,延长寿命。

第二,据《神农本草经》记载:"主筋骨湿痹,益气倍力强志,令人肥健,耐饥忍风寒,久食轻身不老延年,可作酒。"《名医别录》说:"逐水,利小便。"《药性论》说:"除肠间水,调中治淋。"《本草图经》说:"时气痘疮不出,食之,或研酒饮,甚效。"《滇南本草》:"大补血气,舒筋活络。总之,葡萄能滋养强壮血气,壮筋骨,利小便。用治气血虚弱,心悸盗汗,肺虚咳嗽,风湿痹痛,小便不利,水肿,淋症。"

第三,葡萄酒富含维生素 B_{12},对防治恶性贫血有益,有营养强壮功能,并提高人体性功能作用。葡萄含天然聚合苯酚,能与细菌以及病毒中的蛋白质化合,使之失去传染疾病能力,对于脊髓灰白质病毒与其他一些病毒有良好杀灭作用,而使人体产生抗体。

四、加工与应用

1. 壮腰强肾 葡萄、人参各 3 克,白酒浸泡 24 小时,常饮。

2. 治疗烦渴 葡萄汁以砂锅熬稠,加入蜜糖少许,拌匀装瓶备用,需要时取适量,沸水冲服。

3. 治疗咽干舌燥 鲜葡萄 500 克,挤汁,砂锅熬稠,加蜂蜜适量,每服 20 毫升。

4. 治疗小便短赤、尿中带血 鲜葡萄 150 克,鲜藕 250 克,共捣烂挤汁,加适量蜂蜜,温开水送服。

5. 安胎 葡萄干 30 克,大枣 15 克,水煎服,每日 2～3 次。

6. 治疗高血压 葡萄、芹菜各榨汁 1 杯,温开水送服,每日 2～3 次,20 日为 1个疗程。

7. 治疗营养不良性水肿 葡萄干 30 克,生姜皮 10 克,水煎服,每日 2 次。

8. 治疗食欲不振、病后体弱、疲乏无力、脾胃不和 一是葡萄干 9 克,每日 3次,饭前嚼食。二是葡萄干、糯米、红枣各适量,共煮粥食。

9. 治疗呕吐 葡萄榨汁 1 杯,加姜汁少许,调和服。

10. 治疗声音嘶哑　葡萄、甘蔗各榨汁1杯,温开水送服,每日3次。

11. 治疗热淋、小便涩少　葡萄汁500毫升,藕汁400毫升,生地黄汁300毫升,蜜糖15克,共煮沸,每餐饭前服200毫升。

12. 治疗麻疹不透　葡萄干20～30克,水煎服。

13. 治疗血小板减少或粒细胞减少症　饮葡萄酒10～15克,每日2～3次。

14. 治疗痢疾　葡萄汁3杯,蜂蜜1杯,姜汁半杯,茶叶9克,将茶水煎1小时后取汁,冲入各汁,一次饮服。

15. 治疗胎气上逆(孕妇胸腹胀满、至喘急痛、坐卧不安)　葡萄30克,煎汤饮服,每日2次。

16. 治疗慢性胃炎　每日食适量鲜葡萄或葡萄干,有清热养胃作用。

17. 治疗暑热后口渴、尿少　饮鲜榨葡萄汁,或用葡萄250克与荷叶15克同煮,放冷饮之。

18. 治疗急性尿道炎、尿血、盆腔炎或黄带下　也可多食葡萄。

19. 治疗低血糖、低血压、心率缓慢和营养不良　每日可饮适量的葡萄酒。

此外,还可大量制作葡萄酒、葡萄汁、葡萄果酱等

第十节　枸　杞

一、生物学特性

枸杞,又称枸杞子、红耳坠,是茄科小灌木枸杞的成熟子实,既可作为坚果食用,又是一味功效卓著的传统中药材,自上而下就是滋补养人的上品,有延衰抗老的功效,所以又名"却老子"。春天枸杞的嫩茎梢与嫩叶称为枸杞头,既是一种蔬菜,也是一种营养丰富的保健品。枸杞子中含有14种氨基酸,并含有甜菜碱、玉蜀黍素、酸浆果红素等特殊营养成分,使枸杞具有不同凡响的保健功效。

二、营养成分

枸杞子营养成分非常丰富,据测定,每100克枸杞果中含蛋白质4.499克,脂肪2.339克,碳水化合物9.129克,类胡萝卜素96毫克,硫胺素0.053毫克,核黄素0.137毫克,抗坏血酸19.8毫克,甜菜碱0.26毫克,还含有丰富的钾、钠、钙、镁、铁、铜、锰等元素,以及多种维生素和氨基酸。氨基酸种类齐全,含量丰富,干果中氨基酸总量为9.5%,其中必需氨基酸占总量的24.74%;鲜果中氨基酸总量为

3.54%,其中必需氨基酸占 23.67%。此外,枸杞子中富含有甜菜碱、枸杞多糖、玉蜀黄素等特殊营养成分。

三、生理功能

(一)滋阴益气

枸杞子味甘性平,有良好滋阴益气作用,用于肝肾阴虚、气虚精亏之症。多用来滋阴益气、扶正固本,《本草经集注》谓其"补益精气,强盛阴道",《本草备要》谓其能"润肺清肝、滋肾益气、生精助阳、补虚劳,强筋骨"。枸杞子滋阴益气的功效,主要表现为增强免疫功能。

1. 增强非特异性免疫 连续 3 天给小鼠口服 20 克/千克宁夏枸杞子水提取物,或按 5 克/千克肌内注射给予醇提物,能明显促进网状内皮系统的吞噬功能,提高巨噬细胞率与吞噬指数,巨噬细胞数量降低有明显升高白细胞,而对免疫器官的重量和常压耐缺氧作用无明显影响。连续 7 天口服枸杞多糖 10 毫克/千克,还能显著增强小鼠腹腔巨噬细胞 C3B 和 FC 受体的抑制作用。枸杞子水提物能拮抗环磷酰胺对巨噬细胞 C3B 和 FC 受体的抑制作用。枸杞子水煎剂尚可促进中性粒细胞吞噬活性,增加溶血空斑形成细胞(PFC)数。

2. 增强特异性免疫

(1)增强体液免疫 每日给大鼠灌服宁夏枸杞子袋泡茶 2 毫升,共 2 周,可显著增加 IgM 含量,并使补体 C4 含量增加。采用 AI(OH)3 佐剂诱导 BALB/C 小鼠产生血清高免疫球蛋白 IgE 的模型发现,口服枸杞子组小鼠血清抗 DNPIGE 水平较对照低($P < 0.01$),说明它对 IgE 抗体应答有一定调节作用,可抑制小鼠 IgE 合成。应用 IL-6 细胞株(CRL. SKW)研究不同月龄鼠的抗体消长水平及枸杞子的调节效应发现,在 IL-6 促分泌作用下,IgM 的产生随鼠龄而增长,30 月龄时达高峰而后下降。从人或鼠的年龄对 IL-6 水平分析发现,IL-6 不像 IL-2 或 IL-3 随年龄增长而下降,仅在晚年才急剧下降。枸杞子提取液具有一定的调节作用,对老龄鼠尤其明显,但对老年人则不同,表明中药调节机制的复杂性与影响因子的多因性。

(2)增强细胞免疫 实验揭示,LBP 在人体内不但可提高常规 LAK 活性并能提高快速 LAK 活性。LBP 增强免疫功能的机制可能部分是通过调节中枢下丘脑与外周免疫器官脾脏实现的。

(二)强身延年

枸杞子历来都是滋补长寿,美容驻颜佳品。《神农本草经》谓其"久服坚筋骨,轻身不老"。《本草新编》称其能"明耳目、安神,而适寒暑、延寿,添精固髓"。枸杞子强身延年的作用主要与其延缓衰老有关。

枸杞子能提高 DNA 分子的修复功能,对抗遗传物质的损伤,维护细胞正常发育,促进衰老细胞向年轻化方向逆转。枸杞子具有延缓衰老作用,其在试管内明显抑制小鼠肝匀浆过氧化脂质(LPO)的生成,并呈剂量反应关系。

(三)抗肿瘤作用

使用 C57BL 纯系小鼠与可移植性肺癌模型实验发现,单用 LBP 对肿瘤生长无明显抑制作用,而结合放疗则显示出明显的放射增敏作用,得到剂量修饰因子平均为 2.05,它对急性缺氧性肿瘤细胞也有一定的放射增敏效应,对机体无明显毒性作用。LBP 能增强正常小鼠经 CONA 处理的巨噬细胞抑制肿瘤靶细胞增殖的活性,不同剂量的 LBP 与小剂量(250 微克/只)厌氧短棒杆菌菌苗(CP)合用时,具有明显的协同作用。LBP 浓度为 20 毫克/千克时效应最显著,对靶细胞 P815 与 P388 增殖抑制率分别为 85.5%、63.6%,CP 对照组为 28.1%、24%;此外还发现,来自肿瘤细胞免疫小鼠的腹腔巨噬细胞表现出较强的特异性抑制肿瘤增殖活性,LBP 则加强其作用。说明 LBP 对巨噬细胞无论在非特异性抗肿瘤或特异抗肿瘤过程中均有一定的激活作用,S180 荷瘤小鼠细胞免疫功能下降,LBP 能升高其脾脏 T 淋巴细胞 3-H-TDR 的掺入值;T 淋巴细胞增殖反应(RPI)从相当于正常的 0.3% 提高到 24.3%。10~20 毫克/千克 LBP 抑瘤率为 31%~39%,如合用可提高的抑瘤率(从 14% 到 54%),有明显协同作用。用枸杞子冻干粉混悬液和联合治疗大鼠癌内瘤 256 例,LBP 对导致的白细胞减少有明显保护作用,1 周内白细胞数即有明显回升,第十四天升至正常水平,提高了机体免疫功能,减轻了毒副作用,促进了其机体造血功能的恢复。

(四)保肝作用

给大鼠长期饲喂含枸杞子水提取物(0.5% 和 1%)或甜菜碱的饲料对四氯化碳引起的肝损害有保护作用,能抑制引起的血清与肝中的脂质变化,减少酚四溴呋钠潴留,降低谷草转氨酶。小鼠灌服枸杞子浸液对引起的肝损害亦有保护作用,如轻度抑制脂肪在肝细胞内沉积和促细胞再生。天冬氨酸甜菜碱亦对中毒性肝炎有保护作用,甜菜碱的保肝作用可能与其作为甲基供体有关。LBP 对所致肝损伤有修复作用,对所致的 SGPT 活性升高有明显的保护作用。

（五）增强造血功能

连续 3 天腹腔注射 LBP 10 毫克/千克,可使正常小鼠骨髓中爆式红系集落形成单位(BFU-E)红系集落形成单位(CFU-E)分别上升到对照值的 342%、192%,外周血网织红细胞比例于给药后第六天上升到对照值的 218%,并能促小鼠脾脏 T 淋巴细胞分泌集落刺激因子,提高小鼠血清集落刺激活性水平。在体外培养体系中,LBP 对粒—单系祖细胞无直接刺激作用,但可加强集落刺激因子(CSF)的集落刺激活性。LBP 可促进正常小鼠骨髓造血干细胞(CFU-S)增殖,明显增加骨髓单系细胞(CFU-GM)数量,促进 CFU-GM 向粒系分化。

还有抗应激作用和抗疲劳、降血脂、降血糖、降血压、兴奋肠道等作用。

四、加工与应用

（一）枸杞的食用

1. 枸杞头的使用 枸杞作为菜用有 3 个栽培种,即菜用枸杞、宁夏枸杞和枸杞,前 2 种主要采收果实(枸杞子)和根皮(地骨皮)作药用,后者主要采收茎叶,采嫩梢 15～20 厘米称为枸杞头。枸杞头一般常用于涮火锅、配料、炖肉;枸杞头可炒羊肝、炒肉片,还可用来做凉拌菜和做汤用;枸杞叶可用于拌后蒸食。

2. 枸杞酱 枸杞酱是将传统与现代工艺有机结合,选用优质枸杞子,配以蜂蜜、维生素 E 等原料,口味柔甜,入口清香,保全了枸杞子的全部有效成分,且由于其先进的加工工艺,使得有效成分极易被人体吸收,特别适合于中老年人和化疗病人食用。

3. 枸杞汁 枸杞汁在组方中含有多种天然的亲水性成分如杂多糖、多元醇、维生素 C 等,这些成分能保持肠道中的大量水分,使肠道得到滋润,不至于使大便因枯燥引起便秘,所以能起到止泻作用。而且枸杞子中的类胡萝卜素对于保护视力是有益的,而枸杞汁能久饮不上火。

（二）枸杞的药用

1. 治疗肿疖腮 鲫鱼枸杞菜汤治肿疖腮效果好,具体方法是:用鲜鲫鱼 200 克(将鲫鱼去鳞片,把五脏收拾干净),枸杞梢 500 克,陈皮 5 克,生姜 2 片,与水共煮饮汤。可消肿、定疼,用于治疗肿疖腮。

2. 益精明目 将新鲜枸杞子 300 克浸泡、捣碎,用纱布包好挤出汁液;把适量白酒冲入枸杞汁中趁热饮用。每日 2 次,有散热、排脓、生肌作用,烧酒冲枸杞汁对消除脓毒、使疮口愈合有良好效果。

第十一节　金樱子

一、生物学特性

金樱子，又名糖罐子、丁榔、倒挂金钩、黄茶瓶、山石榴、刺头、油樱、白玉带、下山虎、螳螂子树等，始载于《雷公炮炙论》，历代医书如《蜀本草》《开宝本草》《梦溪笔谈》《本草纲目》《植物名实图考长编》等均有记载，其果实、花、叶和根均入药，民间利用已有上千年。金樱子果实风味独特，有蜂蜜味和幽香，营养极为丰富，同时具有多种药理功能和保健功能。金樱子野生资源丰富，生长快，易于栽培，除作为药材外，也是一种理想的、具有开发利用潜力的保健品资源。

二、营养成分

金樱子果实中含有丰富的营养成分，如糖、氨基酸、脂肪酸、维生素 C、矿物质元素等。成熟的金樱子果实含糖量高达 23.96％，主要是果糖等还原糖（一般在 50％～60％）；所含氨基酸齐全，且含量高，共含有 19 种氨基酸，其中包括 8 种人体必需氨基酸（占其总氨基酸的 53.5％）。特别是含有婴儿必需的组氨酸；多种饱和及不饱和脂肪酸，其中人体必需亚油酸占 20.14％，油酸占 45.65％；维生素 C 含量高达 1 187.3 毫克/100 克，仅次于刺梨，是鲜枣的 2 倍，猕猴桃的 2.5～6 倍，柑橘的 35 倍；18 种常量和微量元素，尤其是铁、锌、铜等含量高，能增强人体造血功能，提高多种酶的活力和防止细胞老化；丰富的多糖，主要由葡萄糖、甘露糖、半乳糖、鼠李糖、阿拉伯糖、木糖等组成。此外，还富含生物色素。

三、生理功能

（一）抗动脉粥样硬化

家兔喂食胆固醇并加适量的甲基硫氧嘧啶制造高脂血症模型，用金樱子治疗 2 周和 3 周，能使血清胆固醇分别降低 12.5％和 18.67％，脂蛋白于给药 3 周后也有明显下降。病理检验硬化程度好于对照模型组。

（二）收敛、止汗

金樱子含有较多的鞣质，与黏膜、创面等部位接触后能沉淀或凝固局部的蛋白质,从而在表面形成较为致密的保护层,有助于局部创面愈合或保护局部免受刺激。这种收敛作用还可使空腔脏器黏膜表面的润滑性降低,内容物通过时较为滞涩,同时由于含有多量鞣质,又可使肠壁神经末梢蛋白质沉淀易呈微弱的局麻作用,对肠内容物的刺激不敏感而加强止泻作用。

(三)抗衰老

衰老大鼠皮肤与尾腱部位羟脯氨酸含量降低,衰老小鼠血红细胞上的谷胱甘肽过氧化酶的活性降低。给上述衰老动物饲以含有金樱子的食物后,羟脯氨酸的含量与谷胱甘肽过氧化酶的活性明显高于对照组。

(四)抗菌、抗病毒

金樱子对多种致病菌与真菌均有一定抗菌作用。25%金樱子根煎剂对金黄色葡萄球菌、大肠杆菌、绿脓杆菌等均有较高的抗菌效果。鸡胚试验证明,金樱子煎剂对流感病毒也有很强的抑制作用。

(五)抗氧化

金樱子水提取液(RLE1)和70%乙醇提取液表现出较强烈而稳定的抗猪油自身氧化哈喇腐败的作用。当RLE1、RLE2的添加量为4%时,其抗氧化能力与添加0.02%抗氧化剂二丁基羟基甲苯(BHT)的作用能力相当,可将测定条件下猪油的诱导期由4天延长到15天以上。金樱子正丁醇提液(RLE3)、乙酸乙酯提液(RLE4)的添加量在2%~4%时表现出一定的抗氧化作用,但该作用较弱,仅可将诱导期由4天延长到11天左右,当RLE3、RLE4的添加量达到8%时,反而表现出强烈的促进猪油氧化哈败的作用。

(六)泌尿系统

采用切断大鼠腹下神经制备尿频模型和离体大鼠膀胱平滑肌以及家兔空肠平滑肌,观察金樱子水提取物对泌尿系统的影响。结果显示:金樱子水提取物6克/千克灌胃使频尿模型大鼠的排尿次数明显减少,排尿量增回,排尿间隔时间延长,与模型组比较差异极显著P<0.01。

在离体大鼠膀胱平滑肌浴槽内加入1克/毫升金樱子水提取物(0.1、0.2、0.4、0.8和1.6毫升累计量),对离体家兔空肠平滑肌肠管自主收缩的抑制作用有明显的量效关系,可使肠平滑肌张力降低,收缩幅度减低。对乙酰胆碱、氯化钡引起的家兔空肠平滑肌和大鼠膀胱平滑肌痉挛性收缩,1克/毫升金樱子水提取物0.5毫升有拮抗作用；对去甲肾上腺素引起的家兔离体胸主动脉收缩反应也有抑制作用；且上述抑制作用均呈显著性的量效关系。

（七）毒 性

给小鼠腹腔注射金樱子多羟基色素进行急性毒性试验，观察 3 天，LD_{50} 为 519 毫克/千克；用未成年大鼠皮下注射 1 100 毫克/千克、500 毫克/千克进行亚急性毒性试验，观察 1～2 周，发现体重增长减慢，脏器系数普遍增大，白细胞增多，红细胞减少，并出现白细胞分类变化；血清 SGPT 和血浆 NPN 含量未见明显变化；组织切片检查心、肝、肾、脾、肠、肾上腺素均未见病变。

四、加 工 与 应 用

（1）上呼吸道感染 金樱果 9 克，青皮香 18 克，甘草 3 克，此量为 1 包量。成人每次用 1～2 包，每天 3 次，沸水冲服（儿童酌减，5 岁以下每次半包），连服 2～3 天。此方治疗感冒 317 例，痊愈 184 例，显效 82 例，无效 51 例，总有效率 82.6％。

（2）各种妇科疾病 金樱子、蛤蚧、淫羊藿等制成片剂。每日服 3 次，每次 4～6 片，5 天为 1 个疗程，一般服用 1～2 个疗程。此方治疗肾阳虚与计划生育术后症候群 319 例，显效 103 例，占 32.3％；有效 194 例，占 60.8％；无效 22 例，占 6.9％；总有效率为 93.1％。对计划生育术后引起的症候群的疗效均达 80％以上，多数患者服食 3～5 天即有显著疗效。

（3）早泄 金樱子汤方药组成：金樱子 30 克、莲子 10 克、五味子 10 克、菟丝子 10 克、沙苑子 15 克、芡实 15 克、莲须 10 克、煅龙骨（先煎）15 克、煅牡蛎（先煎）15 克。此方治疗早泄 112 例，经治疗后房事与射精正常者为治愈，计 101 例；经 3 个疗程早泄未愈者为无效，计 11 例，治愈率为 90.18％。

（4）老年慢性肾炎 采用益气化瘀补肾（泽兰、黄芪、金樱子、槐米、大黄、红人参、益母草等）治疗老年慢性肾炎 154 例。结果，临床完全缓解 88 例，基本缓解 36 例，有效 27 例，无效 3 例。对照组（西药治疗）治疗 122 例，完全缓解 8 例，基本缓解 12 例，有效 68 例，无效 34 例。

（5）尿蛋白 应用补肾固涩药物（生黄芪 30 克，生地黄、山药、金樱子、芡实、菟丝子各 15 克，山茱萸 12 克）治疗尿蛋白 30 例。每个疗程 7 天，经过 1～3 个疗程，显效（水肿消，尿蛋白转阴）7 例，好转（水肿消，尿蛋白减少）17 例，无效（水肿无好转或稍有好转，尿蛋白未减少）6 例，总有效率 80％。

（6）糖尿病肾病 在西药对照组治疗基础上，加服中药糖安康浓缩煎剂（主要由明沙参、黄芪、山茱萸、枸杞子、海马、蝼蛄、金樱子、猪苓、芡实、丹参、红花等药组成)治疗早期肾病和糖尿病。每天 100 毫升,分 3 次服,4 周为 1 疗程,均治疗 3 个疗程。结果治疗组显效 22 例,有效 30 例,无效 12 例,总有效率 81.7%;对照组显效 4 例,有效 14 例,无效 14 例,总有效率 58.1%。

(7)其他 治疗肾阳不足引起的腰膝酸软,对男性结扎后性机能衰退有良效。

第十二节 红肉火龙果

一、生物学特性

火龙果,又称青龙果、红龙果,因其外表肉质鳞片似蛟龙外鳞而得名。它是仙人掌科三角柱属(Hylocereus)植物量天尺的果实,原产于中美洲热带地区,后传入越南、泰国等东南亚国家和中国的台湾省,目前大陆的海南、广西、广东、福建等省、自治区也进行了引种试种。

火龙果外形呈椭圆形,直径 10～12 厘米,按其果皮果肉颜色可分为红皮白肉、红皮红肉、黄皮白肉 3 大类。果皮表面有绿色圆角三角形的叶状体,果肉内具有黑色种子。红肉火龙果呈玫瑰红色,果肉是深紫红色,吃起来甜而不腻,口味清淡有芳香。

二、营养价值

每 100 克火龙果果肉中,含水分 83.75 克,灰分 0.34 克,脂肪 0.17 克,蛋白质 0.62 克,纤维 1.21 克,碳水化合物 13.91 克,热能 249.686 千焦,膳食纤维 1.62 克,维生素 C5.22 毫克,果糖 2.83 克,葡萄糖 7.83 克,钙 6.3～8.8 毫克,磷 30.2～36.1 毫克,铁 0.55～0.65 毫克,水溶性膳食蛋白,植物白蛋白等。特别是红肉火龙果中富含白肉品种缺少的花青素。此外,火龙果的黑色小种子含有不饱和脂肪酸与抗氧化功能的生物色素等活性物质。

三、生理功能

红火龙果对人体健康有很好的功效,原因在于它含有一般植物少有的植物性白蛋白与花青素、丰富的维生素和水溶性膳食纤维。下面为大家详细介绍植物性白蛋白、花青素以及水溶性膳食纤维对人体的生理功能的作用。

(一)植物性白蛋白的生理功能

植物白蛋白是具黏性、胶质性的物质,对重金属中毒具有解毒的功效。由于环保未受重视,以致各种水资源受到重金属污染,饮用水、食品重金属含量超标,但白蛋白在人体内遇到重金属离子时,会与它结合,再排出体外,起到解毒的作用。因此,食用含白蛋白丰富的火龙果,可避免重金属离子的吸收而中毒。白蛋白对胃壁还有保护作用;而且火龙果花、果、茎中的白蛋白十分优良,稳定性极佳,这些白蛋白的聚合构成了仙人掌黏液的主要成分。

(二)花青素的生理功能

火龙果还含有一种更为特殊的成分——花青素。在各种火龙果果实中以红肉火龙果的花青素含量最高。它具有抗氧化、抗自由基、抗衰老的作用,还能提高对脑细胞变性的预防,抑制痴呆症的发生。

(三)膳食纤维的生理功能

火龙果还含有丰富的水溶性膳食纤维,具有减肥作用,降低血糖和润肠作用,预防大肠癌的功能。

四、加工与应用

火龙果果实汁多味清甜。火龙果除可鲜食外,广东农工商学院热带作物系刘后伟等通过发酵技术酿成香槟酒,并制成果酱等。红肉火龙果的植株也有食用和保健作用;其枝条可以当菜吃,花(即我们平常所称的霸王花、剑花)可干制,鲜食可做菜、煲汤;还可提炼食用色素。

下面为大家介绍几款火龙果健康食用方法:

1. 凉拌山药火龙果

(1)原材料　山药 100 克,蒜头 4 粒,火龙果 100 克,柿子椒 2 个。

(2)调味料　芝麻酱 3 大匙,糖 1 大匙,盐 1 小匙。

(3)做　法

①将山药洗净,削皮,泡醋搓洗去黏液,切丝后,下沸水中氽烫后,捞出沥水备用;

②将火龙果去皮,用半匙盐水洗净,切块;蒜头用压泥器压泥;柿子椒切斜片备用;

③将芝麻酱、糖、半匙盐拌匀,加山药丝、火龙果、柿子椒丝、蒜泥一起拌匀,入冰箱腌渍 10 分钟即可。

2. 贵妃蚌炒火龙果

(1)原材料　贵妃蚌 400 克,火龙果 3 个,油 25 克。

(2)调味料　盐 3 克,鸡精 2 克。

(3)做　法

①将贵妃蚌取肉清洗干净后,用盐腌制 3~4 分钟;

②将火龙果剥去壳取肉,切成块,果壳洗净留用;

③炒锅上火,油烧热,放入腌过的贵妃蚌肉,炒至七成熟,加入火龙果肉轻炒,盛入火龙果壳里。

特别提示:贵妃蚌一定要清洗干净且要先腌入味。

3. 火龙果酸奶汁

(1)原材料　火龙果 150 克,酸奶 1 瓶,柠檬 1 个。

(2)做　法

①将火龙果切小块后去皮待用;

②将柠檬去皮后榨成汁;

③将柠檬汁倒入搅拌器中,再加入火龙果、酸奶拌匀即可。

4. 橘子火龙果果酱

(1)原材料　橘子 350 克,火龙果 250 克,麦芽糖 150 克,细砂糖 100 克,柠檬 1 个。

(2)调味料　水适量、盐适量

(3)做　法

①将柠檬洗净榨出果汁备用;橘子用食盐仔细搓洗后剥下橘皮,再将橘皮泡水 4 小时以上;橘肉先剥成小片后去籽,再撕除白色地薄膜备用;火龙果去皮后切成丁状,由于火龙果果肉容易褐化,因此可先泡在盐水中或洒上柠檬汁以防变色。

②用耐酸的锅煮沸半锅水,放入 1 大匙食盐,将泡好的橘皮放入锅中煮 10 分钟,使橘皮软化并去除苦味,煮过的橘皮先浸泡于冷水中,待冷却后用水果刀削除白色的橘络,再将橘皮切成细丝。

③将处理好的橘皮丝、橘肉与火龙果丁一起放进耐酸的锅中,加入柠檬汁用中火煮滚,再转成小火并加入麦芽糖继续熬煮,熬煮时必须用木勺不停地搅拌。

④待麦芽糖完全溶化后便可加入细砂糖,继续拌煮至酱汁呈浓稠状即可。

5. 火龙果炒虾仁

①将鲜虾(沙虾)去皮,用干布将虾的水分去掉。

②盐腌一会，沥干水分再用干布挤掉水分；把虾放在鸡蛋清中加入干淀粉，顺一个方向搅拌；最后用色拉油抓拌（防止虾进锅后粘在一起），静置 10 分钟。

③油锅不要烧得太热，把虾放进锅中用筷子顺时针打转，颜色一变就出锅。

④放油，加入细芹菜梗几条、火龙果和几粒葱花（葱花不能太多，否则会盖过虾的鲜味），炒 2 下放入虾，翻炒 5 下出锅。

第十三节　黑布林

一、生物学特性

黑布林属于李子的一种。各地叫法不同，有的地方叫黑布朗、黑李子、黑布冧、黑玫瑰李、黑琥珀李、黑奈李等。因该品种是从美国引进，果的颜色是紫黑色，又称其为美国黑李、美国李。黑布林果皮紫黑色，果肉黄色，汁多味清甜，糖度达 13°以上，品质优，可食率达 95％以上。果实成熟期为 6 月初至 6 月中下旬。黑布林（又称布朗），是美国科研人员经过几十年的努力，从中国李和欧洲李的杂交后代中选育出的一种新型高档水果品种。它改变了中国李易裂果、涩味重、不易消化、颜色单调等缺点，并以其形状奇特、色彩艳丽、风味香甜、较耐贮藏等特点，深受消费者欢迎。在我国长江以南都可种植，台湾地区也有部分种植。

二、营养价值

黑布林被列为"五果"之首，果肉含总糖 10.4％、总酸 0.8％，糖酸比 11.3∶1，可溶性固形物 11.5％，离核可食率 98.9％。黑布林含有蛋白质、脂肪、碳水化合物、钙、磷、铁、胡萝卜素、硫胺素、核黄素、烟酸、抗坏血酸、钾、钠、镁，以及多种氨基酸、糖、天冬素，还有花色苷等第八营养素。

三、生理功能

黑布林的果实含有丰富的糖、维生素、果酸、氨基酸等营养成分，具有很高的营养价值，黑布林的保健功能十分突出，有生津利尿，清肝养肝，解郁毒，清湿热的作用。医学界认为，黑布林具有去郁解毒，活血生津，消渴引饮，祛痰利尿，润肠等作用。

（一）促进消化

黑布林能促进胃酸和胃消化酶的分泌，有增加肠胃蠕动的作用，因而食用能促进消化,增加食欲,为胃酸缺乏、食后饱胀、大便秘结者的食疗良品。

(二)清肝利水

新鲜黑布林肉中含有多种氨基酸,如谷酰胺、丝氨酸、甘氨酸、脯氨酸等,生食之对于治疗肝硬化腹水大有裨益。

(三)降血压、导泻、镇咳

黑布林核仁中含苦杏仁甙和大量的脂肪油,药理证实,它有显著的利水降压作用,并可加快肠道蠕动,促进干燥的大便排出,同时也具有止咳祛痰的作用。

(四)美容养颜

据《本草纲目》记载,黑布林花和于面脂中,有很好的美容作用,可以"去粉滓黑黯","令人面泽",对汗斑、脸生黑斑等有良效。还有利尿,清肝养肝,解郁毒,清湿热的作用。

经常在饭后少量地吃一些黑布林,可以治愈头皮瘙痒、脱发、多屑等毛病。黑布林还含有大量的游离氨基酸、蛋白质、纤维素等。中医学认为,它能"清肝除热,活血生精"。

四、加工与应用

黑布林具有味道甘甜柔美,口感香、甜、肉鲜软的特点。可以做成各种水果拼盘、甜点和果酱。

第十四节 罗 汉 果

一、生物学特性

本品为葫芦科植物罗汉果的干燥果实。罗汉果被人们誉为"神仙果"。主要产于广西壮族自治区桂林市龙胜县、永福县龙江乡和百寿等镇以及临桂的山区,其中龙胜与永福县是罗汉果之乡。

二、营养成分

罗汉果中主要有效成分为葫芦素烷三萜类,占干果总重的 3.755% ∼

3.858%。罗汉果中含蛋白质7.1%～7.8%,成熟果实中含24种矿物质元素,其中人体必需微量元素和大量元素有16种,每千克罗汉果中含钾12 290毫克,钙667毫克,镁550毫克,硒0.1864毫克,硅1 597毫克等。种子含罗汉果油10%～12%。在新鲜果实中含有D-甘露醇,成熟果实中含有丰富的维生素C,含量达33.9～46.1毫克。

三、生理功能

(一)祛痰、镇咳

罗汉果水提取物10～50克/千克,连续3天灌胃给药,可增加小鼠气管酚红排泄量和大鼠气管排痰量。对浓氨水或二氧化硫诱发的小鼠咳嗽均有明显抑制作用。

(二)对离体肠作用

罗汉果加上茶叶制成袋泡茶,其浸泡液在1×10^{-3}克/毫升、1×10^{-2}克/毫升浓度时,对小鼠离体小肠自发活动无影响,可加强兔、犬离体小肠活动;1.5×10^{-2}克/毫克时,对乙酰胆碱、氯化钡所致肠管强直收缩有拮抗作用,对肾上腺素引起的肠管松弛亦有拮抗作用。

(三)对心血管的影响

罗汉果茶水浸提液3.25克/千克灌服,对麻醉兔胃电无明显影响,对麻醉犬血压与心电亦无明显影响。15克/千克时,则有轻度降血压作用,心电图T波高耸。

(四)对免疫系统的影响

罗汉果水提物25～50克/千克给大鼠灌胃,给药10天,可明显增加外周淋巴细胞中酸性C-醋酸萘酯酶(ANAE)阳性细胞百分率,提高脾细胞中形成玫瑰花环数目的比例,但不影响中性粒细胞免疫和体液免疫功能,不影响正常机体的非特异性免疫功能。

(五)泻下作用

罗汉果水提物10克/千克、25克/千克能使正常小鼠和便秘小鼠的排便次数明显增加。

(六)保肝作用

给小鼠灌胃罗汉果提取物 50 克/千克,对四氯化碳(CCl₄)以及硫代乙酰胺(TAA)所致肝损伤有保护作用。

(七)其　他

在体外试验中发现,罗汉果叶对金黄色葡萄球菌、白色葡萄球菌、卡那双球菌均有较好的抑制作用。罗汉果根的提取物有抗炎、镇痛、解痉、降酶等多种作用。

(八)毒　性

给小鼠灌胃罗汉果茶水浸液 15 克/千克,给犬灌胃 2.5 克/千克,1 次给药,观察 7 日,未见异常变化与死亡。

四、加工与应用

罗汉果为我国广西特产,主要用于治疗咳嗽和便秘。由于有较强的甜味,可作清凉保健饮料与肥胖嗜糖和糖尿病患者的食疗品。

罗汉果食疗方精选:

1. 治肺癌阴虚燥咳　罗汉果 10 克,山药 15 克,玉竹 15 克,莲子 20 克,薏苡仁 20 克,龙眼肉 10 克,红枣 10 克,枸杞子 10 克,猪排骨或鸡 300 克。先将上述中药常规水煎,去渣,放入排骨或鸡,先大火后文火煮 3 小时,食肉饮汤。

2. 治百日咳、支气管炎　罗汉果半个,猪瘦肉 200 克,西洋菜 500 克,南杏仁 60 克。先将罗汉果、猪瘦肉洗净,干水;西洋菜洗净;南杏仁沸水烫,去衣。把罗汉果、南杏仁放入锅内,加清水适量,武火煮沸后,放入猪瘦肉、西洋菜,再煮沸后,文火煲 1 小时,调味佐膳。

3. 治颈淋巴腺炎、百日咳　罗汉果 1 个,猪肺 100 克(切小块)同煮汤食用。

4. 治急性扁桃体炎　罗汉果 1 个,岗梅根 3 克,桔梗 10 克,甘草 6 克,水煎服每日 1~2 次。

5. 治咽喉炎　罗汉果 1 个,泡沸水,慢慢咽下。或罗汉果 1 个,胖大海 3 枚,泡沸水,慢慢咽下。

6. 罗汉果冲剂　罗汉果 250 克(打碎),水煎 3 次之药汁合并,煎至稠黏,加入白糖 500 克,拌匀,晒干后压碎装瓶备用。每次取 10 克,用沸水冲服,可治急慢性喉炎、咽炎。

7. 用于减肥健身　罗汉果 10 克,山楂片 10 克。把罗汉果洗净、压碎,与山楂用 250 克净水于锅中煎煮,上火煮熟后,去渣留汁倒入杯中,如加适量蜂蜜味道更佳。

第十五节　龙　眼

一、生物学特性

龙眼为无患子科植物,龙眼果的核仁为黑色的呈圆球形,龙眼的假种皮为龙眼肉,又名益智、蜜脾、桂圆。主产于广东、福建、台湾、广西、云南、贵州、四川等地。7～10 月份果熟时采摘,烘干或晒干,取肉去核晒至干爽不黏。龙眼肉是《中华人民共和国药典》的法定药物,是理想的补品。

二、营养价值

龙眼味甘、性温。入心、脾经。据现代研究,龙眼鲜食,味甜美爽口,且营养价值甚高,富含高碳水化合物、蛋白质、多种氨基酸和维生素 B、维生素 C、钙、磷、铁、酒石酸、腺嘌呤等,其中尤以含维生素 P 量多,对中老年人而言,有保护血管、防止血管硬化和脆性的作用。龙眼所含糖分量很高,为易消化吸收的单糖,可以被人体直接吸收,故体弱贫血,年老体衰,久病体虚,经常吃些龙眼有很好的补益作用;也可作为妇女产后的重要调补食品,因其含铁与维生素 B_2 非常丰富,故有减轻子宫收缩与宫体下垂感的作用。

三、生理功能

早在汉朝时期,龙眼就已作为药用。李时珍说:“龙眼大补”,“食品以荔枝为贵,而资益则龙眼为良。”《日用本草》:“益智宁心。”《得配本草》认为:龙眼“益脾胃,葆心血,润五脏,治怔忡。”《泉州本草》认为:龙眼“壮阳益气,补脾胃。”《药品化义》曰:“桂圆,大补阴血,凡上部失血之后,入归脾汤同莲肉、芡实以补脾阴,使脾旺统血归经。如神思劳倦,心经血少,以此助生地、麦冬补养心血。又筋骨过劳,肝脏空虚,以此佐熟地黄、当归,滋肝补血。”至今,龙眼仍然是一味补血安神的重要药物,具有补益心脾、养血宁神、健脾止泻、利尿消肿等功效。适用于病后体虚、血虚萎黄、气血不足、神经衰弱、心悸怔忡、健忘失眠等病症。

第一,益气补血,增强记忆。龙眼干含丰富的葡萄糖、蔗糖与蛋白质等,含铁量也较高,可在补充热能与营养的同时,同时促进血红蛋白再生以补血。实验研究发现,龙眼肉除对全身有补益作用外,对脑细胞特别有益,能增强记忆,消除疲劳。

第二,安神定志。龙眼含有大量的铁、钾等元素,能促进血红蛋白的再生以治疗因贫血造成的心悸、心慌、失眠、健忘。龙眼中含烟酸高达 2.5 毫克(每 100 克),可用于治疗烟酸缺乏造成的皮炎、腹泻、痴呆,甚至精神失常等。

第三,养血安胎。龙眼含铁与维生素比较多,可减轻宫缩及下垂感,有利于胎儿的发育,具有安胎作用。

第四,抗菌,抑制癌细胞。动物实验表明,龙眼对 JTC-26 肿瘤抑制率达 90% 以上,对癌细胞有一定的抑制作用。临床给癌症患者口服龙眼粗制浸膏,症状改善 90%,延长寿命效果约 80%。此外,龙眼水浸剂(1∶2)在试管内对奥杜益小芽孢癣菌有抑制作用。日本大阪中医研究所曾对 800 多种天然食、药物进行抗癌试验,发现龙眼肉的水浸提取液对子宫颈癌细胞有九成以上的抑制率。

第五,降脂护心,延缓衰老。龙眼肉可降血脂,增加冠状动脉血流量,对与衰老过程有密切关系的黄素蛋白——脑 B 型单胺氧化酶(MAO-B)有较强的抑制作用。

四、加 工 与 应 用

龙眼肉除可以直接嚼服、水煎服用外,也可制成果羹、浸酒。国外在研究龙眼时发现其含有一种活性成分有抗衰老的作用。这与我国最早的药学专著《神农本草经》中所言龙眼有轻身不老之说相吻合。故有人认为龙眼是具有较好开发潜质的抗衰老食品。

1. 脾虚泄泻 龙眼干 14 粒,生姜 3 片,煎汤服(《泉州本草》)。

2. 贫血、神经衰弱、心悸怔忡、自汗盗汗 龙眼干、生姜、大枣,煎汤服(《泉州本草》)。龙眼肉米粥,适合治疗思虑过度、劳伤心脾、虚烦不眠。龙眼干 15 克,粳米 60 克,莲子 10 克,芡实 15 克,加水煮粥,并加白糖少许(《食疗粥谱》)。

3. 产后水肿 龙眼肉 4～6 枚和莲子、芡实等,加水炖汤于睡前服(《食物中药与便方》)。对于妇女产后、体虚乏力、贫血等,则可用龙眼肉加入当归、枸杞子、红枣(去核)数颗炖鸡,或每日食用龙眼肉煮鸡蛋,可活血调经,促进体力恢复。

4. 大补气血 以剥好龙眼肉,盛碗内,每次 100 克,加入白糖 3 克,素体多火者,再加入西洋参片 3 克,加盖,每日于饭锅上蒸食(《随息居饮食谱》玉灵膏)。

5. 温补脾胃,助精神 龙眼肉不拘多少,上好烧酒内浸百日,常饮数杯(《万氏家抄方》龙眼酒)。

临床应用：

一是，用于心脾虚损的失眠健忘，惊悸怔忡等症。

本品有滋养作用，能补益心脾，对心脾虚损的失眠、惊悸、怔忡等症，常与酸枣仁、远志、白术、茯苓、当归等配合应用。

二是，用于气血不足，体虚力弱等症。本品既能补脾胃之气，又能补营血不足，单用一味龙眼肉熬膏，或配合其他益气补血药物同用，可治气弱血虚之症。

一般用量与用法：5～15 克，煎服。

方剂举例：归脾汤《济生方》：党参、黄芪、白术、茯神、酸枣仁、龙眼肉、木香、炙甘草、当归、远志、生姜，红枣治心脾两虚，气血不足，神疲食少，心悸失眠等。

注：脾胃有痰火及湿滞停饮、消化不良、恶心呕吐者忌服；妊娠早期，不宜过多服用龙眼肉，以防胎动及早产等。此外，因其葡萄糖含量较高，故糖尿病患者不宜多服。

第十六节　西　梅

一、生物学特性

西梅原产于法国西南部的亚仁，这里是西梅的故乡。当西梅成熟时，其表皮呈深紫色，果肉呈琥珀色。在 1856 年由一位法国的种植业者路易斯-佩列先生将西梅树苗引入北美的加利福尼亚州。河北省鸿志果品公司于 1994 年从美国加州引入。西梅属于蔷薇科李属，中文正规名叫欧洲李。香港、澳门特区叫西梅，可能是因为非本土品种，取自西方而来的意思，大陆也沿用这一名称。到了台湾却叫"黑枣"，可能是从法国称呼"法国黑枣"来的。而到了美国，名字又跟西梅的产地挂上了钩，叫加州梅。西梅是李子，不是梅子。作为零食的西梅，是西梅干，是由欧洲李干制而成的。

二、营养价值

西梅含有丰富的营养成分，包括丰富的纤维素、维生素 A 和矿物质钾、钙、铁、镁等。西梅富含柠檬酸、苹果酸、琥珀酸。能降血压、安眠、清热生津。西梅的苦酸能强化肝脏功能，消除疲劳。西梅为碱性食品，可平衡血液的酸碱值，使血液净化，促使毒素自然排出。西梅所含有的天然抗氧化物质，为第八营养素如类黄酮、多酚、花青素等，具有超强的抗氧化作用。在高加索地区，当地人把西梅奉为珍品，据说吃了可以长生不老。巧的是，那些常吃西梅的人确实都很长寿。

三、生理功能

西梅果实营养丰富,富含维生素、矿物质、抗氧化剂与膳食纤维,不含脂肪和胆固醇,是现代人健康的最佳果品,故有"奇迹水果""功能水果"之美誉。

最近美国一项研究表明,西梅所含的抗氧化物质有延缓机体和大脑衰老的功效。所以,美国健康专家曾指出,成年人每人每日至少应摄入1只新鲜西梅或3粒天然西梅制品,以补充人体生命活动必需的各种维生素、微量元素和膳食纤维。西梅是水果中补充维生素A的最佳来源。维生素A是一种脂溶性维生素,能促进人体内蛋白质合成,对保护视力,维持肌肤、头发健康都极为重要。此外,西梅中所含的钾比较丰富,钾对保持肌肉弹性,维持人体电解质平衡起着重要作用,同时还有助于人体代谢过程中释放能量,对减肥有一定帮助。西梅含铁也很丰富,铁是构成血红蛋白的原料,能携带血液中的氧分,尤其是对孕妇、哺乳期妇女、婴幼儿极为重要。西梅中还富含膳食纤维和抗氧化剂。膳食纤维能促进肠道蠕动,俗称"肠道清道夫",对防治结肠肿瘤、心血管疾病都有作用。

四、加工与应用

西梅芳香甜美,口感润滑。当作配料时,具有甘草的芳香,是现代人健康饮食的佳品。西梅不只是一种零食,它和各种原料相配,可做成各种美味食品。西梅不单能当零食吃,还可入菜,无论用来做沙拉、糕点,还是主食、配料,都非常合适。西梅的加工产品也很多,如西梅干、西梅汁、西梅糕等,随身携带,既可以饱口福,又对健康有利。

(一)果　汁

由于西梅的维生素C较低,食用时最好与橙配合,适当的维生素C能提高铁质的吸收能力。可将西梅与橙混合榨成果汁饮用,这样可使你面色更红润健康,充满光泽,而且增加体力,令你更加精神奕奕。

(二)制成西梅干

与中国的话梅不同,西梅糖分很高,所以不需要腌制,也不必添加任何糖、盐等调味品,不去核、不发酵,直接高温脱水,就可以制成西梅干食用。西梅本身含有天然抗氧化剂,其含量在水果中名列榜首,可防止果肉本身腐坏,还可帮助食用者延缓衰老。国外很多运动员,特别是长跑运动员都有每天吃西梅的习惯,可以减缓肌肉的衰老。

(三)美容护肤

因为西梅所含的抗氧化成分和维生素、矿物质，能很好地保持皮肤的水分，并阻止皮肤老化。化妆品厂家正着手把西梅加入到护肤品中，发挥美容护肤的功效。

(四)西梅千层酥

在 50 克千层酥中加入加州西梅酱 10 克，入油微炸即可。

(五)西梅叉烧炒蛋

20 克加州西梅用水冲洗并浸泡 1 小时，选用上等叉烧 25 克，鸡蛋 1 个，小火炒，鸡蛋略熟后即可食用。

(六)西梅八宝粥

选用罐装八宝粥 1 罐或八宝粥 50 克烧熟，事前加入加州西梅丁 15 克，再加入蜂蜜少许。

(七)西梅红豆沙

红赤豆 10 克，红枣 10 克，枸杞子 5 克，烧至半糊状，加入加州西梅丁 10 克，加水、糖等调味品，勾芡即可。

(八)西梅水果羹

选用新鲜苹果丁 15 克，香蕉丁 15 克，罐装菠萝 15 克，入水勾芡至熟，其间加入加州西梅干 10 克，调匀即可。

(九)西梅西米露

西米露 20 克，水，加州西梅丁 10 克，少量糖浆，可根据口味加入少许蜂蜜等，加热后冷却冰镇食用。

(十)西梅蛋挞

蛋挞在制作过程中，在蛋中加入少许加州西梅丁。

注：由于西梅在夏季才能吃到，所以平日要吃，可以用西梅汁与西梅干代替，不过这两者的糖分均较高，一定要根据身体情况选择。

第十七节 莲 雾

一、生物学特性

莲雾,新加坡和马来西亚一带叫做水蓊,又名天桃、辇雾、琏雾、爪哇浦桃、洋蒲桃,是桃金娘科的常绿小乔木。原产于马来半岛,在马来西亚、印尼、菲律宾和我国台湾普遍栽培,是一种主要生长于热带的水果。我国台湾的莲雾是 17 世纪由荷兰人引进台湾,台湾屏东是最有名的产地。随着科学昌明,莲雾除了原来的红色和绿色以外,还有新品种的暗红色莲雾。莲雾为常绿乔木,高可达 12 米。在正常自然条件下花期 3～4 月份,果实 5～6 月份成熟。莲雾为周年常绿,可作为家庭绿化树,树姿优美,花期长、花浓香且花形美丽。莲雾果实挂果期长,果实累累,果形美,呈钟形,果色鲜艳夺目,果肉海绵质,略有苹果香气,味道清甜,清凉爽口,是天然的解热剂。在台湾被尊为"水果之王"。海南泰谷绿色食品研究所在文昌地区从马来西亚引进良种大面积种植,每年可收获 2 次,品质优良。

二、营养价值

每 100 克莲雾果肉中,水分含量为 90.75 克,总糖含量为 7.68 克,蛋白质含量为 0.69 克,维生素 C 为 7.807 毫克,有机酸为 0.205 毫克/千克,果皮花青素为 0.073 毫克/千克。莲雾果肉富含维生素 B、维生素 C 等营养物质,可治疗多种疾病;含有许多水分,有利尿的作用,且含糖量低;还含有钙、镁、硼、锰、铁、铜、锌、钼等微量元素。

三、生理功能

莲雾是一种可治多种疾病的佳果,性味甘平,功能润肺、止咳、除痰、凉血、收敛。主治肺燥咳嗽、呃逆不止、痔疮出血、胃腹胀满、肠炎痢疾、糖尿病等症。用果核炭研末还可治外伤出血、下肢溃疡。另外,台湾民间有"吃莲雾清肺火之说"。人们把它视为消暑解渴的佳果,习惯用它煮冰糖治干咳无痰或痰难咯出。

莲雾还有宁心安神食疗作用,莲雾里含有镁和钙,两者共同作用可用来放松肌肉和神经,从而使身心放松,避免紧张不安、焦躁易怒,帮助入睡。且含有的碳水化合物可以补充大脑消耗的葡萄糖,缓解脑部因葡萄糖供应不足而导致机体出现的疲惫、易怒、头晕、失眠、夜间出汗、注意力涣散、健忘、极度口渴等现象,从而起到镇静安神的作用。

四、加工与应用

莲雾果实中空（也有实的），状如蜡丸，在宴会席上人们还喜欢用它做冷盘，是解酒妙果。它淡淡的甜味中微带点酸，有一股苹果的清香，食后齿颊留芳。在莲雾中心挖个洞，塞进肉茸，用猛火蒸 10 多分钟，是台湾著名的传统名吃，美其名曰"四海同心"。用莲雾切片放盐水中浸泡一段时间，然后连同小黄瓜、胡萝卜片同炒，不但色、形、味俱佳，而且清脆可口，是一道不可多得的夏令食疗佳肴。莲雾不耐贮藏，一般室温下只能贮存 1 周，采收包装后宜立即送往市场出售。莲雾以鲜果生食为主，也可盐渍、糖渍、制罐与脱水蜜饯或制成果汁等。

第十八节　可可豆（黑巧克力）

一、生物学特性

可可豆亦称"可可子"，梧桐科常绿乔木可可树的果实，长卵圆形坚果的扁平种子。中国于 1922 年开始引种。树干高可达 12 米，乔木，枝广展，小枝有褐色短柔毛。叶互生，椭圆形，革质，长 20～30 厘米，脉上略被星状毛。花直接开在树干或主枝上，直径约 1.8 厘米。1 个果实内有 30～50 粒种子，每粒种子外面附有白色胶质。种子卵形，长 2.5 厘米。可可豆喜生于温暖和湿润的气候和富含有机质的冲积土所形成的缓坡上，在排水不良和重黏土上或常受台风侵袭的地方则不适宜生长。

二、营养成分

可可豆（生豆）含水分 5.58%，脂肪 50.29%，含氮物质 14.19%，可可碱 1.55%，其他非氮物质 13.91%，淀粉 8.77%，膳食纤维 4.93%。其灰分中含有磷酸 40.4%，钾 31.28%，氧化镁 16.22%。可可豆中还含有咖啡因等神经中枢兴奋物质以及丹宁。丹宁与巧克力的色、香、味有很大关系。可可脂的熔点接近人的体温，具有入口即化的特性，在室温下保持一定的硬度，并具有独特的可可香味，有较高的营养价值，不易氧化。可可豆是制作巧克力的主要原料，巧克力中含有一种被称为大麻素的内啡呔分子，能提高人的幸福感，故巧克力又被称为"快乐食品"。

三、生理功能

(一)控制食欲

美国宾州州立大学的研究发现,食用可可豆能够稳定血糖,控制体重。可可豆富含可可脂、蛋白质、纤维素、多种维生素和矿物质;可可脂中的亚油酸可以产生GLA,它经 DGLA 最终转化为 1 型前列腺素,可以舒张血管,消除代谢障碍,以及帮助胰岛素工作,从而稳定血糖,控制食欲。另外,麻省理工学院的研究发现,可可豆能够提高脑中血清素的浓度,从而稳定情绪,控制食欲。黑巧克力比牛奶巧克力更具饱腹感,可少吸收 17% 的热量。

(二)美肤美容

美国医学学会证实吃可可豆不会上火长痘。相反,可可豆中丰富的原花青素和儿茶素以及维生素 E,具有很强的抗氧化作用。这些抗氧化剂和可可豆中的维生素 A 和锌一起可以美肤美容,去痘除疤。

(三)增情助"性"

可可豆含苯乙胺,这是一种当我们在恋爱或做爱高潮时大脑所产生的信号物质。更重要的是,可可豆能够增加一氧化氮的形成,从而促进血管扩展,帮助阴茎勃起。

(四)赏心悦口

可可豆中的"完美祝福素"(anadamide)能够使你心旷神怡,神清气爽。可可豆含有 500 多种芳香物质,这是在实验室里无法模仿合成的。可可豆的熔点为 35℃～37℃,与人的口腔与血液温度一样,所以进口即融;同时大脑开始分泌内啡呔,这是一种使你舒爽的信号物质。这就是为什么可可豆的口味和口感最是使你难忘,回味时口水无穷的原因。

(五)聚精提神

可可豆中的可可碱可以使你思维敏锐,精力集中。可可豆中的色氨酸和镁可以帮助血清素的产生,使你变得冷静。

(六)降脂护心

美国心脏协会和加州大学 2002 年的研究发现,食用可可豆能够改善心血管功能。受试者每天吃近 50 克含黄烷醇高的巧克力,持续 2 周,结果显示,受试者在食用两小时后,血管有明显扩张。宾州州立大学和其他大量研究发现,可可豆中丰富的原花青素和儿茶素具有很强的抗氧化作用,可以减少低密度脂蛋白胆固醇(LDL),增加高密度脂蛋白胆固醇(HDL)。

(七)清口固齿

普林斯顿大学研究中心证实可可豆能够清理口腔,防止牙龈结石和蛀牙。可可豆中的单宁和多酚可以阻止牙龈结石和蛀牙的形成。

(八)抗氧化益寿

哈佛大学的研究发现,可可豆能够降低心血管病和癌症等疾病的风险,延长寿命。维生素 E 是可可豆中最主要的维生素,原花青素是可可豆中最主要的多酚,它们是主要的自由基清除剂,能够保护机体免受氧化损伤。因此,它们对多种疾病,如心血管病、癌症与衰老有预防作用。

四、加工与应用

可可豆是制作巧克力的主要原料。市场上的巧克力颜色一般有 3 种,即黑色、棕色和白色。黑色的巧克力含糖量较低,味道比较苦;棕色的巧克力是牛奶巧克力,口感非常好,深受人们欢迎;白色的巧克力是用可可脂与奶和糖混合在一起制成的,并不是严格意义上的巧克力,因为没有加入可可粉,但用它添加油性色素,便可以调制出各种颜色的巧克力。

如果你购买的是进口巧克力,可以留意一下食品标签上注明的"**％minimum cocoa",就是指的可可豆含量**％。可可豆含量是评价巧克力优劣的一个标准。欧共体及美国 FDA(美国食品及药品管理局)就规定黑巧克力的可可豆含量不应低于 35％,而最佳的可可豆含量在 55％～75％,可可豆含量在 75％～85％属于特苦型巧克力,这是使巧克力可口的上限。同时,黑巧克力中富含对人体健康大有裨益的天然抗氧化成分,其抗氧化成分的含量是与可可豆含量成正比,可可豆含量越高,其抗氧化成分的含量也越高。

第八章　饮料类黑色食品

第一节　茶　叶

茶叶是世界性三大无酒精饮料之一,被誉为"21世纪饮料"。茶叶之所以能广为流传,除了茶叶中含有蛋白质、糖、脂类、维生素、色素、果胶和矿物质等营养成分外,主要是因为茶叶还含有茶多酚、茶色素、茶多糖、咖啡碱、茶氨酸等功能成分,能对人们产生兴奋、益智、消食、解腻、止渴、利尿、消除疲劳、降血脂、降血压、降胆固醇、减肥、抗辐射、抗癌、抗衰老等作用,具有较好的保健治病功能,是公认的健康食品之一。中国是发现和利用茶叶最早的国家,从发现野生茶树鲜叶可以食用,到将茶叶作为一种饮料,再到发现茶叶具有多种保健功效,历经几千年。从《史记》记载:"神农遍尝百草,日遇七十二毒,得茶而解",到我国第一部系统介绍茶叶知识的典籍《茶经》,再到《唐本草》《本草拾遗》《日用本草》等都有茶叶多种保健功能的记载。可见中国有历史悠久的茶文化。

一、生物学特性

茶叶是一种无酒精饮料,茶叶经不同的加工途径和方法后,可生产出黑茶、红茶、青茶、黄茶、绿茶等多种多样和多用途、多功能的产品。

茶树起源于中国云贵高原,为多年生常绿叶用作物,在植物分类学上属于山茶科(Theaceae)山茶属(Camellia)茶种(Camellia sinensis)。

二、营养成分

在茶的鲜叶中,水分约占75%,干物质占25%左右。茶的化学成分是由3.5%～7.0%的无机物和93.0%～96.5%的有机物组成。构成茶叶有机化合物或以矿物质形式存在的基本元素有30多种。到目前为止,茶叶中经分离、鉴定的已知化合物有700多种,其中包括初级代谢产物蛋白质、碳水化合物、脂肪与茶树中的二级代谢产物——多酚类、色素、茶氨酸、生物碱、芳香物质、皂苷等。茶叶中的无机化合物总称灰分,茶叶灰分中主要是矿质元素及其氧化物,其中大量元素有氮、磷、钾,中量元素有钙、钠、镁、硫等,其他元素含量很少,称微量元素。

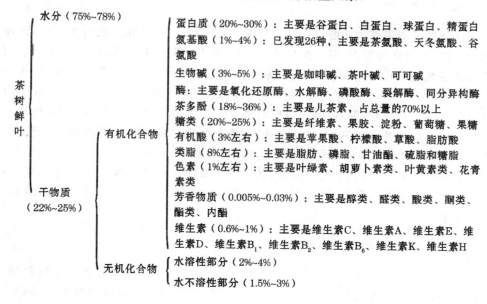

茶树鲜叶

水分（75%~78%）

干物质（22%~25%）

有机化合物

蛋白质（20%~30%）：主要是谷蛋白、白蛋白、球蛋白、精蛋白

氨基酸（1%~4%）：已发现26种,主要是茶氨酸、天冬氨酸、谷氨酸

生物碱（3%~5%）：主要是咖啡碱、茶叶碱、可可碱

酶：主要是氧化还原酶、水解酶、磷酸酶、裂解酶、同分异构酶

茶多酚（18%~36%）：主要是儿茶素,占总量的70%以上

糖类（20%~25%）：主要是纤维素、果胶、淀粉、葡萄糖、果糖

有机酸（3%左右）：主要是苹果酸、柠檬酸、草酸、脂肪酸

类脂（8%左右）：主要是脂肪、磷脂、甘油酯、硫脂和糖脂

色素（1%左右）：主要是叶绿素、胡萝卜素类、叶黄素类、花青素类

芳香物质（0.005%~0.03%）：主要是醇类、醛类、酸类、酮类、酯类、内酯

维生素（0.6%~1%）：主要是维生素C、维生素A、维生素E、维生素D、维生素B_1、维生素B_2、维生素B_6、维生素K、维生素H

无机化合物

水溶性部分（2%~4%）

水不溶性部分（1.5%~3%）

三、生理功能

众多研究证明,茶叶对人体的神经系统、消化系统、呼吸系统、泌尿系统、心血管系统、生殖系统和内分泌系统等都有一定的保健作用。著名茶叶专家刘祖生教授总结了茶叶保健的十大显著贡献为:一是助消化,二是生津止渴,清热解暑;三是兴奋益思,提高工效;四是利尿解毒,杀菌消炎;五是降脂降糖,降血压强心;六是抗辐射;七是防癌抗癌;八是预防龋齿,清除口臭;九是明目,美容;十是延缓衰老。

(一)助消化

饮茶有助于消化,且有预防肠道传染病的作用。茶助消化的机制主要是:茶叶中的咖啡碱能促进胃液的分泌,黄烷醇类化合物能增强消化道的蠕动,因而有助于食物的消化;其次,茶汤中肌醇、叶酸等维生素物质,以及蛋氨酸、胱氨酸和卵磷脂等多种化合物,都有调节脂肪代谢的功能。据研究,在各类茶中,乌龙茶具有最强的分解脂肪的能力,有良好的减肥效果。也有医疗专家做过试验,把10个人分成两组,其中一组每天给200克茶汤喝,另一组每天每人给500克的菜汤喝,进行对照,结果表明饮茶水的人,其消化油腻功能比饮菜汤强2～3倍。

(二)生津止渴

这是饮茶的最基本功能。在高温环境下工作的人,由于肌体热负荷增加,新陈代谢加快,能量消耗增多,易产生疲劳,而肌体散热主要依赖出汗功能,如果大量出汗或代谢受阻,易致水和电解质平衡紊乱。在盛夏酷暑,口渴难忍之时,如能饮上清茶一杯,你定会感到满口生津,遍体凉爽。这是因为茶汤中的化学成分(如多酚类、碳水化合物、果胶、氨基酸)与口中涎液发生了化学反应,使口腔得以滋润,产生清凉的感觉。此外,咖啡碱从内部控制体温中枢,调节体温,并刺激肾脏,促进排泄,从而使体内大量热能和污物得以排除,促进新陈代谢,以取得新的生理平衡。有人曾经试测,饮一杯热茶后 9 分钟,体温可下降 1℃~2℃。另据中医学的理论,认为茶性寒,能降火,特别是绿茶,是一种清热的凉性饮料,指出老年人饮茶清热,尤为适宜。

(三)兴奋益思,提高工效

无论是脑力劳动者或体力劳动者,饮茶都会产生兴奋益思,提高工效的作用。茶叶提神的功效主要是因为茶叶中含有咖啡碱、茶叶碱和可可碱等嘌呤碱类化合物,它们既能兴奋中枢神经系统,使头脑清醒,促进思维,又能加快血液循环,促进新陈代谢,使人消除疲劳。研究证明,茶叶中的咖啡碱与普通纯咖啡碱也不同,纯咖啡碱对胃有影响,而茶中的咖啡碱与茶汤里的其他物质中和,形成一种络合物,故能消除纯咖啡碱的副作用。

(四)利尿解毒,杀菌消炎

临床试验结果认为,茶叶碱的利尿作用最大,但可可碱的利尿最持久。这些成分的主要作用是抑制肾小管的再吸收,使尿中钠与氯离子的含量增多,这些化合物由于兴奋血液运动中枢,直接舒张肾血管,增强了肾脏的血流量,增强了肾小球的滤出率。除此,茶汤中还有槲皮素等黄酮类化合物、苷类化合物和芳香油等,对利尿也有作用。

饮茶有三方面的解毒作用:一是解酒毒,过量饮酒常出现酒精中毒,及时饮茶,能使酒精随尿液迅速排出体外,从而减轻毒害;二是解烟毒,吸烟有百害而无一利,茶叶中的多酚类物质能使烟草中的有毒物质"尼古丁"沉淀,并从小便中排出体外,而且,对烟雾中的致癌物质也有抑制作用,所以,吸烟者同时饮茶,可减轻烟对人体的毒害;三是解重金属毒,在当前严重的环境污染中,各种重金属(铜、铅、汞、镉、铬等)在粮食、蔬菜、水果和饮水中含量过多是一个很严重的问题,过量的重金属吸入体内,具有明显的毒害作用,而茶多酚对重金属有很强的络合作用,所以,有些国家提倡人们多饮茶,借助茶中多酚类物质络合重金属排出体外,达到减轻毒害的目的。

大量实验也证明,茶叶中的儿茶素化合物对大肠杆菌、葡萄球菌、霍乱菌、伤寒杆菌、亚伤寒杆菌和痢疾杆菌等多种病原细菌和植物病毒具有明显的抑制作用。茶中黄烷醇类化合物有直接的消炎效果。所以,民间常有用浓茶处理伤口,以防止发炎。近年,国外有人研究,发现茶黄素及其没食子酸酯对艾滋病毒也有抑制作用。

(五)降脂降糖,降压强心

近 20 年来,由于食物结构的变化,患高血脂、高血糖、高血压的人群有逐年增加之势。饮茶对预防和降低"三高",均有积极作用。"高血脂"系指血浆中脂质(胆固醇、甘油三酯、磷脂等)的浓度超过正常范围。高血脂是动脉硬化、冠心病、心肌梗死等严重疾病的祸根。国内外大量实验证明,茶的降脂作用十分显著。饮茶降脂的主要原理是:茶多酚类化合物能溶解脂肪,并促进脂类化合物从粪便中排出。"高血糖"系指空腹与餐后血糖升高超过正常范围,其生化指标是诊断糖尿病患者的依据。经常饮茶既可预防又可降低血糖。茶叶降血糖主要依赖 3 种组分:复合多糖(葡萄糖、阿拉伯糖等)、儿茶素、维生素 C、B 族维生素等。据调查和研究发现,经常饮茶,能显著降低高血压发病率,茶能降压的成分主要是儿茶素类化合物,特别是表儿茶素没食子酸酯(ECG)、表没食子儿茶素没食子酸酯(EGCG)和茶黄素对血管紧张素Ⅰ转化酶活性有明显的抑制作用。同时,咖啡碱和儿茶素等能增强血管韧性和弹性,扩张冠状动脉,增加血管的有效直径,从而使血压下降。茶能减少冠心病的发生机制主要是茶多酚能改善微血管壁的渗透性能,从而有效地增强心肌和血管壁的弹性与抵抗能力;维生素 C、维生素 P 能改善微血管功能。

(六)抗 辐 射

茶叶具有很好的抗辐射效果,被称为"原子时代的饮料"。当年日本人遭到原子弹袭击时,卖茶的人和经常喝茶的人,发生放射病的机会明显少。前苏联从事放射研究的科学家,上班时会有专人泡好茶送上,并还要亲眼看着把茶喝完为止,以增强机体的抵抗力,减少辐射损伤的危害。可见,多喝茶可以有效地抗辐射。茶多酚是抗辐射的主要成分,除此之外,茶多糖、皂苷类、生物碱类、维生素类等对抗辐射都有一定的作用,其机制是直接参与竞争辐射能量与清除辐射产物自由基,调节和增强细胞免疫功能来提高细胞对辐射的抗性,促进造血和免疫细胞增殖和生长,使辐射损伤组织得到恢复;而且不管哪种茶都可以喝,绿茶、红茶、青茶、白茶、黄茶和黑茶都有抗辐射的作用。

(七)防癌抗癌

自 Stich 于 1982 年首先报道儿茶素有抗诱变作用以后,国内外许多研究都相继报道了茶叶具有抗癌活性。研究发现茶叶中的茶多酚类,维生素 C,维生素 E,茶多糖,锌,硒等微量元素,氨基酸,咖啡因,香气成分等都具有防癌抗癌功效。但一般认为茶叶防癌抗癌效应是以茶多酚为主的多种有效成分协同作用的结果,因而绝大部分防癌抗癌试验都是以茶多酚为对象展开的。大量研究资料证实,茶叶内含有防癌和抗癌两类有效成分。茶叶对癌症的预防效果是很明显的,但是治疗效果并不十分突出。因而目前过分强调茶叶的抗癌作用为时尚早,还需进一步的流行病学试验和前瞻性研究。对动物进行的毒理学试验和茶多酚在食品上的应用,证明对人体进行临床试验是安全的。茶多酚与儿茶素类作为化学预防剂和肿瘤病人的辅助治疗药物开发前景看好。无疑,茶叶将成为 21 世纪饮料之王,它的深加工产物更会对人体健康作出巨大贡献。

(八)预防龋齿,清除口臭

古代的文献中论及茶叶坚齿作用,主要是从功效而言的。《茶谱》称,"坚齿已蠹";《敬斋古今注》称,"漱茶则牙齿固利"。《饭有十二合说》中说茶可"涤齿颊"。而《东坡扎杂记》中有"每食已,辄已浓茶漱口,烦腻既去而脾胃自不知。凡肉之在齿间者,得茶浸漱之,乃消缩,不觉脱去,不烦刺挑也,而齿便漱濯,缘此渐坚密,蠹毒自已"。近代的许多研究表明,茶叶的坚齿功效主要与其中富含氟有关(氟约占茶叶干量的 0.02%～0.17%)。茶叶防龋除了氟的作用外,茶叶中的茶多酚类化合物也有预防龋齿的功效。茶多酚类化合物具有抑制葡聚糖聚合酶活性的作用,使葡萄糖不能在病菌表面聚合,病菌便无法在牙上着床,使龋齿形成的过程中断。除此之外,茶叶中皂苷的表面活性作用增强了氟和茶多酚类化合物的杀菌作用。因此,茶叶的防龋作用,主要就是由氟、茶多酚类、茶皂苷这三类化合物综合作用的结果。

除了防龋,茶叶还有清除口臭的效果。茶叶中的茶多酚类化合物具有杀菌作用,含有的氟化物能与牙齿的主要成分作用生成难溶于酸的氟磷酸钙保护层,从而提高了牙齿的抗酸抗菌能力。而茶皂素的表面活性作用具有清洗功能,表现为清除口臭的作用。茶叶中的维生素种类相当多,特别是绿茶中维生素 C 的含量很丰富,常饮可以补充维生素 C 预防口臭。科学家用绿茶的提取物做了一些实验:将提取物加入烟臭、酒臭、蒜臭的制备液中,经过几小时后进行消臭力评价,结果证实提取物的消臭率比叶绿素强22%～32%。将1克绿茶提取物置于密闭的容器中,分别加入一定量的恶臭成分,如氨、三甲胺,经气相色谱恶臭成分分析,20分钟后,这些臭气成分全部消失或大部分消失,而且消臭率比薰衣草、山茶花等的提取物高。

(九)明目、美容

茶能明目之说,屡见于历代本草一类医集中。明代李时珍在《本草纲目》中写道:"茶苦味寒⋯⋯最能降火,火为百病之源,火降则上清矣。"明代钱春年、顾元庆在《茶谱》中对茶的功能作了较全面的论述,肯定茶能"明目益思"。茶叶中有很多营养成分,特别是维生素 B_1、维生素 B_2、维生素 C 与维生素 A 等,都是维持眼生理功能不可缺少的物质,维生素 A 是维持眼内视网膜功能的主要成分之一,如维生素 A 缺乏,视网膜的生理功能就会受到障碍而出现夜盲症;维生素 B_1 是维持视神经生理功能的营养物质,一旦缺乏,可发生视神经炎而致视力模糊,眼睛干涩;维生素 B_2 起着对人体细胞的氧化还原作用,又是营养眼部上皮组织的物质,维生素 B_2 缺乏,可引起角膜混浊、眼干、视力减退;维生素 C 是眼内晶状体的营养素,维生素 C 摄取不足是导致眼内白内障的因素之一。因此,经常饮茶对维持眼的视力、保持眼的健康有很好的作用。有学者曾对200例白内障患者进行调查,研究白内障与饮茶的关系。发现不饮茶的比有经常饮茶习惯的患者高1倍左右,而病情也更为严重。因为维护眼睛所需要的维生素,在茶叶中的含量相当丰富。所以经常饮茶,眼睛的营养物质就会得到适时补充,视力自然就会正常,并不易疲劳。

医学研究表明,皮肤健康与维生素密切相关,缺维生素 A 皮肤易干燥;缺维生素 B_2 易发脂溢性皮炎;缺维生素 B_5 易发生红肿;缺维生素 C 易出现点状出血;缺维生素 E 皮肤易生色斑。茶中含有丰富的维生素,而且儿茶素等能消炎、抗氧化,能阻止脂褐素的形成,绿原酸对皮肤有保护作用。因此,已有用茶为原料的美容护肤产品上市,如增白霜、防晒露和止痒花露水等。

(十)延缓衰老

老年人口调查证明,许多百岁老人均有饮茶习惯,说明茶叶有延缓衰老作用。动物实验证明,红茶可明显延长果蝇寿命。体外细胞培养实验证明,茶叶浸膏和泡茶均可使48代人胚肺二倍体细胞死亡率低于对照组。茶叶的延缓衰老功能主要与茶叶的抗氧化性强有关,茶叶中的茶多酚类、氨基酸,如赖氨酸、苏氨酸、组氨酸等也有促进生长、防止早衰的功效。

四、加工与应用

（一）茶叶的分类

茶叶根据加工工艺不同分为几大类，即黑茶、红茶、青茶（乌龙茶）、绿茶、黄茶。

1. 黑茶 属于后发酵茶类，采用较粗老的原料，经过杀青→揉捻→渥堆→干燥4个初制工序加工而成。渥堆是决定黑茶品质的关键工序，渥堆时间的长短、程度的轻重，会使成品茶有品质风格有明显差别。黑茶压制茶有砖茶、饼茶、沱茶、六堡茶等紧压茶。黑茶是少数民族不可缺少的饮料。安化黑茶，富含二种茯茶素，被西北边疆人民称为生命之茶，韩国人称为美颜茶，日本人称为瘦身茶，英国人称为神秘养生茶，美国人称为健康茶。

黑茶或普洱茶，味性温热，主要用于温胃养胃、消滞去腻、祛风醒酒等。秋、冬季饮用特别好。

2. 红茶 属于全发酵茶类，包括功夫红茶、红碎茶和小种红茶，其制作工艺为萎凋→揉捻→发酵→干燥4个主要工序。各种红茶的品质特点都是红汤红叶，色香味的形成都有类似的化学变化过程，只是变化的条件、程度上存在差异而已。其中发酵过程是形成其品质的最关键工序，经过发酵，叶色由绿变红，形成红茶红叶红汤的品质特点。其机制是叶子在揉捻作用下，组织细胞膜结构受到破坏，透性增大，使多酚类物质与氧化酶充分接触，在酶促作用下产生氧化聚合作用，其他化学成分亦相应发生变化，使绿色的茶叶产生红变，形成红茶的色香味品质。

红茶味性温热，主要应用于温阳活血、暖胃止泻、散寒除湿、下气止逆。

3. 青茶（乌龙茶） 属于半发酵茶类，主要分为闽北乌龙、闽南乌龙、广东乌龙和台湾乌龙，品质特点是绿叶红镶边。乌龙茶的制作工艺概括起来为：晒青→做青→杀青→揉捻→干燥，其中做青是形成乌龙茶特有品质特征的关键工序，特殊的香气和绿叶红镶边就是做青中形成的。茶叶置于摇青机中摇动，叶片互相碰撞，擦伤叶缘细胞，从而促进酶促氧化作用。摇动后，叶片由软变硬，再静置一段时间，氧化作用相对减缓，使叶柄叶脉中的水分慢慢扩散至叶片，此时鲜叶又逐渐膨胀，恢复弹性，叶子变软。经过如此有规律的动与静的过程，茶叶发生了一系列生物化学变化。叶缘细胞的破坏，发生轻度氧化，叶片边缘呈现红色。叶片中央部分，叶色由暗绿转变为黄绿，即所谓的"绿叶红镶边"；同时，水分的蒸发和运转，有利于香气、滋味的形成。

青茶或乌龙茶味性寒凉至温热。主要用于提神醒脑、去腻消食、下气醒酒。

4. 绿茶 属于不发酵茶类，可分为炒青、烘青、晒青和蒸青四大类，加工方法各不相同,但其基本工序相同即摊放→杀青→揉捻→干燥,其中杀青即通过高温破坏鲜叶的组织,使鲜叶内含物迅速转化,是达到绿茶清汤绿叶品质的关键。鲜叶通过高温杀青,可以达到:①破坏鲜叶中酶活性,制止多酚类化合物的酶性氧化,防止叶子红变,为保持绿茶绿叶清汤的品质特征奠定基础;②蒸发叶内一部分水分,增强叶片韧性,为揉捻成条创造条件;③叶内具有青臭气的低沸点芳香物质挥发,高沸点芳香物质显露,增进茶香。杀青的技术因素主要包括杀青锅温、投叶量、杀青时间等,这些因素相互制约、相互促进、共同影响杀青的质量。

绿茶味性寒凉,主要应用于提神醒脑,生津止渴,清热解毒,消暑利水,明目、治痢。

5. 黄茶　属于轻发酵茶类,分为黄芽茶、黄小茶和黄大茶 3 类,其品质特点是"黄叶黄汤",这种黄色是制茶过程中进行焖堆渥黄的结果。黄茶的制作工艺与绿茶类似,仅多一道焖黄工序,其工艺为杀青→揉捻→焖黄→干燥。

黄茶味性寒凉,用于祛疾止咳、运脾消食、清热解毒。

(二)应　用

1. 药物或辅助药物　我国古代书籍记载茶叶可以入药,清头目,除烦渴,化痰,消食,利尿,解毒,治头痛、目昏、多睡善寐、心烦口渴、食积痰滞、疟、痢。如:①《本草经集注》:"(主)好眠。"②《千金·食治》:"令人有力,悦志。"③《唐本草》:"主瘘疮,利小便,去淡(痰)热渴。主下气,消宿食。"④《食疗本草》:"利大肠,去热,解痰。"⑤《本草拾遗》:"破热气,除瘴气。"⑥《本草别说》:"治伤暑,合醋治泄泻甚效。"⑦张洁古:"清头目。"⑧《汤液本草》:"治中风昏愦,多睡不醒。"⑨《日用本草》:"除烦止渴,解腻清神。""炒煎饮,治热毒赤白痢;同芎䓖、葱白煎饮,止头痛。"⑩《纲目》:"浓煎,吐风热痰涎。"《本草通玄》:解炙煿毒、酒毒。⑪《随息居饮食谱》:"清心神,凉肝胆,涤热,肃肺胃。"目前,也有不少以茶作为药或辅助药物治疗多种疾病的中药偏方。

(1)柿茶　茶叶 3 克,柿饼 3 个,冰糖 5 克。将柿饼加冰糖煮烂后冲茶服,可理气化痰、益脾健胃,适宜肺结核患者饮用。

(2)姜茶　茶叶 5 克,生姜 10 片共煎,饭后饮用,有发汗解表、温肺止咳的功效。用于治疗流感、伤寒、咳嗽等症。

(3)糖茶　茶叶 2 克,红糖 10 克。沸水冲泡 5 分钟后饮服,每日饭后 1 杯。能和胃暖脾、补中益气。对大便不通、小腹冷痛以及妇女痛经等症具有疗效。

(4)醋茶　茶叶 3 克,陈醋 2 毫升,沸水冲泡茶叶,5 分钟后加醋饮服。可和胃止痢、散淤、止息蛔虫引起腹痛。

（5）盐茶　青茶 3 克，食盐 1 克，沸水泡服有清热除烦、生津解渴、兴奋神经、消除疲劳之效。

（6）蜜茶　茶叶 3 克用沸水冲泡，待茶水凉后掺蜂蜜 3 毫升，搅匀，每隔半小时服 1 次。有止渴养血、润肺益肾之效，适宜治疗咽干口渴、干咳无痰与咽炎、便秘、脾胃不和等症。

2. 保健茶制品　目前保健茶制品的开发主要是围绕茶叶的几个主要成分，如茶多酚、茶多糖、茶皂素、氨基酸、茶色素等开发的具有抗氧化、抗疲劳、抗衰老、醒酒、除臭、减肥等保健功效的胶囊、压片、口含片等。这种茶制品多是以档次较低的茶或茶叶下脚料，从其中提取功效成分，配伍其他中药或辅料，经过灭菌、包装等制作而成，也成为现代人们利用茶叶保健的最快捷方便的方法。

3. 在食品工业上的应用

（1）天然抗氧化剂　用茶叶天然抗氧化剂添加到食品中，能防止食品退色，延长货架寿命，提高维生素和胡萝卜素的相对稳定性，并能提高食品的营养价值和保健功效，且具有无毒、安全、抗氧化效能高的特点，是一种易为食品业接受的天然抗氧化剂，可应用于动物性油脂、植物性油脂、油炸食品、鱼制品、肉制品、糕点、医药和保健食品等方面。

（2）食用天然色素　随着现代医学的发展，人们发现一些合成色素对人体健康有害。因此，一些有毒性的食用合成色素陆续停止使用，转而开发无毒的天然色素。从茶叶副产品中提取天然色素已成为当今世界主要产茶国关注的焦点。目前从茶叶中提取的天然茶色素主要有茶叶绿素、茶黄素、茶红素、茶褐素 4 种色素，色泽鲜艳、性质稳定、安全，是合成色素和其他天然色素不能比拟的，具有广阔的开发应用前景。

（3）功能性茶食品　在食品工业上较多的茶食品有茶糖、茶饼干、茶面包、茶糕点、茶酒与茶膳等，尤其以岭南为特色的茶点小吃，以茶为辅料加入各种点心中，以充分利用茶叶的各种保健功效。

（4）功能性茶饮料　茶叶不仅具有一定营养功能和保健功能，且能同其他食物组合，提高其营养和保健功能。因此，也出现了茶可乐、冰红茶、冰绿茶、果味茶、茶汽水、浓缩原液、鲜果汁配合饮料、与其他牛奶等饮料的调味营养饮料、复合型速溶茶等茶叶保健饮料。

（5）作为食品工业的除臭剂与各种杀菌剂　利用茶叶中的黄酮类化合物作为食品工业中的除臭剂。据日本报道，从绿茶残渣和绿茶中提取黄酮类物质，除臭效果最好。此类除臭物质可广泛用于肉类加工、烹调、谷物贮藏、鱼肉类制品贮藏，果汁、海味、油脂类食品的除臭以及加入口香糖和糖果中作为抽烟、饮酒后的消除口臭。

4. 在日化上的应用　在日化方面,从茶叶中提取的天然色素用于化妆品、口红、染发剂的生产以及用作纺织和皮革工业的染料。茶皂素作为一种新型化妆品、洗涤剂的原料,具有良好的乳化分散性能和渗透作用,利用其表面活性配制洗浴香波、沐浴露以及纺织、毛、丝行业洗涤剂,取得了满意的成果。利用低档茶的提取物抑制细菌生长的特点,可提取生产防龋牙膏、杀菌剂等,且从茶叶中提取制成的新型天然杀菌剂,能够避免化学合成杀菌剂的一些弊端和不良反应。同时,以茶叶提取物制备的杀菌护肤新型香皂、护肤脂、茶多酚牙膏等也备受消费者青睐。

5. 其他行业的应用　茶叶还可用作滤过器清除金属粉末与异味,以清洁空气;在肥料工业合成氨工厂,可以作为脱硫剂使用,避免硫的污染;利用茶灰与茶尘作废水脱色和作为造纸成浆剂、废纸脱墨剂等;利用茶皂素天然表面活性剂的特点,茶叶提取物还可应用于建材行业、林产工业、农药行业等;以茶皂素为原料研制的乳化剂在全国半数以上纤维板厂家推广,效果显著。

第二节　辣　木

一、生物学特性

辣木,属辣木科、辣木属,为多年生木本植物,是一种有独特经济价值的热带植物。本科仅有 1 个属,已发现 14 个种,其原产地分布于埃塞俄比亚和肯尼亚北部、苏丹、埃及和阿拉伯半岛、安哥拉和纳米比亚、印度北部亚喜马拉雅区域等地。4 个种已有栽培,主要分布于亚洲的印度、中国、日本,非洲的埃及、肯尼亚、埃塞俄比亚、安哥拉、纳米比亚、苏丹,美洲的墨西哥、古巴、美国等 30 多个热带、亚热带的国家和地区。至今我国已引种栽培 Moringa 0leifera(印度传统辣木)、Periyakulam 1(印度改良辣木)和 M. stenopetala(非洲辣木),主要分布于云南、广西、海南、台湾。广东韶关市新丰县瑞德农业科技有限公司从台湾引进大面积种植成功,并通过技术鉴定,评为科技成果奖。

辣木为多年生深根性落叶植物,乔木,主干直立,最高可达 12 米;三回羽状复叶,小叶椭圆、短椭圆或卵形,无毛,长 1.3~2.0 厘米,宽 0.3~0.6 厘米;圆锥花序,两性花,花白色或乳白色;具芳香气味,花萼盆状;荚果,豆荚长 25~40 厘米,成熟时颜色变深,每荚有种子 20 粒左右,种皮呈黑色;种植第二年就能结果,一般每年结果 1 次(个别地区 2 次),每年采集期长达 10 个月,树龄可达 20 年。喜光照,在年降水量 500~3 000 毫米,辣木主根很长,可耐长期干旱,气温 15℃以上均能正常生长,最佳生长温度为 25℃～35℃,能耐受轻度霜冻和 40℃以上高温,能适应各种土壤类型,以沙壤土最好,土壤 pH 值范围在 4.8～8.0 均能正常生长,适宜在我国热带、南亚热带海拔 600 米以下的地区种植,但在墨西哥海拔 1 200 米以上,津巴布韦海拔超过 2 000 米的地区也能正常生长。

二、营养成分

辣木全株所含营养物质种类丰富,富含维生素 A,维生素 B,维生素 C,维生素 D,钙、钾、铁等矿物质元素和多种微量元素。据报道,其钙和蛋白质含量分别为牛奶的 4 倍和 2 倍,钾是香蕉的 3 倍,铁是菠菜的 3 倍,维生素 C 是柑橘的 7 倍,维生素 A 是胡萝卜的 4 倍。辣木含有 17 种氨基酸,总量达到 20.49%,并且以谷氨酸含量最高,占总氨基酸含量的 14.25%,还含有我们日常主食中缺乏的赖氨酸和苏氨酸;其营养价值与被现代营养学家称为“人类营养的微型宝库”的螺旋藻相当。据测定,每 100 克辣木叶片干粉中含有蛋白质 27.50 克、脂肪 8.7 克、碳水化合物 47.47 克、膳食纤维 23.77 克、钙 2 357.03 毫克、镁 395.03 毫克、磷 280.80 毫克、钾 1 759.37 毫克、铜 0.5 毫克、铁 13.54 毫克、维生素 A 41 870.0 微克、B 族维生素 0.14 毫克、维生素 C 73.90 毫克、维生素 E 187.02 毫克。辣木叶蛋白质中除个别含硫氨基酸外,其他必需氨基酸均高于 FAO/WHO/UNO 对 2～5 岁儿童推荐的最适氨基酸摄取量;各种矿物质、维生素的含量也比世界卫生组织(WHO)推荐摄入标准高。很多发展中国家用辣木叶粉来改善儿童营养不良,每天服用 25 克,可获取推荐标准的 42%蛋白质、125%钙、61%镁、41%钾、71%铁、272%维生素 A 和 22%的维生素 C。种子含油约 35%,品质与橄榄油相似。此外,富含植物生长因子等。

三、生理功能

古印度传统医学认为辣木可以预防和治疗多种疾病,因此被誉为“奇迹之树”。它不但具备不可思议的营养价值,在印度和非洲还是糖尿病、高血压、皮肤病、贫血、关节炎、消化器官肿瘤等传统医学的药材。

(一)叶

辣木叶提取物能在 3 小时内有效地降低血糖水平,叶片含有调节甲状腺激素和脂质过氧化作用(LPO)的超氧化物歧化酶(SOD)和过氧化氢酶(CAT);叶汁具有稳定血压和治疗忧郁的功效;用叶和嫩芽揉搓太阳穴可治疗头痛;用鲜叶制成的泥敷物可治疗腺体增生、溃疡和皮肤感染等疾病;食用叶片可增加母乳量,并有治疗贫血病的功效;辣木叶含有丰富的维生素 A,可治疗维生素 A 缺乏症。

(二)花

花汁可治疗溃疡与黏膜炎,其浸提物可制眼药水;花的传统用途是兴奋、利尿和堕胎。

(三)根

根用于胃肠气胀排除和轻泻物;根能有效治疗间歇式的发烧,咀嚼食用还能治疗感冒;把根捣碎、加盐制成泥敷物治疗风湿病和关节痛,能有效缓解疼痛;用鲜根、皮和叶制成的混合汁液,滴入鼻孔,可使人从昏迷中清醒;将根咀嚼后,可敷于蛇伤处,防止毒液扩散。据研究报道,来自根部的一种"Spirchin"物质,可抗菌、止痛、退热、调节血液循环和影响神经系统。在高剂量下,可麻痹迷乱神经;另外,根皮中的"Anthonine"对霍乱菌具有极高的毒性。研究表明,根部所含的生物碱,能明显地改变小鼠血尿素、血浆蛋白质、胆红素和胆固醇。

(四)种 子

辣木种子中 4(a-L-rhanmosyloxy)-苯甲基异硫氰酸盐、β-谷甾醇-3-O-β-D-吡喃葡糖苷和辣木叶中的硫代氨基甲酸盐均对爱泼斯坦巴瑞病毒(Epstem-Barrvirus)有明显的抑制作用,硫氨基酸酯能抑制肿瘤细胞生长;种子油可减轻风湿病引起的疼痛,还可用来治疗坏血病、虚脱和歇斯底里症。体外试验表明种子水浸物能有效抑制假单胞杆菌、金黄色葡萄球菌和大肠杆菌,这一研究还显示与新霉素的抑菌效果一样。种子水浸液还具有抑制肠部痉挛和利尿的功效。

(五)果 实

果实味甜,具有刺激性,能阻止眼睛发干,帮助提高精液品质与数量。

(六)树皮与树脂

树皮可以治疗溃疡和皮肤感染,也可制成开胃物,帮助消化;还可以缓解疼痛,如滴入耳中治疗耳痛,滴入龋齿孔中,去除疼痛,树皮水浸物在低浓度下可增加心脏的收缩率,而在高浓度下可降低收缩率,同时具有降血压的功效。来自树皮的Moringinine对交感神经系统有功效,可作为心脏刺激物,缓解支气管炎。树脂加入芝麻油可治疗头痛,也可滴入耳中治疗耳痛;还可治疗肠道疾病。树脂可治疗发烧、痢疾和气喘,也可用于止血和皮肤发红,还可用于治疗梅毒与风湿病。

四、加工与应用

辣木是洋为中用,古为今用,食疗兼用,药食同源的典范之一。由于我国领导人重视,已与古巴开展国际合作,广东菩善堂生物科技公司正在广东省韶关市、中山市大面积种植,并加工出产品。有多种应用价值:

(一)作为饮料

辣木茶是将辣木叶、辣木茎、辣木籽进行萃取,经过炭烤烘焙而成。辣木茶含有丰富营养,高维生素 A、维生素 B_1、维生素 B_2、维生素 B_3、维生素 C、维生素 E、高蛋白质、高纤维。其中含有 6 种大、中量元素(钙、镁、磷、钾、钠、硫)、5 种微量元素(锌、铜、铁、锰、硒)和 8 种人体必需氨基酸。具有降三高(高血压、高血脂、高胆固醇)、排毒养颜、提神醒脑、消除疲劳、增强免疫能力、提高睡眠质量和解酒等神奇功效。辣木茶适应中老年人与儿童,孕妇忌高浓度大剂量饮用。饮用方式:用沸水冲泡 3 分钟待营养物质溶解于茶水中后即可饮用;也可与鸡鸭、排骨等食物一起炖煲。广东省保健食品协会推荐的瑞德农业科技公司生产的辣木天然茶,许多患者饮用后证实具有良好的降血糖效果

(二)作为食品

辣木全株均可食用,并且营养丰富而全面。辣木的鲜叶、嫩豆荚等可以作为蔬菜食用,是一种美味佳肴;烹饪种子时,必须先煮几分钟,除去有苦味的种壳,然后把种子仁剥出来就可食用;辣木花可以做炒菜、做汤,在花略微变白之后可作为调味料加入色拉中食用;辣木干种子和幼苗的干燥根可以碾成粉末作为调味料,具有辣味;其籽油用作食用油比橄榄油更有益于人体健康;辣木树根可以腌制成泡菜;树干上的树脂是一种增稠调味物质,有类似玉米粉的功效。经常食用辣木可以防治和改善营养不良,保证人体对必需的微量元素和氨基酸等的摄取。

(三)其他应用

1. 水的净化与软化 辣木种子榨油后的油饼(渣)含有非常高的蛋白质,这些蛋白质属于纯天然无毒的多肽物质,用于有机、无机颗粒的沉淀,如水净化处理、植物油的澄清以及饮料与啤酒工业中纤维的沉淀处理。辣木油渣和种仁粉均可用作净水剂,两者之间差异不明显,效果都很好;与白矾净水效果相比,采用辣木种子净

水具有安全、不影响水的 pH 值、剂量少等优点。

2. 用作植物生长促进剂　从辣木叶片中获得的提取物——细胞分裂素,叶面喷施后能促进植株健康生长,抗病虫害,促进结果、增大果实、丰产等。其活性物质为玉米素(N-异戊烯腺嘌呤),属于细胞分裂素类物质。辣木叶汁作为植物生长促进剂,可以对各种作物(洋葱、柿子椒、大豆、玉米、咖啡、茶叶、辣椒、西瓜等)增产25%～30%。叶面喷洒可以结合其他的施肥、灌溉等活动进行。

3. 用作饲料　辣木叶富含蛋白质、胡萝卜素、铁和维生素,豆荚富含氨基酸,并且产量高,辣木这种优良的营养特性,很适宜用做家畜饲料,对牲畜饲养业具有特别重要的意义。在肉鸡饲料中添加辣木梗粉后,可以提高饲料的利用率,提升肉鸡的免疫力,并且以添加 1% 效果最好。辣木叶片可用作饲养尼罗罗非鱼的蛋白质替代物。

4. 工业中的应用　辣木油含有 76% 的单不饱和脂肪酸,具有非常稳定、不易腐败的特性,在工业生产中可作为精密机械的润滑剂。食品工业中,辣木油可以作为无毒的食品级安全润滑油。辣木油还具保香特性,用于香水工业,在唇膏、按摩油、洗发香波、肥皂等的工业生产中也有应用。

第三节　苦丁茶

一、生物学特性

苦丁茶是我国南部与西南部民间传统的药用与饮用植物,具有清热解毒、生津、提神、益智、抗衰老、调节血压和血脂等功效,已成为当今畅销国际市场的珍贵天然药用保健饮料,享有"绿色黄金"的美誉。苦丁茶因产地不同品种有多种,全国称为苦丁茶的植物有 6 科 11 种植物。散生于亚热带冷凉山区,海拔 800～1 500 米之间的山谷和山坡中下部杂木林中。就省份而言,长江以南各省均有分布。浙江、广西、福建、江西、湖南等省、自治区山区,用大叶冬青生产苦丁茶为主,云南、贵州、四川、湖北等省山区,用枸骨生产苦丁茶较多。苦丁茶属乔木或灌木,喜阴凉与微酸或中性土壤。苦丁茶冬青与大叶苦丁茶适宜生长温度 20℃～28℃,高温(38℃以上)停止生长,可耐-8℃左右的低温,要求年日照时数 1 600 小时以上,年降水量宜为 1 300～1 700 毫米,空气相对湿度 80% 左右。

二、营养成分

苦丁茶含有多种氨基酸、维生素、苦味素、脂多糖和多种微量元素等对人体有益的成分。其明显的特征是不含有儿茶素和咖啡碱,适合老人、儿童与不常饮茶的人饮用。还含有苦丁苷元、苦丁皂苷、苦丁茶苷、熊果酸、β-谷甾醇、熊果醇、羽扇豆醇等具有生理保健功效成分。其主要成分含量为:苦丁皂苷 18％～22％,可溶性多糖 10％～30％;富含生物色素,如多酚 6％～15％、总黄酮 0.1％～0.8％。苦丁茶中含有维生素 B_1、维生素 B_2、维生素 C、维生素 E 等多种维生素,且维生素 C、维生素 E 含量较高,因此具有抗衰老的作用。苦丁茶中对人体有极大保健价值的微量元素铁、锌、镁、硒、锗、锂、钸等含量较多且均衡。因此,苦丁茶是一种理想的保健品。

三、生理功能

苦丁茶性味苦、甘而寒,对它的功效,各本草书中记载大致相同,有"止痢"(《本草逢原》);"治天行狂热"(《医林纂要》);"逐风、活血、绝孕"(《纲目拾遗》);"消食化痰,除烦止渴,利二便,去油腻"(《本草再新》);"清脾肺,止痢,清头目"(《本草求原》);"散肝风,清头目"(《中国医学大辞典》)等。江苏新药学院编写的《中药大辞典》将苦丁茶的功效归纳为散风热、清头目、除烦渴和治头痛、齿痛、目赤、聤耳、热病烦渴、痢疾。现代药理与临床医学研究表明,苦丁茶具有保护心血管系统、降血脂、降血压、抗衰老、抗菌、抗炎和抗应激、治疗慢性前列腺炎以及防癌、抗癌等作用。

(一)保护心血管系统作用

临床研究发现,苦丁茶提取物对心、脑、血管疾病的头昏、头痛、失眠、心悸、胸闷等症状显示出普遍良好的控制作用,而且对糖尿病有缓解作用。

(二)降脂、降压作用

苦丁茶能明显降低血胆固醇、三酰甘油,改善血液黏稠度,从而具有降低动脉粥样硬化与冠心病发生的危险和具有明显降压作用。药理功效进行的临床表明,苦丁茶对高血脂症、高血压与单纯性肥胖症有良好疗效,而且作用持久,使用方便,长期服用无不良反应。

(三)抗衰老作用

人的衰老与体内脂质过氧化物的堆积有关,而有效清除、减少血浆中的脂质过氧化物和延缓脂质过氧化,成为目前抗衰老的途径之一。苦丁茶具有抗脂质过氧化作用,提示其有治疗炎症、预防心脑血管疾病、防癌、延缓衰老等保健作用。

(四)抑菌、抗炎和抗应激作用

研究显示,4%的苦丁茶水浸液对选择性的牙周致病菌有一定抑制作用。苦丁茶对金黄色葡萄球菌、伤寒杆菌、乙型溶血性链球菌的抑菌作用较强,并具有提高小鼠耐缺氧、耐低温与运动耐受能力的作用,说明苦丁茶具有抑菌、抗应激作用。

(五)对慢性前列腺炎的作用

苦丁茶汤可治疗慢性前列腺炎,对慢性前列腺炎的主要症状具有良好的改善作用,其中对局部疼痛不适和尿道症状改善尤为明显。

(六)防癌、抗癌作用

辐射、吸烟、空气与食物污染,病毒感染,过度劳累等有害因素常导致人体内部自由基增多,使肌体老化加速、产生癌变。苦丁茶富含具有抗氧化、清除自由基的维生素 C、维生素 E 和类黄酮等生物活性物质,能削弱自由基对人体的危害,增强肌体免疫力,具有防癌抗癌的作用。此外,苦丁茶还含有多种人体必需的微量元素,其中硒具有抗氧化、抗病毒、抗癌作用,锗虽尚未确定它是人体必需元素,但它具有提高肌体免疫力的作用。

四、加　工　与　应　用

(一)传统加工方法

传统的苦丁茶加工基本流程为:

鲜叶→轻萎凋→杀青→揉捻→沤堆→干燥→毛茶→精制→商品茶

制成的苦丁茶外形条索紧卷、粗壮、重实、均匀,叶张完整,色泽乌褐油润;内质香气清鲜纯正,滋味浓厚鲜爽带参味,汤色淡绿或淡黄清澈,叶底黄绿明亮或深绿明亮,饮后先苦后甘,回甘持久,经久耐泡。

1. 萎凋　主要有 3 种方法:

(1)自然萎凋　一般在夏、秋季进行。将鲜叶均匀地摊放在竹帘或竹筛上,厚度 5～10 厘米。为使其萎凋均匀,宜在中途翻动 1～2 次,翻动时动作要轻,减少机械损伤。萎凋时间视原料老嫩、温度高低、湿度大小、空气流速、摊叶厚薄而定,一般为 4～8 小时。掌握萎凋适度为芽叶下垂,梗叶柔软,失水率 5%～10%即可停止萎凋。

（2）日光萎凋　一般在春、秋季晴天的上午 10 时前和下午 4 时后进行,若太阳照射强烈,则不利于萎凋中的物理、化学变化,影响萎凋质量。采用日光萎凋首先将鲜叶均匀摊放在竹筛上,然后移至室外让太阳晒 20～30 分钟后再移至室内,以达到萎凋适度为止。

（3）槽式萎凋　大生产或阴雨天时进行。首先将鲜叶均匀地摊放在萎凋槽萎凋帘上,厚度 20 厘米,每平方米摊叶 15～18 千克。阴雨天气,空气湿度大,温度低,可采用加温鼓风,正常天气条件下只需鼓风即可。一般掌握春季 6～7 小时,夏秋季 3～4 小时。

2. 杀青

（1）杀青方法　采用杀青方法当鲜叶数量少时可采用手工进行,数量多时采用机械进行。杀青应遵循"高温杀青,先高后低;先闷后扬,扬闷结合;嫩叶老杀,老叶嫩杀;杀匀杀透,均匀一致"的原则。具体操作时,含水量高的嫩叶宜多扬少闷,含水量低的和比较粗老的叶子宜多闷少扬,以减少生熟不匀、焦边焦芽,确保杀青质量。杀青既不能不足也不能过度,杀青不足,叶色青绿,色泽不均匀,叶片欠柔软,叶质韧性差,揉捻时易断碎,茶汤苦涩味重,青草气味大,汤色浑浊;杀青过度,叶子失水过多,容易焦灼干枯,使叶质硬脆,揉捻时容易断碎,片末茶多,条索粗松,汤色发暗,叶底带焦斑欠明亮;杀青严重过度则汤色黄暗浑浊,滋味苦涩,香气不正。因此,要求杀青做到均匀适度,杀匀杀透,嫩而不生,老而不焦。

（2）投叶量　视鲜叶老嫩、含水量高低,杀青方法应灵活掌握,过多翻滚不均匀,过少容易焦边焦芽。一般手工杀青投叶量 1.5 千克,滚筒连续杀青机掌握适量。

3. 揉捻　以条索卷紧成条,细胞组织破损率在 30％～40％,成条率在 80％以上为适度。揉捻过度,细胞组织破损率过高,成茶短碎,茶汤浓苦;揉捻不足,条索粗松。成茶色泽青褐。

4. 沤堆　为了使苦丁茶滋味清醇,促进外形色泽乌黑油润,揉捻后采用沤堆处理。沤堆一般采用干净、卫生的竹筐、木箱,将揉捻筛分后的揉捻叶装入筐箱内,高 20 厘米,筐箱上盖干净湿布,沤堆过程中翻动 1 次,上翻下、下翻上。沤堆时间视温度而定,夏秋季较短,春季较长,一般掌握在 1～2 小时即可。沤堆适度时叶色黄绿,闻之有一股清香。

5. 干燥　干燥目的是蒸发叶内水分,使毛茶含水率低于 6％,并进一步卷紧条索,固定外形,缩小体积,便于贮藏运输;进一步破坏残存酶的活性,散发青草气,增进茶香,使成茶具有苦丁茶特有的形态特征与品质特点。干燥宜分毛火与足干二次进行,以免外干内湿。毛火:高档茶宜用焙笼炭火初干,中低档茶宜用烘干机初干。足干:焙笼毛火火温与一般红茶初制相似,烘干机宜在 130℃～140℃。烘至八成干时下机摊晾 30～60 分钟,使梗叶水分重新分布,达到梗叶水分平衡分布。

6. 精制　首先通过拣剔、筛分、风选、切碎等工艺将苦丁茶老嫩、粗细、长短、曲直、片末、梗朴、茶杂等分开或拣除,使成茶外形均匀一致,整齐美观;然后将相近外形、品质的成茶进行归堆或拼配,使质量取长补短,品质一致,符合商品茶质量要求,以利销售。

(二)新型苦丁茶产品

经过多年的研究和开发,苦丁茶的应用已从传统的苦丁茶产品逐步开发出新型产品,如苦丁茶袋泡剂、苦丁茶含片、苦丁茶冲剂等。这些新型苦丁茶产品既保留了苦丁茶的功效成分,又改善了口感,增加了方便性,因此受到越来越多消费者的认可。

第四节　桑　寄　生

一、生物学特性

桑寄生(Loranthus parasiticus)是中国南方常见的半寄生或寄生植物,全世界有桑寄生科植物约 65 属,1 100 种,在中国桑寄生有 66 个种,10 个变种,寄主植物有紫荆、龙眼、荔枝、柑橘、香叶树、桑树、漆树、枫树等,主产于台湾、福建、广东、广西、四川、云南、湖南、江西等省、自治区。

桑寄生为半寄生、寄生性灌木,亚灌木,寄生于乔木或灌木的茎或枝上,叶互生或近于对生,叶片全缘,倒卵形、椭圆形至长圆披针形,花两性或单性,雌雄同株或异株,穗状花序,腋生或顶生,具苞片,花被片 3～6,黄绿色,子房下位,球形浆果,种子 1 枚,无种皮。桑寄生种子的主要传播者是鸟类,鸟类吞食果实后,种子通过鸟嘴吐出或粪便排出。种子上带有黏性物质,易于黏在树皮上,在适宜的温度、水分和光照条件下,种子即行萌发,并在胚根与寄主接触的地方形成吸盘,钻入寄主枝系皮层,以吸根的导管与寄主的导管相连,吸取寄主植物的水分和矿物质发展茎叶部分。

二、营养成分

桑寄生的寄主不限于某一物种,由于寄主不同,寄生体内累积的化学成分可随寄主的变化而发生一定的变化。桑寄生主要化学成分包括第八营养素——黄酮类化合物(主要包括广寄生苷、槲皮素、槲皮苷)、桑寄生毒蛋白、外源凝集素、甾体化合物、三萜、倍半萜、内酯、有机酸、氨基酸和肽类化合物等,还含有锌、铜、铁、锰、钙和镁等中、微量元素。

三、生理功能

桑寄生是一种常见的中草药,入药始载于《神农本草经》,名"桑上寄生",列入上品,历代本草多有著录,常用于治疗风湿痹痛、腰膝酸软、筋骨无力、崩漏经多、妊娠漏血、胎动不安以及高血压等症。当今在药理学与临床等方面对桑寄生科药用植物进行了大量研究,具有降血压、降血脂、降血糖、抗病毒、抗衰老、抗过敏、抗肿瘤、减肥等作用。

(一)治疗高血压

中医临床表明,用桑寄生煎汤代茶,对治疗高血压具有明显的辅助疗效。桑寄生茶的制作方法是,取桑寄生干品 15 克,煎煮 15 分钟后饮用,每天早、晚各 1 次。

(二)治疗心律失常

临床研究表明,桑寄生对于治疗风湿性心脏病、冠心病心律失常、更年期心律失常效果显著。用桑芪生脉汤治疗频发室性早搏、窦性心律不齐、病窦综合征,疗效满意。将桑寄生制成冲剂给患者服用后,心绞痛症状改善的有效率为 76%,其中显效(心绞痛程度减轻二级)率占 24%;心电图改善有效率为 44%,显效者占 25%。

(三)抗肿瘤作用

近年来,对桑寄生药用植物的抗肿瘤研究成为了桑寄生科药用功能研究的热点之一,包括槲皮素、各种毒蛋白、毒肽、凝集素、生物碱等的抗肿瘤成分研究。研究显示,红花桑寄生叶的总黄酮提取物对所检测的 9 种人源肿瘤细胞株均有显著的抑制增殖和诱导凋亡的作用,对原代慢性粒细胞白血病细胞也有较好的抑制作用;新鲜槲寄生水提物具有多种抗癌效果,可以治疗乳癌、胃癌与结肠癌等常见肿瘤疾病,对肺癌也有一定的治疗作用。欧洲一些国家已有数万名癌症患者利用槲寄生水提液治疗各种肿瘤疾病,且疗效显著。专家预测"槲寄生"有望成为继紫杉醇之后又一种天然抗癌药。

(四)利尿作用

桑寄生有较显著的利尿作用,有效成分是扁蓄苷,即广寄生苷。

(五)对心血管的作用

动物实验表明,桑寄生(冲剂)有舒张冠状血管、增加冠脉流量的作用,并能对抗脑垂体后叶素。

四、加工与应用

(一)桑寄生的加工

桑寄生全年均可采收,采收时将桑寄生从寄生的树上把茎枝砍下,摊开暴晒至叶片软时扎成小把(如不在叶软时扎把,叶片会脱落),晒至足干,也可将采回的新鲜枝条,切成长 1～2 厘米小段,晒至足干。经加工的成品,表面为灰褐色或红褐色,有多数小点状的棕色皮孔与纵向细皱纹,有的嫩梢间被棕色茸毛,质坚硬,木质断面不整齐,皮薄,棕褐色,木质部淡红棕色,中央有小形髓,单叶对生或近对生,常脱落,革质。成品以足干,叶色青绿且具光泽,梗粗,直径不超过 0.6 厘米,味涩,无枯死枝,无杂质,无霉变者为佳。

(二)桑寄生的应用

1. 用作中药　将桑寄生与其他中药配伍,治疗风湿痹痛,腰膝酸软,筋骨无力,崩漏经多,妊娠漏血,胎动不安,以及高血压等症。

2. 桑寄生茶

(1)取桑寄生干品 15 克,煎煮 15 分钟后饮用。功效:补肝肾,强筋骨,降压抗癌。适用于高血压病、腰腿酸痛、预防胃癌等。

(2)桑寄生 15～30 克,鸡蛋 1～2 个,加水同煮,鸡蛋熟后去壳取蛋再煮片刻,吃蛋饮汤;或加入红枣、莲子、冰糖同煮。功效:祛风益肝、强筋安胎。

3. 桑寄生酒

桑寄生 500 克,以米酒 50 毫升拌匀,置于蒸笼内蒸 1 小时,取出晒干,即为酒制桑寄生,具有增强活血通络、治风湿痹痛之功效。

第五节　玫瑰花茶

一、生物学特性

玫瑰是 1 年生的灌木,种类多达 1 万多种,一般当茶饮用的为粉红玫瑰花和紫玫瑰花。玫瑰花茶性质温和,花形唯美,颜色粉嫩,香气优雅迷人,入口甘柔不腻,能令人缓和情绪、纾解抑郁,适合上班一族饮用。最重要的是它的养颜美容功效,常饮可去除皮肤上的黑斑,令皮肤嫩白自然。对于享受视觉的花茶爱好者,玫瑰花茶还能怡情。每次取玫瑰花(干品)6~10克入茶杯内,冲入沸水后加盖约10分钟,代茶饮。可健胃益肠、理气止痛。

二、营养成分

玫瑰花含丰富的维生素 A、维生素 C、B 族维生素、维生素 E、维生素 K;富含多种生物色素,如花青素等,以及单宁酸等多种营养素。

三、生理功能

中医学认为,玫瑰花味甘微苦、性温,最明显的功效就是理气解郁、活血散淤和调经止痛。此外,玫瑰花的药性非常温和,能够温养人的心肝血脉,舒发体内郁气,起到镇静、安抚、抗抑郁的功效。女性在月经前或月经期间如有情绪上的烦躁,喝玫瑰花茶可以起到调节内分泌的作用。工作和生活压力大也可适量喝玫瑰花茶,起到安抚、稳定情绪、缓解压力的作用。玫瑰花茶是女性绝佳的子宫补品,能镇定经前紧张,活化停滞的血液循环,降低心脏充血现象,强化微血管;还能缓解痛经。玫瑰花茶对肝及胃有调理的作用,并可消除疲劳、改善体质,达到补血调经,滋润养颜的作用;玫瑰花茶对消除疲劳和伤口愈合也有帮助。身体疲劳酸痛时,可用玫瑰花泡澡,可缓解疲劳。

四、加工与应用

玫瑰花茶由玫瑰花蕾制成干花,每次用5~7朵,配上嫩尖的绿茶一小撮,加红枣3颗(要去核),每日用沸水冲茶喝,可以去心火,保持精力充沛,增加活力,长期饮用,能美白祛斑,有保持青春美丽的作用。玫瑰花茶不宜用温度太高的水来泡,泡好的茶,宜热饮。热饮时花的香味浓郁,闻之沁人心脾。

(一)玫瑰花茶

1. 材料 玫瑰花 12 朵,冰糖 1 粒。

2. 做法 将玫瑰花和冰糖一起用沸水冲泡 5 分钟即可。

3. 功效 气味芬芳,味甘微甜,促进食欲,能活血行气,调经止痛,是女性的妇女病症的良药。

(二)玫瑰乌梅去脂茶

1. **材料** 玫瑰花 10 朵,乌梅 3 颗。
2. **做法** 将玫瑰花和乌梅混合后用沸水冲泡 8 分钟即可。
3. **功效** 促进食欲,润肠通便,降低血脂肪,是理想的减肥成品。小小提示:此茶喝多恐有腹泻的后遗症,胃肠不好的人请酌量饮用。

(三)红枣玫瑰茶

1. **材料** 红枣、太子参、玫瑰花
2. **做法** 两颗小太子参加上一颗红枣和玫瑰花 5 朵冲泡后 10 分钟再喝。
3. **功效** 太子参加上红枣的滋补功效,能让玫瑰的养肝作用发挥得更持久。

(四)祛豆益母草枸杞玫瑰茶

1. **做法** 枸杞子加入益母草和玫瑰直接冲泡即可。
2. **功效** 调整油脂和内分泌,是抑止痘痘的大功臣。

(五)龙眼玫瑰茶

1. **材料** 龙眼 5 克,枸杞子 5 克,玫瑰花 2 朵。
2. **做法** 龙眼取肉,与枸杞子混合后用沸水冲泡 10 分钟,放入玫瑰花即可。
3. **功效** 养血滋阴,养颜润肤,调节内分泌失调。长期服用效果显著。

(六)牛奶玫瑰茶

1. **材料** 玫瑰花 6 朵,枸杞子 6 粒,葡萄干 3 克,牛奶 100 毫升。
2. **做法** 将玫瑰花、枸杞子、葡萄干用沸水冲泡 5 分钟后,取茶汁,加入牛奶调匀即可。
3. **功效** 保肝健胃,养颜润肤,增加皮肤的弹性。长期服用效果显著。

(七)金银玫瑰茶

1. **材料** 金银花 1 克,玫瑰花 3 朵,麦冬 2 克,山楂 2 克。
2. **做法** 混合后用沸水冲泡 15 分钟即可。
3. **功效** 理气解郁,滋阴清热,适用于肝郁虚火上升,脸色枯黄,皮肤干燥者。长期服用效果显著。

(八)丹参杞玫瑰茶

1. 材料 丹参 3 克,枸杞子 6 粒,葡萄干 6 粒,玫瑰花 2 朵。

2. 做法 混合后用沸水冲泡 10 分钟即可。

3. 功效 益气活血,养阴安神,适用于心肌缺血,失眠健忘,脸色无光华者。长期服用效果显著。

(九)番茄玫瑰饮

1. 原料 番茄、黄瓜、玫瑰花、柠檬汁、蜂蜜各适量。

2. 制法 将番茄去皮、籽,黄瓜洗净,与鲜玫瑰花适量一起碾碎后过滤,加入柠檬汁、蜂蜜即可。

3. 功效 促进皮肤代谢,能够减退色素,使肌肤细腻白嫩。

注意:平时有便秘的朋友,最好不要过多地饮用玫瑰花茶,因为玫瑰花茶具有收敛的作用,喝多了对于便秘更加不利。玫瑰花茶具有收敛和活血的作用,孕妇最好避免服用玫瑰花茶,以免对胎儿产生不利影响。

第九章 肉类黑色食品

动物类食品又称红色食品或红肉食品,其营养特点是含丰富的饱和脂肪酸、动物性蛋白质,是高脂肪、高蛋白、高热能的富裕型食物。它们的一个共同特点:全身几乎都流动着红色的血液(红细胞),故形象地称其为红色食品,因此肉类黑色食品就是指红色食物中自然颜色相对较深的食品,分述如下:

第一节 乌 骨 鸡

乌骨鸡又称武山鸡、乌鸡(Silky fowl),是一种杂食家养鸡。它源自于中国的江西省的泰和县武山。故又名泰和鸡、武山鸡。在那儿,它已被饲养超过 2 000 年的历史。

一、生物学特性

本品为雉科动物乌骨鸡去毛与内脏的全体,味甘,性平,无毒,有补肝肾,益气血,退虚热,调经止带功能,主治补中止痛,除风湿麻痹、劳热骨蒸、遗精带下,补虚赢,安胎等。

乌骨鸡为我国特有珍禽,因其外貌特征有"十全"之称:紫冠、缨头、绿耳、胡子、五爪、毛脚、丝毛、乌皮、乌肉和乌骨,故又称丝毛鸡、乌骨鸡。它以美丽外貌,丰富的营养,特殊的药效驰名中外。历代为贡皇室珍品。1951 年,荣膺巴拿马国际博览会奖,并被定为世界上公认的观赏鸡种。

乌骨鸡始载于《神农本草经》,《肘后方》《食疗本草》均载有用乌骨鸡肉补虚者。对乌骨鸡的观察了解最详的当推明代本草学家李时珍。他说:"乌骨鸡有白毛、黑毛、斑毛数种,以骨肉俱黑者为佳",又指出了"泰和老鸡甘平无毒,益助阳气,起阴补肾,治心腹痛"的作用。还举乌鸡丸为妇科良药,以后收载于明代龚廷贤《寿世保元》一书中,到了清代御医改进为乌鸡白凤丸,成为久负盛名的中成药之一。

二、营养价值

乌骨鸡鸡肉含蛋白质 47.64%～57.4%,比普通鸡多 21.5%,高出约 1 倍。

乌骨鸡含有 19 种以上氨基酸,其中鸡血含氨基酸 84.95 毫克/毫升,鸡肉含 71.39 毫克/100 克,鸡皮中含 72.16 毫克/100 克,鸡骨中含 30.38 毫克/100 克;并含有人体必需的 8 种氨基酸。与其他各种鸡比较,乌骨鸡鲜肉氨基酸含量为 18.54 克/100 克,明显高于普通鸡 16.38 克/100 克。乌骨鸡的氨基酸含量亦均高于三黄鸡与白鸡。

乌骨鸡血清总蛋白和 γ-球蛋白含量分别为 6.66 克/分升和 44.14 克/分升,明显高于白洛克鸡的 6.02 克/分升和 37.38 克/分升($p < 0.05$ 和 0.01)。另外,乌鸡血液中所含的维生素 C 和 β-胡萝卜素分别为 2.19 毫克/分升和 168.58 毫克/分升,也明显高于白洛克鸡。乌骨鸡尚含铜、锰、锌等多种矿物元素。

乌骨鸡最主要的化学成分是黑色素,泰和乌骨鸡体内,骨膜中黑色素含量每 100 克中高达 2.057 克;皮肤为 0.596 克、肌肉为 0.230 克;内脏中黑色素含量较低,仅为 0.157 克。去骨膜的骨组织、血液中不含黑色素。这种黑色素的元素分析结果显示它由 C、H、N、S 和 O 等组成。含氮量为 3.5%～4.7%。以顺磁共振波谱研究证明乌鸡黑色素为每克含有自由基数为 $(1.2～8.0) \times 10^{17}$。红外光谱可见有 5 组明显吸收峰,其中以主要象征吲哚环的吸收峰最强,故初步表明乌骨鸡黑色素是一种具有黑色素特征吲哚型含硫异聚物。

笔者等(2003)首次把黑毛和白毛二大类型的乌骨鸡分别进行营养分析发现:黑毛乌骨鸡比白毛乌骨鸡鸡肉蛋白质含量相对提高 17.2%,赖氨酸含量提高 21%,黑色素相对提高 60.4%;此外黑毛乌骨鸡羽毛比白毛乌骨鸡羽毛的黑色素提高 1 倍多。可见黑毛乌骨鸡比现在常用的白毛乌骨鸡营养价值更高,建议今后要大力开发系列黑毛乌鸡的加工产品。如将乌骨鸡黑凤丸代替白凤丸食疗质量更好。

三、生理功能

(一)抗衰老作用

1. 乌骨鸡对延缓果蝇衰老的作用 实验分 3 组,即对照组单用基础培养基,乌骨鸡组为培养基加 10%乌骨鸡液;肉鸡组为培养基加 10%肉鸡液。每组培养羽化后 10 小时内的成虫,雌雄各 102 只,测定每组果蝇的平均寿命与最高寿命。结果显示:乌骨鸡组雌、雄果蝇平均寿命别为 70.2 天和 65.7 天,与对照组的 65.8 天和 60.0 天比较,有显著延长,差异显著($P < 0.05$)和非常显著($P < 0.01$),与肉鸡组相比较差异也很显著($P < 0.05$)。但对果蝇最高寿命的影响,则无统计学意义。

对乌骨鸡组雌、雄果蝇的脂褐素含量经测定分别为 0.0472 微克/毫克和

0.2930 微克/毫克,较肉鸡组的 0.0538 微克/毫克和 0.3770 微克/毫克均有明显降低,雌性下降了 12.32%(P<0.05),雄性下降了 22.38%(P<0.01)。

2. 乌骨鸡组显示能增加果蝇的交配次数　对照组交配次数为 64 次,肉鸡组为 66 次,仅增加了 3.1%,而乌骨鸡组为 82 次,增加了 28.1%(P<0.05)。以上实验结果提示乌骨鸡有延缓果蝇衰老的作用。另外一次实验中证明乌骨鸡黑色素也能明显延长雌性果蝇的平均寿命。

3. 对过氧化氢酶活性的影响　40 只小鼠分为正常对照、乌骨鸡(含 36% 乌鸡块)、普通鸡与乌骨鸡黑色素 4 个组,连续喂养 15 天后测定小鼠红细胞过氧化氢酶活性。结果表明,乌骨鸡组和乌骨鸡黑色素组的过氧化氢酶活性较高,但与空白对照组和普通鸡组比较,尚无显著性差异(P>0.05)。

4. 对超氧化物歧化酶活性与过氧化脂质含量的影响　老龄小鼠 48 只,分为老龄对照、乌骨鸡(含 36% 乌鸡块)、普通鸡、乌骨鸡黑色素 4 组。另设 1 少龄鼠对照组。前 4 组连续喂养 45 天,第 46 天测定 5 个组的血浆过氧化脂质(LPO)含量与红细胞和肝组织的超氧化物歧化酶(SOD)活性。结果显示:①少龄鼠以 LPO 含量明显低于老龄鼠的 4 个组,但老龄鼠 4 个组之间的 LPO 值没有明显差异;②乌骨鸡及其黑色素对老龄鼠的红细胞及肝细胞的 SOD 活性也没有明显影响。

5. 对酶组织化学的影响　老年小鼠 24 只,分为老年小鼠对照、普通鸡、乌骨鸡和黑色素共 4 个组,另设一个青年小鼠组。各组动物,雌雄各半,每日每只动物喂食饲料为基础饲料 5 克,普通鸡与乌骨鸡组则喂基础饮料 5 克加黑色素少量,共喂养 45 天,第 46 天断头处死动物,测定肝、肠、肾的酶组织,化学观察。结果显示:和老年小鼠对照组比较,乌骨鸡、普通鸡、黑色素组肝、肠、肾的镁离子激活的腺苷三磷酸酶、SDH(琥珀脱氢酶)、葡萄糖-6-磷酸酶、5-核苷酸酶的活性均有不同程度的增强,其中以乌骨鸡组增强最为显著。

(二)抗诱变作用

乌鸡黑色素可以抑制对细胞有损伤作用物质的活性,促进致癌物降解或排泄,保护了细胞的完整性,起到了预防癌变或抗衰老作用。

四、加工与应用

(一)食　疗

1. 滋补乌骨鸡火锅　强筋壮骨,补血气。做法:
①将姜、蒜切成 2 毫米厚的指甲片,葱切成"马耳朵"形。

②将当归切成 2 厘米长的节,黄芩切成 5 毫米厚的片。

③将乌骨鸡宰杀,去毛和内脏,将头、脚,斩切成 4 厘米见方的块,入汤锅汆水捞起。

④炒锅置火上,下油加热,放姜蒜片、葱、乌骨鸡,炒香,掺白汤,放味精、鸡精、料酒、胡椒粉、当归、黄芩、红枣、枸杞子、沙参、烧沸,除尽浮沫,倒入火锅盆,上桌即可。

2. 干贝乌骨鸡　适用妊娠晕眩,消除疲劳,增强体力与抵抗力。做法:

①将生干贝放入清水中泡开;乌骨鸡腿洗净、汆烫、捞出、切小块。

②将干贝、乌骨鸡肉加清水放入锅中,炖煮至鸡块熟烂。

③加盐调味即可。

3. 乌骨鸡归黄汤　健脾养心,益气养血;适用于月经超前,经量过多,精神疲倦,心悸气短,失眠等。做法:

洗净去内脏,把当归、黄芩放入鸡内用线缝合,放入砂锅内煮烂熟,去药渣,加调味品,食肉喝汤,分 2～3 次服完,月经前,每天 1 剂,连服 3～5 剂。

4. 滋补乌骨鸡　质地细嫩,汤鲜味美,酒香四溢,滋阴补血。做法:

①将光乌骨鸡洗净斩块,焯水去净血污,沥干水分,将各配料上笼蒸熟。

②锅置火上放少许油放入大姜片煸香,加入上汤、配料,放入调味料,倒入乌骨鸡块烧沸至熟即可。

5. 银杏葱根炖乌骨鸡　去痰、止咳、平喘,还能补胃气和补充体力。做法:

①锅中倒入适量的水煮沸,先加入葱根、银杏、西洋参、枸杞、姜片、长糯米、对半切开的乌骨鸡和酒以小火炖煮 30 分钟,再将乌骨鸡捞出并将肉撕下备用。

②将小黄瓜切丝,葱白切末备用。

③取一个容器,放入小黄瓜丝、蒜末和葱末混合均匀,再盛入盘中后,铺上鸡肉丝备用。

④接着取一个碗,倒入芝麻酱、酱油和香油搅拌均匀后,淋在鸡肉丝上即可完成。

6. 乌鸡栗子滋补汤　适合一切体虚血亏、肝肾不足、脾胃不健的人食用。做法:

①将乌鸡纵向从背部一切为二,入冷水中,水沸后捞出。

②砂锅中入半锅热水,放入焯过的乌鸡,加入姜片,大火烧沸转小火炖制。

③温水浸泡一会儿红枣和枸杞子。

④乌鸡炖半小时后加入板栗。

⑤再炖半小时后加入红枣和枸杞子,继续炖半小时左右,最后加入盐即可。

7. 牛奶红枣炖乌鸡　奶香味浓,滑不腻口,清润滋补,调经补血,美容抗衰老。做法:

①取半只乌鸡洗净斩块,氽水捞起待用。

②红枣洗净,拍扁去核。

③煮沸清水倒入炖盅,放入乌鸡、红枣和姜片,中小火隔水炖2个小时。

④倒入牛奶,再炖20分钟,下盐调味即可。

8. 鱼翅炖乌鸡汤　鱼翅软滑,鸡汤鲜美,益气补血、固元培精、滋补养颜。做法:

①鱼翅提前1天用温水浸泡,其间换3次水,至鱼翅吸饱水变软。

②将宰好的乌鸡洗净斩块,氽水捞起冲净。

③将红枣洗净拍扁去核,枸杞子洗净。

④煮沸清水倒入大炖盅,放入所有材料,武火煮20分钟,转小火炖2~3个小时。因有火腿,先试味再下盐即可。

(二)药食同源,食疗兼用

1. 治虚劳咳热,肌肉消瘦,四肢倦怠,五心烦热,咽干颊赤,心忪潮热,盗汗减食,咳嗽脓血　人参、黄芪、柴胡、前胡、黄连、黄柏、当归、白茯苓、熟地黄、生地黄、白芍、五味子、知母、川贝母、川芎、白术各5钱,以上为粗末。用雄乌骨鸡重1000克以上1只(须新生肥壮者),去毛、血洗净,将上药入肚,以线缝定;用好腊酒入锅中,放鸡在内,酒以没过鸡背上3厘米为度;鸡肠脏放在鸡外,同煮极烂;拆开,同药晒干,研为细末,用原汁打蒸饼糊为丸(如梧桐子大)。每服100丸,空心,食前,用米汤或沸汤送下(《杏苑生春》乌鸡丸)。

2. 治噤口痢因涩药太过伤胃,闻食口闭,四肢逆冷　乌骨鸡1只,去毛、肠,用小茴香、高良姜、红豆、陈皮、生姜、花椒、盐,同煮熟烂。以鸡令患者嗅之,只闻香气,如欲食,令饮食汁肉,使胃气开。亦可治久痢(《普济方》乌鸡煎)。

3. 治脾虚滑泄　乌骨母鸡1只,治净。用豆蔻50克,草果2枚,烧存性,装入鸡腹内,扎定煮熟。空腹食之(《纲目》)。

4. 治妇人虚劳血气,赤白带下　当归、黄芪各300克,生、熟地黄和香附子各200克,茯苓150克,人参、官桂、地骨皮各100克。以上药用乌骨鸡(雄)1只,笼住,将黄芪末和炒面丸鸡头大喂鸡服,生晾,吊死,肠肚洗净,捋毛椎碎骨,入前药鸡腹内,用酒、醋各1瓶,煮1宿,取骨焙枯,研为细末,用汁打糊丸如梧桐子大。每服50丸,盐汤下(《袖珍方》乌鸡煎丸)。

5. 治赤白带下及遗精白浊,下元虚惫者　白果、莲子、江米各25克,胡椒5克,为末。乌骨鸡1只,如常治净,装入鸡腹煮熟。空心食之(《纲目》)。

6. 治久疽中朽骨　乌骨鸡胫骨,以信砒实之,盐泥固济,火煅通红,地上出火毒,用骨研细,饭丸如粟米大。以纸皮拈送入窍内,外以拔毒膏药封之(《医学正传》)。

第二节 海 参

一、生物学特性

海参,属棘皮动物门海参纲动物,是生活在海边至8 000米深的海洋软体动物,距今已有6亿多年的历史,以海底藻类和浮游生物为食。海参体呈圆筒状,全身长满肉刺,前端有口,后端有肛门,口周围有树枝状、盾状、羽状等性状的触手,数目8～30不等,触手的数目和性状是海参分类的重要依据。

海参分布广泛,全世界迄今发现并有记录的有1 000多种,主要在温带区与热带区,我国海域有140多种,可供食用的有20余种。在我国北方海域只有一种食用海参——刺参,而在南方海域,约有十几种食用海参。常见的食用海参有以下几种:仿刺参、花刺参、梅花参、黑乳参、糙海参、玉足海参、海地瓜等。

二、营养价值

现代科学研究证明,海参体内富含蛋白质,碳水化合物含量低,脂肪少(海参脂质成分以磷脂为主,约占总脂质含量的90％,胆固醇含量约1％),因此海参是一种低胆固醇动物性食品。除以上基本营养成分外,海参体内有海参多糖、海参皂苷、海参多肽、多种稀有微量元素等海参独有的活性成分,具有较高的食药价值,是名贵海洋滋补品。海参的主要食(药)用部位是体壁,由上皮组织和真皮结缔组织构成基本成分,其体壁内散布许多微细的钙质骨片。干海参体壁的有机成分中蛋白质(多肽)高达90％,脂质约占4％,多(寡)糖在6％左右,另含有少量核酸,无机成分中包括钠、钾、钙、镁盐与铁、磷、锰、锌、铜、硒等微量元素,其余成分则为灰分。

现代医学研究证明,海参体内含有50多种对人体生理活动有益的营养功能成分,含有18种氨基酸、牛磺酸、硫酸软骨素、刺参黏多糖(SJAMP)等多种成分。在近30年来的海洋药物的开发过程中,国内外研究者对海参的生理与生化、生物活性物质分离、鉴定与药理学活性等研究的不断深入,现已发现海参体内含有许多具有重要生物学活性的物质,如海参多糖、海参皂苷、多肽、海参神经节苷脂等。

三、生理功能

海参成为养生食品源远流长。最早在明代出版的《食物本草》一书中就指出海参有主补元气、滋益五脏六腑和祛虚损的养生功能。清代《本草从新》《本草纲目拾遗》等中药典籍则将海参列为补益药物。海参性温昧甘戚，入心肾经，有生百脉血、补肾益精、壮阳疗痿、除劳祛症、滋阴利水、补正软坚和通肠润燥等多种功能。

在过去的 40 年中先后有中医写出以海参单用或组方治疗肿瘤、再生障碍性贫血和糖尿病取得良好效果的报告，而在辅佐诸如癫痫、胃及十二指肠溃疡、慢性乙型肝炎、慢性肾炎、高血压、肺结核、神经衰弱、静脉血栓、痔疮、脱肛和便秘等常见病治疗时和为一般病后或产后康复过程中所拟订的各种药膳或食疗组方中，海参得到了广泛的认同和应用。

海参含有许多活性物质，如皂苷、多糖、胶原蛋白、海参神经节苷脂、脂肪酸等，具有抗肿瘤、抗凝、提高免疫力、抗氧化和降血脂等作用。

（一）海参皂苷

皂苷（saponjns）是固醇类或三萜类化合物低聚配糖体的总称，广泛存在于自然界中，是一类重要的天然化合物，由皂苷元和糖、糖醛酸或其他有机酸组成。海参皂苷是海参的主要次级代谢产物，是海参体内所特有的一类三萜皂苷，海参的体壁、内脏和腺体等组织中均有分布，其结构与植物皂苷的结构相类似。已发现的海参皂苷大多属于羊毛甾烷型三萜皂苷，主要由苷元和寡糖链两部分组成，寡糖链通过 β-O-糖苷键和苷元 C-3 相连，其苷元均为羊毛甾烷的衍生物，大部分都属海参烷型，即为 18(20) 内酯环结构。

研究发现，瓜参苷对各种革兰阴性菌具有显著的抑制作用，通过腹腔注射给药，被感染小鼠治愈率达到 90%；近年来发现的海参皂苷，对白色念珠菌、沙门氏菌、酵母菌等都有很强的抗真菌作用，同时对黄瓜枯草病原菌、黑曲霉菌与葡萄炭疽病菌也具有明显的抑制作用。20 世纪末，两个三萜皂苷 holothurin A 和 B 从两种属的海参叶中被发现，现在已经用于治疗脚气和白癣苗感染。

海参皂苷与其他的皂苷，能在体内或体外使红细胞发生溶血，使其有了较强的毒鱼活性，从而避免鱼类的捕食。海参皂苷对动物和植物细胞具有广泛的毒性，其机制可能是海参皂苷可以抑制 DNA 和 RNA 的合成，导致细胞有丝分裂过程异常和蛋白质合成障碍，从而抑制细胞增殖。

研究人员还发现，革皮氏海参皂苷可以增强正常和免疫机能低下小鼠的特异性以及非特异性免疫功能。另外，瓜参苷可以显著提高小鼠抗体细胞生成数，促进巨噬细胞吞噬作用以及 TNF-α 和 IL-6 的释放，但对于 Thl 的细胞因子 IL-12 和 γ 干扰素的释放无显著影响，能提高小鼠机体的体液免疫和非特异性免疫。

海参皂苷在抗肿瘤方面也具有重要作用。Popov 等证实了由刺参中得到的几个三萜类皂苷不仅具有溶血活性,可以改变质膜渗透性,且对肿瘤细胞具有较强的细胞毒性;其他研究也发现,不同的海参皂苷分别具有抑制肿瘤细胞的侵袭、转移和血管新生、Lewis肺癌以及S180肉瘤等作用。

另外,研究表明,海参皂苷能显著降低大鼠肝脏中TC、TG的含量,可以有效地抑制脂肪的合成,具有较好的减肥作用,对改善非酒精性脂肪肝,高脂血症和动脉粥样硬化的发生也有一定的抑制作用。

(二)海参多糖

海参多糖是海参体壁的重要组成成分,其含量占干海参总有机物的6%以上,主要分为两类:一类是糖胺聚糖,是由氨基半乳糖、葡萄糖醛酸、岩藻糖组成的分支杂多糖;另一类是岩藻多糖,是由L-岩藻糖构成的直链多糖;虽然组成两者的糖基不同,但是糖链上都有部分羟基发生了硫酸酯化,而且硫酸酯基约占多糖含量30%左右,这是海参所特有的,近年来国内外的研究证明海参多糖具有抗肿瘤、提高机体免疫力、抗血栓、抗凝血、降低血黏度、保护神经组织与抑菌等多种生理活性。

研究表明,海参多糖具有与肝素相似的抗凝血作用,在体外可以明显地抑制血小板解聚,可以延长部分凝血活酶时间,具有显著的抗凝血活性,并且在一定剂量下抗凝效果要高于肝素。

另外,海参多糖可以明显地增加小鼠免疫器官的重量以及体内单核巨噬细胞系统的吞噬能力。同时,海参黏多糖还可以抑制多种实验动物肿瘤的生长,且抑制率较高,还可抑制小鼠S180肉瘤和乳腺癌细胞的DNA合成,但是能促进正常肝细胞的DNA合成。

另外,海参多糖还具有显著的降血糖作用,其作用机制与海参多糖能够增强胰岛β细胞的功能,促进胰岛素分泌有关。

四、加工与应用

(一)食 疗

1. 海参瘦肉白果粥

(1)原料 大米1杯,水9杯,骨头汤1杯,白果10个,海参两只,肉适量。

(2)做 法

①水和汤烧沸后,倒入大米,大火烧沸,转小火煮15分钟,加入白果和海参、后腿骨肉,中火煮15分钟,中间不断搅拌。

②调入盐、胡椒粉、香油，出锅。

2. 海参鸽蛋汤　对男性精血亏损、虚劳、阳痿、遗精等具有明显疗效。做法：

①将海参预先用水发透，去内脏、内壁膜，用水洗干净备用；

②先将鸽蛋放入清水锅中，煮熟，捞出，放入冷水内浸一下，剥去壳，备用；

③将肉苁蓉用清水洗干净，切片备用；

④取红枣 4 枚，用清水洗干净，备用；

⑤将以上所有材料一起放入瓦煲中，加入适量清水，中火煲 3 小时，加入盐少许调味。

3. 归地海参汤　对女人有补血益精、益阴补肾的作用。做法：

①将海参剖洗干净，切段，入沸水中氽一下，捞出沥水；鱿鱼洗净切花刀；鸡脯肉洗净切成薄片；玉兰片切成小片；胡萝卜切小条。以上原料分放盘中。

②将当归、熟地黄放入瓦锅内，注入 6 碗水，小火煎约 1 小时半，捞去药渣，以药汁作为汤底。

③煎锅上火烧热油，下葱丝爆香，加入鸡肉片煎熟后，放入海参、鱿鱼、玉兰片、胡萝卜条、料酒、青蒜段炒熟，加入汤底略煮，撒入适量盐调味即可。

（二）药食同源，食疗兼用

1. 再生障碍性贫血　鲜海参煮食，每日服 1 个。另有以海参为主治疗久治不愈的 10 例再生障碍性贫血患者，用海参干品 50 克，红枣 10 个，猪骨 200 克，加水炖服，每天 1 剂，10 天 1 个疗程，每个疗程间隔 2 天，结果显示：缓解 6 例，明显进步 2 例，进步 2 例，一般用药 1 个疗程后血红蛋白上升，2 个疗程红、白细胞数逐渐上升，3 个疗程后，血小板也有一定程度的提高。

2. 癫痫　海参内脏焙干研末，每日 12 克，用黄酒冲服。

3. 梦遗、泄精、腰痛　以海参丸治疗，配方为海参、全当归、巴戟肉、牛膝、羊肾、杜仲、菟丝子、核桃肉、猪脊髓等共研细末，鹿角和丸，每服 20 克，温酒送下。

4. 血栓性疾病　静脉血栓栓塞性疾病、弥散性血管内凝血即 DIC，用 SJAMP 治疗高凝性疾患及 DIC 23 例，结果显示：血栓形成组有效率为 82.6%，DIC 组有效率为 66.7%～72.7%，一般用量为每次肌内注射 40 毫克，每 6 小时 1 次，连续用 2～10 天，总剂量达 120～1 600 毫克，少数病人达 2 000 毫克以上。

5. 糖尿病　海参为主治疗糖尿病 2 例，均为非胰岛素依赖型糖尿病，口服中西降糖药物，症状不减，空腹血糖 9.99～160 克/升，尿糖者，采用刺参 10～15 克、茶叶 4 克、天花粉 12 克、黄芪 12 克煎服，早晨空腹一次性服完，每日 1 剂，一般治疗 1～2 个月，服海参 1 000 克左右即可明显降低血糖至 100 毫克左右，尿糖阴性。

6. 真菌病　临床试用海参素治疗真菌病 87 例，77 例症状有所改善，有效率达到 88.5％，日本北川氏从刺参中分离得到的 holotoxinA. B 亦用于治疗脚气核白癣菌感染。

7. 肺结核咯血　海参 500 克、白及 250 克、龟板 124 克（炙酥）共研末，每次 15 克，每日 3 次。

（三）海参加工方法

1. 活 海 参

（1）凉拌　将活海参清洗去内脏，用沸水烫一下后切片或丁或块，与白菜心等一起加调料拌即可吃。优点是简单、吃到海参原口味；缺点是海参不易消化吸收，人体吸收利用率不足 18％，加工不好发硬，似吃胶皮。

（2）炖汤　将活海参清洗去内脏，长时间小火炖（大部分用高压锅），将海参炖软。优点是口感较好，长时间地炖可将海参复杂组织破坏而发软，还将海参多糖部分释放出来进入汤里，人体能吸收利用，所以对海参的消化吸收利用率达到 30％～50％。缺点是只能是部分利用海参，而海参的海参素等生物活性经过高温被破坏，海参的滋补效果降低。

2. 盐渍海参

（1）加工工艺　将鲜活海参去内脏洗净后在锅内煮 10 分钟左右，放入容器内加入盐水，放在冷藏柜内长期保存，无任何防腐剂，可充分保留鲜参的味道。有的人为了增重海参，就反复煮和浸盐水，让盐水充分进入海参体内达到增重多卖钱的目的。

（2）食用方法　食用前将海参扩肚去嘴，洗净后放入纯净水中浸泡至去掉咸味为止，一般为 12～36 小时。再将泡好的海参放入高压锅内，倒入清水，根据海参的大小选择蒸煮时间（大海参 15 分钟，中等海参 10 分钟，小个海参 6 分钟），关火后，待 5 分钟把海参倒出放入纯净水中泡发 1～2 天，放入冷藏柜随时食用。

3. 盐干海参　这是最传统的海参加工方式，已有上千年历史。

（1）加工工艺

①煮参　将活海参去内脏洗净，放入沸水锅内煮 30 分钟左右，待参皮皮紧、刺硬时捞出。煮时要勤翻动和去掉浮沫，防止海参贴在锅底化皮。

②腌渍　将煮过的海参凉透后，加盐拌匀盛入大瓷缸，缸口用 1 层厚盐封严，腌渍 15 天以后出缸。腌渍过程要隔几天检查 1 次，如发现海参发热，汤色变红，应立即加盐或回锅煮，如正常，检查完后仍加盐封顶。

③烤参　将腌渍参的原汤加入 15％的盐放入锅中烧沸，再将参下锅煮 30～50

分钟并随时翻动,参捞出时表面立即显干,并有盐粒结晶,即可出锅,发现参体有水泡应立即刺破。

④拌灰　将烤好的参趁热加灰,为使海参着色黑且干得快,最好用柞木炭和松木炭碾成的灰。用草木灰亦可,但拌出的参体色较浅且干得较慢。

⑤晒干　将拌匀灰的参晾晒,每2～3天收回库中回潮,反复进行3～4次,直至充分干燥,即为成品。加工出成率,每100千克鲜参加工干参6千克左右。

(2)盐干参的食用方法　主要是将盐干参泡发后,炒、炖、拌都可。最麻烦的是泡发,直接影响口感。

干海参的涨发方法主要有3种:①半油发;②纯水发;③蒸发。无论哪一种方法在涨发过程中所用的容器和水都不能沾上油和盐。油可使海参溶化,盐使海参不易发透。

半油发:先用水将海参洗净外皮,晾干,入炼好后的凉油锅内用慢火加热,待油温升高听到啪啪响时,一面用手勺翻动原料一面将勺拖离火眼,待海参回软后,捞出控净油,用碱水洗去油腻,最后用沸水煮焖涨大,摘去沙肠即成。一般500克干货发2～2.5千克水货,这种发法现已很少用。因为:①出料小;②在涨发中很难掌握海参余油的程度;③即使掌握了余油的关键,在洗涤时也很难洗净海参外表的油,往往造成海参边发边化的现象。

纯水发:先用清水将海参洗净,再用清水浸泡8小时至海参回软时,换上清水在火上慢火煮沸5分钟,然后离火焖泡8小时,接着用剪刀剖开腹部,取出腹腔内的韧带,洗净,根据烹调的需要改刀处理。或剖为二片;或改成段;或将体大的海参改成长方形块或条形块。换上清水上火慢火煮沸5分钟,再离火泡焖8小时,这样反复3～4次,使海参的涩味及其他不良气味彻底去尽,并使海参得到充分的涨发。一般500克干货可发2.5～3千克水货。这种方法涨发的海参,弹性高,韧性大,口感软糯,营养价值最高。

4. 淡干海参　最近兴起的一种新工艺。

(1)加工工艺

①原料处理　将新鲜原料放在海水或稀薄的淡盐水中,洗净表面附着的黏液。然后用金属脱肠器(中空的细管)由肛门伸入,贯穿头部后拉出内脏。再用毛刷通入腹腔,洗去残留内脏和泥沙,或用长形小刀在背面尾部切开3厘米,挖去内脏,用稀盐水洗净。

②水煮　锅中注入淡盐水,加热煮沸后加少许冷水,使温度降至85℃左右。将洗净的原料按大小分批放入锅中煮1～2小时,煮至用竹筷很容易插入肉内部为适度。在煮熟过程中,如发现腹部胀大的原料,用针刺入腹腔,排出水分后继续加

热。有泡沫浮出,随时除去。

③烘焙和日晒　海参取出冷却后,置炭炉上以 20℃～25℃烘焙 2 小时,待表面水分蒸发后再行日晒。以烘干与晒干交替继续干燥 3～4 日,达五成干以上。

④罨蒸干燥　将已半干的海参收藏在木箱中,四周以洁净稻草或麻包,加盖密封。罨蒸 3～4 日,再行晒至全干。

(2)食用方法　将干海参洗净浸泡 24 小时左右,待海参泡软从开口处割开洗净去掉牙,上锅煮 30 分钟左右,出锅待水凉后换凉水浸泡 24 小时,注意:泡发时不要见油、盐和碱,夏天温度过高浸泡时间不要过长或需放冰箱内浸泡。

经发制后宜作多种烹调方法,最宜烧、扒、烩、熘,也可汆汤、做馅。肉质软滑柔嫩,口感爽脆腴美。由于海参本身并没有明显滋味,制作时,必须辅助以高汤来增进滋味。

5. 冻干海参

(1)加工工艺　以鲜活刺海参为原料,经精心清洗后,将新鲜刺海参在冻干仓内迅速冷冻到－45℃～－35℃,使海参中的水分结冰,再在真空状态下将冰直接升华为水蒸气,从而达到将海参中的水分脱干的目的。这样就能最大限度地保持了鲜海参原料的色、味、状态与营养成分活性。

冻干即食刺海参食用方法:

打开封装,将瓶中注满 50℃～60℃的清水,建议浸泡 12 小时左右立即食用,口感最佳,也可凉拌或按传统烹饪方式做成各种菜肴。

冻干活性刺海参食用方法:

①早晨到单位后或出差、在家中,将海参放入杯中,并加满常温水;

②至少 4 小时后,将杯中的常温水倒掉;

③在杯中放入 100℃的沸水;

④第二天早晨,即可食用美味可口的鲜海参了。

6. 即食高压海参　这是最近广为流行的一种海参加工方式。

加工工艺:

①用鲜活刺海参为原料,先将鲜活刺海参去内脏清洗后,漂烫定型;

②对漂烫定型后的刺海参进行 10～20 分钟高压处理;

③将高压处理好的海参直接入冰柜速冻,用真空或充氮包装或将高压好的刺海参及汤汁入瓶,再经高压灭菌,包装。

产品有单冻或带汁装,带汁的食用方法更简单,口味挺好,但汤汁装容易造成海参体壁逐渐破碎,出现浑浊情况,保质期较短。

最近出现一种凝胶状的海参罐头解决了上述问题。用海藻制成果冻将海参凝固住即可,而海藻果冻本身就是一种美味品,加热后和里面海参就是一碗真材实料的海参煲。

7. 即食鲜海参　这是目前在固态有形海参中技术最高和优势最明显的产品,不仅保留了海参的完美形态、而且通过改变海参内部组织将海参多糖游离出来,不须发泡,直接食用,海参活性成分没被破坏。已被发明企业申请国家专利。口感较好,特别适合切片生吃或冲汤。

加工工艺:

①采用鲜活刺海参做原料,经清洗、剖腹去内脏、整理清洗后进行漂烫定型处理;

②进行控制海参自溶,释放有效生物活性物质的活性处理;

③速冻,充氮包装密封,冷藏保存。

8. 海参口服液　也有叫液体海参,分浓缩型、精华型、高活性、活性等,实质都是一样,即海参口服液。如果技术到位,货真价实,这是解决吃海参最根本之道,真正方便、科学、有效,近乎完美地保留了海参活性成分,并将海参多糖彻底分离而被人体吸收,将海参利用率从活海参的不足 18％、干海参的不足 5％提高到 98％以上。1 支海参口服液的效果相当于几个干海参。无须消化,不论什么人都可服用吸收,特别适合重病人、手术后病人、消化功能差的病人。

加工工艺:

①以鲜海参为原料,将鲜活海参去内脏洗净;

②将海参磨碎打浆,加入促进海参体内生物活性物质和营养物质有效释放的生物酶,并控制好恰当的温度和酸碱度,以加速海参的分解。模仿人体消化食物的方式,将海参复杂的大分子链变成人体直接能吸收的小分子肽,并将缠绕在蛋白质分子链上的海参多糖完全分离出来。

③将分解完的海参浆进行分离过滤,通过科学的添加罗汉果、山楂、枸杞子等生物原液调试口味,使海参腥味更轻,同时加强海参的滋补效果。

④将调配好的海参口服液装瓶,灭菌,包装。

9. 海参胶囊　通过工艺将海参变成粉末后装成胶囊即得。有用干海参为原料的,有用活海参为原料的。有冻干技术的、有烘干技术的,也有气流粉碎的和超微粉碎的。总之,市面上海参类胶囊产品很多,但本质差异很大。只有将活海参低温冻干去水,超微粉碎成粉,不添加其他药物者质量较好,海参成分保留较高,效果较明显。

也有将海参进行深度提取,将海参多糖分离出来做成海参多糖胶囊的,也有将海参冻干成粉做成的海参 G 蛋白胶囊的,也有海参最难收集最为名贵的海参卵冻干成粉做成海参皇胶囊的。这些胶囊原材料成本极高且不易收集,而且只有极个别公司掌握此项技术。这几种胶囊产量有限,滋补效果极其明显。

加工工艺:

(1)干海参加工　将干海参或水发海参经烘干后再进行粉碎,把粉碎的海参粉装入胶囊中,包装成盒。

(2)鲜活刺参加工　将鲜活刺海参,去内脏清洗后,进行漂烫定型处理,将处理好的海参进行真空冻干处理(也有直接烘干处理,成本低,但高温破坏活性物质服用效果差),将冻干海参进行超微粉碎处理,将海参粉装胶囊,包装成盒。

第三节　牡　蛎

牡蛎又名生蚝。属牡蛎科(Ostreidae 真牡蛎)或燕蛤科(Aviculidae 珍珠牡蛎),双壳类软体动物,分布于温带和热带各大洋沿岸水域。

一、生物学特性

牡蛎是一种软体动物,身体呈卵圆形,有两面壳,生活在浅海泥沙,肉味鲜美,红烧清蒸都可,壳烧成灰可入药,也叫"蚝"。

牡蛎为牡蛎科动物近江牡蛎、长牡蛎、大连湾牡蛎与密鳞牡蛎等的贝壳。近江牡蛎、长牡蛎在中国沿海均有分布,大连湾牡蛎分布于中国北方沿海。在每年的5～6月份,当牡蛎生殖腺高度发达而又未进行繁殖,软体部最肥时,进行采集。采收时将牡蛎捞起,开壳去肉,取壳洗净,晒干。其味咸,性微寒,归肝、肾经,有平肝潜阳,重镇安神,软坚散结,收敛固涩等功能。用于眩晕耳鸣、惊悸失眠、瘰疬瘿瘤、症瘕痞块、自汗盗汗、遗精、崩漏、带下等症。

二、营养价值

贝壳含大量碳酸钙,其中近江牡蛎、长牡蛎和大连湾牡蛎贝壳含90%以上,密鳞牡蛎和褶牡蛎贝壳含80%～95%,并含磷酸钙、硫酸钙、硅酸盐与氯化物。含少量氧化铁与镁、钠、锶、铁、铝、硅、钛、锰、钡、铜、锌、钾、磷、铬、镍等多种元素,还含有蛋白质,水解液含天冬氨酸、甘氨酸、谷氨酸、半光氨酸、丝氨酸、丙氨酸等17种氨基酸。

三、生理功能

(一)对神经系统的影响

牡蛎具有镇静作用,小鼠灌服牡蛎悬浊液 0.5 克/千克,可延长环己巴比妥睡眠时间。4%牡蛎提取物对离体青蛙坐骨神经具有明显的局部麻醉作用。

(二)抗溃疡

生牡蛎、煅牡蛎 1 号(900℃,1 小时)、煅牡蛎 2 号(350℃,8 小时)煎液 1～5 克/只灌胃,对 0.6 摩尔/升盐酸、无水乙醇或幽门结扎所致大鼠胃溃疡模型具有预防作用,牡蛎经 1 号工艺煅制后明显提高抗实验性胃溃疡活性。

(三)保　肝

1%金牡蛎及其提取物 1%牛磺酸水溶液口服可有效防治大鼠乙醇性脂肪肝,显著改善其肝病理学变化,肝组织脂肪含量和血清转氨酶水平均较模型组显著下降,但肝组织胶原蛋白含量与肝纤维化程度无明显改善。

(四)增强免疫

江苏兴化古物牡蛎和新鲜牡蛎贝壳有增强小鼠细胞免疫功能的作用,水煎液 100 克/千克、200 克/千克小鼠灌胃给药 7 天,可增加小鼠免疫器官重量,使 B 淋巴细胞产生抗羊红细胞(SRBC)抗体(溶血素)水平增加和溶血空斑形成细胞数目增多,对由绵羊红细胞诱发的小鼠足垫迟发型变态反应明显增强,对植物血凝素诱导的体内淋巴细胞转化有增强作用。

(五)抗疲劳

牡蛎混悬液 5 克/千克灌胃 4 天,能延长小鼠负重游泳时间,有效降低游泳后血乳酸含量($p < 0.05$ 或 $p < 0.01$),有推迟运动性疲劳出现和促进疲劳恢复的作用。

(六)放射增敏作用

牡蛎肉提取物和牡蛎肉干粉水溶液 1：400～1：800 对人鼻咽癌细胞株培养液内,有明显的强化射线杀灭癌细胞的效应,放射增敏率 34.5%～52.6%。

（七）对骨骼的影响

牡蛎壳珍珠层的水溶性物质在体外对 MRC-5 纤维母细胞和骨髓细胞的碱性磷酶的活性以及细胞增殖具有促进作用。在体外对人成骨细胞具有促进成骨作用。牡蛎珠层粉用于人上颌骨缺陷重造术,组织学检查表明其具有骨重建的作用。

（八）其　他

牡蛎壳中的钙盐可降低毛细血管的通透性,在胃中与胃酸作用形成可溶性钙盐,吸收后可调节水电解质平衡,抑制神经肌肉的兴奋性。

四、加工与应用

（一）食　疗

1. 牡蛎肉炖豆腐白菜　清热散血,滋阴养血,美颜,降脂瘦身。做法:

①将牡蛎肉洗净,放盘。

②将豆腐洗净,切块。

③将白菜切成片,葱、姜切丝。

④将植物油放锅内烧热,放葱、姜煸炒片刻,放豆腐稍煎,加水 800 毫升,投入白菜、牡蛎炖至白菜熟烂,加胡椒面、味精、精盐调匀即可食用。

2. 牡蛎粥　有助于减轻牙痛,最大的效用是美容。做法:

①将香米淘洗干净,五花肉切成小片,鲜牡蛎肉清洗干净并在放了少许醋的水中浸泡 20 分钟。

②大火烧沸煮锅中的水,倒入香米,改中火。

③待米煮至开花时,加入五花肉片、牡蛎肉、盐,改大火一同煮成咸粥。

④调入蒜茸、香葱末、白胡椒粉和香油即可。若喜欢清淡的口味,可以不放麻油。

（二）药食同源,食疗兼用

1. 神经系统疾病　桂枝加龙骨牡蛎汤(桂枝、甘草、生姜、白芍、红枣、生龙骨、生牡蛎)治疗失眠 56 例,治愈 34％,好转 55％,总有效率 90％。

2. 心血管疾病　牡蛎制剂金黄色牡蛎胶囊治疗 20 例高血脂病人,用药 40 天后,血总胆固醇和三酰甘油降低,有明显的降血脂作用。软坚清脉方(海藻、豨莶草、蒲黄、牡蛎等)治疗肢体动脉粥样硬化闭塞症(ASO)50 例,改善 ASO 缺血症状,明显降低患者胆固醇(TC),TC/HDL-C 比值明显下降;能升高患者血清超氧化物歧化酶（SOD），抑制血小板聚集作用。桂枝甘草龙骨牡蛎加味治疗冠心病心律失常30例，19例缓慢性心律失常恢复正常17例，11例快速性心律失常恢复正常7例，症状改善率93.3%，心肌缺血改善率42.3%；治疗心脏早搏30例，其中24例都有不同程度的好转。

3. 消化系统疾病　止泻饮（煅牡蛎、赤石脂、焦山楂、车前子加减）治婴幼儿泄泻480例，治愈392例（81.67%）金牡利胆片（金钱草、牡蛎、柴胡、枳实、半夏、白芍、姜黄、猪胆汁）治疗对急慢性胆囊炎236例，显效156例，有效61例，总有效率91.9%。

4. 呼吸系统疾病　桂龙咳喘宁（桂枝、龙骨、半夏、黄连、甘草、川贝母、冬虫夏草、蛤蚧）治疗小儿支气管炎38例，痊愈81.6%，有效率10.5%，总有效率92.1%。

5. 泌尿系统疾病　31例慢性肾衰患者服用龙牡壮骨冲剂1月，血钙升高、血磷下降，腓肠痉挛和手足抽搐症状消失。58例尿毒症患者服用龙牡壮冲剂血钙水平升高。肾衰口服液（黄芪、冬虫夏草、大黄、丹参、附子、牡蛎）治疗慢性肾衰竭63例，显效49.2%，有效36.5%。慢性肾衰20例采用大黄附子龙骨牡蛎汤（大黄、附子、龙骨、牡蛎、茯苓）灌肠，明显降低尿毒氮。

6. 骨骼系统疾病　骨松Ⅱ号（淫羊藿、黄精、牡蛎、延胡索等）具有提高绝经后妇女血雌激素（E_2）水平、降低尿钙/肌肝（Ca/Cr）与24小时尿羟脯氨酸（HDP）、抑制骨吸收的作用。补肾的方剂（淫羊藿、肉苁蓉、何首乌、煅牡蛎、当归、桃仁、红花、木香）可治疗绝经后骨质疏松症，用药6个月症状明显改善。珍珠壮骨冲剂（珍珠层粉、牡蛎、黄芪、党参等）可治疗小儿五迟症、小儿厌食症。在随机双盲试验中，牡蛎壳加海藻成分，且同时服用钙剂，可使妇女桡骨小梁骨密度比对照组增加。

7. 生殖系统疾病　柴牡汤（柴胡、青皮、陈皮、夏枯草、白芥子、浙贝母、牡蛎、黄药子、山慈菇、丝瓜络）治男性乳房发育症74例，痊愈77%，显效23%。固肾安胎方（续断、桑寄生、生龙骨、生牡蛎、白芍、甘草）加味治疗先兆性流产60例，痊愈90%。桂枝龙骨牡蛎汤（桂枝、生白芍、生龙骨、生牡蛎、红枣）治疗早泄46例，总有效率89.1%。

8. 甲状腺疾病　桂枝甘草龙骨牡蛎汤治疗甲状腺功能亢进症38例，治愈19例，好转16例，总有效率为92.1%。

9. 代谢性疾病　70例非胰岛素依赖糖尿病人在饮食疗法的基础上食用金牡蛎胶囊，有效率82.9%

10. 咽喉疾病　利咽散结汤（方由浙贝母、麦冬、赤芍、当归、川贝母、牡蛎、海藻、昆布）治疗干咳50例，结果痊愈70%，显效26%，总有效率98%。加味牡蛎泽泻汤（牡蛎、泽泻、海藻、青果、玄参、桔梗、天花粉、甘草）治疗外感后失音45例，治愈 53.2％,好转 35.6％,总有效率 88.9％。

(三)牡蛎肉加工方法

我国南方一般将牡蛎肉加工成生干品(蚝豉),其加工方法也比较简单:将采捕的牡蛎洗刷干净后,用特制的小铲刀开壳取肉,用小竹棍把蛎肉逐个地穿成串,再进行日晒干或人工烘干,人工烘干的温度一般控制在 80℃～85℃。

1. 干牡蛎肉(蚝豉)

(1)洗刷　牡蛎的外壳附有 1 层细泥,要用海水冲刷干净,有些难洗的,要逐个用刷子刷洗干净。

(2)蒸煮　洗刷干净的牡蛎放在锅中(不加水),盖上锅盖,猛火蒸煮(也称干蒸),待锅边冒气时,即可停火,此时的牡蛎壳多数已张开,马上出锅。

(3)取肉　用特制的小铲刀将固着在一面壳上的蛎肉取下,尽量使蛎肉保持完整。个别壳未开的,先用小铲刀插入两壳之间撬开后,再行取肉。

(4)洗涤　将蛎肉盛入圆形塑料筐中,在宽敞的清水内旋转洗涤,将附着在肉上的碎壳、泥沙等杂质洗净,每次洗涤的蛎肉的数量要少,以免洗不净和造成破碎。

(5)出晒　把蛎肉洗净后沥干水分,在席子上摊晒,适时翻转,一般 2 天即可晒干。

(6)包装　按蛎肉的规格大小分级包装,用小塑料袋以 250 克或 500 克定量包装,最后装大纸箱。

2. 冷冻牡蛎肉　冷冻牡蛎肉分为生、熟两种。冻生蛎肉比较简单,将鲜活牡蛎洗刷干净后,用小铲刀开壳取肉,用清水将肉轻轻洗净,去掉碎壳和泥沙等杂质,沥水后过秤,用小盘冷冻,每盘 1～2 千克,速冻时加水制作冰被,冻结后挂冰衣再进行包装。冻熟蛎肉一般采用单冻法,其具体操作步骤如下:

(1)洗刷、蒸煮与加工海蛎干相同

(2)取肉分级　用小铲刀把蛎肉逐个取下,操作要仔细,不要把肉柱铲碎,取下的蛎肉按大、中、小分级存放。

(3)洗涤　将不同规格的蛎肉分别洗刷干净,洗时把蛎肉盛入塑料筐内,在清水中轻轻地旋转把碎壳和泥沙等杂质去掉,然后沥水。

(4)称重　对洗涤沥水后的蛎肉进行称重,每份净重 2 千克。

(5)摆盘　在冻鱼用的大铁盘内铺上 1 张塑料纸,逐个把蛎肉摆上,排列尽量要密,但不能贴靠一起,摆满后再铺上 1 张塑料纸,再摆,直到把 2 千克摆完为止。

(6)速冻　摆好盘的蛎肉要及时速冻,速冻时间在 12 小时以内,当冻品的中心温度达到－15℃即可出速冻间脱盘。

（7）脱盘　已冻好的蛎肉要用刀将塑料纸上的蛎肉逐张地刮下来。

（8）挂冰衣　把蛎肉装在小塑料筐内，放进 0℃～4℃ 的冷水中一旋转立即提出，倒在案台上摊开，防止粘连在一起。

（9）包装　将挂好冰衣呈松散的个体状态的蛎肉装进塑料袋内密封，再装大纸箱，每箱 6 袋，不同规格的不能混装，箱上要注明名称、等级、重量、厂代号与生产日期等。

（10）冷藏　包装好的成品要及时入冷藏库，库温要求稳定在 −18℃ 左右，有效贮藏期 4 个月。

3. 清蒸牡蛎罐头

（1）洗刷、蒸煮　与加工海蛎干相同。

（2）取肉、洗涤　与冷冻蛎肉相同。

（3）配制料液　用洁净的清水加 3% 的精盐，0.5% 的味精，溶解沉淀后，除去沉淀物备用。

（4）称重装罐　根据罐的大小和要求，将蛎肉定量称重装罐，加入适量的注液，一般以浸过蛎肉为宜。

（5）排气密封　在 100℃ 的温度下排气 15 分钟，然后密封。

（6）杀菌　杀菌温度 100℃，升温 15 分钟，杀菌 40 分钟，降温 15 分钟（15′-40′-15′/100℃）杀菌后用冷水降温，在水源不足的情况下，也可用压缩空气降温。

（7）检验、包装　同其他罐头一样。

4. 蚝油　蚝油，即海蛎油，是利用蒸煮牡蛎后的汤汁经过加工而成的。

（1）澄清　将蛎汤置于桶中，使其沉淀，除去沉淀物，再用筛网过滤，即可进行浓缩。

（2）浓缩　将洗净的铁锅抹上一层花生油，倒入过滤后的蛎汤，使其蒸发水分，边蒸发边加蛎汤，浓度加大后火力要适当降低，经 8 小时左右，看其蚝油表面上有皱纹出现，即成为营养丰富、味道鲜美的蚝油，待冷却后用玻璃瓶或塑料瓶包装。

第四节　海　马

海马，鱼纲，海龙目，海马属动物的总称，属于硬骨鱼。头部像马，尾巴像猴，眼睛像变色龙，还有 1 条鼻子，身体像有棱有角的木雕，这就是海马的外形。

一、生物学特性

本品为海龙科动物线纹海马、刺海马、大海马、三斑海马或小海马（海咀）的全体。全年均可捕获，但以 8～9 月份产量最大。捕获得后，将内脏除去，晒干；或除去外部灰、黑色皮膜和内脏后，将尾盘卷，晒干，选择大小相似者，用红线缠扎成对。商品分为海马、刺海马两类。有温肾壮阳，散结消肿功能。患有虚喘哮喘、肾阳不足、虚弱、久喘不止、男子阳痿不育、孕妇难产（产妇子宫阵缩无力而难产之时）以及跌打损伤后内伤疼痛等病症者适宜食用。

二、营养价值

大海马和小海马两者均含有钠、钾、镁、钙、铁、锰等元素，总含量分别为 84 873 微克/克和 81 955 微克/克；此外含有谷氨酸、甘氨酸、精氨酸等 22 种氨基酸，总含量分别为 522.77 微克/克和 531.02 微克/克。含有磷脂，其中主要有磷脂酰胆碱、溶血磷脂酰胆碱、神经鞘磷脂，总磷脂含量日本海马 7.82 毫克/克、三斑海马 6.16 毫克/克、刺海马 4.65 毫克/克、克氏海马 3.8 毫克/克、大海马 3.28 毫克/克；含有 14 种脂肪酸，主要含十六酸、9-十八碳烯酸、4,7,10,13,16,19-二十二碳六烯酸为主不饱和脂肪酸占总脂肪酸比例的 65.18％～76.22％。从刺海马脂溶性组分中分离得到 2-羟基 4-甲氧基苯乙酮、胆甾-5-烯-3β,7a 二醇、胆甾醇硬脂酸酯。

三、生理功能

（一）性激素样作用

克氏海马的乙醇提取物可延长正常小鼠的动情期，对去势小鼠则可使其出现动情期，并使正常小鼠子宫与卵巢重量增加。给未成年小鼠灌胃日本海马生药粉 5 克/千克，连续 12 日，能明显延长阳虚（肌内注射氢化可的松 1 毫克/千克连续 9 日）小鼠血浆睾酮含量。

（二）抗疲老作用

给小鼠灌胃大海马粉 10 克/千克，每日 1 次，连续 7 日，可以延长小鼠在缺氧条件下存活时间；还可以降低小鼠血清单胺氧化酶-β 活性和过氧化脂质的含量。

（三）抗疲劳

三斑海马生药粉 5 克/千克灌胃，每日 1 次，连续 14 日，能显著延长负重小鼠游泳时间,减少游泳后 20 分钟和 50 分钟小鼠血乳酸含量,并显著提高血乳酸恢复速率,其作用与人参相当。日本海马生药粉 5 克/千克灌胃,连续 10 日,能明显延长肾阳虚(肌内注射氢化可的松 1 毫克/千克连续 8 日)小鼠游泳时间。

(四)增强免疫功能

日本海马生药粉 5 克/千克灌胃,连续 10 日,能显著增强正常小鼠单核细胞吞噬功能。日本海马生药 5 克/千克灌胃,连续 8 日,能显著增强免疫功能低下(皮下注射环磷酰胺 0.2 毫克/只)小鼠血清溶血素含量。

(五)抗血栓作用

斑海马甲醇提取物 50 毫克/千克、100 毫克/千克、200 毫克/千克皮下注射,能显著抑制大鼠体外旁路血栓形成,抑制率分别为 36.8%、41.7%、50.5%。斑海马甲醇提取物 50 毫克/千克、100 毫克/千克、200 毫克/千克皮下注射,能显著抑制由诱导剂 0.1 毫升/100 克(ADP1.25M/L):凝血酶 12.5 单位/100 克:肾上腺素 1 毫克/毫升为(100:200:5)诱导的大鼠脑血栓的形成,抑制率分别为 24.2%、40.5%、46.8%。其抗血栓的有效成分为 4 种长链不饱和脂肪酸。以 9,12-十八碳-二烯酸含量最高,为 18.5%,而 6-十六碳烯酸、9-十六碳烯酸与 12-十八碳烯酸含量分别为 3.9%、4.1%、1.1%。

(六)抗肿瘤作用

按 2 毫克/千克、4 毫克/千克、6 毫克/千克灌胃海马黄酒悬液,每日 1 次,连续 10 日,能够明显抑制 S180 小鼠肿瘤的形成,延长肿瘤的潜伏时间,提高肿瘤抑制率,增加荷瘤小鼠的胸腺和脾脏指数。

(七)其 他

5 种海马水和乙醇提取物不同浓度[10 毫克/千克、50 毫克/千克、100 毫克/千克、1 000 微升(0.5 克/毫升)]对 L-谷氨酸致大鼠神经元钙内流有明显的抑制作用,其中大海马的抑制作用最强,日本海马作用最弱,并随着药物浓度增大,抑制作用增强。海马 20 毫克/千克、40 毫克/千克灌胃,连续 30 日,能明显增加辐射后第三日和第七日辐射损伤小鼠白细胞数和血小板数,并能显著延长小鼠的生存率。

四、加工与应用

（一）食 疗

1. 海马苁蓉鸡 用于肾虚阳痿、精少，或肝肾虚亏，不孕。

取海马 1 对，肉苁蓉 30 克，菟丝子 15 克，仔公鸡 1 只。将仔鸡去肠杂，洗净，切块，加水与海马一同煨炖；肉苁蓉、菟丝子水煎取浓汁，待鸡烂熟时加入，用生姜、胡椒、盐等调味。

2. 木香汤 主治多年虚实积聚症块。

制法：用童尿浸软木香、大黄、白牵牛，用之包裹巴豆，再放入童尿内浸泡 7 日，取出用麸炒至黄色，去巴豆不用，取青皮共研成粉（海马亦捣粉）。每日水煎服 1 次，每次 6 克，睡前温服。

3. 海马童子鸡 补精益气，温中壮阳。适用于气虚，阳虚，体质虚弱，乏力怕冷，早泄等。

制法：将童子鸡去毛及内脏放入蒸钵内，海马、虾仁放在鸡周围，加葱姜、料酒、盐和味精等，上笼蒸熟。吃鸡肉、虾仁，饮汤。

4. 海马童子鸡盖浇饭 补肾壮阳，调气活血。适用于肾阳虚，阳痿，遗尿，虚喘等。

制法：将鸡肉洗净，切小块，放入炖盅内；海马、虾仁用温水浸泡 10 分钟，放于鸡肉上；放葱、姜、料酒和少量水，上笼蒸熟，取出；去葱、姜，加盐和味精，并用湿淀粉勾芡，然后"盖"在热粳米饭上。

（二）药食同源，食疗兼用

1. 脑功能和性功能减退 以人参、鹿茸和海马等配方组成。

2. 类风湿关节炎 以海马、威灵仙、茯苓皮、地骨皮、自然铜、炙蕲蛇为基本方。

3. 阳痿 用蛤蚧、海马、鹿茸、赤参、枸杞子、淫羊藿和五味子泡酒，浸泡 7 日后，每日睡前饮 35 毫升，2 个月后，效率达 83.2%。广东陆丰海马现代化养殖场生产的海马酒，食疗效果良好。

4. 人参海马粉 用于肾阳虚、元气不足，阳痿腰酸，少气乏力。人参、海马、小茴香各等分，共研细末，加盐少许。每次 1 克，温水送下，或用熟肉点食。

5. 海马酒 温肾壮阳，活血散寒。适用于肾阳虚亏所致的畏寒腰酸，神疲乏力，阳痿早泄，男子不育，尿急尿频与跌打损伤等。

制法：将海马研碎浸泡于酒中，10 日后饮用。每日 2 次，每次 10 毫升。

6. 海马散　主治阳痿、虚烦不眠、神经衰弱等。

海马 1 对（雌、雄各 1 只）。制法：将海马炙黄，研末，每日睡前服 1.5 克。

7. 海马平喘散　主治肾虚哮喘。

原料：海马 5 克，当归 10 克。制法：先将海马捣碎，加当归和水，共煎 2 次。每日分 2 次服。

8. 还童丹　主治阳痿、早泄、肾阳不固、气血不足、筋骨不壮、食少和早衰等症。

制法：将海马微炙炒；巴戟天酒浸去心，牛膝、葫芦巴、菟丝子、肉苁蓉和补骨脂分别酒浸；没药研末；龙骨煅灰；安息香研细。

9. 立嗣丹　主治阳痿。

制法：石燕炒 7 次，全蝎炒熟，蛤蚧用酒炙至黄色，大麻子去油，肉苁蓉用酒浸 1 夜，焙干。以上各品共研细末和匀，再用甘草熬膏制成丸，如梧桐子大，每日 1 次，每次 9 丸，用盐酒送服，睡前服。

10. 海马追风膏　主治风寒湿痹、肩背疼痛、腿疼腿软和筋骨疼痛等，但孕妇忌贴肚腹。

制法：先将乳香、没药、海马和血竭等分别捣碎研末，和匀入油（麻油）锅炸焦，去渣，加适量广丹熬至滴水成珠状，再加入已研碎之品，边熬边和匀，趁热排在红棉布上。每张膏 45～60 克，使用时先温热，使膏药变软，贴穴位患处，每周换药 1 次。

第五节　海　龙

海龙，也称杨枝鱼、管口鱼。它是一种硬骨鱼，动物学分类中归为一科——海龙科。海龙科约有 150 多种，亦有说 200 种。我国有 25 种海龙。海龙跟海马是近亲。

一、生物学特性

本品为海龙科动物刁海龙拟海龙或尖海龙的干燥体。味甘，性温。为常用中药，始载于"本草纲目拾遗"，列于介部。今市售品的原动物有刁海龙、拟海龙及尖海龙。

二、营养成分

含蛋白质、胆甾醇、肉豆蔻酸、棕榈酸、硬脂酸和钙、镁、钠、磷等 14 种元素。蛋白质和氨基酸的含量，尖海龙＞粗吻海龙＞拟海龙＞刁海龙。含有的磷脂，主要是磷脂酰胆减、溶血磷脂酰胆碱、神经鞘磷脂,其中拟海龙 5.88 毫克/克,粗吻海龙 3.54 毫克/克,刁海龙 2.56 毫克/克。含有的 14 种脂肪酸、长链不饱和脂肪酸,主要含十六碳烯酸、9-十八碳烯酸、4,7,10,13,16,19-二十碳六烯酸,不饱和脂肪酸占总脂肪酸比例的 65.18%~76.22%。从尖海龙分得 18 个化合物,16 个为首次从该动物中分离,其中 11 个为甾体化合物,胆甾 3,6 二酮、胆甾-4-烯-3β,6β-二醇系为首次分离得的天然产物,也为首次从动物药中分离得的天然产物。

三、生理功能

1. 抗乏氧 给小鼠灌胃尖海龙粉 10 克/千克每日 1 次,连续 10 日,可以延长小鼠缺氧存活时间。

2. 兴奋子宫 海龙对不同性周期的大、小鼠以及家兔离体子宫和家兔在位子宫均有兴奋作用,其作用较温和徐缓,持续时间较久,不易引起强直收缩。

3. 抗癌 不同剂量的拟海龙水提取物 1.25 微升/孔、5 微升/孔、10 微升/孔、20 微升/孔、40 微升/孔与几种人癌细胞株,共同孵育 24 小时,对上述癌均有不同程度的抑制作用。以 40 微升/孔的药量为例,它对 Hela 细胞株 3 天平均抑制率为 65%,对 ECA-109 为 45%,肺鳞癌为 32%,HCT-8 为 27%。

4. 抗疲劳 尖海龙生药粉 5 克/千克灌胃,每日 1 次,连续 14 日,能显著延长负重小鼠游泳时间,减少游泳后 20 和 50 分钟小鼠血乳酸含量,并显著提高血乳酸恢复速率,其作用与人参相当。

5. 对心肌细胞的作用 从尖海龙中提出的甾体化合物 S_Y1 和 S_Y2 最终浓度 0.1 毫克,能显著降低乳鼠心肌细胞的拍动数,而对心幅有加强作用;甾体化合物 S_Y3 和 S_Y4 对心率作用不明显,但对心幅也有加强作用。

6. 激素样作用 刁海龙、拟海龙、粗吻海龙、尖海龙乙醇提取物均按 3 克/千克灌胃,每日 1 次,连续 21 日,均能增加正常和给予环磷酰胺的雄性小鼠精子数和精子活率,但对正常小鼠性器官和性腺重量无明显影响。

四、加工与应用

1. 海龙瘦肉汤

(1)原料 巴戟天 60 克,海龙 15 克,杜仲 15 克,猪瘦肉 300 克。

(2)操作 将巴戟天、海龙、杜仲洗净;猪瘦肉洗净,切块。全部用料放入锅内,加清水适量,武火煮沸后,改用文火煲 2 小时,调味即可。饮汤吃肉。

(3)作用 补肾壮阳。用于肾虚阳衰,证见性欲减退、举而不坚、早泄遗精、腰滕酸软者。

2. 海龙海马鳕鱼肉汤

（1）原料　瘦肉 300 克，鳕鱼肉 80 克，川贝 30 克，大南杏北杏 40 克，干海底椰 30 克，无花果干 6 粒，海龙 30 克，海马 30 克，蜜枣 3 粒，姜片 2 片，果皮 1 块。

（2）制作

①将鳕鱼肉、海龙、海马、瘦肉用热水焯一下，其他各材料洗净待用。果皮浸软。

②用 3 大汤碗，放入果皮先煲沸。

③煲沸后，将各材料放入再煲沸，此时改用细火煲 2 个小时。

④最后放盐调味即可。

（3）作用　可化痰止咳，消积润燥，益气强肺，增强抵抗力。另加海龙、海马有散结消肿，补中益气等功效。

3. 海马海龙童子鸡

（1）原料　童子鸡 1 只，海马 20 克，海龙 10 克，姜、葱、盐、胡椒粉、料酒、白酒各适量。

（2）制作

①海马、海龙用白酒浸泡 2 小时，洗净泥沙，备用。

②将姜、葱洗干净，姜拍松，葱切段。

③鸡宰杀后洗净，剁成 6 厘米见方的大块，在沸水锅内汆去血水。

④将鸡、海马、海龙、姜、葱、料酒放入锅内，加入清水适量，旺火烧沸，再用小火煮熟，加入盐、胡椒粉即成。

（3）作用　具有温肾助阳、滋阴益气和健脾开胃的功效。

第六节　乌　贼

一、生物学特征

乌贼亦称墨鱼、墨斗鱼，乌贼目（Sepioidea）海产头足类软体动物，与章鱼和枪乌贼近缘。现代的乌贼出现于 2 100 万年前的中新世纪，祖先为箭石类。乌贼遇到强敌时会以"喷墨"作为逃生的方法，伺机离开，因而有"乌贼""墨鱼"等名称。

乌贼通常体呈椭圆形，中等大，头部短，眼在头的两侧，平时喜欢在清澈而温暖的海洋环境中生活，行动快捷，并善于追击鱼群。乌贼特征为有一厚的石灰质内壳（乌贼骨、墨鱼骨或海螵蛸，可入药）。其皮肤中有色素小囊，会随"情绪"的变化而改变颜色和大小。乌贼会跃出海面,具有惊人的空中飞行能力。乌贼在我国沿海均有分布,其中以东海出产最多,广东面临的南海亦有相当资源,各地市场均有出售。乌贼其名字虽不雅,但它却全身是宝,为上好的保健治疗佳品和海鲜美食。

二、营养成分

乌贼肉质白嫩,味道鲜美,营养丰富。据分析,每 100 克鲜肉含蛋白质 13 克,脂肪 0.7 克,碳水化合物 1.4 克,还含有灰分、钙、磷、铁、烟酸和维生素 A、B 族维生素等人体必需的营养物质;而乌贼干品(又称墨鱼干)每 100 克含铁 5.8 毫克,尚含丰富的碘质。所以,乌贼是人们日常食用的、营养丰富的滋补健康食品,无论高血压或肥胖症患者都可适当食用,并特别适合老年人与妇女食用。

三、生理功能

乌贼具有较好药用与食疗功效。历来医家认为,乌贼味甘,咸,性平,有滋肝肾,养血滋阴,益气强志之功效。特别值得一提的是,乌贼也是女性一种颇为理想的保健食疗佳品,女性不论经、孕、乳各个时期,食用乌贼皆为有益。据记载,妇女食用有养血、明目、通经、安胎、利产、止血、催乳等功效。中医古籍《随息居饮谱》说它"愈崩林,利胎产,调经,疗疝瘕,最益妇人。"另据记载,乌贼骨中医称为海螵蛸,是医家常用的一味良药,具有收敛、止血、制酸、止痛、固精止带等功能;而乌贼蛋则能开胃;乌贼除有补血功效外,近年科研人员还发现乌贼的墨汁中的抗急性放射病作用。所以,许多地区常用乌贼来治疗久病或产后阴血亏损、经闭、崩漏、带下、月经失调等症。据有关药书与民间经验介绍,其中一些药方有:治月经过少或闭经,用乌贼肉、核桃仁适量煮食,每日 1 次,至月经来潮为止。如治妇女白带,可取鲜乌贼 2 只与瘦肉 250 克一起炖熟,食盐调味,每日 1 次,5 天为 1 个疗程。妇女产后乳汁少者,可将乌贼肉与猪脚炖饮服。治妇女血崩的,用乌贼、牡蛎各 12 克,茜草炭 9 克,用水煎服便有效果。若治腰痛,用乌贼加酒炖服。至于治疗肺结核咯血,可用乌贼、仙草、茜草各 10 克,煲食可有收效。日本早在 20 世纪 90 年代就研发乌贼墨,认为有抑制癌细胞的功效。

至于日常将乌贼作保健菜肴食用,其吃法也较多,其中有红烧、爆炒乌鱼丝、鱼卷、乌贼肉丸子等,味道都很鲜美。烩乌贼蛋、乌贼蛋汤更是高档食品,很受人们欢迎。

四、加工与应用

（一）食品加工方面

1. 川酱乌贼仔

做法：

①将乌贼仔去内脏，洗涤整理干净，沥干备用。

②坐锅点火烧热，放入白糖，加入少许水，用小火慢慢熬煮至暗红色，再加入500毫升水煮沸，待凉制成糖色。

③坐锅点火，将酱料包放入老汤中烧沸，再加入糖色、酱油、精盐、味精，调成酱汤待用。

④将乌贼仔放入酱汤中，先以小火酱约3分钟，然后关火再焖2分钟，捞出后装盘上桌即可。

2. 百合炒乌贼

做法：

①将芹菜、胡萝卜切丁。

②将乌贼去皮去肚。

③将芹菜过沸水，放入冰水稍过一下沥干。

④将乌贼片洗好也过沸水，然后放入冰水稍过，沥干。

⑤锅中坐油，将芹菜，胡萝卜，乌贼加盐爆炒后装起。

⑥另起油锅倒入百合稍翻炒后倒入炒好的乌贼中。

⑦调好的芡汁倒入，划炒至熟即可。

3. 河虾爆墨鱼仔

做法：

①将小乌贼仔洗净，河虾去掉虾枪洗净，小红辣椒切圈。

②将生姜去皮切小片，芥蓝切成片洗净。用沸水加盐油烫一下捞出。过凉。

③烧锅下油，待油温140℃时，放入乌贼、河虾，泡炸2分钟至熟倒出把油控干。

④锅内留少许油，放入姜片爆香，放入小红辣椒圈、煸炒片刻，投入乌贼仔、河虾，芥蓝片倒入绍酒，爆炒狂翻。

⑤用水调入盐、鸡精、白糖、蚝油，湿淀粉调成芡入锅勾芡，淋入麻油即可。

4. 番茄乌贼汤　　滋阴润燥，补中和血，宽肠通便。治急性黄疸型肝炎。

做法：

①把番茄洗净，切薄片；鲜乌贼洗净，去黑色筋膜，切4厘米见方的块；姜切片，

葱切段。

②把乌贼和番茄放入盆内待用,炒锅置大火上烧热,加入素油,烧六成热时下入姜、葱爆香,注入清水 600 毫升,烧沸,下入番茄、乌贼、盐,用小火煮 25 分钟即成。每日 1 次,佐餐用之。

5. 韭菜丝乌贼汤

做法:

①将乌贼洗净后切成粗丝,韭菜洗净后切成粗末状。

②坐锅点火倒少许油,放入姜丝煸出香味后倒适量水,依次加料酒、盐、酱油、鸡精、胡椒粉、米醋调味,汤烧沸后放入乌贼丝用水淀粉勾芡,放入韭菜末,淋上麻油即可。

6. 乌贼乳酪卷

(1)原料 整只乌贼(400 克),将其内部清干净,意大利软酪 150 克,甜椒,切细 150 克,一起在油里略烤,红葱头,切细 1/8 杯;细香葱,切细 1 把;芫荽,切细 1 把、现挤柠檬汁 2 汤匙。

(2)制 作

①预热烤炉至 180℃。

②将所有上述食材原料(除乌贼及柠檬汁)在碗里充分混合。

③装入乌贼里,略洒点柠檬汁。

④用烘培纸将乌贼松松的包裹,两端扎起(像糖果一样)。

⑤放在烤盘上入烤炉,烤 15～20 分钟。

⑥待晾 5～10 分钟,斜对切,排盘上桌。

7. 凉拌乌贼丝

做法:

①将乌贼去骨、内脏、眼、墨皮后洗净;

②葱洗净切段;鲜姜洗净,切成薄片;青、红辣椒切丝备用;

③往锅里加适量清水,烧沸,然后将洗净的乌贼放入沸水中(同时加入料酒、姜片、葱段)。煮透后将乌贼捞出、沥水、晾凉;

④将晾凉的乌贼切成细丝,放入盘内,加入精盐、白糖、酱油腌 10 分钟,最后加入味精、香油以及辣椒丝,拌匀即可食用。

8. 乌贼墨食品 日本将乌贼与面粉相结合,制成系列面食品,如黑面包、面条等,市面上引起争购。

(二)药食同源,食疗兼用

乌贼壳,即"乌贼板",学名叫"乌贼骨",也是中医上常用的药材,称"海螵蛸",是一味制酸、止血、收敛之常用中药。药性味酸、平、无毒。

乌贼骨性味:咸、微温、无毒辣。

功效主治:益气,增志,通行月经。主治女子赤白漏下、闭经、阴痒肿痛、寒热往来、不孕、惊气入腹、腹痛绕脐、男子睾丸肿痛,以及妇女下腹包块,大人、小儿腹泻。经常服用可补益精血,治疗女子血枯病以及肝伤咯血、尿血、便血、疟疾和结核病。研成末外敷,治疗小儿疳疮、痘疹臭烂、水火烫伤及外伤出血。烧成灰,和鸡蛋黄一同研成末外涂,治疗小儿鹅口疮,同蒲黄末外涂治疗舌体肿胀及出血;同槐花末一起吹入鼻,止鼻出血;同银朱一起吹入鼻,治疗喉痹;同白矾末一起吹入鼻,治疗蜂蝎蜇咬疼痛;同麝香吹耳,治疗中耳炎与耳聋。主治耳聋。但能动风气,不可长期食用。

第七节　地　龙

地龙别名蚯蚓、螼、螾、丘螾、蜿蟺、引无、附蚓、寒蚓、曲蟺、曲蟮、土龙、地龙子、土蟺、虫蟮,钜蚓科动物参环毛蚓、威廉环毛蚓、通俗环毛蚓、和栉育环毛蚓等的干燥全体。前一种习称"广地龙",后三种习称"沪地龙"。

一、生物学特性

地龙是我国重要的中药材之一。最早的中药学专著《神农本草经》中收载的67种动物药中就有蚯蚓。其味咸,性寒。归肝、肺、肾经。有清热止痉,平肝息风,通经活络,平喘利尿等功效。主治发热狂躁、惊间抽搐、肝阳头痛、中风偏瘫、风湿痹痛、肺热喘咳、小便不通等症。广地龙在春季至秋季捕捉,沪地龙在夏季捕捉,捕后要及时剖开腹部,除去内脏与泥沙,洗净,晒干或低温干燥。

二、营养价值

地龙含15种氨基酸,其中亮氨酸和谷氨酸的含量最高;含丰富的微量元素,如铁、锶、硒、镁、锌、铜等;含有硬脂酸、棕榈酸等有机酸;还含蚯蚓解热碱、蚯蚓素、蚯蚓毒素、黄嘌呤、腺嘌呤、次黄嘌呤、胆碱、磷脂、胆固醇、黄色素与酶类等成分。

通俗环毛蚓(沪地龙):提取分离得到一白色结晶,经鉴定为琥珀酸;另分析鉴定了其中 18 种脂肪酸,亚油酸、花生烯酸和花生四烯酸的含量较高;总游离氨基酸含量为 8.62%。

三、生理功能

1. 解热 地龙中的蛋白质经加热或受酶的作用分解后有解热作用,其作用的成分是蚯蚓解热碱。其中地龙水浸剂的作用较氨基比林、盐酸奎宁温和,与氨基比林同用,解热作用迅速。其解热机制是影响体温调节中枢,使散热增加。

2. 镇静、抗惊厥 地龙热浸提液、醇浸提液对小鼠与兔均有镇静作用;对戊四氮或咖啡因引起的惊厥与电惊厥均有对抗作用,能使惊厥发生的潜伏期延长,使惊厥发生率和死亡率明显下降。但对士的宁引起的小鼠惊厥无效,因士的宁主要作用脊髓,故认为地龙抗惊厥的作用部位可能在脊髓以上。地龙抗惊厥作用的成分可能与琥珀酸有关。

3. 抗组胺、平喘 动物实验证明,地龙有显著的舒张支气管作用,并能对抗组胺及毛果芸香碱引起的支气管收缩。该药止喘的有效成分是琥珀酸、次黄嘌呤,其中琥珀酸的作用大于次黄嘌呤。

4. 改善血液流变学和抗血栓 体外实验证明,地龙提取液具有很好的抗凝作用,能使凝血时间、凝血酶时间、凝血酶原时间均显著延长,且呈明显量效关系;能降低血液黏度,抑制血栓形成。该药的抗凝机制是对凝血酶-纤维蛋白原反应的作用。此外,该药还具有促纤溶作用。目前认为地龙液中含有一种高效抗凝和促纤溶物质,该物质不能被抗凝血酶Ⅲ抗体和鱼精蛋白中和,表明其活性不依赖于抗凝血酶Ⅲ,与肝素及其类似物、水蛭素等抗凝物质不同,它不是碳水化合物和蛋白质,而可能是一种耐热、耐碱的小肽或含双键的化合物。

给予小鼠 6.25 毫克/千克、12.5 毫克/千克、25 毫克/千克和 50 毫克/千克剂量的地龙提取物灌胃,90 分钟后即可发现小鼠红细胞变形能力有不同程度的改善。给家兔静脉注射地龙溶栓酶可使家兔血浆的凝血酶时间(TT)延长,血浆纤维蛋白原(Fg)浓度降低,纤维蛋白(原)降解产物(FDP)增多,但优球蛋白溶解时间(ELT)无明显改变。

5. 降压 地龙的多种制剂具有确切的降血压作用。广地龙热浸提剂或乙醇浸提液 100 毫克/千克静脉注射对麻醉犬有显著降血压作用;正常大鼠一次(10 毫克/千克)灌胃或肾性高血压大鼠,每天 50 毫克/千克灌胃 2 周,也有明显降血压作用。食用后要 3~7 天起效;作用持久,停食后还能维持 1 周左右时间。

以地龙低温水浸液对正常兔与大鼠静脉注射 0.1 克/千克,出现缓慢而持久的降血压作用,且降血压最高峰出现在给药后的 90 分钟,一般维持 23 小时。同时,地龙低温水浸液还对肾型高血压大鼠有非常明显的降血压作用。

6. 促进组织再生　地龙醇提液经稀释后作用于成纤维母细胞(3T3),有明显促生长作用,与纤维母细胞生长因子类同。

四、加 工 与 应 用

1. 消化性溃疡　地龙粉 2 克,每日 3～4 次,饭后 1 小时服,晚睡前加服 1 次。或地龙白糖浸出液 30～40 毫升,口服后向病变侧卧 1～2 小时,可促进溃疡愈合。

2. 支气管哮喘　地龙液 10 毫升(含鲜地龙 7.5 克),含口中 5 分钟后咽下,有即刻止喘效果。哮喘舒宁片(含地龙、氯化铵等)或哮喘片(含地龙 23％)常量服用。复方地龙注射液 2 毫升(相当地龙、黄芩各 4 克),肌内注射,每日 1 次,1～2 周后改为隔日注射 1 次,30 次为 1 疗程。地龙粉、猪胆汁粉按 6∶4 混合装胶囊或制成蜜丸,每次 1.5 克,每日 3 次。小儿支气管炎:蚓激酶 100 毫克加生理盐水 30 毫升,超声雾化吸入,每日 2 次,每次 20 分钟,疗程 2～3 周;疗效优于蝮蛇抗栓酶。

3. 慢性支气管炎　复方地龙注射液(地龙、白前)穴位注射。复方地龙片(含黄芩素、猪胆汁)口服。或地龙粉 3～4 克,每日 3～4 次。

4. 高血压病　取干地龙 40 克,捣碎投入 60°白酒 100 毫升中,每日振荡 2 次,浸渍 72 小时以上,备用。服用时过滤去渣,使成 40％地龙酊。每次 10 毫升,日服 3 次。不能饮用酊剂者,改用纯地龙粉水泛为丸(外加少量赋形剂),每次 3～4 克,日服 3 次。可连续给药 30～60 天,对原发性高血压病有一定疗效。

5. 血管性头痛、三叉神经痛　头痛宁丸(地龙、黄芪、当归、川芎、细辛)1 丸,每日 3 次。

6. 高血黏度综合征、脑血栓　口服蚯蚓水提取物 30 毫升/天,14 日为 1 个疗程。或鲜红色地龙 100 克,沸水 500 毫升炖汤分 2 次服,30 日为 1 个疗程。

7. 高脂血症　地龙粉 3 克,每日 3 次。

8. 血栓形成　地龙体腔液制成冻干粗粉 300 毫克/千克,分 3 次服,具有良好的溶血栓作用。

9. 流行性脑炎后遗症　地龙 100 克,水煎服,每日 1 剂。

10. 精神分裂症　地龙糖浆(地龙 30 克,白糖 10 克)水煎服,每日 1 剂,每周 6 剂。地龙注射液(含生药 1 克/毫升)4 毫升,肌内注射,每日 2 次,每周用药 6 日,疗程 60 日;配合小剂量抗精神病药物。

11. 癫痫　龙荚丸(地龙、皂荚等)或干地龙 3～6 克,水煎服,每日 1 剂。50％

地龙注射液 2 毫升,肌内注射,每日 1 次,每周 6 次。

12. 急性肾小球肾炎 蚯蚓提取物 50 毫克,每日 3 次,疗程 7~14 日,可减少蛋白尿。地龙配黄芪,水煎服,可减少蛋白尿。血尿:生地龙 40 条,制成地龙糖浆,生大蓟 150 克煎液冲服糖浆,每日 3 次空腹服,每日 1 剂。

13. 窦房结综合征 地龙粉配鹿茸末服用。

14. 乳汁不通 鲜地龙剖开用盐水洗净,切碎包馄饨或同猪肉煨汤食用。

15. 湿疹、带状疱疹、固定性红斑、皮肤溃疡 地龙白糖浸出液涂患部,每日 3 次。或活地龙洗净后加白糖使其溶化,滤液加山蒆碱,浸纱布外敷,每日换药 1 次。

16. 浅烧伤 新鲜蚯蚓洗净剪成 2~3 厘米小段晒干,加白糖 5 倍量拌匀,白糖液化滤液外涂创面。

17. 治疗下肢溃疡 用蚯蚓若干条,浸于清水中吐净泥土,取出置于纱布上吸净体外水分投入清洁容器内,加适量白糖(蚯蚓 2 份,糖 1 份),静置,蚯蚓即逐渐析出体液而萎缩。1~2 小时后,去蚯蚓,将所得液体过滤,不必消毒。平时需保存于冰箱或阴凉处,时久则变质不可用。临用时以适当大小的纱布块 2~3 层,浸湿蚯蚓糖浆敷于患处,外加油纸包扎。每日用滴管将蚯蚓糖浆直接滴于纱布上数次,以保持其湿度,隔数日换纱布 1 次。

另有 1 例下腿溃疡患者,病程 27 年,经予白颈蚯蚓每日吞服 1 条(冷开水洗净,以温开水浸软的豆腐衣包裹,食前吞服),先后共吞服 800 余条,溃疡愈合。

18. 慢性荨麻疹 100％地龙注射液 2 毫升,肌内注射,每日 1 次,10 次为 1 疗程。

19. 滴虫性阴道炎 地龙制剂("肤康宁"是地龙提取物加佐料高级醇制剂)局部上药,每日 1 次,5 次为 1 个疗程。

20. 丝虫病 地龙、干漆,制成漆龙丝虫丸,常量服用。

21. 膀胱结石 活地龙 30 条洗净焙干研末,加白糖 250 克,每日晨 1 次服。

22. 骨质增生 活地龙加白糖使其液化,涂敷患处,外加温熨,每日 2 次。

23. 闭合性骨折 对股骨干骨折局部敷地龙浆,内服地龙接骨丸。

一般敷药后患处感到发凉、舒服,可在 1 小时内获得止痛效果,24 小时后肿胀消退,为骨折早期整复固定创造了有利条件。

制剂与用法:①地龙浆:取新鲜地龙数十条,清水洗净,取出加 1/3 的白糖,捣成糊状,加冰片少许即成。用时涂于数层纱布上敷患处,整复前每日更换 1 次,如有伤口应避开。②地龙接骨丸:取干地龙为末,水泛为丸,如绿豆大,山药粉为衣。每次 2 钱,日服 2 次。

24. 百日咳 地龙 2~6 克,全蝎 0.3~1 克,僵蚕 3~6 克,对症加药,水煎服,每日 1 剂,7～10 日为 1 疗程。

25. 肺结核咯血 鲜地龙 20 条,洗净加冰糖 30 克,水煎至地龙僵化、冰糖溶化,每日 2 次空腹服,疗程 1 周。

26. 乙脑后遗症 将鲜地龙(小儿用量 100～200 克/次)洗净后炖汤,每日 2 次,30 日为 1 个疗程。

27. 小儿鹅口疮 地龙白糖浸液涂于疮面,3～5 分钟后用盐水棉球擦掉,每日 3～4 次。

28. 过敏性紫癜、紫癜性肾炎 生地龙 50 条,洗净置水中加 3～5 滴植物油,使地龙吐出泥土呈透明状,放钵中撒白糖 100 克使地龙溶成液体,加阿胶 15 克与地龙液混合,冲服海螵蛸粉 10 克,每日 1 剂分 3 次温服(小儿酌减)。

29. 流行性腮腺炎

①活地龙 10 余条,洗净加白糖 60 克共捣烂制成地龙白糖糊,外敷肿大的腮腺表面,每日换药 4～5 次,疗程 5 日。

②将白颈蚯蚓去其体外脏泥,置玻杯内,加等量白糖腌渍。由于白糖的作用,蚯蚓逐渐分泌出白黄色黏液;经 15～20 分钟后,即失去活力而死亡。然后用玻棒用力搅拌,即成糊状灰棕色的蚯蚓糖浆,装瓶备用。用时将此糖浆直接涂于肿胀处,再用纱布覆盖固定。经 2～3 小时换 1 次,以保持患处湿润为度。每次换药前须先用冷盐开水清洗皮肤。一般于治疗后 1～3 天内退烧、退肿。

30. 神经紊乱(惊悸) 以新鲜蚯蚓粪调陈醋为丸(如鸽蛋大小)阴干备用。药丸 3 粒溶于刚出锅的米汤中,静置泥水分层后取清汁,于夜半子时顿服,10 次为 1 个疗程;适用于心慌意乱、冷汗淋漓、临场紧张等。

31. 突发性聋 蚓激酶 60 毫克,口服,每日 3 次,3 周为 1 个疗程;有效率 80%,耳鸣和眩晕症状均得好转,疗效优于尿激酶。

32. 脑梗死 蚓激酶,又名博洛克,每次 200 毫克,每日 3 次,饭前半小时服用,3 周为 1 个疗程,可降低纤维蛋白原、全血黏度与血小板聚集性,并改善神经功能缺损。

33. 避孕 蚯蚓提取物对人精子有快速杀灭作用和包围粘连聚集作用,具有综合性杀精子作用的特点;1.2% 浓度可使精子在 20 秒钟内全部失活,可开发为多功能的外用杀精避孕药(蚯蚓提取物 0.2% 以上浓度,用药后 8 小时杀滴虫率为 100%)。

34. 褥疮 用鲜地龙 100 克,洗净捣烂加白糖 300 克,拌匀备用,低温保存。清创后药液涂患部,外覆塑料薄膜,消毒纱布包扎,每日换药 1 次。

35. 丹毒 用活地龙 5 份,食糖 1 份,加适量凉水同拌,使蚯蚓自溶成糊状;或按此比例捣烂成糖泥。涂搽或外敷患处,每日 2～3 次。共治 20 余例,均于 2～3 日痊愈。

36. 沙眼 用白颈蚯蚓数条,放在冷开水中反复洗涤,去净泥土,放入大口玻璃瓶中,按蚯蚓体重加入 1/10 药用氯化钠,蚯蚓体液即行渗出;半小时后抛弃蚯蚓,将体液过滤,再在 60℃的温水中进行间歇的水浴加温,每次 30 分钟,反复 3～4 次即可,冷却后放低温处或冰箱储藏。

用时以消毒棉签浸蘸药液,在充分暴露的结膜上轻轻涂抹,或放在眼药瓶内点眼亦可,每日点眼或涂抹 2～3 次。治疗 37 例,全部治愈。疗程平均 10.4 天。

所治病例中,有 3 例并发沙眼性眼睑下垂,在用药后 6～7 天消失,眼裂恢复正常。另以 30％氯化钠溶液滴眼治疗 10 例作对照,治疗 10 天,未见任何改变。

37. 带状疱疹 用蚯蚓糖糊治疗,每日外搽 1 次,用药后能立即减轻疼痛,疱疹逐渐干燥,一般 5～8 日痊愈。

第八节 土 鳖 虫

土鳖虫别名地鳖虫、土元、地乌龟、蟅虫。为鳖蠊科昆虫地鳖(Eupolyphaga sinensis Walker)或冀地鳖(Steleophaga plancyi Bol.)的雌虫干燥体。捕提后,置沸水中烫死,晒干或烘干。

一、生物学特性

土鳖虫是一味中药,其性寒,味咸,有小毒。具有破血逐瘀、续筋接骨之功效,并且有溶栓机制。主治血瘀经闭、跌打瘀肿、筋伤骨折等症。

二、营养价值

主要含生物碱,在其正己烷和正丁醇萃取物中分离得二十烷醇、β 谷甾醇、鳖肝醇、尿嘧啶、尿囊素等化合物。

三、生理功能

1. 对血液流变学的影响 土鳖虫提取液连续给大鼠灌胃 10 天后,全血高切黏度、全血低切黏度、红细胞聚集指数、红细胞刚性指数均降低。使红细胞沉降率、血沉方程常数明显升高。但对血浆黏度、纤维蛋白原含量无影响。

2. 降脂 动物实验表明,土鳖虫水煎剂具有明显的降脂作用。

3. 抗凝血　土鳖虫提取液能显著延长出血时间，延长复钙时间，对血小板聚集率有明显的抑制作用，且能显著缩短红细胞电泳时间。

4. 溶栓　土鳖虫含有一种丝氨酸蛋白酶的活性成分，在实验性兔颈静脉新鲜血栓模型的检测中，该成分对血栓 6 小时的溶解率为 12.2％。此种纤溶活性成分是一种具有纤溶酶原激活作用的丝氨酸蛋白酶，并且具有尿激酶型纤溶酶原激活物的特点。

5. 对心泵功能的影响　土鳖虫总生物碱静脉注射 5 毫克/千克、10 毫克/千克、15 毫克/千克、20 毫克/千克，均能使家兔左心室收缩压、左心室舒张压末期压、左心室压力最大速率在给药后 3～10 分钟下降，而且随剂量的增大作用增强。该作用可持续 15 分钟以上，30 分钟后渐渐恢复。

6. 抗心肌缺血　实验表明，土鳖虫总生物碱提取液能明显对抗垂体叶素引起的大鼠急性心肌缺血 ST-T 的变化。

7. 耐缺氧　土鳖虫总生物碱提取液与浸膏，均能延长夹闭小鼠气管后心电消失时间，总生物碱水提液对小鼠呼吸停止时间无明显延长，对小鼠常压耐缺氧无明显影响，对给予异丙肾上腺素增加耗氧量、加速死亡的小鼠可延长其存活时间。

8. 镇痛　实验表明，土鳖虫的正己烷和正丁醇萃取物有一定的镇痛作用。

9. 毒性　土鳖虫总生物碱水提取液腹腔注射的 LD_{50} 为 136.45 毫克/千克。给药后，先表现抖动，进而跳跃、震颤、竖耳，多在 10～20 分钟死亡。

四、加工与应用

1. 治折伤，接骨

①土鳖焙存性，为末，每服 10～15 克。（《医方摘要》）

②蚵蚾(虫)30 克（隔纸，砂锅内焙干），自然铜 100 克（火煅醋淬七次）。为末。每服 10 克，温酒调下。病在上，食后服；病在下，食前服。（《袖珍方》）

2. 治小儿夜啼如腹痛　蟅虫（熬令烟尽）、白芍（炙）、川芎（熬）各等分。上三味捣末，服如（一）刀圭，日三，以乳服之。（《外台》引《古今录验》）

3. 治五淋　蟅虫五分（熬，一作虻虫），斑蝥二分（去翅、足，熬），地胆二分（去足，熬），猪苓三分。上四味，捣筛为散。每服四分，日进三服，夜二服。但少腹有热者，去猪苓。服药 2 月后，以器盛小便，当有所下。肉淋者下碎肉；血淋者下如绳，若如肉脓；气淋者如羹上肥；石淋者下石或下砂。剧者十日即愈。禁食羹猪肉、生鱼、葱、盐、醋。以小麦汁服之良。（《外台》引《范汪方》）

4. 治小儿脐赤肿或脓血清水出者　干蚵蚾火煅为灰，研末，敷之。（《小儿卫生总微论方》）

5. 治瘰疬肿 干土鳖虫末、麝香各研少许。上二味,研匀。干掺或贴,随干湿治之。(《圣济总录》)

6. 治疯狗咬伤 土鳖虫 7 个(去足,炒),生大黄 15 克,桃仁七粒(去皮,尖)。白蜜 15 克,黄酒 1 碗,煎至七分服。(《吉林中草药》)

7. 治瘰疬 鲜土鳖虫、陈瓦花(在屋上隔年者佳,瓦上煅存性)。同捣烂。用膏药贴上,未溃即消,已溃即敛。(《中医杂志》)

8. 治五劳虚极羸瘦腹满 不能饮食食伤、忧伤饮伤、房室伤饥伤、劳伤经络荣卫气伤、内有干血肌肤甲错、两目黯黑,缓中补虚:大黄十分(蒸)、黄芩 100 克、甘草 150 克、桃仁 1 升、杏仁 1 升、白芍 200 克、干地黄 500 克、干漆 50 克、虻虫 1 升、水蛭百枚、蛴螬 1 升、䗪虫半升,上 12 味末之炼蜜和丸,小豆大,酒饮服 5 丸,日三服。(《金匮要略》大黄䗪虫丸)

9. 治产妇腹痛,腹中有干血着脐下,亦主经水不利 大黄 150 克、桃仁 20 枚、䗪虫 20 枚(熬去足),上 3 味,末之炼蜜和为 4 丸。以酒 1 升煎 1 丸取八合顿服之新血下如豚肝。(《金匮要略》下瘀血汤)

10. 治血臌 腹皮上有青筋:桃仁 40 克、大黄 2.5 克、䗪虫 3 个、甘遂 2.5 克(为末冲服或八分),水煎服。与膈下逐瘀汤轮流服之。(《医林改错》古下瘀血汤)

11. 缺血性脑血管病 土鳖虫、水蛭共研成粉后食用。

12. 外伤型及肾虚腰痛 土鳖虫焙黄研末,水冲食。

13. 老年膝关节炎 与蕲蛇肉、生甘草、白蒺藜、骨碎补、杜仲等配料煲汤。

14. 治疗骨折 复方芪铜胶囊(含当归、土鳖虫、续断、黄芪、自然铜)用于 56 例骨折病人的疗效,结果表明,复方芪铜胶囊有改善血液循环、益气化瘀、消肿止痛、促进骨痂形成的作用。

第九节 穿 山 甲

穿山甲为鳞甲目,穿山甲科。该科仅有一属,共 8 个物种,是一类从头到尾被覆鳞片的食蚁动物,为地栖性哺乳动物,分布在非洲和亚洲各地。

一、生物学特性

穿山甲体型狭长,全身有鳞甲,四肢粗短。多生活在山麓地带的草丛中或较潮湿的丘陵杂灌丛。挖洞居住,多筑洞于泥土地带。白昼常匿居洞中,并用泥土堵塞。晚间多出外觅食,昼伏夜出,遇敌时则蜷缩成球状。在我国仅有一属,分布于海南、福建、台湾、广东、广西、云南等地。我国邻近之越南、缅甸、印度、尼泊尔等地亦有。其鳞片可做药用,用于活血散结,通经下乳,消痈溃坚。主血瘀经闭,癥瘕,风湿痹痛,乳汁不下,痈肿,瘰疬等症。

二、营养价值

穿山甲的鳞片主要成分有硬脂酸、胆甾醇、二十三酚丁胺等,并含有挥发油、水溶性生物碱,又含锌、钠、钛、钙、铅、硅、磷、铁、锰、铬、镁、镍、铜、钡、硼、铝、钼、锡等18种大、中、微量元素。水溶液含天冬氨酸,苏氨酸、丝氨酸、谷氨酸、甘氨酸、丙氨酸、半胱氨酸、缬氨酸、蛋氨酸、异亮氨酸、亮氨酸、酪氨酸、苯丙氨酸、赖氨酸、精氨酸、脯氨酸等16种游离氨基酸。

三、生理功能

1. 降低血黏度　穿山甲片的水煎液有明显延长大白鼠和小白鼠凝血时间和降低大白鼠血液黏度的作用。

2. 抗炎　穿山甲片的水提取液、醇提取液均有明显的抗巴豆油引起的小白鼠耳部炎症作用。

3. 抗缺氧　穿山甲片中的环二肽酸能提高小白鼠常压缺氧的耐受能力。

4. 泌乳作用　穿山甲有显著促进分娩母鼠单次泌乳量和1日泌乳量的作用,对母鼠乳腺组织切片显示,穿山甲组乳腺形态与正常对照组授乳期乳腺形态相仿。

5. 其他　穿山甲片对诱变作用剂的诱变有抑制作用。

四、加工与应用

1. 治痈疽无头　穿山甲、猪牙皂(去皮、弦)各1两。共炙焦黄,为末。每用1钱,热酒调下。其疮破,以冬瓜藤为末敷,疮干即水调敷之。诸疖疮皆可用。(《小儿卫生总微论方》)

2. 治肿毒初起　穿山甲插入谷芒热灰中,炮焦为末2两,入麝香少许。每服2钱半,温酒下。(《仁斋直指方》)

3. 治痈疽,托毒排脓,五毒附骨在脏腑里,托出毒气,止痛内消　蜂房1两,穿山甲、蛇蜕、油发(并烧带生存性)各1分。上为末。每服2钱,入乳香末半钱,暖酒调下。(《普济方》穿山甲散)

4. 治吹奶痛不可忍　穿山甲(炙黄)、木通各1两,自然铜半两(生用)。三昧捣罗为散。每服2钱,温酒调下,不计时候。(《本草图经》)

5. 治乳汁不通　穿山甲(炮),研末,酒服方寸匕,日二服。(单骧·涌泉散)

6. 治便毒便痈　穿山甲半两,猪苓2钱。并以醋炙研末。酒服2钱。外用穿山甲末和麻油、轻粉涂之。《仁斋直指方》

7. 治耵耳出脓　穿山甲烧存性,入麝香少许吹之。(《鲍氏小儿方》)

8. 治瘰疬溃坏　鲮鲤甲21片。烧研敷之。(《姚僧坦集验方》)

9. 治蚁瘘疮多而孔小　烧鳢鲤甲。猪膏和敷。(《补缺肘后方》)

10. 治气痔脓血　穿山甲1两(烧存性),肉豆蔻仁3个。同为末。米饮调2钱服。甚者加猬皮1两,烧入。中病即已,不必尽剂。(《本草衍义》)

11. 治喉癣　穿山甲片5分(炙),白霜梅1个(炙),雄黄5分,枯矾1钱。上共研末。吹喉内。(《疡科遗》穿山甲散)

12. 治中风,手足偏废不举　穿山甲、红海蛤(如棋子者)、川乌头(大者,生用)各二两。上为末。每用半两,捣烈葱白汁,和成厚饼,约径1寸半,贴在所患一边脚心,用旧帛裹紧缚定,于无风密室中椅子上坐,椅前用汤1盆,将贴药脚于汤内浸,候汗出,即急去了药,汗欲出,身麻木,得汗周遍为妙。切宜避风,自然手足可举,如病未尽除,候半月20日以后,再依此法用1次。仍服治风补理药。忌口远欲以自养。(《三因方》趁痛膏)

13. 治但热不寒疟　穿山甲1两,干枣10枚。上同烧灰留性,研为细末。每服二钱,当发日,日未出时井水调下。(《杨氏家藏方》)

14. 治痢,里急后重　穿山甲、好蛤粉等分。上为细末。每服1钱,好酒空心调服。(《普济方》)

15. 治疝气膀胱疼痛　穿山甲(炒)3钱,小茴香2钱。为细末。每服2钱,滚水酒送下。(《滇南本草》)

16. 治妇人阴腿,硬如卵状　穿山甲5钱。以沙炒焦黄为末。每服2钱,酒下。(《摘元方》)

17. 治痘疮变黑　穿山甲,蛤粉炒。为末。每服5分,入麝香少许,温酒服。即发红色。(《仁斋直指方》)

第十节　钳　蝎

　　钳蝎,又名全蝎、全虫、蝎子,茯背虫。在中国产地达十几个省份,有15余种,常用以入药的为东亚钳蝎。亦称马氏钳蝎,属蝎目的钳蝎科(Buthidae)。东亚钳蝎数量最多,分布最广,遍布我国10余省,其中以山东、河北、河南、陕西、湖北、山西等省分布较多。

一、生物学特性

本品为钳蝎科动物东亚钳蝎的全体。春末至秋初捕捉，除去泥沙，置沸水或沸盐水中，煮至全身僵硬，捞出，置通风处，阴干。味辛，性平，有毒。归肝经。有祛风止痉，通络止痛，攻毒散结等效。主治小儿惊风、抽搐痉挛、中风口㖞、半身不遂、破伤风、风湿顽痹、偏正头痛、牙痛、耳聋、痈肿疮毒、瘰疬痰核、蛇咬伤、烧伤、风疹、顽癣等症。

二、营养价值

钳蝎含钳蝎毒，这是一种毒性蛋白，分子量 7 000 道尔顿左右，但在 100℃加热 2 小时毒性减退，并易被胰蛋白酶失活。近年来从钳蝎毒中纯化分离出一种多肽成分，成抗癫痫肽。此外，尚含有多种胺与氨基酸类物质，如三甲胺、牛磺酸、甜菜碱、软脂酸、硬脂酸等，还含有胆甾醇、卵磷脂和多种脂肪酸类。蝎毒并含有多种酶类，如磷脂酶 A_2 等。

从全蝎乙醇提取物中首次分得 5 个氨基酸的单体，分别鉴定为牛磺酸、酪氨酸、异亮氨酸和苯丙氨酸。

三、生理功能

1. 息风止痉 全蝎味咸、辛，性平，有良好的熄风止痉作用，用于急、慢惊风，中风面瘫，破伤风等症。《开宝本草》谓其能"疗诸风瘾疹及中风半身不遂口眼㖞斜，手足抽掣。"钳蝎熄风、止痉的功效，主要与中枢神经系统有关。

(1)抗惊厥 本品具有抗惊厥作用。早年实验研究即已发现钳蝎对小鼠士的宁、烟碱、戊四氮等多种药物引起的惊厥有一定对抗作用。用河北产钳蝎与从粗毒中纯化的抗癫痫肽，观察其对抗咖啡因、美解眠、士的宁诱发的 3 种小鼠惊厥模型作用，并与地西泮进行比较。结果表明，抗癫痫肽对抗咖啡因性惊厥的作用较强，惊厥发生率、惊厥程度、平均惊厥总持续时间、死亡率等 4 项指标均显著下降，明显优于地西泮；使美解眠性惊厥 4 项指标亦明显下降，但稍弱于安定；对士的宁性惊厥的作用强度与地西泮相似。对 3 种模型作用强度的顺序为咖啡因性惊厥＞美解眠性惊厥＞士的宁性惊厥。蝎毒的抗惊厥作用较抗癫痫肽弱，对 3 种模型作用强度顺序与抗癫痫肽相同。

(2)抗癫痫 抗癫痫肽可使头孢菌素诱发大鼠癫痫肽的潜伏期较对照组延长，发作强度减轻，癫痫发作平均总持续时间缩短；使马桑内酯诱发大鼠癫痫的潜伏期明显延长，发作强度明显减轻，死亡率由 80％下降到零，发作平均总持续时间亦显著缩短。进一步研究发现,抗癫痫肽对印防己毒素模型的作用与苯妥英钠相似,对青霉素模型作用与抗痫灵相似。用整体大鼠和猫隔离皮层方法证明,抗癫痫肽的抗癫痫作用依赖于单胺类神经递质的存在。该作用可能与蝎毒或抗癫痫肽(AEP)抑制高振幅放电有关。静脉注射蝎毒或抗癫痫肽,脑室内注射 AEP 对家兔皮层电图主频率和振幅均无明显影响,但对 50UV 以上 ECOG 高振幅放电有明显抑制作用。

2. 通络止痛

(1)抗血栓形成 全蝎提取液对大鼠下腔静脉血栓形成有抑制作用,能减轻血栓重量;同时使激活分凝血酶时间和凝血酶原时间均明显延长,抗凝血酶Ⅲ活性和纤溶酶原含量明显降低。提示其抗静脉血栓形成作用与抗凝及促纤溶作用有关。但被蝎蜇伤致死的 4 例成人的尸检发现,所有脏器均有充血表现。

(2)镇痛 蝎身与蝎尾制剂,不论灌胃或静脉注射,对动物皮肤痛或内脏痛均有显著镇痛作用。用小鼠扭体法测得镇痛作用显效曲线,蝎身 ED_{50} 为 0.65 克/千克,蝎尾为 0.128 克/千克,蝎尾镇痛作用比蝎身约强 5 倍。用小鼠扭体法、小鼠热辐射甩尾法、大鼠三叉神经诱发皮层电位法作为实验模型,分别代表内脏痛、皮肤灼痛、三叉神经痛,观察粗毒的镇痛效果。实验结果表明,其具有较强的镇痛作用,并可能是通过作用于中枢与痛觉有关的神经元而发挥镇痛作用。从蝎毒中提纯的蝎毒素-Ⅲ(TT-Ⅲ)是一种镇痛活性多肽,对多种疼痛模型均有很强的镇痛作用。用小鼠醋酸扭体法测得 TT-Ⅲ 的镇痛作用较粗制蝎毒强 3 倍,大大强于安痛定。侧脑室注射 TT-Ⅲ14 微克/千克对皮质诱发电位 N 波的抑制率为 82%,与等剂量吗啡相似。TT-Ⅲ 的镇痛作用依赖于脑内 5-HT 的存在。

3. 解毒散结 本品具有抗肿瘤作用。全蝎的醇制剂在体外能抑制人肝癌细胞呼吸,其水提取物和醇提取物分别对人肝癌和结肠癌细胞有抑制作用。小鼠预防性灌胃给予蝎尾提取物每天 500 毫克/千克,连续 7 天,可使接种的 S180 肉瘤小鼠的瘤重较对照组显著减轻,治疗性灌胃给予同剂量蝎尾提取物连续 7 天,亦也明显抑制肉瘤的生长。

本品还具有抗利尿、缩宫、催产、催涎、促进胃液分泌、缓解原位性肾炎等作用。

四、加工与应用

1. 蝎子炖赤小豆汤 做法:蝎子用胶袋盛放,倒入热水烫后,洗净;赤小豆、昆布洗净,稍浸泡;田七打碎;猪瘦肉洗净,整块不切刀。一起与生姜放进炖盅内,加入冷开水 1 500 毫升(约 6 碗水量),盖上盅盖,隔水炖约 3 小时,调入适量盐、油即可。

2. 萝卜瘦肉炖蝎子　把蝎子用清水洗净。将青、红萝卜,瘦肉,蝎子放入炖盅,加进清水或汤,加盖用慢火炖 1.5 小时即可。

3. 煮蝎子　做法:将蝎子洗净,下入沸水锅中,加入百里香、胡椒粒、精盐、姜、葱、尖椒,盖好煮 10 分钟。

4. 全蝎炖鱼肚　钳蝎炖鱼肚功效:除湿,解毒,消肿,散结。对子宫癌患者食用尤佳。

①将鱼肚切 4 厘米长的片;蜈蚣去头,洗净。

②将鱼肚、钳蝎、蜈蚣、料酒、姜、葱同放炖锅内,加入鸡汤,置武火上烧沸,再用文火炖 50 分钟,除去蜈蚣,加入盐、味精、鸡油,搅匀即成。

5. 全蝎鳗鱼汤　祛风补血。制作:

①钳蝎烘干打成细粉;鳗鱼去骨及头尾,切 5 厘米长的段;当归洗净,切片;红花洗净。

②将鳗鱼段放入炖锅内,加入当归、红花、姜、葱、盐,注入清水 600 毫升。

③将炖锅置于武火上烧沸,再用文火炖煮 40 分钟即成。

食法:每日 1 次,每次吃鳗鱼 50 克,钳蝎粉分 2 次用汤吞服。

第十一节　黑蚂蚁

大黑蚂蚁,学名拟黑多刺蚁,是 10 万种蚂蚁其中之一,主要分布在少数民族地区,周身呈全黑,尾部带刺,食性复杂,体内有蚁酸,春天是繁殖鼎盛时期。古时有书记载称之为神蜉、玄驹等名。

一、生物学特性

现代科学家称蚂蚁为营养宝库和天然药物加工厂,大黑蚂蚁入药已有悠久的历史(李时珍所著《本草纲目》已有明确记载),被我国卫生部确认为药食二用、无害无毒的优良蚁种。

二、营养价值

大黑蚂蚁含有 50 余种人体必需的营养物质,蛋白质含量高达 40%～70%,已检测出含氨基酸 30 种,其中有 8 种为人体所必需。含大、中、微量元素 31 种,尤以锌、磷、铁、钙、锰、铝、镁、硒、碘、铜含量最为丰富,每千克含锌 230～285 毫克,比任何食品高出 10～20 倍。含有 19 种酶和辅酶。富含维生素 A、维生素 C、维生素

D、维生素 E 和维生素 B_1、维生素 B_2、维生素 B_5、维生素 B_6、维生素 B_{12}。还含有甾族类，三萜类化合物，是蚂蚁 6 种外信息素的物质基础。含有目前人工无法合成的草体蚁醛、蚁酸，较高含量的碳水化合物物质以及高能量物质 ATP。现已查明蚂蚁体内含有 11 种防治各种癌症的物质，它们是钙、镁、锰、锌、硒、碘，维生素 A、维生素 C、维生素 E、维生素 B_2 和异喋呤。同时，也查明蚂蚁体内含有 7 种抗氧自由基物质，它们是锌、硒、铜、锰和维生素 A、维生素 C、维生素 E。这两类物质含量是地球生物界的冠军。另外，还含有纤维素和甲壳素以及多种抗生素。

三、生理功能

1. 黑蚂蚁体内含有溶菌酶、溶毒酶和抗生素，能溶化艾滋病病毒，防止感染
昆虫病理学家使用混有剧毒的细菌如结核、霍乱、痢疾等饲料来饲喂黑蚂蚁，在它的体内全部被杀灭、消化。专家们经长期观察发现，蚂蚁长期生活在潮湿和污染严重的环境中，而不患风湿病，也不患癌症和传染病。

经研究这与蚂蚁的血细胞、消化液和蚁酸有关。蚂蚁的血液循环系统精简高效，既无动、静脉之分，又无毛细血管。由于心脏的搏动，将血液推向前进，由头部的血管口喷出，再向两侧和后方回流，经背血窦汇入心门，然后再吸入心室，形成一个循环。血是透明的，血的成分和人类相似。血细胞大部分附着于各种内脏器官的表面，小部分是浮于血浆之中。血细胞溶酶体含有溶菌酶，可以消化分解外来病菌、微生物、死亡细胞和组织残片，血细胞还含有多种营养素、酶和激素，对组织起营养和运输激素的作用。蚂蚁的消化系统也很独特，分前胃和胃，头涎腺和胸涎液中含有溶毒酶，可溶化病菌、病毒。蚂蚁体内还含有腐蚀性很强的蚁酸以及生物碱、组胺、正癸醇等多种抗生素，所以蚂蚁能溶化艾滋病病毒，防止感染。

2. 黑蚂蚁能诱生大量的干扰素，阻断艾滋病病毒的繁殖 干扰素是病毒感染细胞后或在干扰素诱生剂作用下由细胞编码产生的一种糖蛋白，具有阻止病毒增殖和扩散，抑制肿瘤细胞生长，调节免疫反应等作用。

目前已发现的干扰素有 Ⅰ 型和 Ⅱ 型两种。干扰素的作用机制是：干扰素激活了同种细胞内抗病毒蛋白质的基因，被激活后的基因在细胞内编码产生抑病毒复制的蛋白质，可封闭病毒 mRNA 和抑制病毒蛋白质的转录，这样就使细胞呈现抗病状态。

干扰素生物活性很高，大约 1 毫克纯化的干扰素就有 10 亿个活性单位。据统计小于 10 个或只要 1 个干扰素分子就可以使一个细胞产生抗病毒状态。干扰素具有广谱性与选择性，广谱性指几乎对所有病毒都有一定抑制作用，选择性指仅作用于异常细胞,对正常细胞作用很小。

3. 黑蚂蚁能提高白细胞介素水平,促进胸腺增生,维持 T 淋巴细胞持久生长,增强对艾滋病的免疫力 联系白细胞之间互相作用的因子称为白细胞介素,到目前为止已发现 20 多种,它们均是在免疫调控中发挥重要作用的生物活性物质。专家们用蚂蚁提取液对小鼠实验证明可提高白细胞介素-1 和白细胞介素-2 的水平。

白细胞介素-1 主要由单核巨噬细胞受到刺激后产生,T 细胞、NK 细胞也可产生。白细胞介素-1 的主要功能是激活 TM 细胞表达白细胞介素-2 受体和产生白细胞介素-2,还可以促进抗体的生成。

白细胞介素-2 最显著的作用特点是能维持 T 淋巴细胞的持久生长,人体 90% 以上的 T 淋巴细胞在胸腺中分化、成熟,胸腺是人体的免疫中枢(司令部),所以白细胞介素-2 是胸腺细胞的刺激因子和 T 淋巴细胞的生长因子,具有增强和调节人体免疫功能及抗病毒,抗肿瘤等作用。

4. 黑蚁能抑制细胞合成艾滋病毒复制所必需的酶,干扰艾滋病病毒复制所必需的酶,干扰艾滋病病毒复制 病毒是一种体积微少,结构简单的病原微生物,一般由外壳的蛋白质和遗传物质核酸组成,由于病毒体内不含生命活动的催化剂——酶,所以病毒不能独立生存,只能在活性细胞内过着寄生的生活,利用细胞中的营养和酶生存繁殖。实验证实蚂蚁提取物可以诱生单核——巨噬细胞分泌的细胞因子具有强大的抗病毒,抗细菌感染作用。其作用机理是:Ⅰ型干扰素,白细胞介素-12,白细胞介素-15 可抑制细胞合成 DNA 和 RNA 病毒复制的酶,从而干扰病毒复制促进 NK 细胞增殖并增强其对病毒感染细胞的杀伤能力。

5. 黑蚂蚁能促进细胞毒性 T 细胞增生,清除胞内寄生艾滋病病毒 由胸腺哺育成熟的 T 细胞亚群中,有一种细胞毒性 T 细胞是清除胞内寄生病原体的能手,主要作用机制:①分泌穿孔素(细胞溶素)使靶细胞胞解;②释放丝氨酸酯酶,活化穿孔素,加强杀伤能力;③分泌淋巴素,直接杀伤靶细胞;④通过与靶细胞结合而使其凋亡。

上述 5 点从分子细胞水平揭示了蚂蚁为人体打造治疗艾滋病的机制,这种机制一方面能溶化清除胞内艾滋病病毒;另一面又能保护免疫活性细胞和免疫系统的免疫功能,我们把它称为治疗艾滋病的"双赢机制",有非常高的临床应用价值。

四、加工与应用

蚂蚁一般作泡酒饮用。一定要用 50℃ 左右的纯粮食酒泡制,500 克蚁干可泡白酒5 000毫升,泡20天以上可慢慢饮用。每天饮用2~3次,晚饭时或晚饭后、睡前饮用。补肾益精、通经活络、防治风湿。

第十二节 鳖

鳖(AmydaSincnsis)俗称甲鱼、水鱼、团鱼和王八等,卵生爬行动物,水陆两栖生活,是乌龟的近亲。中国现存主要有中华鳖、山瑞鳖、斑鳖、鼋,其中以中华鳖最为常见。

一、生物学特性

鳖虽有鱼之称但不是鱼类而属水生爬行动物,为名贵水产珍品,生活在水中,形状像龟,背甲上有软皮,无纹。肉可以做成汤喝,甲壳可以做成药材。其肉味鲜美、营养丰富,有清热养阴,平肝息风,软坚散结的效果,不仅是餐桌上的美味佳肴,而且是一种用途很广的滋补药品和中药材料。故有"三品鱼"(即美味食品、高级补品、神效药品)的美称,故其价格虽贵但仍受到人们的青睐。

二、营养价值

鳖肉质细嫩,味道鲜美,营养丰富,含有蛋白质、脂肪、碳水化合物、氨基酸以及丰富的维生素和钙、磷、铁等多种矿物质。其中蛋白质含量高达16.5%,还含有8种人体必需的氨基酸(异亮氨酸、苯丙氨酸、色氨酸、苏氨酸、缬氨酸、亮氨酸、赖氨酸、蛋氨酸)。

三、生理功能

鳖自古以来就被视为滋补食疗佳品。《名医别录》称食品有补品中益气之功效。《本草纲目》说鳖肉中治腰腿酸痛、久病久泄和滋补心肾。《日用本草》也认为它能补劳伤,壮阳气。

鳖肉能滋肝肾之阴,清虚劳之热。可治肺病潮热,久痢。鳖甲滋肝潜阳,散结消肿,可治肝脾肿大与肝炎合并贫血等症。血有滋阴退热效果,适用于肺结核有低热,能治痰痨潮热。头烧灰可治小儿诸痰,外敷治阴疮、脱肛。卵用盐渍煮食止泻痢。鳖肉及其提取物能有效地预防和抑制肝癌、胃癌、急性淋巴性白血病,并用于防治因放疗、化疗引起的虚弱、贫血、白细胞减少等症。另外,它还富含维生素A、维生素E和胶原蛋白以及多种氨基酸和微量元素,因而能提高人体免疫力,促进新陈代谢,增强抗病能力,养颜美容和延缓衰老。食鳖肉还有助于加快病人病后恢复健康。常食可降低血胆固醇,对高血压、冠心病患者有益。因此,鳖全身皆是宝,是珍贵的食疗佳品。

四、加工与应用

鳖的食法花样繁多,无论蒸煮、清炖,还是烧卤煎炸,都风味香浓,营养滋补。

1. 清蒸鳖　需滋阴补血、清热消瘀的可清炖鳖或清蒸鳖。

2. 淮山鳖　若用山药、枸杞子、龙眼肉炖鳖,有健脾养血、滋阴补肾之功用。

3. 中药鳖　用鳖1只,配枸杞子、山药各30克,女贞子、熟地黄各15克烹制鳖补肾汤,煮熟后食之,则适用于肝肾阴虚所致的腰膝酸软、遗精、头昏等症。

4. 鳖汤　用鳖2只,川贝母、知母、杏仁、柴胡,前胡各15克,将鳖去内脏洗净,与各药共炖至鳖肉烂熟,食肉饮汁,能滋阴退热,止咳化痰。适用于骨蒸劳热,咳嗽之症。

5. 杞地鳖肉汤　肝肾虚损,腰脚酸软,头晕眼花,遗精等。

鳖1只,枸杞子、山药各30克,女贞子、熟地黄各15克。加水适量,小火炖至鳖熟透为止,去药或仅去女贞子,饮汤食肉。

6. 二母鳖汤　用于肺肾阴虚,骨蒸潮热,手足心热,盗汗,咳嗽,咽干,或肺结核患者而属阴虚发热者。

鳖1只,知母、川贝母、银柴胡、甜杏仁各15克。加水适量,同煎煮至肉熟。食肉饮汤。也可加食盐少许调味。另将余药焙研为末,以鳖的骨、甲煎汤,取汁合丸服。

7. 鳖炖汤　用于治疟。本方亦用以治久疟不愈。取其补肝益血,扶正祛邪之功。

鳖1只,猪瘦肉60克。加水适量,小火炖至烂熟,入食盐少许食。

8. 鲜参童子鳖

①将童子鳖宰杀,除去内脏、黄油,用沸水略烫,刮去黑膜,焯水,清洗干净。

②炒锅上火,放30克鸡肉,放入童子鳖、鲜参、鲜鹅掌、高汤、牛姜、葱、绍酒,大火烧沸,撇去浮沫,倒入砂锅中,移至小火炖制约3小时,待酥烂入味,放入精盐、味精、胡椒粉调味即可。

9. 黄芪枸杞炖鳖　补益脾肾,益气养阴。气虚阳微之鼻咽癌。做法:

①将黄芪用清水浸润切片布包;枸杞子洗净;鳖去内脏后切块;生姜洗净,切成片。

②将以上材料一并放入砂锅中,加清水适量炖煮,先用武火烧沸后,再用文火慢煮,至熟烂后,去药包,调味即可。

10. 鸡火鳖汤

①鳖宰杀后去内脏洗净,斩块,入沸水锅焯净血水,除净黄油,洗去血沫,放入锅内,倒入清汤,放入鸡片、火腿,加盐、黄酒、葱结、姜片等调料;

②将调妥味的鳖,加盖上笼蒸半小时左右,离火,取出葱结、姜片即可上席。

11. 清炖鳖汤

①将鳖翻过身来,背朝地,肚朝天,当它使劲翻身将脖子伸到最长时,迅速用快刀在脖根一剁,然后提起控净血。接着,放入 70℃～80℃热水,将宰杀后的鳖放在热水中,烫 2～5 分钟(具体时间和温度根据甲鱼的老嫩和季节掌握)捞出。

②放凉后(迫不及待者可以用凉水浸泡降温)用剪刀或尖刀在鳖的腹部切开十字刀口,挖出内脏,宰下四肢和尾梢,关键得把腿边的黄油给拿掉。

③还要把鳖全身的乌黑污皮轻轻刮净。注意可别把裙边(也叫飞边,位于鳖周围,是鳖身上滋味最香美的部分)刮破或刮掉。刮净黑皮后,洗净,就算基本清理完工了。

④鳖加工完成后,放在碗里,把切成片的火腿铺上,香菇、姜、蒜、葱也可以一起放入后加料酒。

⑤然后就是花时间去炖了,看鳖的大小,小些的 1 小时差不多够了,大的再加60 分钟。

12. 冰糖鳖

①将宰杀和经过初加工的鳖用水洗净,放在案板上,从鱼的腹部正中对半剁开,再将每半切成 3～4 块,同时取下裙边,一起投入沸水锅中,焯烫 2～3 分钟,捞起放入冷水盆洗净血渍,以去掉腥味,捞出沥干水;猪板油洗净,切成小丁。

②将鱼肉、裙边放在大汤碗内,其上放葱段、姜片和料酒,上屉后架在水锅上,用旺火蒸 1.5 个小时左右,蒸至鱼肉酥烂下屉,拣去葱段,姜片。

③将锅架在火上,放入猪油烧至六七成热,推入蒸酥的鱼肉、裙边,加入酱油、料酒、醋、盐、猪板油丁、北糖(一半)和适量鲜汤,加盖,用小火焖 6～8 分钟,揭盖,转用旺火收汁,汁一转浓即用湿淀粉勾芡,搅匀,淋入麻油,装盘,撒上另一半敲碎的冰糖末即成。

13. 清蒸鳖 大补药膳,滋阴益气,补肾固精。健康人食用能增强体质,防病延年。

①将宰杀好的鳖切成四大块,放入锅中煮沸后捞出,割开四肢,剥去腿油,洗净。

②将黄芪、党参洗净。

③鳖放入汤碗中,上放黄芪、党参,加入料酒等各配料,上笼蒸 2 小时后取出,拣去葱、姜即成。

14. 其他 鳖还可加工制作各种保健食品。我国先后推出的龟鳖丸、纯鳖丸、全鳖粉等都颇受人们欢迎。近年来日本更是积极研究开发鳖系列保健食品,并已先后在市场推出多种鳖健康保健食品,如富士鳖、鳖强身卵、鳖饮剂、活龙鳖精、鳖汤、壮龟球、鳖油 E 以及鳖血胆肝粒等多种产品。

参考文献

［1］　赖来展,等.黑色食品开拓研究［M］.北京:农业出版社,1995.

［2］　赖来展,等.黑色食品研究与加工技术［M］.北京:中国农业科技出版社,1997.

［3］　赖来展,等.黑色食品加工工艺与配方［M］.北京:科技文献出版社.

［4］　谢华.黄帝内经译本［M］.北京:中医古籍出版社,2000.

［5］　肖鑫和,等.百岁工程［M］.广州:广东科技出版社,2010.

［6］　熊苗,等.《本草纲目》中的五色蔬果养颜经［M］.北京:朝华出版社,2010.

［7］　赵荣光.中国饮食文化概论［M］.北京:高等教育出版社2003.

［8］　徐鸿华.中草药图谱［M］.广州:广东科技出版社。2007.

［9］　赖来展,等.应用生物技术研制系列中华黑色食品［J］.广东农业科学,1993,5:13-16.

［10］　赖来展,等.发展中的第四代功能食品——黑色食品［J］.广东农业科学,1993,5:25-27.

［11］　何焕清.灵芝的医疗保健价值［J］.食疗与保健,2005.1.

［12］　赖来展.黑五谷的营养功能及其产品开发［J］.北京:中国保健食品,1998,2、3:18-21,24-25.

［13］　张镇洪.人类历史转折点［M］.南宁:广西人民出版社,1997.

［14］　森下敬一(日).世界长寿者与长寿食品的气能值,世界长寿乡调查认证暨中国、蕉岭长寿生态养生讲座汇编.2013.

［15］　小池幸子(日).油脂生命能量值测定,世界长寿乡调查认证暨中国蕉岭长寿生志养生讲座汇编.2013.

［16］　日本保健食品协会.保健食品活用事典［M］.三采文化出版社,2006.

［17］　Punate Weerateerangkul etc Effects of Kaempferia parviflora Wall. Ex. Baker on electrophysiology of the swine hearts Indian J Med Res. 2013 January;137(1):156-163.

［18］　Weerateerangkul P etc Effects of Kaempferia parviflora Wall. Ex. Baker and sildenafil citrate on cGMP level,cardiac function,and intracellular Ca2＋

regulation in rat hearts. J Cardiovasc Pharmacol. 2012 Sep,60(3):299-309. doi:
10. 1097/FJC. 0b013e3182609a52.

[19] Horikawa T etc Polymethoxyflavonoids from Kaempferia parviflora
induce adipogenesis on 3T3-L1 preadipocytes by regulating transcription factors
at an early stage of differentiation. Biol Pharm Bull. 2012,35(5):686-92.

[20] Moon HI etc Immunotoxicity activity of sesquiterpenoids from black
galingale(Kaempferia parviflora Wall. Ex. Baker)against Aedes aegypti L. Immu-
nopharmacol Immunotoxicol. 2011 Jun,33(2):380-3. doi:10. 3109/08923973.
2010. 520717. Epub 2010 Oct 6.

[21] Chaturapanich G etc Effects of Kaempferia parviflora extracts on re-
productive parameters and spermatic blood flow in male rats. Reproduction. 2008
Oct,136(4):515-22. doi:10. 1530/REP-08-0069. Epub 2008 Jul 9.

后 记

在本书付梓之际，笔者心情久久不能平静，历经 30 年的辛勤努力，终归见到了希望，回馈了社会，回报了大众。因此，我要感恩诸位：

一是感谢国家机关各位领导的亲切关怀。在应用自主创新的生物技术研制系列黑色食品过程中，我一直得到国家科技部、农业部、中国农村技术开发中心、中国农业高新技术专业委员会支持和关怀，如从"星火计划""863 计划""948 计划"等重大项目的立题、研发到推广新品种、新技术、新成果等给予大力帮助。首先要感谢国家食物与营养编委会总顾问、原国务院副总理姜春云的多次亲自关怀，1996年他指示：一定要做好黑色食品的研制和开发，使我国赶上世界先进水平，推广黑色食品，改善和提高中国人对营养食品的认识。同年，农业部批准把广东黑色食品研发中心，提升为全国"黑色食品重点开放实验室"，原农业部洪绂曾副部长为笔者的第一部专著《黑色食品开拓研究》亲笔题词，国家科委把黑色食品列入《国家级科技成果重点推广计划》。

二是感谢"世界长寿乡"父老乡亲的帮助。在写作本书期间，还要感谢"世界长寿乡"蕉岭县领导，两次邀请笔者参加有关全国生态文明与长寿文化的调研和国际学术会议，充实了本书许多内容。特别是 2013 年 11 月"世界长寿乡实地调查认证暨中国蕉岭长寿养生讲座"，著名医学家、世界长寿研究所森下所长作了《世界长寿者与长寿食品的气能值》的长篇讲座；东京大学营养学家小池副所长也作了《食用油脂类的生命能量值》的学术报告。在她测定的 13 种油脂中，世界长寿乡巴马长寿老人常吃的芝麻油生命值最高；其次是紫苏油；最差的是白色的猪油；较差的是黄油。再一次验证了笔者有关食品自然颜色越深，营养价值越高的理论。此外，调研发现蕉岭长寿老人长期以来，也一直喜欢吃红米、黑米、黑豆类、黑菌类、黑野果、黑菜类、红茶、蜂蜜等富含生物色素的深色生态食品，也验证了黑色食品对人类长寿有重要的功效。经参会专家张孝祺（见序言二）、刘焕兰（序言三）等教授论证后，建议本书定名为"黑色食品功能与健康"，以画龙点睛表达黑色食品的长寿功能，由衷感谢国内外科学家们的建议。

让我深受鼓舞的是在笔者科研最困难的时候，"世界长寿乡"蕉岭县各级领导张新忠、赖来友、赖秋平、何艮香、林辉苑等乡亲，以及蕉岭中学母校老校长徐祥浩教授、刘宏泰老师等对黑色食品研发、加工和推广的大力支持，使蕉岭县 30 年来都一直成为我国黑色食品试验的可靠基地。

从 20 世纪 80 年代开始，蕉岭就是黑米、黑大豆试种和示范基地，也是国际上首批黑色食品加工生产基地。例如，世界黑色食品首批国家发明专利"营养黑米粉丝"和"黑五类酒"，是在蕉岭研制成功的。直到今天，蕉岭还在试种推广黑花生、紫山药、紫叶甘薯菜、葛根等新品种。在本书出版之际，谨向蕉岭各级领导和乡亲致以最崇高敬意，并将这本书奉献给世界级的长寿乡——蕉岭。

三是感谢院士、专家的鼎力支持。多年来，国家食物与营养咨询委员会主任卢良恕院士、中山大学著名遗传学家李宝健副校长、福建农大校长郑金贵教授、广州市副市长陈绮绮教授、广东省百岁养生研究所肖鑫和所长、中国麦肯基总部何乐朝董事长、清远华榕农业公司李小榕董事长、新丰瑞德农业科技公司吴岳珊总经理等人，一直在鼓励和支持我著书立说，何总、李总、吴总等还表示要订购大批本书发给下属上千单位或个人，以提高营养师和员工的饮食科技水平，这正是笔者编著本书的主要目的之一。

我们团队特别感激卢院士对黑色食品研究的高度评价和一贯支持。我每年进京开会他都要笔者到他家中长谈、询问全国黑色食品研究和开发的进展；笔者每次著书立说他都题词或写序言，每次召开有关黑色食品研讨会或成果评审会他都在百忙中抽空参加或致信祝贺，指导和鼓励我们，体现了科学大师对后辈的亲切关怀和对科学创新的全力支持。全国黑色食品的发展他起了重要指导作用。

四是感谢科研团队的辛勤工作。我深情感恩近 30 年来在黑色食品创新研究中，按进化法则建立起来的、高效率的科技攻关团队和各位青年科学家及助手们。以中华黑色食品研发协作会和农业部黑色食品重点实验室为核心，先后有中山大学、华南理工大学、广州中医药大学、华中农大，陕西省水稻研究所、广西黑五类食品集团等相关专家，形成了全国性的黑色食品创新团队，取得了一批国家和省部级科技成果奖。

近 20 年来，广东省农业科学院罗富和、刘世贤、周炳南、余之德、杨五烘、蒋宗勇、廖森泰、肖更生、李兵等领导，一直大力支持黑色食品团队的工作。

本创新团队的青年科学家张名位、徐志宏、操君喜、陈俊秋、孙玲、池建伟，陈春洪、魏振承、张雁、张瑞芬、李健雄等研究员，以及赖敬君高级技师等，都在不同时间、不同方面做了出色的成绩和贡献。

特别值得赞扬的是全国优秀科技工作者张名位博士，1992年他在华中农大读研究生时跟随彭仲明教授，参加我在上海主持一个全国性的有关黑色食品学术研讨会，我发现他对黑色食品研究有浓厚的兴趣和天资，因此，招他进我所黑色食品科研团队，由于他具备许多优秀科学家共有的特点：脑"聪"、眼"明"、手"勤"、笔"快"等综合素质，又有一种"不到长城非好汉"的坚强意志，因此一直是我最得力、最具发展潜能的助手之一。我退休后，他担负起带领黑色食品创新团队的重任，虚心向老专家学习，经常听取前辈意见，组织同行专家和团队骨干对黑色食品的生理功能进行深入的、富有成效的研究，尤其是在申报黑色食品国家级科技成果奖的关键时间里，他兢兢业业、百折不挠的精神，起了非常重要的作用。因此，我特别感谢他和团队中的年青专家们，为黑色食品不断创新，并继续保持国际领先水平做出的值得大加赞扬的贡献。

还值得一提的是团队在培养人才方面的功绩：如青年高级技师赖敬君，初中毕业后，到三联食品厂当学徒，其时笔者正在该厂对国家发明专利"黑米营养粉丝制作技术"进行中试，就安排他边工作边学习，在团队支持下，他用业余时间念完大学，在我所工作10多年跟随团队专家勤学苦练，终于从"学徒工"，逐步成长成经国家考核的"高级技师"。笔者退休后，他义务当业余助手，从国内外引进紫叶甘薯菜和黑沙姜后，在楼顶花园默默试种、观察和总结，同时还为写本书做了许多贡献。在团队的培育下，他从初中文化的学徒工一跃成为功能食品加工方面技艺精湛、能带领技术队伍的年青高级专家。可见我们创新团队在出成果、出人才方面都有突出贡献。

古人赞美杰出后辈"青出于蓝而胜于蓝"，而笔者在探索食品颜色与抗氧化力关系中感悟到："紫出于红胜于红，万紫千红春更浓。"仅以此句奉献给张名位所长等带领下充满活力、充满潜力、又担负重任的功能食品科技团队。

五是感谢各领域专家对本书的精雕细琢。本书经长期的筹备和酝酿以及最终定稿成功出版，得到了各学科专家真诚合作。例如，饮用植物专家操君喜所长、孙世利、潘顺顺博士、吴岳珊总经理；园艺专家陈俊秋、何焕清、陈家旺研究员、付丹文硕士；精细化工专家黄少烈教授；中式餐饮专家何乐朝、陈仁乐企业家；情报编写专家陆顺满、杨贤智、严玉宁、周庆琼、古秋霞编辑；绿色食品专家何伟、陶正平教授、刘后伟、李小蓉、戴维老师；食疗专家王定勇教授、刘慧琼老师、黄国平院长、彭平会长、唐兴芬秘书长等。

两年前，广州电视台采访我时，表彰我是有杰出贡献的科学家。其实，我是一名留过级的小学生,幸运的是我心中有二位巨星在照耀我的道路,指引我的超前思维和大胆探索。一位是伟大的自然科学家达尔文的进化论,铸就了我的世界观、科学观,体现在我的科技成果和论著中;另一位是伟大的哲学家马克思,他的名言:什么是最大幸福? 创造就是最大的幸福;只有不怕艰苦,敢于在崎岖的小道上攀登,在无人涉足的荒岭上披荆斩棘的人,才有希望登上科学的顶峰! 进入科学的殿堂。他铸就了我的人生观、幸福观。激励我一生在科学的道路上,不断自主创新,原始创新,开拓进取,追求梦想。

当 2014 年 7 月 23 日国家主席习近平到古巴访问,拜见古巴领袖,88 岁的菲德尔·卡斯特罗祝他健康长寿时,送给他的礼品正是作者研究、本书重点探明的、具有养生功能的"黑色食品"——桑葚和辣木种子。当作者听到这消息时,心中感到了巨大的自豪和幸福。

20 世纪 90 年代,全国农业龙头企业——广西黑五类食品集团在千人庆祝新产品、新成就的隆重庆典宴会上,韦清文董事长突然跑过来,动情地给我祝酒说:"没有您赖教授的科研成果,就没有我们集团的成功! 今天定要干杯"。不胜饮酒的我,当时二话未说,立马干杯。想到的就是马克思的话:"创造就是最大的幸福"呵!

上述五个方面的有关院士、科学家、教授、专家、企业家、领导人等,由于他们从各方面给予大力支持和宝贵的贡献,使本书能够最后按计划顺利完成,在此一并致以真诚的感谢和崇高的敬礼!

最后,也是最必须感恩的是我的家人——老伴、孩子、弟妹等。几十年来,他们一直对我从事科学事业默默支持、奉献和鼓励,为黑色食品科学创新和发展做出了特殊的贡献。

我常年奔波在外,有朋友问我有几个孩子? 我自豪回答说有两位女儿,大女的职业美曰"人类灵魂工程师",简称"老师",成熟懂事,是很称职的教育工作者;小女定名为"黑色食品",简称"黑妹",年少力薄不成熟,但却大有前途,将给人类带来了健、美、长寿的希望。因此,我愿尽余生之力和大家一起加快培育"黑妹"成长,成为世界食品百花园中的"黑玫瑰",美化祖国,感恩人民。

伟大的自然科学家达尔文 1844 年致妻子的秘密便条中说过:"假如我的理论被证实、哪怕只有一人认同,都是科学发展旳一大步。"

回忆笔者从 1982 年开始黑色食品开拓研究,从无课题、无经费、无设备、无主管部门的支持和无成果的"五无"境况下,一步步地取得相关人员和领导的理解和

"认同"。

笔者从 1982 年开始研究、1990 年率先提出"黑色食品"科学名词、1993 年提出黑色食品科学概念,直到 2008 年,才得到全国各级同行评审科学家的一致认同,被国务院授予国家科学技术成果奖,成为全国食品领域几十年来最高奖励之一。但只要每天有更多国内外的消费者"认同",才是最值得期盼的幸福和自豪。

由于笔者天性好奇乐观,乐于眼观"四方"(南、北、东、西)世界变幻;耳聪"六面"(前辈、后辈,上层、下层,左邻、右舍)高见良策。吸其精华、去其糟粕;去伪存真,由表及里;逆向思维、探索科幻;东奔西走、自得其乐。

因黑色食品研究是新兴领域的前沿学科,各方面有很多尚待解决的难题和挑战,因此既要脚踏实地亲力亲为,又要善于学习、总结古今中外相关科学的智慧,深思熟虑,这就注定了我要无休止地花费更大的精力、牺牲更多的时间反复思考。因而感到遗憾的是我没能待在家里安享晚年,并和亲人们谈天说地。

如本书的写作,去年底本已完稿,但因新年以来,国内外食品与健康相关的新情况、新知识、新报告,甚至新成果,日新月异、层出不穷,使我兴奋不已,促使笔者对本书不断地进行修改、补充、完善,有时直至凌晨疲惫不堪。

我非常珍惜这次著书写作的机会,总想尽可能把前沿学科的相关进展,恰当地、准确地传达给读者。有时为了修改一字一句,思考至深夜而不能入睡,甚至要服用安眠药,但我依然乐此不疲,感到是一种难得的幸福,也是一种自我价值的体现,更是对我科学观、世界观的升华。尽管如此,毕竟我能力有限,因此本书片面、甚至错误之处在所难免,待今后逐步改正,所以这个"结语 还在路上"。敬请老师、读者们包涵和指正,共同培育这朵具有中国特色的奇葩,让她最终在世界食品科学的百花园中开异彩、结寿果、益人类。

赖 来 展

(于广东省百岁养生研究所、中国麦肯基总部黑色食品创新中心)